高 等 学 校

中国轻工业"十四五"规划立项教材

芳香健康学

吴克刚　　王有江　主编

中国轻工业出版社

图书在版编目（CIP）数据

芳香健康学/吴克刚，王有江主编. —北京：中国轻工业出版社，2024.6

高等学校专业教材　中国轻工业"十四五"规划立项教材

ISBN 978-7-5184-4738-1

Ⅰ.①芳…　Ⅱ.①吴…②王…　Ⅲ.①香料植物—关系—健康—高等学校—教材　Ⅳ.①Q949.97

中国国家版本馆 CIP 数据核字（2024）第 046203 号

责任编辑：钟　雨　　责任终审：高惠京
文字编辑：负紫光　　责任校对：朱燕春　　　　封面设计：锋尚设计
策划编辑：钟　雨　　版式设计：砚祥志远　　责任监印：张京华

出版发行：中国轻工业出版社（北京鲁谷东街 5 号，邮编：100040）
印　　刷：三河市国英印务有限公司
经　　销：各地新华书店
版　　次：2024 年 6 月第 1 版第 1 次印刷
开　　本：787×1092　1/16　印张：18.75
字　　数：460 千字
书　　号：ISBN 978-7-5184-4738-1　定价：59.00 元
邮购电话：010-85119873
发行电话：010-85119832　010-85119912
网　　址：http://www.chlip.com.cn
Email：club@ chlip.com.cn
版权所有　侵权必究
如发现图书残缺请与我社邮购联系调换
230290J1X101ZBW

《芳香健康学》编写人员

主　编　吴克刚　广东工业大学

　　　　王有江　世界中医药学会联合会芳香

　　　　　　　　健康产业分会

参　编　于泓鹏　广东工业大学

　　　　柴向华　广东工业大学

　　　　刘晓丽　广东工业大学

　　　　陶志华　广东工业大学

　　　　何　东　广东工业大学

　　　　段雪娟　广东工业大学

　　　　王萍萍　广东工业大学

前言 | Preface

　　芳香植物的应用历史悠久，特别是在成为获取天然香料的主要资源之后。我国古代文献有不少关于加工和利用芳香植物的记载，人们将其用于调味、医疗、养生、制酒、熏茶、化妆品、防蛀驱虫、提神醒脑、避邪逐秽、净化空气等。中国是芳香植物资源大国，也是最早进行天然香料贸易的国家之一。芳香植物的应用涉及农业、林业、医药、食品、日用化学等诸多行业，是一个多学科互相渗透、互相交叉的朝阳民生产业，对推动社会经济全面发展起到了重要作用。

　　党的二十大报告提出"推进健康中国建设。人民健康是民族昌盛和国家强盛的重要标志。把保障人民健康放在优先发展的战略位置，完善人民健康促进政策"，为我国卫生健康事业发展提出了明确方向。大健康产业发展以及国家对中医治未病的日益重视，使得芳香植物在健康、卫生领域的应用成为近年来的热点。一个有着强大生命力和巨大创造价值的芳香健康产业正蓬勃兴起。但一个产业的发展与壮大需要一支强大的专业技术人才队伍。我国目前从事芳香植物开发利用，特别是研究植物芳香对身心健康的作用等方面的专业人才严重不足，与蓬勃发展的产业需求不匹配。因此，为中国乃至世界芳香健康产业的发展培育专业人才尤为重要。芳香健康产业的专业人才紧缺已经引起了一些高校的重视，已把药用芳香植物或芳香中药的教学纳入相关专业的教学计划中，并开设了相关课程。但由于缺乏具有科学理论指导性、内容系统性的教材，导致课程与芳香健康产业结合不够紧密。

　　本书首先重点介绍了常见的药用、食用芳香植物，然后从生理、心理角度阐述芳香物质的健康作用机制，活性成分的提取分析与制剂技术，最后介绍了芳香植物在香精香料与调味品、食品质量安全控制、医药与健康促进、美容与家居方面的应用。本书基于最新的国内外科学研究发现，归纳总结芳香健康理论，可为芳香疗法提供科学、系统理论依据；从大健康角度详尽介绍芳香植物加工及其在香精香料调味品、食品安全、医疗健康、美容与家居等方面的应用，对相关产业发展与产品开发具有很好的指导作用。

　　本教材由广东工业大学香飘三创食品健康科研团队全体教师共同编写而成，具体编写分工：第一章和第二章由吴克刚、王有江编写，第三章由于泓鹏编写，第四章由柴向华、王萍萍编写，第五章由陶志华编写，第六章由刘晓丽编写，第七章由何东编写，第八章由段雪娟编写。在本书的编写过程中，得到了世界中医药学会联合会芳香健康产业分会专家的指导与帮助，得到了张潼、邹冬锌、黄煜强、陈泳琪、汪文琪、武锡琴等研究生以及芳香健康产业特色班全体学员的大力支持，在此一并表示衷心的感谢。

本书的编写是教学改革的一种尝试，在内容的组织和具体素材的选用上，有待更慎重的意见和商讨；加之参考资料不够完善，给编写工作带来了不少困难，因此本书作为引玉之砖，望能引出更多佳作。

由于编者水平所限，书中难免会有不当之处，深望读者能不吝赐教，以便改正，编者将不胜感激。

吴克刚

2024 年 2 月 12 日　广州

目录 | Contents

第一章

CHAPTER

1

常见芳香植物

[学习目标]

1. 了解常见芳香植物的药用价值、食用价值；
2. 了解常见药食芳香植物的芳香成分及其芳疗作用。

芳香植物是含有挥发性精油的植物，目前已经发现了大约3000种精油植物，其中有300种具有商业价值，它们用于食品工业以及制药、农业和化妆品工业。本章重点介绍一些常见的药用和食用芳香植物。

第一节 芳香植物概述

芳香健康学是研究芳香植物的化学成分与机体接触和进入机体后在体内吸收、分布、生物转化和排泄等过程，基于其对身体的生理作用解释芳香疗法在生理、心理、精神层面的疗愈作用及其作用原理和机制，并科学指导芳香植物在食品、药品、日用化学产品中的应用。

何为芳香植物？广义上讲，芳香植物是指含有挥发性成分且具有香化、药用、养生、食用、观赏等多种功能的一类植物，包括香草、香花、香果、香蔬、香树、香藤等。芳香植物是提取天然植物精油的主要来源。进入21世纪，"回归自然""返璞归真""健康至上"成为全世界人们的共识和主流意识，关注植物精油产业的人越来越多，植物精油的健康产品也随之越来越丰富，芳香健康产业正以蓬勃的生命力快速发展。实践将证明，随着人民生活水平的不断提高，人们对芳香植物的认识会更加深入，其产品的应用会延伸到生活中的方方面面，这一株株芳香植物将逐步改变人们的观念，提升人们的生活品位和质量。

21世纪以来，芳香植物在我国开始兴旺，并高速向产业化方向发展，其中台湾省尤为活跃，在台湾香草家族事业联盟组织的推动下，台湾的芳香植物产业蓬勃兴起。上海、广东、北京、云南、山东、福建、江西、浙江、安徽、湖南、湖北、海南等省市紧随其后，建设基地、开办芳香植物园、出版芳香植物书刊等，承现出一派兴旺景象。新疆维吾尔自治区伊犁河谷盛产芳香植物，生产的天然芳香产品畅销国内外市场；安徽从皖北到皖南，南北携手香化安徽；北京的密云紫海香堤香草艺术庄园，中国农业大学曾在那里进行了教学实习活动；福建联合周边省份共同建立了数万公顷的纯种芳樟与其他芳香植物基地；法国芳香世家在上海创办欧芳生物科技（上海）股份有限公司，开发并生产了一系列天然芳香品牌产品供应市场。当今世界天然芳香商机无限，天然芳香产业迅猛崛起，人们对天然芳香健康产品需求日益增加。

芳香植物的发展史可以说与人类的历史同步进行，其有据可查的历史可追溯到 5000 年前，中国、古印度、古埃及等文明古国都是很早就开始应用芳香植物的国家。在早期，芳香植物主要用于沐浴、治病、供奉、祭祀、防腐等。后来，芳香植物用于提神醒脑、烹调料理、保藏食物。

芳香植物的种类繁多，分布范围较广，其栽培、应用方式多种多样，因此芳香植物分类由于其依据不同，有不同的分类方法。依据生物学特性和生态习性分类可分为：一二年生草本芳香植物、多年生草本芳香植物、灌木芳香植物、乔木芳香植物、藤本芳香植物；依据用途分类可分为：观赏芳香植物、药用芳香植物、食用芳香植物、染料用芳香植物、防腐抗菌芳香植物、美容保健芳香植物；依据芳香植物原产地分类可分为：大陆季风气候型芳香植物、地中海气候型芳香植物、欧洲气候型芳香植物、热带气候型芳香植物。

第二节　常见的药用和食用芳香植物

1. 越南安息香

【名称】

拉丁名：*Styrax tonkinensis*（Pierre）Craib ex Hartwich

英文名：Siam benzoin

别　名：白花树

【分类】

类　别：落叶乔木

科　属：安息香科安息香属

【产地】

原产于泰国、越南、老挝。我国云南、贵州、广东、广西壮族自治区、福建等地也有种植。

【药食价值】

味辛、苦，性微温。归心、肝、脾经。开窍，辟秽，行气，止痛。主治中恶昏迷，气郁暴厥，小儿惊风，产后血晕，心腹疼痛，风痹肢节痛。研成粉末制药丸供服用。

【芳香成分】

芳香特征与香调：如巧克力的甜树脂味，也有具有温和香草甜气味（冰淇淋气味）；香调基调（关于香调及基调、中调、前调的含义详见第四章第一节关于"气味香调"部分的描述）。

提取方法与组分：水蒸气蒸馏法，得油率为 0.2%，含量较高的有肉桂酸肉桂酯（15.86%）、肉桂酸苄酯（15.82%）、3-苯基2-丙烯醛（16.46%）、苯甲酸苄酯（11.88%）。

药理与芳疗作用：可缓解风湿、关节炎、气喘、支气管炎、感冒咳嗽、肠胃炎、皮肤干裂；预防上呼吸道感染、皮肤瘙痒；调节情绪；改善焦虑、忧虑、精神紧张；缓解压力；提升自信和安全感。

【其他用途】

用作百花香料和香水"定香剂"。

2. 桉树

【名称】

拉丁名：*Eucalyptus robusta* Smith.

英文名：Eucalyptus

别　名：尤加利

【分类】

类　别：常绿乔木

科　属：桃金娘科桉属

【产地】

原产于澳大利亚。我国广西壮族自治区、广东、福建、台湾均有栽培。

【药食价值】

味辛、甘，性温，归肺、心、膀胱经。《广西中药志》："预防感冒和治疗痢疾。"《四川中药志》："治关节痛及做外科手术后之罨包。"《现代实用中药》："解热，治肠炎及膀胱疾患。"

【芳香成分】

芳香特征与香调：清新、强烈、刺鼻，带着樟脑气味的药味；香调前调。

提取方法与组分：以水蒸气蒸馏法自新鲜或半干的叶片以及初生的嫩枝中取得，平均得油率在 1%~1.7%，其中桉叶素含量占 63%~73%。

药理与芳疗作用：可用于烧伤、水泡、细菌及霉菌引起的皮肤炎、水痘、糖尿病、头痛、疱疹、蚊虫咬伤、肌肉酸痛、神经痛、耳炎、风湿痛、鼻窦炎、病毒感染、呼吸系统辅助治疗；可改善过度波动的情绪，如暴躁易怒、精神衰弱、思维混乱、精神极度兴奋、精神谵妄；也有助于解决上瘾、悲痛、内疚、孤独、喜怒无常、愤恨。

【其他用途】

驱虫剂，防蚊虫叮咬，可以去除宠物身上的跳蚤；净化空气除螨。清洗皮肤或衣物上沾染的焦油。

3. 八角

【名称】

拉丁名：*Illicium verum* Hook. f

英文名：Star anise

别　名：大茴香、八角茴香

【分类】

类　别：常绿乔木

科　属：五味子科八角属

【产地】

分布于亚洲东南部、北美、中美和西印度群岛。原产于广东、广西壮族自治区，现广泛在广东、广西壮族自治区、云南、江西等地栽培。

【药食价值】

味辛、甘，性温；归肝、肾、脾、胃经。《本草正》："能温胃止吐，调中止痛，除齿牙口疾，下气，解毒。"

食用香料用于配制香草、香辛料、杏、奶油、茴香、焦糖、樱桃、巧克力、胡桃、树莓、草莓、薄荷等型香精。

【芳香成分】

芳香特征与香调：有似强烈的茴芹和山楂香气；香气强烈，颇留长，清强而粗糙；香调中调。

提取方法与组分：水蒸气蒸馏八角树的枝叶和果实而得，含挥发油4%~5%，主要成分为茴香脑即八角茴香脑，占80%~90%。

药理与芳疗作用：水提物对人型结核分枝杆菌及枯草芽孢杆菌有作用；醇提物对金黄色葡萄球菌、肺炎球菌、白喉杆菌有作用；可促进肠胃蠕动，缓解腹部疼痛；对呼吸道分泌细胞有刺激作用而促进分泌，可用于祛痰；缓解白细胞减少症；减轻反胃感；身体发冷时，可使手脚温暖。

4. 白芷

【名称】

拉丁名：*Angelica dahurica*（Fisch. ex Hoffm.）Benth. & Hook. f. ex Franch. & Sav.

英文名：Angelica dahurica

别　名：香白芷

【分类】

类　别：多年生草本

科　属：伞形科当归属

【产地】

原产地北欧；分布于黑龙江、吉林、辽宁等地；栽培于四川、河北、河南、湖北、湖南、安徽、山西等地。

【药食价值】

味辛，性温。归肺、脾、胃经。《神农本草经》："主女人漏下赤白，血闭，阴肿，寒热，风头侵目泪出，长肌肤，润泽，可作面脂。"

制成保健茶、香辛料。

【芳香成分】

芳香特征与香调：甜甜的药草香，略带麝香味；香调基调。

提取方法与组分：水蒸气蒸馏法提取根或种子的精油，含挥发油约0.24%，主要成分是正十二醇、正十四醇、萜品-4-醇、甲基-环癸烷、乙酸正十二醇等。其中饱和烃类含量最高（如甲基-环癸烷、环十四烷、环十二烷等），其次为醇类以及各种不饱和烃类。此外还有酯、苯等衍生物。白芷的有效成分还有香豆素类成分，最具代表性成分是欧前胡素和异欧前胡素。香豆素类化合物能用作抗凝和抗血栓药已经非常广泛。

药理与芳疗作用：可起到解热、抗炎作用；白芷酊的光敏作用可抑制变应性接触性皮炎；抑制肿瘤作用；香豆素有抗菌作用；挥发油具有镇痛、镇静作用；调节神经；消除压力、疲惫；强化免疫系统功能、抵抗各种传染病、补充体力、抗感冒。

5. 薄荷

【名称】

拉丁名：*Mentha canadensis* L.

英文名：Mint

别　名：野薄荷、鱼香草、夜息香

【分类】

类　别：多年生草本

科　属：唇形科薄荷属

【产地】

中国南北方均有种植；江苏、河南、安徽、江西等省有大面积栽培；热带亚洲，俄罗斯远东地区、朝鲜、日本及北美洲也有分布。

【药食价值】

味辛，性凉。归肺、肝经。宣散风热，清利头目，利咽，透疹，疏肝解郁。

调味剂或香料，可配酒、冲茶、酿蜜。

【芳香成分】

芳香特征与香调：亚洲薄荷带甜醇味，欧洲薄荷带辛辣味；香调前调。

提取方法与组分：水蒸气蒸馏法提取，主要成分有薄荷酮、薄荷脑、乙酸薄荷酯、莰烯、柠檬烯、异薄荷酮、蒎烯、薄荷烯酮等。

药理与芳疗作用：促进中枢神经系统兴奋，从而促进汗腺分泌；麻醉神经末梢，具有清凉、消炎、止痛和止痒作用；薄荷及其有效成分均有解痉作用，对乙酰胆碱有显著抑制；抗早孕作用；薄荷热水提取物对人宫颈癌细胞有抑制作用；薄荷酮能帮助血压下降；减少呼吸道泡沫痰，起到止咳作用；振奋、提神，提高在精神疲劳或压力时的集中能力；缓解焦虑和抑郁的症状、减轻悲伤的感觉、提高精神表现和快乐的感觉；增加食欲、帮助消化；缓解压力、疲惫和易怒；提高能量水平。

【其他用途】

驱赶蚊虫。

6. 百里香

【名称】

拉丁名：*Thymus mongolicus*（Ronniger）Ronniger

英文名：Thyme

别　名：千里香、地椒叶

【分类】

类　别：多年生常绿小灌木

科　属：唇形科百里香属

【产地】

广泛分布于非洲北部、法国、西班牙及亚洲温带，产于我国内蒙古、河北、河南、山东、山西、陕西、甘肃及青海。

【药食价值】

味辛，性微温，小毒。祛风解表，行气止痛，止咳，降压。

食用调味香料，嫩茎叶常做配菜，花叶可泡茶；因其对食物有优异的抗氧化作用和抑菌性，可作食品添加剂。

【芳香成分】

芳香特征与香调：有温暖且强烈呛辣的青草药味及松油香味；香调中调。

提取方法与组分：在开花时期采集的茎、叶样品，用水蒸气蒸馏法测定其得油率达0.6%，超临界萃取的得油率为4.1%，主要成分包括百里香酚、香芹酚、单萜烯（对伞花烃、γ-萜品烯）、单萜醇（沉香醇、龙脑、α-萜品醇、侧柏醇）、醚（甲基醚百里酚、甲基醚香芹酚）和单萜酮（樟脑）等。

药理与芳疗作用：有极强的抗细菌、抗病毒、防腐功能；能激励机体免疫系统，增强抵抗力；具有止痛、麻醉、消炎作用；能促进人体血液循环，活血化瘀；强化意志力；振作情绪、消除疲惫。

【其他用途】

可用于洗涤剂、牙膏、爽身粉、漱口水、化妆品等日用化学产品中。

7. 艾

【名称】

拉丁名：*Artemisia argyi* H. Lév. et Vaniot

英文名：Mugwort

别　名：艾蒿、野艾、艾草

【分类】

类　别：多年生草本

科　属：菊科蒿属

【产地】

原产于欧洲至西伯利亚、北非、以色列以及我国的黑龙江、陕西、甘肃、青海、新疆维吾尔自治区、山东、江苏；蒙古、哈萨克斯坦、塔吉克斯坦、俄罗斯、欧洲及北美洲有分布。

【药食价值】

味苦、辛，性温，能通十二经，而尤为肝脾肾之药。《图经本草》："艾叶旧不著所出州土，但云生田野。今处处有之，以复道者为佳，云此种灸病尤胜。"《本草纲目》："艾蒿逐冷，除湿，老人丹田气弱、脐腹畏冷者，以熟艾入布袋兜其脐腹，妙不可言。"

嫩芽及幼苗作蔬菜；制汤食用。

【芳香成分】

芳香特征与香调：泥土味、甜而辛辣、类似于丁香和肉桂香味；香调中调。

提取方法与组分：水蒸气蒸馏法提取全草，得油率为1.20%，其成分以单萜类物质为主，主要成分为桉叶素（13.47%）、松油烯-4-醇（12.30%）、十氢二甲基甲乙烯基萘酚

（6.59%）、龙脑（4.88%）和 γ-松油烯（4.62%）；而采用超临界流体萃取-分子蒸馏法提取北艾叶挥发性成分，主要成分为松油烯-4-醇（10.21%）、龙脑（8.48%）、十氢二甲基甲乙烯基萘酚（6.17%）、α-松油醇（5.44%）、蒿醇（4.99%）和桉叶素（2.08%）等。

药理与芳疗作用：艾叶挥发油具有明显的抗菌、抗病毒、抗炎、开窍、消肿止痛、止咳平喘等作用，其主要有效成分为龙脑和桉叶素。

【其他用途】

艾叶的浸出液可作家庭消毒剂；牲畜饲料。

8. 柏木

【名称】

拉丁名：*Cupressus funebris* Endl.

英文名：China weeping cypress，Mourning cypress

别　名：香扁柏、垂丝柏、柏香树、柏树

【分类】

类　别：常绿乔木

科　属：柏科柏木属

【产地】

广布于我国华东、华中、华南和西南地区，以四川、湖北西部和贵州栽培最多。

【药食价值】

味甘、辛、微苦，性平。祛风清热，安神，止血。

【芳香成分】

芳香特征与香调：木质甜香、柔和，柏木特有的温暖木头香气；香调基调。

提取方法与组分：以水蒸气蒸馏柏木的树根、树叶、边料、碎料而得，主要成分有 α-柏木烯、长叶烯、α-异柏木烯（30.2%）、罗汉松烯（21.6%）、花柏烯、柏木烯醇等。

药理与芳疗作用：具有止血、扩张支气管、镇咳祛痰、抗肿瘤、抑菌、抗氧化等多种药理作用；益脑及调节情绪；帮助冥思；安抚精神紧张和焦虑。

【其他用途】

护发、辅助治疗脱皮及皮屑过多，改善脱发，使头发乌黑光泽。

9. 艾纳香

根据中国药典 2020 版记载龙脑分为右旋龙脑（称为天然冰片，从樟树提取）、左旋龙脑（称为艾片，从艾纳香提取）和合成龙脑（称为合成冰片，为消旋体）。

【名称】

拉丁名：*Blumea balsamifera*（L.）DC

英文名：Blumea camphor

别　名：冰片艾、冰片草

【分类】

类　别：多年生草本

科　属：菊科艾纳香属

【产地】

我国云南、贵州、广西壮族自治区、广东、海南、福建和台湾等地。

【药食价值】

味辛、苦，性温。辟秽，温中，杀虫，祛风除湿；开窍醒神、清热止痛；用于热病神昏、痉厥，中风痰厥，气郁暴厥，中恶昏迷，目赤，口疮，咽喉肿痛，耳道流脓等症状。煎汤内服。

【芳香成分】

芳香特征与香调：特殊的清香气；香调中调。

提取方法与组分：水蒸气蒸馏法，主要成分左旋龙脑（52%~80%）。

药理与芳疗作用：具有显著的抗菌、消炎、消肿、止痛、止痒等作用，主要用于杀虫剂、防腐剂、兴奋剂；主要成分龙脑具有通窍、散热、明目、止痛，促进其他药物透皮吸收等功能。

10. 草果

【名称】

拉丁名：*Amomum tsao-ko* Crevost & Lem

英文名：Tsaoko amomum

别名：草果仁、草果子

【分类】

类　　别：多年生草本

科　　属：姜科豆蔻属

【产地】

分布于我国云南、广西壮族自治区、贵州等地，主要分布在越南。

【药食价值】

味辛，性温。归脾、胃经。燥湿温中，祛痰截疟。《本经逢原》："除寒，燥湿，开郁，化食，利膈上痰，解面食、鱼、肉诸毒。"

食用香料或制汤。

【芳香成分】

芳香特征与香调：浓郁的辛辣香味；香调中调。

提取方法与组分：水蒸气蒸馏果实，得油率为 1.8%，茎、叶得油率为 0.2%~0.97%，主要成分为 1,8-桉叶素、橙花醛等。

药理与芳疗作用：具有镇咳祛痰作用；明显抗真菌作用；可镇痛；具有促进胃肠液分泌，从而助消化，增进食欲。

11. 土沉香

【名称】

拉丁名：*Aquilaria sinensis*（Lour.）Spreng

英文名：Eaglewood

别　名：沉香、白木香、女儿香、牙香树

【分类】

类　　别：常绿乔木

科　　属：瑞香科沉香属

【产地】

国产沉香主产于广东、广西壮族自治区、福建、台湾、云南。

【药食价值】

味辛、苦，性温。归肾、脾、胃经。温中降逆，暖肾纳气。《海药本草》："主心腹痛，霍乱，中恶邪，鬼疰，清神，并宜酒煮服之；诸疮肿宜入膏用。"《本草再新》："治肝郁，降肝气，和脾胃，消湿气，利水开窍。"

以茶汤等方式食用。

【芳香成分】

芳香特征与香调：皮革味或烟熏味或水果味；香调基调。

提取方法与组分：水蒸气蒸馏法，得油率为 0.012%~0.32%，主要成分为倍半萜化合物（68.68%）、芳香族化合物（68.68%）和少量脂肪酸类等组成。其中，倍半萜化合物是沉香挥发油的主要成分，有沉香呋喃类、桉叶烷类、艾里莫芬烷类、沉香螺烷类和愈创木烷类等多种结构类型；芳香族化合物在沉香挥发油中所占比例较小；脂肪酸类化合物来自沉香中残留的白木，含量较少。

药理与芳疗作用：具有抗神经炎症的特性；对人类胃癌细胞有抑制作用；可抑制回肠自主收缩、对抗痉挛性收缩；改善气场、舒缓压力、安眠抗郁、调理身心；舒缓疤痕；泡脚活血、通经络，去除脚气脚臭。

12. 橙花

【名称】

拉丁名：*Citrus aurantium* var. *amara* Engler

英文名：Neroli（Orange Blossom）

别　名：苦橙花、酸橙花、玳玳花、枳壳花

【分类】

类　别：小乔木或灌木

科　属：芸香科柑橘属

【产地】

原产于法国南部、摩洛哥、埃及、意大利。

【药食价值】

味甘、辛、微苦，性平，归肝、胃经。《饮片新参》："理气宽胸，开胃止呕"。《动植物民间药》："治腹痛，胃痛。"《浙江中药手册》："调气疏肝。治胸膈及脘腹痞痛。"

食用香料。

【芳香成分】

芳香特征与香调：强力的、略带苦味的、有些木材气味的百合花香味；香调中调。

提取方法与组分：水蒸气蒸馏花蕾，得油率为 0.25%，主要成分为柠檬烯、芳樟醇、牻牛儿醇、香茅醇、缬草酸等。

药理与芳疗作用：用于缓解消化不良、神经系统症状、心悸、循环不良、经前紧张症、皮肤问题（缺水性肌肤、敏感性肌肤、疤痕、静脉曲张）；具催眠作用，对抚平惊吓或消解压力颇有功效；用于改善忧郁、惊吓、精神紧张、受虐倾向、忧伤、沮丧、压力；任何因女性内分泌失调而引起的情绪症状都可以用橙花精油来缓解；可用于保养皮肤，适合改善疤痕、扩张纹、老化皮肤、敏感皮肤；缓解皱纹。

【其他用途】

盆栽观赏。

13. 紫丁香

【名称】

拉丁名：*Syringa oblata* Lindl.

英文名：Clove

别　名：白丁香、丁香

【分类】

类　别：常绿乔木

科　属：木犀科丁香属

【产地】

主产于坦桑尼亚、印度尼西亚、马来西亚等地，我国海南、广西壮族自治区、云南有栽培。

【药食价值】

味辛，性温。归脾、胃、肾经。温中降逆、补肾助阳。《本草再新》："开九窍，舒郁气，去风，行水。"

食品、酒类的配香调料，香料。

【芳香成分】

芳香特征与香调：强烈的丁香的特殊芳香气，带些鲜苔及木香的辛辣香气。香调中调。

提取方法与组分：当丁香花蕾由白变绿并转现红色，花蕊尚未开放时采收，经水蒸气蒸馏得精油。只有从花苞提取的精油才可用于芳香疗法。干花蕾得油率为17%～21%，花序轴与花柄得油率为5%～7%，茎得油率为4%～6%，叶得油率为2%，主要成分为石竹烯、丁香酚、乙酰丁香油酚、α-荜草烯、α-蒎烯、α-金合欢烯、δ-杜松烯、水杨酸甲酯、2-庚酮等。

药理与芳疗作用：丁香醚提取物可提高毛细血管通透性，起到抗炎镇痛的作用；乙醇提取物对青霉素抗药性金黄色葡萄球菌有效，可抑制幽门螺杆菌生长；丁香酚有解热作用、抗凝血、抗氧化、抗诱变作用；具有镇静、安抚功效。

【其他用途】

可作芳香剂及香料，添加到牙膏、漱口水中，可以有效缓解牙痛。

14. 豆蔻

【名称】

拉丁名：*Alpinia katsumadai* Hayata

英文名：Katsumada galangal seed

别　名：草豆蔻、草蔻

【分类】

类　别：多年生草本

科　属：姜科山姜属

【产地】

产于我国福建、贵州、云南、广东一带，目前广东、广西壮族自治区、海南均有栽培。

【药食价值】

味辛，性温。归脾，胃经。《本草纲目》："治瘴疠寒疟，伤暑吐下泄痢，噎膈反胃，痞满吐酸，痰饮积聚，妇人恶阻带下，除寒燥湿，开郁破气，杀鱼肉毒。"

常用调味品，可去除异味，增加香味；多用于制卤菜。

【芳香成分】

芳香特征与香调：似姜、肉桂、肉豆蔻和丁香混合味；香调中调。

提取方法与组分：水蒸气蒸馏法，得油率为 1%，主要成分包括 1,8-桉叶油素、α-葎草烯、对甲基异丙苯、α-松油醇、4-苯基-2-丁酮、α-法呢烯、龙脑和 α-水芹烯等。

药理与芳疗作用：适用于改善消化不良、口臭、结肠痉挛、寄生虫、胃灼热、着凉感冒、支气管黏膜发炎等；能提高处变不惊的危机处理能力。

15. 蒜

【名称】

拉丁名：*Allium sativum* L.

英文名：Garlic

别　名：大蒜、胡蒜、独蒜、蒜头

【分类】

类　别：二年生宿根草本

科　属：石蒜科葱属

【产地】

原产于西亚和欧洲。现全国各地均产，主产区是河南、山东、江苏等地。

【药食价值】

味辛、性温。归脾、胃、肺、大肠经。温中行滞，解毒，杀虫。《新修本草》："下气消谷，除风破冷。"《本草拾遗》："去水恶瘴气，除风湿，破冷气，烂痃癖，伏邪恶；宣通温补，无以加之；疗疮癣。"《本草纲目》："捣汁饮，治吐血心痛；煮汁饮，治角弓反张；捣膏敷脐，能达下焦，消水，利大小便；贴足心，能引热下行，治泄泻暴痢及干湿霍乱，止衄血；纳肛中，能通幽门，治关格不通。"

食用调料，烹调鱼、肉、禽类和蔬菜，有去腥增味作用，凉拌菜中可杀菌。

【芳香成分】

芳香特征与香调：浓烈蒜辛香味；香调前调或中调。

提取方法与组分：鳞茎通过水蒸气蒸馏法提取大蒜油，得油率为 0.2%，主要成分为二烯丙基二硫醚、二烯丙基三硫醚、甲基烯丙基四硫醚等多种硫醚化合物，大蒜素（二烯丙基硫代亚磺酸酯）。

药理与芳疗作用：具有抗菌活性，可抑制幽门螺杆菌；大蒜素具有抗室性心律失常、抗癌、降低血黏度、抑制血小板聚集及溶栓作用；可降血脂与抗动脉粥样硬化、抗肿瘤及突变；提高机体免疫力；减肥。

【其他用途】

饲料添加剂，可提高动物成活率，减少发病率，并能改善动物产品肉质；可以防治农作物害虫和线虫。

16. 丁香罗勒

【名称】

拉丁名：*Ocimum gratissimum* L.

英文名：Clove basil

别　名：非洲罗勒、树罗勒、东印度罗勒

【分类】

类　别：直立亚灌木

科　属：唇形科罗勒属

【产地】

原产热带，我国在广东、福建、江苏、上海、浙江、广西壮族自治区等地均有栽培。

【药食价值】

味辛，性凉。发汗解表，祛风利湿，散瘀止痛。《注医典》："开通脑阻，温心除悸，消退痔疮。治脑、鼻生阻，黏液质性或黑胆质性心悸，痔疮。"《药物之园》："祛寒止痛，除臭爽口，健龈固牙。治寒性头痛，牙龈糜烂，牙齿松动。"

用作烟草、酒类、肉类的配香剂和调味剂。

【芳香成分】

芳香特征与香调：泥土味、甜而辛辣，类似于丁香和肉桂香味；香调中调。

提取方法与组分：水蒸气蒸馏法，主要成分有丁香酚、β-石竹烯、γ-依烂油烯，γ-依兰油烯异构体、β-毕澄茄烯异构体、δ-杜松烯、γ-杜松烯。

药理与芳疗作用：具有抗细菌、抗真菌作用；主要用于改善血寒性或黏液质性脑部疾病；缓解黏液质性或黑胆质性心悸；缓解精神紧张、焦虑等症状。

【其他用途】

观赏。

17. 杜松

【名称】

拉丁名：*Juniperus rigida* Sieb. et Zucc.

英文名：Juniper

别　名：刺柏、崩松

【分类】

类　别：常绿灌木

科　属：柏科刺柏属

【产地】

分布于我国东北、华北及陕西、甘肃、宁夏回族自治区等地，朝鲜、日本也有分布。

【药食价值】

杜松实为杜松的果实，味辛、甘，性平，归肺、心、膀胱经。祛风，镇痛，除湿，利尿。主治风湿关节痛、痛风、肾炎、水肿、尿路感染。

【芳香成分】

芳香特征与香调：气味像松针，但不刺鼻。令人愉快的清香，清新、带点甜酸的木材味；香调中调。

提取方法与组分：以水蒸气蒸馏法自部分干燥的成熟果实中取得精油，主要成分为龙脑、松油醇、松油萜、杜松烯、雪松烯、樟烯。

药理与芳疗作用：用于缓解粉刺痤疮、闭经、动脉硬化、脂肪肝、肺炎、风湿症、外伤、水肿；缓解心理及生理问题；调节自卑、情绪空虚、内疚、恐惧、好动等问题；减缓醉酒引起的反胃和头痛。

18. 多香果

【名称】

拉丁名：*Pimenta dioica*（L.）Merr.

英文名：Allspice

别　名：三香子甘椒、披门他、玉桂子

【分类】

类　别：常绿乔木

科　属：桃金娘科多香果属

【产地】

分布于西印度群岛和中美洲。

【药食价值】

味辛，性温。

用于鱼类、肉类菜肴的增香调味或磨成粉末（多香果粉）加于汤类中调，也可加于蛋糕或果酱中使味道更可口。

【芳香成分】

芳香特征与香调：强烈的芳香和辛辣味，似丁香、桂皮和肉豆蔻的综合香味；香调中调。

提取方法与组分：水蒸气蒸馏法或微波萃取法，主要组分有甲基丁香酚、丁香酚、月桂烯、桉叶油醇、α-松油醇、反式石竹烯等成分。

药理与芳疗作用：有抗菌、杀菌和减轻肠胃气胀、促进消化的作用。

【其他用途】

足部护理品。

19. 佛手

【名称】

拉丁名：*Citrus medica* 'Fingered'

英文名：Fructus Citri Sarcodactulis

别　名：佛手香橼、蜜萝柑、福寿橘、五指柑

【分类】

类　别：常绿小乔木或灌木

科　属：芸香科柑橘属

【产地】

主产于我国四川、广东、浙江、江西、福建、广西壮族自治区、云南、安徽等地也有栽培。

【药食价值】

味辛、苦，性温。归肝、脾、肺经。《本草纲目》："煮酒饮，治痰气咳嗽。煎汤，治心下气痛。"《本草再新》："治气舒肝，和胃化痰，破积。治噎膈反胃，消症瘕瘰疬。"

佛手柑花可泡茶，佛手可被大量制作蜜饯、酿造独特果味的佛手酒及作香辛料。

【芳香成分】

芳香特征与香调：气味清新淡雅，类似橙和柠檬，略带花香，整合果香与花香的丰富气味；香调前调。

提取方法与组分：水蒸气蒸馏法，得油率为 0.81%，主要成分为柠檬烯（51.6%）、γ-松油烯（25.8%）、α-蒎烯（2.7%）、β-蒎烯（2.5%）、顺式-罗勒烯（2.3%）、β-月桂烯（2.0%）、4-莰烯（1.7%）。

药理与芳疗作用：具有抗组胺、平喘作用；醇提物对肠管有明显解痉作用，可抑制中枢、延长惊厥发生时间与致死时间、镇痛；还可预防肾上腺素引起的心律失常、增强肾上腺抗坏血酸耗竭；振奋精神；缓解患者紧张、忧虑、忧郁情绪；抗病毒；调整食欲。

【其他用途】

可作除臭剂，驱虫剂。

20. 高良姜

【名称】

拉丁名：*Alpinia officinarum Hance*

英文名：*Lesser galangal*

别　名：良姜、小良姜，海良姜

【分类】

类　别：多年生草本

科　属：姜科山姜属

【产地】

主产区为我国广东省徐闻、海康及海南省陵水、儋州等地；主要分布于广东、广西壮族自治区、云南、台湾等地；野生于热带、亚热带缓坡草地或低山丘陵的灌木丛中。

【药食价值】

味辛，性热。归脾、胃经。温中散寒，理气止痛。《药性论》："治腹内久冷，胃气逆，呕吐。治风破气，腹冷气痛，去风冷痹弱，疗下气冷逆冲心，腹痛吐泻。"《本草纲目》："健脾胃，宽噎膈，破冷癖，除瘴疟。"

食用煎汤或磨粉附茶。

【芳香成分】

芳香特征与香调：泥土味、甜而辛辣、类似于丁香和肉桂香味；香调中调。

提取方法与组分：水蒸气蒸馏法，得油率约 1.00%，从中分离鉴定的化合物有 80 余种，海口产高良姜挥发油主要含有 α-蒎烯（5.4%）、β-蒎烯（10.0%）、α-松油醇（8.2%）和樟脑萜（12.9%）。

药理与芳疗作用：挥发油具有显著的抗氧化活性、抑菌作用以及抗癌的功效，对酵母、革兰阳性菌及革兰阴性菌的生长均有较明显的抑制作用。

21. 甘牛至

【名称】

拉丁名：*Origanum majorana* L.

英文名：sweet marijoram

别　名：马郁兰、马娇莲、墨角兰、牛藤草、香花薄荷、马约兰

【分类】

类　别：多年生草本植物

科　属：唇形科牛至属

【产地】

原产于地中海沿岸和西亚一带，现在主产区有法国、美国，其次是意大利及欧洲其他地区；我国广东、广西壮族自治区、上海有种植。

【药食价值】

味辛、微苦，性温，无毒。《中药大辞典》："解表，理气，化湿，利水。"

食用香辛料，常被用于沙拉、制作酱汁、肉类烹调。

【芳香成分】

芳香特征与香调：强烈、独特、持久的香味；香调前调。

提取方法与组分：水蒸气蒸馏法，鲜茎叶含挥发油 0.3%～0.5%，干茎叶含挥发油 0.7%～3.5%，主要成分为百里香酚、香芹酚、牻牛儿乙酸酯等。

药理与芳疗作用：具有抗菌、消炎、镇痛、调节免疫等方面作用，主要用于预防流感、缓解腹痛、呕吐、感冒、腹泻等疾病；悦人的辛香气息，有温和文雅的感觉。

【其他用途】

用于化妆品或观赏。

22. 葛缕子

【名称】

拉丁名：*Carum carvi* L.

英文名：caraway

别　名：贡蒿、藏茴香、香芹、小防风、野胡萝卜、马缨子

【分类】

类　别：二年生或多年生草本

科　属：伞形科葛缕子属

【产地】

原产于亚洲、中东、中欧，分布于我国东北、华北、西北、西南地区；生于林缘草甸、盐化草甸及田边路旁。

【药食价值】

味微辛，性温。《台湾药用植物志》："洗眼可增强视力，利尿，驱虫。入浴可治子宫肿瘤，敷痔疾，治痛风。"《新疆药用植物志》："治肠胃失调，消化不良，气胀，气痛，胃炎，胃酸减少。"《西藏常用中草药》："芳香健胃，驱风理气。治胃痛，腹痛，小肠疝气。"

葛缕子籽粒可作为配色和调味料，广泛用于凉菜和面条等的调味配菜和增色配菜，在匈牙利常被用于糕点中。

【芳香成分】

芳香特征与香调：香气清新，带有薄荷般气味；香调前调。

提取方法与组分：水蒸气蒸馏法，果实得油率为 3%~7%，主要成分含葛缕酮（50%~60%）、柠檬烯（30%）、二氢葛缕酮及 D-二氢葛缕醇、L-异二氢葛缕二醇、D-紫苏醛、D-二氢蒎脑等。

药理与芳疗作用：具有平喘、镇咳作用；可抑制大肠杆菌、金黄色葡萄球菌；利尿；对胃肠道有健胃、驱风作用，舒缓消化道平滑肌，用于缓解消化道的胀气；祛痰，用于支气管炎和咳嗽；还可增加乳汁分泌；舒张子宫平滑肌；刺激食欲，促进减肥。

【其他用途】

制肥皂，精油广泛用于牙膏、香水、空气芳香剂等洗涤用品中。

23. 果香菊

【名称】

拉丁名：*Chamaemelum nobile*（L.） All.

英文名：Chamaemelum nobile

别　名：白花春黄菊、罗马揩暮米辣

【分类】

类　别：多年生草本

科　属：菊科果香菊属

【产地】

原产于地中海东部；其野生资源仅分布于欧洲的西南部和西北部，即西班牙、法兰西、英格兰、爱尔兰等地区；巴尔干半岛各国和克里米亚半岛是香果菊的第二发源地；北京部分地区已有引种栽培。

【药食价值】

味甘、苦、性凉，入肺、肝经。

食品及饮料的调味剂。

【芳香成分】

芳香特征与香调：浓烈香味，青苹果味；香调中调。

提取方法与组分：水蒸气蒸馏法，以花为原料得油率约是 1.7%，主要成分为当归酸-3-甲基戊酯、当归酸异丁酯、当归酸-2-甲基丁酯等。

药理与芳疗作用：具有显著的杀菌消炎和抑制细菌生长等作用；常用于缓解头痛、头胀眩晕、肠胃气胀；预防流感、减轻慢性支气管炎；镇定神经和促进睡眠等；对一些皮肤炎症如手指感染、疔疮等也有效果；增强免疫功能；镇静及芳香抚慰，起到放松效果。

【其他用途】

可制成抗菌软膏、霜剂、胶剂；高档化妆品香料。

24. 甘松

【名称】

拉丁名：*Nardostachys jatamansi*（D. Don）DC.

英文名：Nardostachys

别　名：香松、甘松香、香穗草

【分类】

类　别：多年生草本

科　属：忍冬科甘松属

【产地】

主产于尼泊尔、印度、埃及和我国云南、四川、甘肃及西藏自治区等地。

【药食价值】

味辛、甘，性温。归脾、胃经。理气止痛，醒脾健胃。《本草纲目》："甘松，芳香能开脾郁，少加入脾胃药中，甚醒脾气。"《本草汇言》："甘松，醒脾畅胃之药也。"

制成香料或茶、粥。

【芳香成分】

芳香特征与香调：甜甜的木香和浓郁的广藿香与缬草气味；香调基调。

提取方法与组分：经水蒸气蒸馏干根茎，得油率 4.2%～5.0%，主要成分为缬草萜酮、甘松酮、马兜铃烯、德比酮、甘松醇、广藿香醇、甘松素、白芷素、甘松呋喃、榄香醇、β-桉叶醇。

药理与芳疗作用：有良好的镇静、抗微生物、调整心律及松弛平滑肌等作用；甘松醇提取物可拮抗心律失常，对急性心肌缺血有保护作用，增强耐缺氧能力；具有解痉作用，对结核分枝杆菌、伤寒沙门菌、炭疽芽孢杆菌等具有抑制作用；对恶性疟原虫有抗疟活性；缓解情绪波动引起的休克、心率过快、失眠、紧张、焦虑、头痛等。

25. 木犀

【名称】

拉丁名：*Osmanthus fragrans*（Thunb.）Lour.

英文名：Sweet osmanthus

别　名：桂花、九里香、金粟

【分类】

类　别：常绿灌木或小乔木植物

科　属：木犀科木犀属

【产地】

原产于我国西南、华南及华东地区；四川、云南、广西壮族自治区、贵州、湖南、湖北、江西、福建等地均有野生资源；现广泛栽种于长江流域及以南地区，喜马拉雅地区、日本南部、印度、尼泊尔、柬埔寨也有分布。

【药食价值】

味辛，性温，无毒。以花、果实及根入药，花具有散寒破结，化痰止咳之功效，主治牙痛，咳喘痰多，经闭腹痛。果可以暖胃，平肝，散寒。根具有祛风湿、散寒的功效。《本草纲目》："桂花生津，辟臭，治疗风虫牙痛。"

桂花香浓而甜，可以窨茶、浸酒、腌制；可用于制作桂花糕、桂花油、桂花糖芋艿、蜜饯等；桂花为名贵香料，并可作食品香料。

【芳香成分】

芳香特征与香调：气味芳香，味道清新，香浓而甜；香调中调。

提取方法与组分：水蒸气蒸馏法，不同品种桂花的得油率在 0.06%～1.26%，主要成分有反式氧化芳樟醇、顺式氧化芳樟醇、芳樟醇、睑油醇、6-乙基四氢-2,2,6-三甲基吡喃-3-醇、二氢-β-紫罗兰酮、香叶醇、α-紫罗兰酮等。

药理与芳疗作用：增进胆汁分泌，增强消化系统功能；预防老年人大脑衰老，促进婴幼儿骨骼和神经系统发育；桂花的气味芬芳，嗅闻时可使人身心放松；促进胶原蛋白的形成；舒缓皮肤敏感性，帮助恢复和改善皮肤。

【其他用途】

园林绿化的常用树种，家庭观赏的主要盆栽树种。

26. 胡椒

【名称】

拉丁名：*Piper nigrum* L.

英文名：Pepper

别　名：白胡椒、黑胡椒

【分类】

类　别：木质攀缘藤本植物

科　属：胡椒科胡椒属

【产地】

原产于东南亚，现在被广泛种植于热带地区；印度尼西亚、印度、马来西亚、斯里兰卡以及巴西等是胡椒的主要出口国；我国台湾、福建、广东、广西壮族自治区、海南及云南等地均有栽培。

【药食价值】

味辛，热。归胃、大肠、肝经。治寒痰食积，脘腹冷痛，反胃，呕吐清水，泄泻，冷痢，解食物毒。《新修本草》："主下气，温中，去痰，除脏腑中风冷。"《本草纲目》："暖肠胃，除寒湿反胃、虚胀冷积，阴毒，牙齿浮热作痛。"

胡椒的果实是重要的调味料，与鱼、肉、鳖、蕈诸物同食，可防食物中毒；做食用香辛料，香中带辣，祛腥提味，经常被用于烹制内脏、海鲜类菜肴。

【芳香成分】

芳香特征与香调：气味芳香，味道辛辣；香调中调。

提取方法与组分：水蒸气蒸馏法、溶剂提取法、微波辅助提取法。胡椒果实含精油2.5%~3.0%，黑胡椒油主要的化学组成为：对-伞花烃、β-水芹烯、柠檬烯、β-石竹烯、桧烯、β-蒎烯、α-蒎烯、3-蒈烯、β-甜没药烯、α-侧柏烯、β-金合欢烯、α-松油烯、月桂烯、β-芹子烯、蛇麻烯、α-水芹烯、γ-松油烯、α-芹子烯等。

药理与芳疗作用：祛腥、解油腻，助消化，有防腐抑菌的作用，解鱼虾肉毒；散寒、健胃等，增进食欲、助消化，促发汗；改善女性白带异常及癫痫症；具有激励效果，可以激活想象力和创造力，唤醒人的活力，使人的心态更加活跃，对生命产生新尝试的动力和兴趣，在人感到挫败时激发冒险的勇气；帮助身体补充阳气，改善精神倦怠的状况。

27. 花椒

【名称】

拉丁名：*Zanthoxylum bungeanum* Maxim.

英文名：Prickly ash

别　　名：秦椒、蜀椒、巴椒、汉椒

【分类】

类　　别：落叶灌木或小乔木植物

科　　属：芸香科花椒属

【产地】

原产于我国北部，在我国大部分地区均有分布，如河北、山东、四川、陕西、甘肃等地；此外西藏自治区、江西、安徽、湖南、湖北等地也有栽培。

【药食价值】

味辛、性温。归脾、胃、肾经。温中止痛，杀虫止痒。用于脘腹冷痛，呕吐泄泻，虫积腹痛，蛔虫症；外治湿疹瘙痒。《神农本草经》："主风邪气，温中，除寒痹，坚齿发，明目。主邪气咳逆，温中，逐骨节皮肤死肌，寒湿痹痛，下气。"

花椒是我国有名的麻辣味调味品及油料作物；利用部位有花、叶、茎、果实和种子；精油可作调香原料，也是麻辣型调味品，并有杀菌作用，可作食品防霉剂；果实为我国传统调味香料，还可药用。

【芳香成分】

芳香特征与香调：香气浓，味麻辣而持久；香调中调。

提取方法与组分：采用水蒸气蒸馏法，叶的得油率为 0.05%～0.50%，果实的得油率为 0.20%～10.83%，果皮的得油率为 0.75%～7.60%。同时蒸馏萃取法提取叶的得油率为 1.47%，果实的得油率为 2.70%～12.50%，果皮的得油率为 3.75%～12.58%。超临界萃取果实的得油率为 4.00%～14.20%，果皮的得油率为 4.24%～13.39%，种子的得油率为 12.28%～13.20%。亚临界萃取干燥果实的得油率为 5.42%。有机溶剂萃取果实的得油率为 4.80%～14.43%，果皮的得油率为 2.00%～11.84%。微波萃取法提取叶的得油率为 2.29%，果实的得油率为 0.91%～2.88%。超声波萃取法提取果实的得油率为 10.40%，果皮的得油率为 6.74%，种子的得油率为 7.80%。挥发油主要成分为烯类、醇类、酯类和醛酮类，相对含量较高的是丙酸松油酯、胡椒酮、柠檬烯、1,8-桉叶素、月桂烯等，还含有 α-蒎烯和 β-蒎烯、香桧烯、β-水芹烯、α-松油烯、紫苏烯、芳樟醇、爱草脑、α-松油醇、反式丁香烯等。

药理与芳疗作用：花椒中的链状不饱和脂肪酸酰胺（即花椒麻味素）可以降低痛觉神经的敏感性，起到镇痛消炎的作用；花椒精油可用作镇静安眠的香氛；花椒精油具有行气血的功效，搭配活血通络物质，在对肌肤按摩时可起到一定的保健作用。

【其他用途】

花椒树树形张扬而利落，长势茂盛，杂而不乱，作为家居装饰用途也具有很高的观赏价值；木材具有美术工艺价值。

28. 芥菜

【名称】

拉丁名：*Brassica juncea*（L.）Czern.

英文名：Mustard

别　　名：黄芥菜

【分类】

类　　别：一年生或二年生草本植物

科　　属：十字花科芸薹属

【产地】

原产于亚洲；我国各地都有栽培，多分布于长江以南各省，东至沿海各省，西抵新疆维吾尔自治区，南至海南省三亚市，北到黑龙江省漠河市，从长江中下游平原到青藏高原都有栽培。

【药食价值】

味辛，性温。归胃、肺经。温中散寒，利气豁痰，通经络，消肿毒。《本草纲目》："温中散寒，豁痰利窍；治胃寒吐食，肺寒咳嗽，风冷气痛，口噤唇紧；消散痈肿、瘀血。"

芥菜子是香辛料和油的原料；芥菜子碾磨成粉末，粉末加工调制成糊状，即为芥辣酱，为调味香辛料，多用于调拌菜肴，也用于调拌凉面、沙拉，或用于蘸食；风味独特，有刺激食欲的作用；精油用于香料工业，也可用作酱油、酱菜类的防腐剂。

【芳香成分】

芳香特征与香调：干燥芥菜子无臭，粉末加水细研则显强烈辛辣味；香调中调或基调。

提取方法与组分：水蒸气蒸馏法，得油率为 0.164% ~ 1.10%，主要化学组成为对 - 伞花烃、异硫氰酸甲酯、异硫氰酸烯丙酯、异硫氰酸丁酯、4 - 戊烯基异硫氰酸酯、异硫氰酸苯甲酯、异硫氰酸苯乙酯等。

药理与芳疗作用：异硫氰酸烯丙酯，俗称芥末素，有刺鼻辛辣味及刺激作用；通常将芥子粉除去脂肪油后做成芥子硬膏使用，改善神经痛、风湿痛、胸膜炎及扭伤等；在医药用途方面，如少量内服，由于刺激中枢神经而有兴奋作用，所以可用作晕厥、假死期的药物；还可用作助消化药、牙痛药、头痛药、催吐药；芥子油气味辛辣，嗅闻可刺激神经产生兴奋效果；能刺激皮肤，扩张毛细血管，对皮肤黏膜有刺激作用。

29. 藿香

【名称】

拉丁名：*Agastache rugosus*（Fisch. et Mey.）O. Ktze.

英文名：Wrinkled gianthyssop

别　　名：合香

【分类】

类　　别：多年生草本植物

科　　属：唇形科藿香属

【产地】

原产于亚洲；我国各地广泛分布，多分布在东北、内蒙古自治区、华北、华中、华南及台湾等地，江苏、浙江、湖南、四川、吉林等地均有栽培；俄罗斯、朝鲜、日本和北美洲也有栽培。

【药食价值】

味辛；性微温。归脾、胃、肺经。芳香化浊，祛暑解表，化湿和胃。《神农本草经疏》："阴虚火旺，胃弱欲呕及胃热作呕，中焦火盛热极，温病热病，阳明胃家邪实作呕作胀，法并禁用。"

藿香的食用部位一般为嫩茎叶，其嫩茎叶为野味之佳品；可凉拌、炒食、炸食，也可做粥；藿香也可作为烹饪作料或材料。

【芳香成分】

芳香特征与香调：气芳香，味淡而微凉；香调基调。

提取方法与组分：水蒸气蒸馏法，全草含挥发油0.28%，主要化学组成为甲基胡椒酚（80%以上）、茴香醚、茴香醛、柠檬烯、对甲氧基桂皮醛、α-蒎烯、β-蒎烯、3-辛酮、3-辛醇、对-聚伞花素、1-辛烯-3-醇、芳樟醇、1-石竹烯、β-榄香烯、β-藿草烯、γ-毕澄茄烯、菖蒲烯等。

药理与芳疗作用：藿香挥发油中的甲基胡椒酚（又称胡椒酚甲醚、爱草脑）具有抗菌、解痉、镇静以及升高白细胞的作用，对肿瘤患者化疗和放疗所致的白细胞减少症均有较好的改善效果；挥发油能促进胃液分泌，增强消化力，对肠胃有解痉作用；可以抑制神经起到镇静的作用。

【其他用途】

藿香本身是一种具有芳香味的植物，所以常将藿香与其他具有芳香味的植物进行搭配，运用到一些为盲人服务的绿地中，可以提高盲人对植物界的认识。藿香绿化带多用于花径、池畔和庭院成片栽植。

30. 茴芹

【名称】

拉丁名：*Pimpinella anisum* L.

英文名：Pimpinella

别　名：洋茴香

【分类】

类　别：一年生草本植物

科　属：伞形科茴芹属

【产地】

原产于埃及和地中海地区；我国新疆维吾尔自治区乌鲁木齐、吐鲁番、伊犁及南疆部分地区均有栽培；欧洲、俄罗斯南部、北非、巴基斯坦、墨西哥、美国也有栽培。

【药食价值】

味辛、甘，性微温，气香。能散瘀、消肿、解毒。缓解毒蛇咬伤、蜂螫伤、疟疾、鼻咽癌、痢疾。茴芹具有利尿、祛风止痛、健胃、刺激消化、改善痉挛、祛痰、温中散寒等功效，还可充当兴奋剂。

叶、花、茎、根、果、种子、精油均可利用；种子可以煮汤或泡茶；加入甜的或香辣的调味，可调制各式甜点、糖果、泡菜、咖喱、茴香酒；花常被欧洲人拿来当作水果沙拉食用，并可入茶；茴芹的嫩叶、青苗柔嫩芳香，主要用作沙拉生吃，或作汤料和调味品。

【芳香成分】

芳香特征与香调：浓郁、甘甜、独特的甘草味；香调前调。

提取方法与组分：水蒸气蒸馏法，主要化学成分为反式茴香脑，其他的芳香组分还包括甲基萎叶酚、对烯丙基苯甲醚、大茴香酮、大茴香醛、柠檬烯、双戊烯、α-水芹烯等。

药理与芳疗作用：煮汤或泡茶具有健胃、促进消化、增进食欲、祛风、止呕、化痰、防止口臭之效；可用于改善感冒、咳嗽、支气管炎等，是缓解幼儿腹痛、恶心的良药；孕妇的催乳剂；也可作为驱虫剂和祛痰剂、健胃品及温和的利尿剂。对于情绪健康，茴芹精油稀释后根据使用的量，可以产生鼓舞人心、激发活力、令人平静、心情愉悦等不同效果。

【其他用途】

茴芹种子提取的精油，可用于香水、牙膏、肥皂、口腔清洁剂等。

31. 互叶白千层

【名称】

拉丁名：*Melaleuca alternifolia*（Maiden & Betche）Cheel

英文名：Tea tree

别　名：玉树、千层皮、纸树皮、脱皮树

【分类】

类　别：灌木

科　属：桃金娘科白千层属

【产地】

原产于澳大利亚，主要分布在澳大利亚东部的昆士兰州和新威尔士州；近年来，在我国海南、广东、广西壮族自治区、重庆等地有栽培。

【药食价值】

味辛、涩，性微温，归脾、肾经。《中国药用植物图鉴》："白千层叶和枝蒸取的挥发油可镇痛、驱虫及防腐，治耳痛，齿痛，风湿痛及神经痛。"

【芳香成分】

芳香特征与香调：新鲜、药味、草本、干净、绿色；香调中调。

提取方法与组分：水蒸气蒸馏法蒸馏互叶白千层得到精油俗称"茶树精油"，得率为1.18%，主要挥发性成分为萜品-4-醇、1,8-桉叶油素、γ-萜品烯、α-萜品烯、γ-松油烯等。

药理与芳疗作用：在呼吸系统方面，茶树精油可以改善呼吸道不适症状，缓解感冒、咳嗽等；可以帮助缓解关节炎症疼痛；对真菌、细菌均有抑制作用，可以杀菌消炎；抗痤疮、脚气、体臭；预防感冒；减少头皮屑；缓解牙龈炎、昆虫叮咬和蜜蜂叮咬、昆虫侵扰、股癣、轻微烧伤、轻微割伤和刮伤；抑制指甲真菌、油性皮肤和头发癣、外耳道炎、酵母感染；嗅闻精油可产生令人镇静的效果。

【其他用途】

互叶白千层是经济价值较高的经济作物，也是优美的庭院树、行道树和防风树。

32. 姜

【名称】

拉丁名：*Zingiber officinale* Rosc.

英文名：Ginger

别　名：生姜

【分类】

类　别：多年生草本植物

科　属：姜科姜属

【产地】

原产东南亚的热带地区；我国中部、东南部至西南部均有栽培，主产于四川、广东、山东、陕西等地；亚洲热带地区也常见栽培。

【药食价值】

味辛，性温，归肺、胃、脾经。解表散寒，温中止呕，温肺止咳。常用于脾胃虚寒，食欲减退，恶心呕吐，或痰饮呕吐、胃气不和的呕吐，风寒或寒痰咳嗽，恶风发热，鼻塞头痛。它还能解生半夏、生南星等药物中毒，以及鱼蟹等食物中毒。

利用花、叶、茎、根制成的姜油，可做各种料理；西欧多入茶；姜油可用于化妆品香精；根茎可作为调味香料；鲜品或干品可作烹调配料或制成酱菜、糖姜。姜集营养、调味、保健于一身，自古被医学家视为药食同源的保健品，具有祛寒、祛湿、暖胃、加速血液循环等多种保健功能。

【芳香成分】

芳香特征与香调：有芳香及辛辣味，气味刺激；香调中调或基调。

提取方法与组分：水蒸气蒸馏法，得油率约为2%，主要成分为 α-姜烯、β-檀香菇醇、β-水芹烯、6-姜辣素、3-姜辣素、4-姜辣素、5-姜辣素、8-姜辣素、生姜酚、姜醇、姜烯酮、姜酮等。

药理与芳疗作用：用于风寒感冒，可通过发汗，使寒邪从表而解；姜辣素对口腔和胃黏膜有刺激作用，能促进消化液分泌，增进食欲，可使肠张力、节律和蠕动增加；姜油酮对呼吸和血管运动中枢有兴奋作用，能促进血液循环；嗅闻姜精油有助于减少恶心和晕动病，可以提神，提升记忆能力，给人提供踏实感和振奋感。

33. 栀子

【名称】

拉丁名：*Gardenia jasminoides* IEllis

英文名：Gardenia

别　名：山栀子、黄栀子、木丹

【分类】

类　别：常绿灌木

科　属：茜草科栀子属

【产地】

原产于我国南部、中部；主产于江西、河南、湖北、浙江、福建、四川等地；国外分布于日本、朝鲜、越南、老挝、柬埔寨、印度、尼泊尔、巴基斯坦、太平洋岛屿和美洲北部，野生或栽培。

【药食价值】

味苦，性寒。入心、肝、肺、胃经。泻火除烦，清热利尿，凉血解毒。用于热病心烦、黄疸尿赤、血淋涩痛、血热吐衄、目赤肿痛、火毒疮疡；外治扭挫伤痛。

栀子是传统中药，属中华人民共和国国家卫生健康委员会颁布的第1批药食两用资源。将栀子对切，去除栀子的外衣后，其果仁可食用，也可与莲子一起做成栀子仁莲子粥；此外，栀子经常被做成汤品，如栀子清肝汤、栀子厚朴汤、黄连栀子汤。

【芳香成分】

芳香特征与香调：气微，清新芳香，味微酸苦；香调前调或中调。

提取方法与组分：水蒸气蒸馏法、压榨法、超声辅助提取法，栀子花精油主要化学组成为 α-金合欢烯、芳樟醇、茉莉内酯、棕榈酸、苯甲酸顺-3-己烯酯、顺-5-羟基-7-癸烯酸乙酯、反式罗勒烯、惕各酸己酯、苯甲酸甲酯、顺-3-己烯醇等。

药理与芳疗作用：栀子油具有较强抗氧化作用、抗肿瘤作用及保护中枢神经作用等功效；含有多种黄酮类化合物，不仅具有很好的清除自由基、抑菌及抗氧化能力，而且在抗炎、抗癌、降血脂、降血糖等方面也具良好的功效；气味清而淡，嗅闻时可使人镇静，具有降压的作用。

【其他用途】

含番红花色素苷基，可作黄色染料。用栀子浸液可以直接把织物染成鲜艳的黄色，工艺简单，汉马王堆出土的染织品的黄色就是以栀子染色获得的。

34. 姜黄

【名称】

拉丁名：*Curcuma longa* L.

英文名：Turmeric

别　名：黄姜、宝鼎香、黄丝郁金

【分类】

类　别：多年生草本植物

科　属：姜科姜黄属

【产地】

产自我国台湾、福建、广东、广西壮族自治区、云南、西藏自治区等地；东亚及东南亚广泛栽培。

【药食价值】

味辛、苦，性温。归肝、脾经。破血行气，通经止痛。用于血滞经闭腹痛，胸胁刺痛，跌打损伤，痈肿疼痛。

姜黄可以切成小块泡水喝，也可以在炖肉的时候放入一些，或者是制成姜黄煎饼，当调味料食用时可以用来炒饭；此外，姜黄还可以用来做汤、煮鸡蛋、煮粥等，食用方法多样。大量用于食品香精、食品调味品和食品染色等；是咖喱粉不可缺少的香辛料，可提取黄色食用染料。

【芳香成分】

芳香特征与香调：有姜香气，味苦而辛凉；香调中调或基调。

提取方法与组分：水蒸气蒸馏法，挥发油 4.5%~6%，含姜黄酮 58%、姜油烯 25%、水芹烯 1%、1,8-桉叶素 1%、香桧烯 0.5%、龙脑 0.5%、去氢姜黄酮等。

药理与芳疗作用：挥发油能增加胆汁的生成和分泌，并能促进胆囊收缩；姜黄素具有抗炎、降血脂、抗氧化、抗肿瘤的作用；姜黄可用来调成面膜进行美容保养，可以缓解皮肤老化，修护日晒烫伤肌肤；印度新娘用姜黄粉美容美体，保持皮肤柔嫩，印度人也用姜黄沐浴，洁净效果突出。

35. 啤酒花

【名称】

拉丁名：*Humulus lupulus* L.

英文名：Hop

别　名：酒花、华忽布、蛇麻草

【分类】

类　别：多年生攀援草本植物

科　属：大麻科葎草属

【产地】

原产于欧洲、美洲和亚洲；我国新疆维吾尔自治区、四川北部等多地均有分布。

【药食价值】

味苦，性平。入肝、胃经。健胃消食，利尿消肿，抗痨消炎。《新疆中草药》："健胃消食，镇静利尿。缓解消化不良，腹胀，肺结核，膀胱炎，神经衰弱，失眠。"

主要用于制作啤酒，啤酒花为酿造啤酒的原料，在啤酒酿造中具有不可替代的作用，雌花可入药。

【芳香成分】

芳香特征与香调：气芳香，微甜，味微苦；香调前调。

提取方法与组分：水蒸气蒸馏法，主要成分为蛇麻素、蛇麻酮、石竹烯、香叶烯、葎草烯、法尼烯及相应的醇、酮、酯类。

药理与芳疗作用：啤酒花小剂量有镇静作用，中剂量有催眠作用，大剂量则有麻痹作用；挥发油、水浸剂、浸膏以及蛇麻酮都具有镇静作用；对结核分枝杆菌具有抑菌作用，因此对肺结核有一定改善效果；啤酒花具有较强的雌性激素样作用；精油有镇静作用，在压力、焦虑甚至失眠的时候有帮助；能很好地与柑橘类、花卉类、木材类、草本类和香料类的其他精油混合。

【其他用途】

可将稀释程度极低的啤酒花精油作为天然除臭剂。

36. 荆芥

【名称】

拉丁名：*Nepeta cataria* L.

英文名：Catnip

别　名：假荆芥、樟脑草、猫薄荷

【分类】

类　别：多年生草本植物

科　属：唇形科荆芥属

【产地】

产于我国山西、河南、江苏、湖北、贵州、广西壮族自治区、云南、四川、陕西、甘肃及新疆维吾尔自治区，生于海拔 2500m 以下灌丛中或村边；自中欧经阿富汗，向东至日本均有分布；在美洲及非洲南部栽培，已野化；人工栽培主产安徽、江苏、浙江、江西、湖北、河北等地。

【药食价值】

味辛、微苦，性微温。归肺、肝经。解表散风，透疹。用于感冒，头痛，麻疹，风疹，疮疡初起。炒炭治便血，崩漏，产后血晕。《神农本草经》："主寒热，鼠瘘，瘰疬生疮，破结聚气，下瘀血，除湿痹。"

荆芥的茎叶含有丰富的维生素和微量元素，嫩茎叶可凉拌，作调味品，清香可口，增进食欲，利喉；鱼虾中放入洗净切碎的荆芥叶，可除去鱼腥味。

【芳香成分】

芳香特征与香调：具有强烈香气，气芳香，味微涩而辛凉；香调中调。

提取方法与组分：水蒸气蒸馏法，地上部分含挥发油 1.3%，穗含挥发油约 4.11%，主要成分为右旋薄荷酮、消旋薄荷酮、少量右旋柠檬烯。

药理与芳疗作用：具有镇痛、镇静、祛风作用；辅助治疗胃痛及贫血；民间用其茶剂缓解感冒、发烧、儿童腹痛、肠胃病、肌肉痉挛和偏头痛等；挥发油中的薄荷酮具有镇静镇痛的作用，可用于抗炎；荆芥精油可用于水疗按摩或者香熏，花和叶可制成香草茶，缓解感冒和失眠极有效果。

【其他用途】

具薄荷样的芳香，特别能使猫兴奋，常用于填塞猫玩具。

37. 九里香

【名称】

拉丁名：*Murraya exotica* L.

英文名：Jasminorange

别　名：月橘、千里香、满江香

【分类】

类　别：常绿灌木或小乔木

科　属：芸香科九里香属

【产地】

分布于亚洲热带和亚热带；我国南部的湖南、广东、海南、广西壮族自治区、贵州和云南等地的山野间有野生，中南半岛和马来半岛也有分布；生于疏林中或干燥坡地上，也常栽培。

【药食价值】

味辛、微苦，性温，有小毒。归心、肝、肺经。行气止痛，活血散瘀，解毒消肿。改善胃脘疼痛、风湿痹痛、跌扑肿痛、疮痈、蛇虫咬伤。也用于麻醉止痛。《广西中药志》："行气止痛，活血散瘀。治跌打肿痛，风湿，气痛。"

【芳香成分】

芳香特征与香调：味苦、辛，气香，有麻舌感；香调中调。

提取方法与组分：水蒸气蒸馏法，枝、叶、花挥发性成分得油率为 0.37%～1.60%，主要成分为双环大香叶烯、β-石竹烯、α-石竹烯、δ-杜松烯、匙叶桉油烯醇、反-α-香柠檬烯、大香叶烯 D、β-红没药烯、姜黄烯等。

药理与芳疗作用：所含 β-丁香烯是改善老年慢性支气管炎的有效成分之一，具有一定的平喘作用；医药上以之为强壮剂、健胃剂等；九里香精油在美容方面有着极好的作用，美容养颜、增加皮肤的弹性，让皮肤变得更加圆润有光泽；香味淡雅而不浓烈，既可以净化空气，还可以陶冶情操。

【其他用途】

花、果、树均具有较高的观赏价值。九里香树姿秀雅，枝干苍劲，四季常青，开花洁白而芳香，朱果耀目，是优良的盆景材料。精油可用于工业，如肥皂、化妆品的香精。

38. 柑橘

【名称】

拉丁名：*Citrus reticulata* Blanco

英文名：Tangerine

别　名：黄橘、橘子、柑子

【分类】

类　别：常绿小乔木或灌木

科　属：芸香科柑橘属

【产地】

原产于我国长江以南各省；栽培于丘陵、低山地带、江河湖泊沿岸或平原；在江苏、浙江、安徽、江西、湖北、湖南、广东、广西壮族自治区、海南、四川、贵州、云南、台湾等地均有栽培。

【药食价值】

味甘、酸，性平。归肺、胃经。开胃理气，止渴润肺。治胸膈结气，呕逆，消渴。《日华子本草》："止消渴，开胃，除胸中膈气。"《日用本草》："止渴，润燥，生津。"

果实为我国著名果品之一，富含多种维生素，果肉可直接食用，也可榨汁，果皮可制成橘皮泡茶、煮粥、泡酒等；也可制成蜜饯或配制成药膳。

【芳香成分】

芳香特征与香调：香味强烈、甜美、新鲜，具有柑橘味果香；香调前调。

提取方法与组分：冷榨法和水蒸气蒸馏法。柑橘叶精油是用水蒸气蒸馏法将其叶子蒸馏而得，其主要成分为柠檬醛和芳樟醇；冷榨法果皮精油是淡黄色或橙色的，成分通常是单萜烯（柠檬烯≥65%）、芳樟醇、少量短链脂肪醛。

药理与芳疗作用：挥发油对消化道有刺激作用，可以增加胃液分泌，促进胃肠蠕动，健胃祛风；还有消炎、抗溃疡、抑菌及利胆等效果；橘子精油具有宁静和舒缓的效果，可促进愉悦感和活力感，因此常被用于缓解抑郁和压力；可用于皮肤护理，特别是改善痤疮、油性皮肤、疤痕和妊娠纹。

【其他用途】

柑橘四季常青，树姿优美，是一种很好的庭园观赏植物。柑橘花、叶、果皮都是提取香精的优质原料。柑橘香精油是调配香脂、香水及高级化妆品必不可少的原料，也是高级饮料、点心的调味剂。

39. 菊花

【名称】

拉丁名：*Chrysanthemum morifolium* Ramat.

英文名：Chrysanthemum

别　　名：寿客、金英、黄华

【分类】

类　　别：多年生宿根草本植物

科　　属：菊科菊属

【产地】

原产于中国；17 世纪传入欧洲，后传入美洲，此后中国菊花遍及全球；全国各地均有栽培，药用菊花以浙江、安徽、河南居多。

【药食价值】

味甘、苦，性微寒。归肺、肝经。疏风清热，平肝明目，解毒消肿。缓解外感风热或风温初起，发热头痛，眩晕，目赤肿痛，疔疮肿毒。《日华子本草》："治四肢游风，利血脉，心烦，胸膈壅闷，并痛毒、头痛，作枕明目。"

菊花能入药治病，久服或饮菊花茶能令人长寿；菊花可以做成精美的佳肴，如菊花鱼球、油炸菊叶、菊花鱼片粥、菊花羹、菊酒、菊茶等，这些餐品不但色香味俱佳，而且营养丰富。浸膏和精油可用于花香型日用香精。广泛用于食品饮料行业和烟草工业产品的加香。

【芳香成分】

芳香特征与香调：气清香，味淡微苦；香调中调或基调。

提取方法与组分：水蒸气蒸馏法，得油率为 0.55%，成分以含氧衍生物和倍半萜（萜烯、萜醇、萜酮）为主，也有一些芳香族和脂肪族化合物，萜类化合物主要有樟脑、桉叶素、龙脑、芳樟醇等化合物等。

药理与芳疗作用：菊花中的龙脑成分可用于闭证神昏，目赤肿痛，喉痹口疮，疮疡肿痛，溃后不敛等；菊花水煎醇沉制剂有扩张冠脉，增加冠脉流量的作用；菊花提取物具有清除氧自由基的能力，可以延缓衰老；菊花精油被人们合理使用可以起到舒缓情绪的作用，而且菊花精油还有祛痘防过敏的作用。

【其他用途】

菊花具有观赏价值，每年秋天各地都会举行菊花会、菊展等各种形式的赏菊活动。

40. 龙蒿

【名称】

拉丁名：*Artemisia dracunculus* Linn.

英文名：Tarragon

别　　名：狭叶青蒿、青蒿、香艾菊

【分类】

类　　别：半灌木状草本

科　　属：菊科蒿属

【产地】

原产于欧洲东南部、西亚；分布于法国、荷兰等地；亚洲也有栽培，在我国分布于黑龙江、吉林、辽宁、内蒙古自治区、河北（北部）、山西（北部）、陕西（北部）、宁夏回族自治区、甘肃、青海和新疆维吾尔自治区。

【药食价值】

味辛、微苦，性温。祛风散寒、宣肺止咳。主治风寒感冒、咳嗽气喘，治暑湿发热、虚劳。具有和脾胃、消痰饮、安心神的功效。

在春季其鲜嫩的茎叶可以直接当作蔬菜食用；在法国烹饪中常用于肉禽、蛋类、鱼类和番茄制品中作香辛料；新鲜的龙蒿香草也可以用于酿制风味醋，还可以作为一些蔬菜制备物、肉类、调味料和汤的风味剂。俄国龙蒿气味较为缓和，通常用于沙拉。在高加索地区，俄国龙蒿常用来制作碳酸饮料塔尔洪。新疆维吾尔自治区龙蒿的嫩叶有花椒的麻辣味，主要被用来烹调或腌制食用，其干草则被用作牲畜饲料。龙蒿精油作为香料广泛用于软饮料、冰淇淋、口香糖、果冻以及烤制食品。

【芳香成分】

芳香特征与香调：具有特殊香味，味道辛香浓郁，近似花椒或甘草和甜罗勒；香调中调。

提取方法与组分：水蒸气蒸馏法，干草含挥发油为 1%～2%，通常含有 60%～75% 的龙蒿脑。

药理与芳疗作用：龙蒿精油能够刺激肠胃、促进消化，有助于改善厌食、消化不良、肠胃气胀、打嗝和胃部痉挛；还可以缓解月经疼痛和调理月经周期；龙蒿精油在蒸汽疗法中或稀释在浴盆中使用，有助于缓解消化不良和月经疼痛；可作复方按摩油，用于改善消化问题和泌尿生殖系统的疾病。

41. 罗勒

【名称】

拉丁名：*Ocimum basilicum* L.

英文名：Basil

别　名：九层塔、兰香、金不换、甜罗勒

【分类】

类　别：一年生草本植物

科　属：唇形科罗勒属

【产地】

原产于非洲、美洲及亚洲热带地区；中国主要分布于新疆维吾尔自治区、吉林、河北、河南、浙江、江苏、安徽、江西、湖北、湖南、广东、广西壮族自治区、福建、台湾、贵州、云南及四川，多为栽培，南部各省区也有野生的。

【药食价值】

味辛、甘，性温。归肺、脾、胃、大肠经。有疏风行气，化湿消食、活血、解毒之功能。用于外感头痛、食胀气滞、脘痛、泄泻、月经不调、跌打损伤、蛇虫咬伤、皮肤湿疮、瘾疹痛痒等症的治疗。

叶可食，也可泡茶饮，有驱风、芳香、健胃及发汗作用；可用作比萨饼、意粉酱、香肠、汤、番茄汁、淋汁和沙拉的调料。

【芳香成分】

芳香特征与香调：绿色草本植物的芳香中带有胡椒的味道、油状中略带甘草的味道；香调中调。

提取方法与组分：水蒸气蒸馏法，得油率为 0.02%～0.04%，主要化学组成为芳樟醇、丁香酚、小茴香醇、大茴香醚、罗勒烯、丁香酚甲醚、甲基胡椒酚、1,8-桉叶素、4-松油醇、己酸、十六酸、柠檬烯、α-蒎烯，还含有少量的龙脑。

药理与芳疗作用：罗勒精油对头脑有刺激、振奋作用，可以用于各种与压力有关的症状，如肌肉紧张、头痛、注意力不集中和神经消化不良；可以促进伤口愈合、加速结痂形成和创面收缩、促进肉芽组织形成，对感染创面的细菌和真菌微生物均有明显抑制作用；罗勒精油气味清凉，对神经系统有很强的刺激作用，疲劳时使用立即振奋精神，对于精神不集中、长期精神涣散、无精打采、疑惑都有疗效；帮助增加记忆力；罗勒精油具有社交活性，能帮助激发人们对于富贵、商业成功的追求。

【其他用途】

罗勒叶色翠绿或红紫，花簇鲜艳，具有芳香气味，可作为庭院园艺观赏植物栽培。

42. 留兰香

【名称】

拉丁名：*Mentha spicata* L.

英文名：Spearmint

别　名：绿薄荷、香花菜、香薄荷、青薄荷、血香菜、狗肉香、土薄荷

【分类】

类　别：多年生草本植物

科　属：唇形科薄荷属

【产地】

原产于南欧，加那利群岛，马德拉群岛，俄罗斯；我国河南、河北、江苏、浙江、广东、广西壮族自治区、四川，贵州，云南等地有栽培或野生，新疆维吾尔自治区有野生。

【药食价值】

味辛、甘，性微温。疏风，理气，止痛。《全国中草药汇编》："祛风散寒，止咳，消肿解毒。主治感冒，咳嗽，胃痛，腹胀，神经性头痛；外用治跌打肿痛，眼结膜炎，小儿疮疖。"

嫩枝、叶常作调味香料食用；可添加于调味品中增加料理风味，多用于甜菜、面点、汤类和饮料之中；留兰香精油在国内外均广泛应用于非酒精性饮料、酒精性饮料、冰淇淋、糖果、果冻、口香糖、焙烤食品和薄荷冻之中。

【芳香成分】

芳香特征与香调：有点水果味、薄荷味，气味新鲜、甜略带果香；香调中调。

提取方法与组分：水蒸气蒸馏法，得油率 0.6%~0.7%，主要成分为香芹酮，含量高达60%~65%，其次为二氢香芹酮，此外还有香芹醇、二氢香芹醇、柠檬烯、水芹烯等，但不含薄荷脑。我国留兰香挥发油主要化学成分为左旋-香芹酮（45%~65%），其他成分有 α-蒎烯、β-蒎烯、月桂烯、水芹烯、柠檬烯、1,8-桉叶素等。有报道称欧洲产的留兰香挥发油主要成分为香芹酮和二氢香芹醇（67.6%）等。

药理与芳疗作用：留兰香精油具有驱风解表、消炎镇痛、驱杀蚊虫等功效；具有良好的抗菌活性以及抗炎、抗氧化作用；留兰香精油作为薄荷精油的替代品，十分受大众欢迎；其具有缓解使用者的精神压力、心理焦虑、减轻疲惫感与恶心感的芳疗效果。

【其他用途】

印第安人用留兰香来驱虫杀跳蚤。留兰香精油常用于牙膏、香皂的加香。

43. 辣根

【名称】

拉丁名：*Armoracia rusticana* G. Gaertn，B. Mey & Scherb.

英文名：Horseradish

别　名：马萝卜、山葵萝卜

【分类】

类　别：多年生草本植物

科　属：十字花科辣根属

【产地】

原产于欧洲南部，主要分布于白俄罗斯、爱沙尼亚、拉脱维亚、立陶宛、摩尔多瓦、乌克兰；我国黑龙江、吉林（长春市）、辽宁（鞍山市）及北京等地庭园及药圃间有栽培。

【药食价值】

味辛，性温。归胃、胆、膀胱经。具有辛温解表，温中健脾，助肾利尿，兴奋神经的功效，改善消化不良、小便不利、胆囊炎、前列腺炎和关节炎，也可内服作兴奋剂使用。《本草纲目》："辣根茎入药可养胃，促消化，增食欲，爽精神等。"

辣根之根有辛辣味，可作菜肴的调味品；中国当地民间常用辣根做一种风味蔬菜烹饪，具有刺激鼻窦的香辣味道；在欧洲国家，辣根多用作烤牛肉等菜肴的作料。辣根主要用作罐头食品的调味品，具有增香防腐作用。也可作辣酱油、咖啡粉、鲜酱油的原料。在日本，辣根是制作绿芥末的主要原材料，常用于代替山葵。

【芳香成分】

芳香特征与香调：味辛辣、刺激；香调中调或基调。

提取方法与组分：水蒸气蒸馏法，根状茎挥发油，主要化学组成为烯丙基异硫氰酸酯、4-戊烯基异硫氰酸酯、3-丁烯基异硫氰酸酯、苯基异硫氰酸酯、苄基异硫氰酸酯。

药理与芳疗作用：有助于增强人体免疫功能，提高人体抗病能力；辣根精油具有激励效果，可以刺激神经产生兴奋效果，同时还具有增进食欲、美容明目的作用。

【其他用途】

植株可作饲料用。

44. 冷杉

【名称】

拉丁名：*Abies fabri*（Mast.）Craib

英文名：Fir

别　名：塔杉

【分类】

类　别：常绿乔木

科　属：松科冷杉属

【产地】

产于四川大渡河流域、青衣江流域、乌边河流域、金沙江下游、安宁河上游（冕宁）及都江堰市（巴郎山）等地的高山上部；分布于欧洲、亚洲、北美洲、中美洲及非洲最北部的亚高山至高山地带。

【药食价值】

味辛，性温，无毒。入肝、肺、胃、小肠四经；治发痧气痛，胸腹冷痛及小肠疝气。

【芳香成分】

芳香特征与香调：具有泥土味，气味清新，甘甜，带有木质感；香调中调。

提取方法与组分：水蒸气蒸馏法，主要化学组成为乙酸龙脑酯、α-蒎烯、β-蒎烯、莰烯、柠檬烯、δ-3-蒈烯、β-水芹烯、白檀油素、龙脑、水茴香烯、双戊烯、倍半萜等。

药理与芳疗作用：冷杉精油能作用于人类的呼吸系统，预防上呼吸道感染；同时能放松自主神经、舒缓情绪、缓解压力、帮助改善睡眠状况；冷杉精油在芳香疗法中常被应用于呼吸系统、肌肉骨骼和免疫系统；气味可以使人头脑清醒，同时冷杉精油还可以用于皮肤护理、呼吸疾病、抗抑郁症、缓解关节疼痛等；可用于预防感冒、流感、支气管炎、咳嗽、关节炎、风湿病、肌肉疼痛、鼻窦炎；改善精神疲劳、睡眠障碍的情况，提高人体免疫力、减少焦虑、护理皮肤、抗炎止痛、驱虫镇静。

【其他用途】

冷杉的树干姿态优美，树冠呈圆锥形或尖塔形，枝叶茂密，四季常青，可作园林树种；也可培育作为圣诞树。

45. 灵香草

【名称】

拉丁名：*Lysimachia foenum-graecum* Hance

英文名：Lysimachia foenum-graecum Hance

别　名：零陵香、排草

【分类】

类　别：多年生草本植物

科　属：报春花科珍珠菜属

【产地】

产于云南东南部、广西壮族自治区、广东北部和湖南西南部；四川、贵州等地也有种植；分布在海拔 800~1700m 的山谷及河边的林下阴湿处。印度也有分布。

【药食价值】

味甘、淡，性平。归肺、胃经。用于感冒头痛、牙痛、咽喉肿痛、胸满腹胀、蛔虫病。《广西中药志》："散风寒，辟瘟疫岚瘴。治时邪感冒头痛。"《湖南药物志》："用于头风旋运，痰逆恶心，懒食。"

灵香草是麻辣火锅和卤水运用普遍的一种香料，用量在 3~5g，有增香作用。

【芳香成分】

芳香特征与香调：气味芳香，浓郁持久；香调中调。

提取方法与组分：水蒸气蒸馏法，全草含挥发油 0.21%，其化学成分因产地、提取方法等不同而有一定差异，主要组成为 3,5,5-三甲基己醇（1.15%）、β-蒎烯（10.31%）、丁酸戊酯（2.89%）、紫苏醛（1.44%）、2-甲基丁酸甲酯（0.86%）、辛酸甲酯（1.25%）、异丁酸香叶酯（1.66%）、十一酮-2（3.93%）、癸烯酸甲酯（7.49%）、癸酸甲酯（5.40%）、香树烯（6.79%）、β-芹子烯（11.17%）、反-β-金合欢烯（2.09%）、α-榄香烯（1.35%）等。

药理与芳疗作用：灵香草的水煎剂有抑制及灭活流感病毒的作用；灵香草提取物通过在脂肪形成和脂肪代谢的过程中起作用而具有抗肥胖的功效；灵香草用于芳疗时，可以起到提神醒目的功效，同时可以缓解腰酸背痛、少妇经痛、高山反应等症状。从药理上讲，这种香因有引发堕胎或流产的可能，故不主张孕妇使用。

【其他用途】

可以提炼香精，用作烟草及香脂等香料；具有保护藏书、茶叶、衣物等功效，也有杀虫、驱虫、防虫的作用。灵香草因其本身特性，还可用来香化居室、衣料、身体，填充睡枕，缝制香荷包等，起到净化环境的作用。

46. 连翘

【名称】

拉丁名：*Forsythia suspensa*（Thunb.）Vahl

英文名：Fructus forsythiae

别　名：黄花杆、黄寿丹

【分类】

类　别：落叶灌木

科　属：木犀科连翘属

【产地】

主产于我国河北、山西、安徽、河南、湖北、陕西、甘肃、宁夏回族自治区、山东、四川等地；多生于海拔 1000m 左右的山坡灌丛、疏林及草丛中；一般为野生，全国各地有栽培，日本也有栽培。

【药食价值】

味苦，性微寒。入心、肝、胆经。清热解毒，消肿散结。缓解风热感冒、热淋尿闭；用于痈疽、肿毒、瘰疬、瘿瘤、喉痹。《神农本草经》："主寒热，鼠瘘，瘰疬，痈肿，恶疮，瘿瘤，结热。"

可将连翘加入清水煎制，用煎好的药汁冲泡绿茶，或者直接将连翘与绿茶一起泡开水饮用；此外，还可以将连翘与青皮、瓜蒌、桃仁、橘叶一起泡酒，泡制时还可以加入一些甘草、柴胡、皂角刺。

【芳香成分】

芳香特征与香调：气芳烈，带有木质味、草本味；香调中调。

提取方法与组分：水蒸气蒸馏法，果实得油率约为 0.4%，主要成分有 α-蒎烯、β-蒎烯、柠檬烯和 α-松油醇等；种子中挥发油含量在 4% 以上，主要成分有 α-蒎烯、β-蒎烯等，β-蒎烯为种子挥发油中的主要成分，平均含量达 52%，可作为 β-蒎烯生产的原料资源。

药理与芳疗作用：连翘精油可应用于医疗保健，其含有高比例的蒎烯成分，可增强肾上腺素，增强抗压能力；同时，连翘精油的强烈气味使其具有驱虫作用。

【其他用途】

连翘籽油可供制造肥皂及化妆品，又可制造绝缘漆及润滑油等；此外，连翘树姿优美，是早春优良观花灌木，可以做成花篱、花丛、花坛等，在绿化美化城市方面应用广泛，是观光农业和现代园林难得的优良树种。

47. 辣薄荷

【名称】

拉丁名：*Mentha piperita* Linn.

英文名：Peppermint

别　　名：胡椒薄荷、椒样薄荷、欧薄荷

【分类】

类　　别：多年生草本植物

科　　属：唇形科薄荷属

【产地】

原产于欧洲及地中海沿岸一带；埃及、印度、南美洲、北美洲有引进；我国目前河北、江苏、浙江、安徽、陕西、四川等地有栽培。

【药食价值】

味辛辣、性凉。归肺、肝经。疏散风热，解毒散结。主治风热感冒、头痛、目赤、咽痛、痄腮。《本草纲目》："薄荷，辛能发散，凉能清利，专于消风散热。故头痛、头风、眼目、咽喉、口齿诸病、小儿惊热、及瘰疬、疮疥为要药。"

胡椒薄荷的叶片经常被用来调理汤类、炖肉、沙拉，还可以用于制作薄荷冻；辣薄荷油大量用于口香糖、糖果、酒类和饮料中。

【芳香成分】

芳香特征与香调：味新鲜、清凉，给人明亮的印象，具有薄荷味；香调前调。

提取方法与组分：水蒸气蒸馏法，得油率为 0.09%，主要化学组成为芳樟醇、薄荷脑、薄荷酮、薄荷呋喃和乙酰薄荷酯等。

药理与芳疗作用：胡椒薄荷精油具有抗炎、镇痛、止痉的作用；主要成分为薄荷醇和薄荷酮，薄荷酮具有影响黏膜分泌物和促进伤口愈合的作用，所以胡椒薄荷精油对支气管炎和哮喘有改善作用；又因为它具有消炎、止痒和镇痛的作用，所以也被用于湿疹、皮疹和皮肤瘙痒；此外还可以缓解头痛、偏头痛、神经痛和坐骨神经痛等症状；胡椒薄荷精油的气味可以刺激心灵，使人恢复活力，嗅闻胡椒薄荷精油还可以起到缓解情绪焦虑、精神疲劳以及减轻恶心呕吐、肌肉疼痛等症状的作用。

【其他用途】

辣薄荷油可用于香皂、牙膏、香水、化妆品、剃须后用品、止咳糖的加香和烟草的矫味剂。

48. 玫瑰

【名称】

拉丁名：*Rosa rugosa* Thunb.

英文名：Rose

别　　名：徘徊花、笔头花、蓓蕾花

【分类】

类　　别：常绿或落叶直立灌木

科　　属：蔷薇科蔷薇属

【产地】

主产地有保加利亚、土耳其、摩洛哥、法国等；我国主产区位于江苏、浙江、福建、山东、四川、甘肃等地。

【药食价值】

味甘、微苦，性温。归肝、脾经。《本草正义》："玫瑰花，香气最浓，清而不浊，和而不猛，柔肝醒胃，流气活血，宣通窒滞而绝无辛温刚燥之弊，断推气分药之中、最有捷效而最为驯良者，芳香诸品，殆无其匹。"《食物本草》："主利肺脾，益肝胆，辟邪恶之气，食之芳香甘美，令人神爽。"《本草纲目拾遗》："和血行血，理气。治风痹。"

部分品种可作食用。

【芳香成分】

芳香特征与香调：芳香扑鼻的清新味道，如香格里拉春天的香气；香调前调、中调、基调。

提取方法与组分：水蒸气蒸馏法提取大马士革玫瑰挥发油，得油率为0.04%，紫枝与丰花玫瑰为0.03%左右。挥发性油是玫瑰香气的主要来源，它包含香茅醇、橙花醇、苯乙醇、合欢醇及其脂类、玫瑰醚、甲基丁香酚等270多种芳香成分，是名贵的天然香料，具有优雅、柔和、细腻、甜香若蜜、芬芳四溢的独特玫瑰花香。

药理与芳疗作用：激励脑内啡与多巴胺生成，血清素受体的拮抗效应，抗惊厥，抗痉挛，能有效缓解长期压力下的压抑、肾绞痛、术后疼痛、癫痫等；具有抑制血管收缩素转化酶、胰脂肪酶、α-葡萄糖酶作用；可抑制组胺受体，适用于缓解高血压、心血管疾病、糖尿病；还具有抗炎、抗菌、通经和催眠作用；用作护理皮肤，可消炎、淡化疤痕。

49. 迷迭香

【名称】

拉丁名：*Rosmarinus officinaliss* Linn.

英文名：Rosemary

别　名：油安草

【分类】

类　别：常绿灌木

科　属：唇形科迷迭香属

【产地】

原产于欧洲及非洲地中海沿岸；主产地在法国、西班牙、突尼斯、摩洛哥；我国引种栽培于园圃中。

【药食价值】

味辛，性温。《本草拾遗》："主恶气。"《海药本草》："合羌活为丸散，夜烧之，辟蚊蚋。"《中国药用植物图鉴》："为强壮剂，发汗剂，且为健胃、安神药，能治各种头痛症。和硼砂混合作成浸剂，为优良的洗发剂，且能防止早期秃头。"

食用香辛料。

【芳香成分】

芳香特征与香调：似樟脑树味，也像焚香与蜂蜜的味道，伴有浓浓的药草味；香调前调。

提取方法与组分：以花、茎和叶为主，其中叶含挥发油最多，可采用水蒸气蒸馏法提取，得油率为 0.4%~1%，主要化学成分包括 α-蒎烯（21.67%）、1,8-桉叶素（20.48%）、香叶醇（7.23%）、马鞭烯酮（6.13%）、龙脑（5.78%）、桃金娘烯醇（4.65%）、芳樟醇（3.78%）、樟脑（3.32%）、α-松油醇（3.08%）、莰烯（2.74%）、β-蒎烯（1.77%）、月桂烯（1.60%）、γ-松油烯（1.21%）、α-异松油烯（1.16%）、4-松油醇（1.09%）等。

药理与芳疗作用：挥发物能抑制肉毒梭状芽孢杆菌、大肠杆菌、金黄色葡萄球菌等细菌生长，有抗菌作用；精油有很强的穿透力，是改善呼吸系统的良药，对普通感冒、鼻喉黏膜炎、鼻窦炎和气喘都很有效；可以调理心脏、肝脏和胆囊，降低血胆固醇浓度；还有助于缓解紧张；防止早期脱发；改善乏力、消化不良、静脉曲张，具有止痛、抗细菌、抗真菌、抗抑郁、抗氧化、抗痉挛、驱风、利尿、通经、保肝的功效。

【其他用途】

迷迭香、羌活各适量，研为丸，晚上烧之，可以驱蚊。

50. 牡丹

【名称】

拉丁名：*Paeonia suffruticosa* Andrews

英文名：Peony

别　名：花王、木芍药、富贵花、洛阳花

【分类】

类　别：落叶灌木

科　属：芍药科芍药属

【产地】

原产于我国秦淮岭和大巴山区；广泛分布与我国华北、华中及西北的部分地区。

【药食价值】

味苦、辛，性微寒，根皮可入药。《神农本草经》："主寒热，中风瘈疭、痉、惊痫邪气，除坚癥瘀血留舍肠胃，安五脏，疗痈疮。"

花瓣可食用，其味鲜美。

【芳香成分】

芳香特征与香调：浓郁的花香味；香调中调。

提取方法与组分：蒸馏提取牡丹皮挥发油，得油率为 0.5%，其中含量最高的是芍药醇（88.65%）。

药理与芳疗作用：能渗透到血管和淋巴，帮助血液循环，促进皮肤细胞修复与再生，保养皮肤；改善微细血管，排除多余脂肪及毒素，增加肌肤的紧实度，使肌肤更加饱满有光泽；能改善和调整人的紧张情绪，醒脑明目，增强智力，提高记忆力。

51. 木姜子

【名称】

拉丁名：*Litsea pungens* Hemsl.

英文名：Pungent litse fruit

别　名：木香子

【分类】

类　别：落叶小乔木

科　属：樟科木姜子属

【产地】

主产于我国湖北、湖南、广西壮族自治区、广东、贵州、云南、四川、西藏自治区、甘肃、陕西、河南、山西和浙江等地，生长于溪旁和山地阳坡杂木林中或林缘，海拔 800~2300m。

【药食价值】

味辛、性温。《重庆草药》："逐寒，镇痛，健胃，消饱胀。治心胃冷气痛，冷骨风，寒食摆子，痛经。"《湖南药物志》："祛风散寒。"《贵州民间药物》："健脾燥湿，助消化，外治疮毒。"

可作食用香辛料。

【芳香成分】

芳香特征与香调：青柠檬的香味，带有清新香甜的果香、酸柠檬的气息；香调前调或中调。

提取方法与组分：水蒸气蒸馏法提取，主要成分为 α-柠檬醛、β-柠檬醛、柠檬烯、香茅醛、芳樟醇、牻牛儿醇等。

药理与芳疗作用：能扩张支气管，有平喘效果；降低心室颤动的发生率，有抗心律失常作用；抑制黄癣菌、断发毛癣菌、絮状表皮癣菌、石膏样孢子菌等多皮肤癣菌，具有抗菌作用；具有温中行气、燥湿健脾、解毒消肿的功效；主要缓解胃寒腹痛、暑湿吐泻、食滞饱胀、痛经、疝痛、疟疾、疮疡肿痛；煎水热敷或热浸可缓解风湿骨痛、四肢麻木、腰腿病及跌打损伤。

52. 牡蒿

【名称】

拉丁名：*Artemisia japonica* Thunb. subf. angustissima（Nakai）Pamp.

英文名：Japanese Wormwood

别　名：齐头蒿、臭艾、土柴胡、菊叶柴胡、香青蒿、南牡蒿

【分类】

类　别：草本植物

科　属：菊科蒿属

【产地】

我国除新疆维吾尔自治区、青海和内蒙古自治区外，广泛分布；俄罗斯、朝鲜、日本均有分布。

【药食价值】

味苦、微甘，性寒，归心、肺、大肠经。《名医别录》："主充肌肤，益气，令人暴肥。"《分类草药性》："治伤寒结胸，热症发狂，补五痨七伤，治痔疮酒毒下血。"

嫩苗可食。

【芳香成分】

芳香特征与香调：气香；香调中调。

提取方法与组分：水蒸气蒸馏法提取，得油率为 0.05%~0.30%，平均含量为 0.18%，主要成分为环己酮（30.14%）、氧化石竹烯（9.74%）、邻二甲苯（4.72%）、2-香豆酸（4.38%）、（Z,E）-α-金合欢烯（3.88%）、（E）-α-金合欢烯（3.80%）、β-石竹烯（3.31%）等。

药理与芳疗作用：有平喘、解表、清热之效，主要用于临床上用于改善外感风热、恶风汗出、头痛口干、咳嗽咽痛、外感热邪；有祛风除湿、解毒消肿等功用。

53. 茉莉花

【名称】

拉丁名：*Jasminum sambac*（Linn.）Aiton

英文名：Jasmine

别　名：茉莉、香魂、莫利花、末丽

【分类】

类　别：常绿灌木

科　属：木犀科素馨属

【产地】

原产于印度、伊朗南部和我国西部；主要产地在摩洛哥、埃及、印度；在我国南部广东、广西壮族自治区、云南、四川、福建等地区栽培较多。

【药食价值】

味辛、甘，性温，入脾、胃、肝经。《本草再新》："解清虚火，能去积寒。并能治疮毒，消疝瘤。"《福建药物志》："安神。治头痛头晕。"《饮片新参》："平肝解郁，理气止痛。"

可作花茶食用。

【芳香成分】

芳香特征与香调：香气袭人，非常浓郁的异国情调；香调基调。

提取方法与组分：脂吸法或以溶剂萃取花瓣，得油率一般为 0.2%~0.3%，主要成分为乙酸苄酯、苯甲醇及其酯类、β-石竹烯、茉莉花素、芳樟醇、安息香酸芳樟醇酯等。

药理与芳疗作用：能启动过氧化物酶体增殖物活化受体 α（PPAR-α），调节肝脏脂肪代谢，抗结核；促进催产素分泌，具有调节子宫的功能，可缓解经痛和经期子宫痉挛等症，也可用于改善某些男性病症及增强男性功能；抑制过高的雌激素，减缓环境激素的刺激；提高脑中 γ-氨基丁酸的效用，抗抽搐；抗抑郁、抗压力和增强信心，让阳光照进心坎，引爆热情与自信。

54. 梅

【名称】

拉丁名：*Prunus mume* Sieb. et Zucc.

英文名：Plum blossom

别　名：绿萼梅、绿梅花、白梅花

【分类】

类　别：落叶乔木或灌木

科　属：蔷薇科李属

【产地】

原产于我国，是亚热带地区的特产果树；主产于我国福建、四川、湖南等地，我国南方各省均有栽培，道地产区为江苏省、浙江省。

【药食价值】

味苦、微甘、微酸，性凉，归肝、胃、肺经。《本草原始》："清头目，利肺气，去痰壅滞上热。"《药性纂要》："助胃中生发之气，清肝经郁结之热。"《本草纲目拾遗》："安神定魂，解先天痘毒、凡中一切毒。"

可食用或泡水代茶。

【芳香成分】

芳香特征与香调：别具神韵，清逸幽雅的暗香味；香调中调。

提取方法与组分：通过水蒸气蒸馏提取梅花挥发油，得油率0.1%，主要成分为苯甲醛（42.93%）、苯甲酸苄酯（9.16%）、二十一烷（7.96%）、二十三烷（7.39%）、棕榈酸（3.62%）和3-烯丙基-6-甲氧基苯酚（2.51%）等。

药理与芳疗作用：疏肝和胃，理气化痰，芳香轻而走窜，入肝经可疏肝解郁，入胃可理气和胃，入肺可理气化痰，有疏肝和胃、理气化痰效用；嗅闻其香气有利于勇敢、独立自信、坚毅。

55. 没药

【名称】

拉丁名：*Commiphora myrrha*（Nees）Engl.

英文名：Myrrh

别　名：末药

【分类】

类　别：低矮乔木

科　属：橄榄科没药树属

【产地】

原产于索马里、埃塞俄比亚以及阿拉伯半岛南部；分布于热带非洲和亚洲西部；主产地为索马里、苏丹、也门、埃塞俄比亚、沙特阿拉伯。

【药食价值】

味辛、苦，性平；归心、肝。《本草纲目》："散血消肿，定痛生肌。乳香活血，没药散血，皆能止痛消肿生肌，故二药每每相兼而用。"

【芳香成分】

芳香特征与香调：有浓厚的烟味以及苦味；香调基调。

提取方法与组分：蒸馏萃取或溶剂萃取，得油率2.5%～9%，主要成分为丁香油酚、间-苯甲酚、枯醛、蒎烯、二戊烯、柠檬烯、桂皮醛、罕没药烯等。有的没药挥发油含α-没药烯及β-没药烯、dl-柠檬烯等。

药理与芳疗作用：具有抗霉菌功能，可改善念珠菌引起的阴道炎；杀菌、抗发炎功效，对口腔溃疡、牙龈问题很有益；具有活血止痛、消肿生肌的功效；主要用于瘀血阻滞所致的跌打损伤、瘀滞肿痛、疮疡溃后久不收口；缓解胸痛、心腹痛、痛经、产后腹痛、风湿痹痛，癥瘕积聚等；在泡脚的热水中滴入几滴没药精油，可达到活血经络，去除脚气脚臭的效果；也是制造香水的基础香精之一，温暖宜人，增强脑部活力，恢复身心朝气。

56. 鲁沙香茅

【名称】

拉丁名：*Cymbopogon martini*（Roxb.）J. F. Watson

英文名：Palmarosa

别　　名：玫瑰草、马丁香茅、印度天竺葵

【分类】

类　　别：草本植物

科　　属：禾本科香茅属

【产地】

原产于印度；主要产地为印度、尼泊尔、马达加斯加、巴基斯坦、巴西等。

【药食价值】

传统医学用于发热、支气管炎、痢疾、脱发、风湿、关节炎、腰痛、抑郁、疲劳、焦虑、紧张、痉挛、鼻窦炎、中耳炎、乳腺炎、膀胱炎、阴道炎、宫颈炎、痤疮等。

精油用于冰淇淋和口香糖等产品的调味。

【芳香成分】

芳香特征与香调：花香干草味，非常甜并散发玫瑰般的气味；香调中调。

提取方法与组分：水蒸气蒸馏法提取，主要成分为柠檬醛、香茅醛、牻牛儿酯、香叶酮等。

药理与芳疗作用：抗多种细菌、抗霉菌、抗病毒；适用于尿道炎、膀胱炎、阴道炎、子宫颈炎、输卵管炎、分娩、白色葡萄球菌感染的粉刺面疱、干性与渗水性湿疹、口咽炎、细菌性与病毒性肠炎、心脏无力、病毒血症；香气使人感到缓和，充满活力。

【其他用途】

日用化学香精。

57. 牛至

【名称】

拉丁名：*Origanum vulgare* L.

英文名：Common origanum

别　　名：止痢草、土香薷、小叶薄荷、五香草、满山香

【分类】

类　　别：草本植物

科　　属：唇形科牛至属

【产地】

原产于欧洲，从地中海沿岸至印度均有分布；我国有野生资源，分布于华北、西北及长江以南各地，广东、广西壮族自治区、上海等地均有种植，主产于云南、四川、贵州。

【药食价值】

味辛、微苦，性凉，入肺、脾、胃三经；《滇南本草》："解表除邪。治中暑头疼，暑泻，肚肠疼痛，暑热咳嗽，发汗，温胃和中。"《贵州民间药物》："解表止痛，散皮肤湿热。治伤风发热，止呕吐。"

可作调味品，烹调菜肴，也可泡茶饮用。

【芳香成分】

芳香特征与香调：带有草本的、强烈的、绿色的气味，有百里香酚的辣香味；香调中调。

提取方法与组分：水蒸气蒸馏提取牛至挥发油，平均得率 0.16%，主要成分为香芹酚、百里香酚、醋酸牻牛儿酯、ρ-伞花烃、γ-松油烯等。

药理与芳疗作用：具有抗菌作用，香芹酚和百里香酚能迅速穿透病原微生物细胞膜，使细胞内容物流失并组织线粒体吸取氧气而抑杀细菌，对福氏痢疾杆菌、宋内痢疾杆菌、志贺痢疾杆菌、金黄色葡萄球菌、白色葡萄球菌、大肠杆菌、伤寒杆菌、甲型副伤寒杆菌、变形杆菌有显著抑菌作用；能增强巨噬细胞功能，有抗感染、增强免疫力的作用；提取物有显著抗氧化作用，可用于肠弛缓、促进食欲、改善消化，有祛痰作用；嗅闻香气平衡新陈代谢，稳定情绪，增加安全感。

58. 南欧丹参

【名称】

拉丁名：*Salvia sclarea* L.

英文名：Clary Sage

别　名：香紫苏、快乐鼠尾草、莲座鼠尾草

【分类】

类　别：草本植物

科　属：唇形科鼠尾草属

【产地】

原产于欧洲意大利、法国、德国、瑞士、俄罗斯、叙利亚等地；主要产地为俄罗斯、乌克兰、法国、摩洛哥、美国、保加利亚；20 世纪 70 年代引入我国，在江苏、安徽、湖北、广东、云南、山西、河南、河北等地有栽培。

【药食价值】

味苦、辛，性平。以全草入药，有清热解毒、活血、镇痛的功效。

可作食用香辛料。

【芳香成分】

芳香特征与香调：一种舒适的草木香气，带有药草的气息，又带点坚果香，有些厚重的感觉；香调中调。

提取方法与组分：水蒸气蒸馏法提取，得油率为 0.7%~1.5%，主要成分为芳樟醇、α-松油醇、乙酸芳樟酯、β-石竹烯、香附烯等。

药理与芳疗作用：类雌激素，有催情作用；补强静脉，抗细菌、抗真菌作用；抗高胆固醇，诱发细胞凋亡；抗痉挛、抗癫痫、补神经（延髓与小脑）、启动鸦片类受体、调节多巴胺；缓解压力或焦虑；能迅速缓解从激素引起的情绪波动到经期痉挛疼痛等常见症状；适宜缓解焦虑、失眠、情绪沮丧、更年期症状、经前综合征。

59. 柠檬草

【名称】

拉丁名：*Cymbopogon citratus*（D. C.）Stapf

英文名：Lemongrass

别　　名：柠檬香茅、香茅草

【分类】

类　　别：草本植物

科　　属：禾本科香茅属

【产地】

原产于西印度及锡兰地区；主产地为西印度群岛、印度、危地马拉、马达加斯加等地区；我国分布于广东、广西壮族自治区、海南、福建、台湾、浙江、云南、四川等地区。

【药食价值】

味辛，性温。归肺、膀胱经。《广东中药》："祛风消肿。主治头晕头风，风疾，鹤膝症，止心痛。"《岭南采药录》："散跌打伤瘀血，通经络。头风痛，以之煎水洗。将香茅与米同炒，加水煎饮，止水泻。煎水洗身，可祛风消肿，解腥臭。提取其油，可止腹痛。"

可作食用香辛料。

【芳香成分】

芳香特征与香调：强烈、新鲜、青柑橘样、微带木香的香气；香调中调。

提取方法与组分：水蒸气蒸馏法提取，鲜叶得油率 0.5% 左右，干全草得油率 0.4% ~ 0.8%，主要成分为柠檬醛，含量可至 75% ~ 85%。

药理与芳疗作用：通过作用于麦角甾醇生物合成而发挥抗真菌活性；抑制花生四烯酸途径中的有关酶，有抗炎和氧化还原保护活性，抗癌、抗诱变等功用；滋润肌肤，有助于女性养颜美容；具有柠檬的香味，泡茶饮用有杀菌剂的效果，可预防传染病，帮助消化，驱蚊虫，抗沮丧等。

60. 柠檬马鞭草

【名称】

拉丁名：*Aloysia citriodora* Ortega ex Pers.

英文名：Lemon verbena

别　　名：橙香木

【分类】

类　　别：草本植物

科　　属：马鞭草科橙香木属

【产地】

主产地为巴拉圭、摩洛哥、埃及、智利、秘鲁、哥伦比亚。

【药食价值】

性凉，味苦。

食用香料。

【芳香成分】

芳香特征与香调：丰富的气味层次，带有花香的柠檬味，散发出复杂香甜气味；香调中调。

提取方法与组分：水蒸气蒸馏法提取，得油率为 0.1% ~ 0.7%，主要化学成分以环烯烃和烯醛类化合物为主，它们约占挥发油化合物组成的 60% 左右，其中柠檬醛为 47.59%（顺式和反式之和）。

药理与芳疗作用：具有抗痉挛功效，对因压力等引起的消化系统问题——胃痉挛、胃胀气、消化系统病毒性感染等有积极的帮助；其含有的柠檬烯对肝脏胰腺的解毒作用非常好，用于肝脏、胰腺与胆囊，养肝利胆，激励消化系统重振；抗各类感染，强效消炎、止痒；消除疲劳，强效镇静，抗神经痛；助消化，激励胆囊、胰脏、脾脏、神经、性腺，消解结石；护肤上方面，柠檬马鞭草具有很好的收敛效果：可以帮助缩小毛孔使肌肤紧致有弹性，而且还能促进皮肤水油平衡，去除黑头、白头，改善青春痘等；与锡兰肉桂精油配合可以改善糖尿病，与甜马郁兰精油协同可以调节甲状腺分泌；调节激素平衡等；将柠檬马鞭草挥发油加入基底油中按摩肌肤，能够促进淋巴循环、帮助排水肿、促进细胞新陈代谢、帮助软化肌肉组织排出水肿，达到减肥效果，尤其对生活饮食不规律造成的肚腩，腿部堆积的橘皮组织及腿部水肿有明显效果；适用于焦虑、压力、失眠、沮丧、神经疲劳、多发性硬化症、风湿、牛皮癣、肠炎、阿米巴痢疾、胆囊炎、糖尿病、大肠杆菌型膀胱炎、肾结石、冠状动脉炎、心跳过速、心脏疲劳、高血压、疟疾。

61. 柠檬桉

【名称】

拉丁名：*Eucalyptus citriodora* Hook.

英文名：Lemon Eucalyptus

别　名：柠檬尤加利、香桉、油桉树、留香久

【分类】

类　别：常绿乔木

科　属：桃金娘科桉属

【产地】

原产于澳大利亚，主要产地为马达加斯加、澳大利亚、印度；我国广西壮族自治区、福建、台湾、广东、四川均有栽培。

【药食价值】

味辛、苦，性微温。归脾，入大肠经。《广西中药志》："外用煎汤洗疮疖，治皮肤诸病及风湿痛。民间用治痫疾。"

叶可提取芳香油，作天然香味剂。

【芳香成分】

芳香特征与香调：有柠檬、果香、甜、木质的芳香；香调中调。

提取方法与组分：水蒸气蒸馏提取柠檬桉挥发油，得油率0.5%～2.0%，其中主要成分为香茅醛、香茅醇、牦牛儿醇、异胡薄荷醇、1,8-桉叶素等。

药理与芳疗作用：挥发油杀菌力较强，常用作抗菌、抗寄生虫；抗神经痛；有祛痰、退热、止痛的功效；缓解支气管炎、感冒、咳嗽、膀胱炎、头皮屑、解充血药、腹泻、肠胃气胀、花粉热、胃灼热、中暑、肌肉疼痛、肌肉萎缩症、肌肉疲劳、关节炎、肺炎、鼻窦炎、胃痛、灼伤、肿胀、皮肤炎等；香气使人心里感到振奋、安慰。

【其他用途】

木为造纸和人造纤维原料。

62. 蓝桉

【名称】

拉丁名：*Eucalyptus globulus* Labill.

英文名：Blue gum

别　名：灰杨柳、玉树、灰叶桉、洋草果

【分类】

类　别：常绿乔木

科　属：桃金娘科桉属

【产地】

原产于澳大利亚的维多利亚及塔斯马尼亚岛；主要产地为澳大利亚和我国。我国广西壮族自治区、云南、四川等地均有栽培。

【药食价值】

性稍温、味偏苦、辛，小毒。《生药学》："煎液，治丹毒与其他传染性化脓症。"《广西中药志》："预防感冒和治疗痢疾。"《四川中药志》："治关节痛及作外科手术后之罨包。"《现代实用中药》："解热，治肠炎及膀胱疾患。"

【芳香成分】

芳香特征与香调：清新、令人振奋的香味；香调中调。

提取方法与组分：新鲜叶和枝梢用水蒸气蒸馏法提取挥发油；采叶时间以 4~9 月为宜，平均得油率在 1%~1.7%，其中桉叶素含量占 63%~73%；冬季得油率低，所含桉叶素仅占 60%~65%；树冠顶部枝叶含挥发油量高于下部枝叶。

药理与芳疗作用：能减少黏膜肿胀、充血，缓解感冒、鼻塞、流感症状；可帮助受损的皮肤更快地愈合，对缓解皮疹、晒伤有显著效果；具有抗菌（葡萄球菌、大肠杆菌），抗霉菌（念珠菌）作用，抑制皮脂分泌，适用于细菌感染及念珠菌感染导致的皮炎、脂溢性皮炎、面疱；对改善哮喘、水疱、烧伤、瘀血、头痛、昆虫叮咬或蜜蜂蜇伤等症状有良好疗效；预防流行性感冒、流行性脑脊髓膜炎；有镇静效果，可平缓波动的情绪，缓解极度兴奋、易于暴躁的精神状态。

【其他用途】

蓝桉木材用途广泛，抗腐蚀好，尤其适用于造船及码头用材。

63. 柠檬

【名称】

拉丁名：*Citrus limon*（L.）Osbeck

英文名：Lemon

别　名：柠果、益母果、益母子

【分类】

类　别：常绿灌木

科　属：芸香科柑橘属

【产地】

原产于东南亚；现我国南部广东、广西壮族自治区、云南、台湾等地多有栽培。

【药食价值】

味酸、甘，性凉。归胃、肺经。根、叶、果实均可入药，其根具有止痛祛痰的功效；其叶性味辛甘温，具有化痰止咳、理气、开胃的功效；其果实具有生津、止咳、祛暑、安胎的功效；其果皮具有行气、祛痰、健胃的功效。

食用可改善饮料风味，增强解渴效果。

【芳香成分】

芳香特征与香调：具有愉快、凉爽、清新的气味；香调前调。

提取方法与组分：蒸馏或压榨提取，果皮得油率为 0.7%~0.8%，主要成分为柠檬烯，含量约 80%~90%。

药理与芳疗作用：柠檬烯在皮肤保养上具有良好的功效，可去除老死细胞，明亮肤色，淡化黑色素，软化结疤组织，改善油性肌肤，有洁肤、收敛、平衡油脂分泌、美白皮肤的作用；柠檬精油还可促进血液畅通，减轻静脉曲张部位的压力，帮助恢复血红球的活力，减轻贫血的现象，同时刺激白细胞，帮助身体抵抗传染性疾病；可调理循环系统，预防感冒，减缓皮肤老化，有助消化，防蚊虫叮咬；沉闷时给情绪带来提振，精力不够时提神醒脑。

64. 葡萄柚

【名称】

拉丁名：*Citrus paradisi* Macf.

英文名：Grapefruit

别　名：西柚、朱栾

【分类】

类　别：常绿乔木

科　属：芸香科柑橘属

【产地】

原产于南美巴巴多斯岛；我国台湾、广东、福建、浙江、江西、湖南、四川、重庆、广西壮族自治区、海南和云南等地均有引种栽培。

【药食价值】

味酸，性寒，归胃、肺经。清燥热，生津解渴，行气宽中，开胃消食，通便，消口臭及肠中恶气，化痰止咳，解醉。

可鲜食、又可加工制作成果汁、果粉、蜜饯等产品。

【芳香成分】

芳香特征与香调：一种令人愉快的香气、清新的浓郁气味；香调前调。

提取方法与组分：水蒸气蒸馏法或果皮冷榨法，挥发油存在于果皮、花及叶子中，果皮含量最多，占湿重的 1%~3%，主要化学成分为萜烯类化合物和含氧化合物，柠檬烯含量 80%~90%。

药理与芳疗作用：嗅闻葡萄柚精油香味可减肥，柠檬烯影响人的自主神经，通过组胺反应增强脂肪分解新陈代谢，并降低食欲和体重；葡萄柚精油具有抗菌消毒、开胃、止血、利尿、抗抑郁的辅助治疗功效；对皮肤问题（痤疮、油性皮肤和调理皮肤）、蜂窝组织炎、肥胖、液体潴留、感冒、流感、抑郁、头痛和神经衰弱方面均有一定改善作用；当疲惫或恐惧时，能提振情绪。

【其他用途】

葡萄柚精油可作为一种空气消毒剂。

65. 旱芹

【名称】

拉丁名：*Apium graveolens* Linn.

英文名：Celery seed

别　名：芹菜、药芹、香芹

【分类】

类　别：草本植物

科　属：伞形科芹属

【产地】

中国各地均有栽种。

【药食价值】

味甘、苦，性凉；入足阳明、厥阴经；《生草药性备要》："补血，祛风，去湿。敷洗诸风之症。"《本草推陈》："治肝阳头昏，面红目赤，头重脚轻，步行飘摇等症。"《陕西草药》："祛风，除热，散疮肿。治肝风内动，头晕目眩，寒热头痛，无名肿毒。"《本经逢原》："清理胃中浊湿。"

嫩茎叶作蔬菜食用。

【芳香成分】

芳香特征与香调：有轻微苦味和辛辣感，具有透彻、持久、愉快的芳香气味；香调基调。

提取方法与组分：水蒸气蒸馏法提取，得油率约为1.2%，主要成分包括豆蔻醚、芹菜酮、柠檬烯、β-芹子烯、3-甲基丁酸-4-甲苯酯、α-丙烯基苯甲醇、月桂烯等。

药理与芳疗作用：具有降压安神、保护血管和增强免疫等功效；对中枢神经有安定作用和抗痉挛作用；具有平肝清热、祛风利湿功效；对高血压病、眩晕头痛、面红目赤、血淋、痈肿有效果。

66. 蔷薇管花樟

【名称】

拉丁名：*Aniba rosaeodora* Ducke

英文名：Rosewood

别　名：玫瑰木、蔷薇木、玫瑰安妮樟

【分类】

类　别：落叶乔木

科　属：樟科玫樟属

【产地】

原产于印度至东南亚的马来西亚、菲律宾等地，我国云南、广西壮族自治区、广东、海南、台湾均有栽培。

【药食价值】

味辛、性温，归肝、肾经。是近代从南美地区进入我国的舶来品，中医古籍中无相关记载。

【芳香成分】

芳香特征与香调：清甜新鲜的木香香气，略带辛辣味道，香气飘逸而不留长，闻起来像山谷中的混合花香；香调中调。

提取方法与组分：水蒸气蒸馏法提取，得油率为 0.8% ~ 1.6%，主要化学成分为芳樟醇，其次为松油醇、香叶醇、橙花醇、桉叶素、甲基庚烯醇、甲基庚烯酮、对甲基苯乙酮、对甲基四氢苯乙酮等；开运玫瑰木挥发油中的芳樟醇多是左旋体；巴西玫瑰木挥发油中的芳樟醇则有一定量的右旋体。

药理与芳疗作用：挥发油有杀菌功效，可作为止痛剂、抗抑郁药、抗菌剂、除臭剂、杀虫剂、滋补剂等；挥发油是温和的止痛剂，芳樟醇和桉树脑是其主要成分，对精神和身体具有镇静作用；在精神方面有助于平静、提神、减少焦虑，辅助治疗性冷淡，缓解疲劳；生理方面具有改善痤疮、皮炎、疤痕、干燥和敏感皮肤等炎症的功效；它可以调理身体，刺激免疫系统，对淋巴炎和病毒感染后产生的疲倦颇有疗效，适合免疫力降低的人使用；稳定中枢神经系统，有促进人体整体平衡的效果，经常用于缓解痛经或肌肉疲劳，可减轻头痛，尤其是与恶心有关的头痛；也能减轻因时差引起的不适症状；可使头脑清醒、镇定神经，特别适合备考或长时间开车精神高度紧张的人使用；还有抗抑郁和振奋功能，很适合帮助忧郁或心情沉重、极度疲劳的人摆脱心理困境。挥发油作为按摩油使用，可维持皮肤油脂平衡和弹性，也有保护皮肤的功效；具有消毒杀菌功能，有效改善皮肤干燥、发炎，可缓解多种皮肤病，如痤疮、过敏等；能有效地刺激细胞，使组织再生，促进伤口愈合，甚至能抗皱与延缓皮肤老化。玫瑰木挥发油有良好的催情壮阳功效，在恢复性欲方面非常有效，对性无能、性冷淡患者颇有裨益。对曾受过性虐待的人，玫瑰木挥发油可带来温暖的抚慰，可使患者改变性冷漠的态度。另外，玫瑰木挥发油的驱虫和除臭效果也很好。

67. 肉豆蔻

【名称】

拉丁名：*Myristica fragrans* Houtt.

英文名：Nutmeg

别　名：肉果、玉果、肉蔻、豆蔻

【分类】

类　别：常绿乔木

科　属：肉豆蔻科肉豆蔻属

【产地】

原产于马鲁古群岛；主要产地为印度尼西亚、西班牙、格拉纳达、印度、马来西亚；我国的海南、台湾、云南有引入栽培。

【药食价值】

味辛、苦，性温，入脾、胃、大肠经。《神农本草经疏》："肉豆蔻，辛味能散能消，温气能和中通畅。其气芬芳，香气先入脾，脾主消化，温和而辛香，故开胃，胃喜暖故也。故为理脾开胃、消宿食、止泄泻之要药。"

常用香辛料和调味品，用作糕点、饮料及风味菜的调料。

【芳香成分】

芳香特征与香调：气芳香而强烈，味辣而微苦；香调中调。

提取方法与组分：叶的得油率为 0.41%～1.40%，种仁的得油率为 1.36%～12.59%，假种皮的得油率为 8.00%～14.10%，种子的得油率为 3.61%～6.33%；超临界萃取种仁的得油率为 10.10%～11.70%；微波萃取种仁的得油率为 8.23%。挥发油成分主要有肉豆蔻醚、丁香油酚、异丁香油酚、右旋蒎烯、右旋芳樟醇、右旋龙脑、松油醇、牻牛儿醇、黄樟醚等。

药理与芳疗作用：挥发油具有催眠协同、中枢抑制作用和镇静、抗炎、护肝等作用，此作用可能与其对单胺氧化酶的抑制有关；具有抗抑郁和改善抑郁症患者认知功能，降低患者血清炎症因子水平的作用；少量服用可增加胃液分泌，刺激肠胃蠕动，增加食欲，促进消化；有一定的麻醉、抗氧化、抗炎作用。

68. 肉桂

【名称】

拉丁名：*Cinnamomum cassia*（L.）D. Don

英文名：Cassia

别　名：筒桂、玉桂、大桂、牡桂

【分类】

类　别：常绿乔木

科　属：樟科桂属

【产地】

原产于我国广东、广西壮族自治区，主产地为广东、广西壮族自治区。

【药食价值】

味辛、甘，性大热；归肾、脾、心、肝经。《神农本草经》："主上气咳逆，结气喉痹吐吸，利关节，补中益气。"《本草纲目》："治寒痹，风喑，阴盛失血，泻痢，惊痫治阳虚失血，内托痈疽痘疮，能引血化汗化脓，解蛇蝮毒。"《日华子本草》："治一切风气，补五劳七伤，通九窍，利关节，益精，明目，暖腰膝，破痃癖症瘕，消瘀血，治风痹骨节挛缩，续筋骨，生肌肉。"

食用香辛料，作为食品防腐剂。

【芳香成分】

芳香特征与香调：辛辣香味，类似肉桂醛香气；香调基调。

提取方法与组分：水蒸气蒸馏法提取，得油率为 1.98%～2.06%，主要成分为桂皮醛，占全油的 75%～85%。

药理与芳疗作用：具有退热、镇痛、抑制神经系统的功效；具有升高白细胞、抑菌、抗肿瘤等功效；对胃肠道有刺激作用，具有一定的促进消化的作用，可排出消化道内积气，对于胃肠道痉挛引起的疼痛有缓解作用；对细菌及真菌均具有较强的抑制作用；提高肠道屏障的完整性、促进肠道健康；降血压；在胰岛素缺乏症中促胰岛素，还能通过抑制血管收缩力来预防 1 型和 2 型糖尿病患者的高血压。

69. 乳香树

【名称】

拉丁名：*Boswellia carterii* Birdw.

英文名：Frankincese

别　　名：乳头香、塌香

【分类】

类　　别：落叶乔木

科　　属：橄榄科乳香树属

【产地】

原产于热带沿海山地；分布于红海沿岸至利比亚、苏丹、土耳其等地；药材主产于红海沿岸的索马里和埃塞俄比亚。

【药食价值】

味辛、苦，性温，归心、肝、脾经。《本草纲目》："乳香香窜，能入心经，活血定痛，故为痈疽疮疡，心腹痛要药。"《本草拾遗》："疗耳聋，中风口噤，妇人血气，能发酒，理风冷，止大肠泄澼，疗诸疮令内消。"

【芳香成分】

芳香特征与香调：丰富、木香、少许辛辣、果香，带着些干柠檬的树脂味；香调基调。

提取方法与组分：水蒸气蒸馏法，含挥发油3%~8%，主要化学组分为乙酸辛酯（44.92%）、异丁酸橙花叔酯（13.27%）、辛醇-1（6.49%）、水芹烯、柠檬烯及马鞭草烯酮等。

药理与芳疗作用：增强免疫系统，预防感染和炎症；镇痛作用；作为一种天然的祛痰剂，它可以保持呼吸道清洁；可制作医疗熏香，促进呼吸顺畅，有效地缓解哮喘和支气管炎的症状；香味有助于缓解疲劳和减轻烦躁的感觉，当一个人感到不安全、不开心或压力过大时，有助于平衡情绪。

【其他用途】

乳香精油还可当作烟熏消毒法的药剂。

70. 砂仁

【名称】

拉丁名：*Amomum villosum* Lour.

英文名：Villous amomum

别　　名：阳春砂仁、春砂仁

【分类】

类　　别：多年生阴性草本

科　　属：姜科豆蔻属

【产地】

分布于福建、广东、海南、广西壮族自治区和云南；多生长在热带、亚热带季雨林中。

【药食价值】

味辛，性温，归脾、胃、肾经。《本草纲目》："补肺醒脾，养胃益肾，理元气，通滞气，散寒饮胀痞，噎膈呕吐，止女子崩中，除咽喉口齿浮热，化铜铁骨鲠。"

砂仁粉可作调料；还可配制砂仁糖、砂仁蜜饯、春砂酒等保健食品。

【芳香成分】

芳香特征与香调：浓烈芳香气味和强烈辛辣；香调中调。

提取方法与组分：水蒸气蒸馏法提取，得油率为1.7%~3.0%，主要成分为乙酸龙脑酯、樟脑、龙脑等。阳春砂中相对含量最高的是乙酸龙脑酯（50.6%~69.32%），其次是樟脑。

药理与芳疗作用：扩张血管、改善微循环、增加胃黏膜血流量，使胃黏膜组织代谢得以加强，从而为胃黏膜损伤的修复与正常功能的发挥创造条件；促进胃液分泌作用；还具有抗氧化、镇痛、抗炎、止泻、抑菌、利胆、抗肿瘤、降血糖作用等。

71. 山奈

【名称】

拉丁名：*Kaempferia galanga* L.

英文名：Galanga resurrectionlily

别　名：沙姜、三奈、山辣

【分类】

类　别：多年生宿根草本

科　属：姜科山奈属

【产地】

主产于我国广东、广西壮族自治区和云南，台湾、海南有栽培。南亚至东南亚也有分布。

【药食价值】

味辛、甘，性温，归肺、心、膀胱经。《本草纲目》："治一切风冷风湿，骨节挛痛，解肌开腠理，抑肝气，扶脾土，熨阴痹。"

根茎常作食品调味料，根茎有强抗氧化作用，可开发成食品抗氧化剂。

【芳香成分】

芳香特征与香调：辛辣、刺激；香调中调。

提取方法与组分：水蒸气蒸馏法提取，得油率为4.5%，主要成分为对甲氧基桂酸乙酯（67.88%）。

药理与芳疗作用：从山奈根茎中提得反式-对甲氧基桂酸乙酯，是一种竞争型的单胺氧化酶抑制剂；能明显抑制人宫颈癌传代 HeLa 细胞；可抑制许兰毛癣菌及其蒙古变种、共心性毛癣菌、堇色毛癣菌等10种常见致病真菌。山奈热水提取物对犬弓蛔虫幼虫有杀灭作用，有效成分为桂皮酸乙酯、对-甲氧基桂皮酸乙酯和对-甲氧基桂皮酸。

72. 鼠尾草

【名称】

拉丁名：*Salvia japonica* Thunb.

英文名：Sage

别　名：洋苏草、通用鼠尾草

【分类】

类　别：常绿芳香灌木

科　属：唇形科鼠尾草属

【产地】

原产于西亚的土耳其到叙利亚一带，分布在世界各地的温带、亚热带和热带地区，特别是地中海地区、中亚、中南美洲和非洲南部。

【药食价值】

味辛、苦，性平。《本草拾遗》："鼠尾草，性平。主诸痢，煮汁服，亦末服。"

叶有浓烈气味，干燥后气味更浓，可作为香辛料放入鸡鸭填料中或与味道强烈的食物融合；花可掺入沙拉中，可泡制清淡的茶饮用。

【芳香成分】

芳香特征与香调：带点迷幻气味的甜青草味，有一些浓腻感；香调中调。

提取方法与组分：水蒸气蒸馏叶片，得油率约 1%，主要含丁香烯、罗汉柏烯、α-丁香烯、β-蒎烯、环己二烯、大根香叶烯 B、罗汉柏烯等。

药理与芳疗作用：抗细菌、霉菌、病毒作用，适用于口疮、口臭、念珠菌感染、病毒性肠炎等症状；鼠尾草含有激素前体，类雌激素作用，入药可改善月经不调及更年期症候群；调节循环，退热，促进伤口愈合，抗肿瘤，适用于风湿性关节炎、伤口、脱发等症状；抗黏膜发炎，化痰，分解脂肪，促进胆汁分泌，适用于流感、支气管炎、肥胖、胆功能不佳等症状；可缓解身心疲惫、多动症、压抑（生育后、月经前和更年期）、惊恐、精神错乱等症状。

73. 莳萝籽

【名称】

拉丁名：*Anethum graveolens* L.

英文名：Dill

别　名：土茴香

【分类】

类　别：一年生草本

科　属：伞形科莳萝属

【产地】

原产于欧洲南部；我国东北、广东、广西壮族自治区、四川、甘肃等地有栽培。

【药食价值】

莳萝籽味辛，性温，归脾、胃、肝、肾经。《海药本草》："主膈气，消食，温胃，善滋食味，多食无损。"

【芳香成分】

芳香特征与香调：新鲜、辛辣、类似香菜的气味；香调中调。

提取方法与组分：果实含挥发油，水蒸气蒸馏法提取，得油率约 4.0%，主要化学成分包括香芹酮、柠檬烯、顺式二氢香芹酮、9-十八碳烯酸乙酯、β-水芹烯、对丙烯基茴香醚、芹菜脑、二氢黄蒿萜酮、β-月桂烯、肉豆蔻等。

药理与芳疗作用：挥发油具有抗肿瘤、抗氧化、抗菌等作用，在缓解胃病、失眠、肌肉痉挛、痔疮，调节雌性周期、催乳、抗生育、杀虫等方面发挥一定功效。其挥发油香气成分是单萜类化合物，是一种天然兴奋剂，可激活谷胱甘肽-S-转移酶的分泌，有效中和致癌物质，尤其是氰基和苯丙衍生物的自由基，起到抗癌效果；对大肠杆菌、伤寒沙门菌有较强的抑菌作用，且对金黄色葡萄球菌及蜡状芽孢杆菌的抑制作用强于商用杀菌剂；莳萝籽挥发油能消除亚硝酸盐，发挥抗氧化作用，最高清除率可达 78.4%。

74. 神香草

【名称】

拉丁名：*Hyssopus officinalis* L.

英文名：Hyssop

别　　名：柳薄荷、牛膝草、海索草

【分类】

类　　别：半常绿灌木或亚灌木

科　　属：唇形科神香草属

【产地】

原产于地中海沿岸；主产地为南欧，特别是法国、保加利亚、西班牙；我国也有引进栽培。

【药食价值】

神香草是有名的香辛料，味道与薄荷非常相似，一般采用茎叶柔软的部分，在汤和沙拉凉菜中使用；可做调味料，用于肉制品罐头、酒、饮料，叶子可做成酱或香草茶，茎叶和花做成泡酒的配香，植物体本身也可酿酒。

【芳香成分】

芳香特征与香调：木质香、果香，有点甜、新鲜；香调中调。

提取方法与组分：水蒸气蒸馏鲜草，得油率为 0.07%~0.29%，风干的神香草得油率为0.3%~0.9%，以花穗挥发油质量最高；挥发油中主要以萜烯类化合物最多，其次是醛酮类，还有少量醇类。

药理与芳疗作用：杀菌、抗病毒；镇静和祛痰作用，可缓解流行性感冒、支气管炎和黏膜炎；促进伤口愈合，调节神经系统，适用于瘀斑、伤痕、神经失衡、牙痛、虚弱无力；具有调理呼吸系统和心脏的功能；适合冥想。

75. 山鸡椒

【名称】

拉丁名：*Litsea cubeba*（Lour.）Pers.

英文名：May Chang

别　　名：山苍子、山香椒、澄茄子

【分类】

类　　别：落叶灌木或小乔木

科　　属：樟科木姜子属

【产地】

原产于我国和东亚地区；广泛分布于我国长江以南地区，目前在我国部分地区栽植人工山苍子林，尤以福建、湖南和四川等地营造面积最大。

【药食价值】

味辛、性温，归脾、胃、肾、膀胱经。《开宝本草》："主下气消食，皮肤风，心腹间气胀，令人能食。"《滇南本草》："泡酒吃，治面寒疼痛，暖腰膝，壮阳道，治阳痿。"

山苍子油是天然食用香料，具新鲜的柠檬果香，可用于食品。

【芳香成分】

芳香特征与香调：气味丰富、强烈柠檬味、泥土味，甜；香调前调或中调。

提取方法与组分：水蒸气蒸馏法，叶、花和果皮均含精油，鲜叶精油含量 0.01% ~ 0.02%，柠檬醛占 6% ~ 22%；雄花精油含量为 1.6% ~ 1.7%，雌花精油含量比雄花低 1% 左右，花精油柠檬醛含量 54% ~ 61%；果皮精油含量达 4%；鲜果含油量为 4% ~ 6%，其中柠檬醛含量可达 70% ~ 80%。

药理与芳疗作用：具有温暖脾肾、健胃消食的功效，可用于食积气胀、脘腹冷痛、反胃呕吐、痢疾等症状；近年来，利用山苍子精油研制出辅助治疗冠心病的新药，临床上应用有效率可达 80% 以上；祛痘、抗真菌、抗过敏、抗菌；缓解哮喘、支气管炎、湿疹；用作除臭剂；镇静；可以激励神经系统，却不会影响睡眠。它能提振因情绪所导致的胃口低落。

【其他用途】

广泛用于香料、香精、香水产业，用于制造日用品，如化妆品、美容品、护肤品、空气清新剂、清洁剂、牙膏、香皂、食品调味剂、维生素等。

76. 油松

【名称】

拉丁名：*Pinus tabulieformis* Carrière

英文名：Chinese pine

别　名：东北黑松

【分类】

类　别：乔木

科　属：松科松属

【产地】

主产于我国东北、华北、西北及河南、山东、江苏等地。

【药食价值】

松节为油松等植物枝干的结节，味苦、辛，性温，归肝、肾经。《名医别录》："主百节久风，风虚，脚痹疼痛。"《滇南本草》："行经络，治痰火，筋骨疼痛，湿痹痿软，强筋骨。"《本草汇言》："松节，气温性燥，如足膝筋骨，有风有湿，作痛作酸，痿弱无力者，用此立痊。倘阴虚髓乏，血燥有火者，宜斟酌用之。"

【芳香成分】

芳香特征与香调：木质香；香调中调。

提取方法与组分：水蒸气蒸馏干松节，得油率为 3.02% ~ 3.98%，主要成分有 α-蒎烯、β-蒎烯、水芹烯、小茴香烯、松油烯、长叶烯、石竹烯、海松二烯、落叶松醇等。

药理与芳疗作用：具有祛风除湿、通络止痛的功效，用于风寒湿痹、历节风痛、转筋挛急、跌打伤痛。其挥发性成分具有免疫活性，具有保护肝脏、降血脂、抗疲劳等多种保健作用。从红松、油松中提取的 α-蒎烯、β-蒎烯等成分含量高，具有明显镇痛、消炎、祛痰、镇静、解热和极强的抗菌作用，可用于缓解咳嗽、气管炎产生的症状，作为外用广谱抗菌、消炎药。

【其他用途】

松节挥发油的主要成分 α-蒎烯在化工领域应用广泛，在医药领域也是很好的药理活性成分，可作为药物助剂用于杀菌消毒剂、溶剂和透皮促进剂等。

77. 菖蒲

【名称】

拉丁名：*Acorus calamus* L.

英文名：calamus

别　名：山菖蒲、香菖蒲、石菖蒲

【分类】

类　别：多年生草本

科　属：菖蒲科菖蒲属

【产地】

亚洲，包括印度东北部、泰国北部、中国、韩国、日本、菲律宾与印度尼西亚等地。

【药食价值】

味辛、苦，性微温，归心、肝、脾经。《神农本草经疏》："其味苦辛，其气大温。阳精芳草故无毒。阳气开发，外充百骸；辛通四达以散邪结，此通利心脾二经之要药也。"《神农本草经》："主风寒湿痹，咳逆上气，开心孔，补五脏，通九窍，明耳目，出音声。久服轻身，不忘不迷，延年。"

【芳香成分】

芳香特征与香调：草本味；香调中调。

提取方法与组分：水蒸气蒸馏法提取，得油率为1%~3%，主要成分为β-细辛醚62.38%、1-烯丙基-2，4，5三甲氧基苯18.24%、顺-甲基异丁香油酚1.06%、甲基丁香油酚12%、α-细辛醚2.17%等，还含有微量γ-细辛醚、欧细辛醚、细辛醛等。

药理与芳疗作用：挥发油具有镇静抗癫痫、抗抑郁、抗痴呆、保护心肌细胞、缓解胃肠肌、抗氧化、镇咳平喘、抗菌抗炎、抗疲劳等多种功效；细辛醚、芳樟醇及甲基丁香酚为其主要有效成分。

【其他用途】

适应湿润且阴暗环境，宜在密林中作地被植物。

78. 散沫花

【名称】

拉丁名：*Lawsonia inermis* L.

英文名：Henna

别　名：指甲花、指甲叶、手甲木、干甲树

【分类】

类　别：无毛大灌木

科　属：千屈菜科散沫花属

【产地】

原产于热带美洲，分布于我国南部，广东、广西壮族自治区、福建、台湾常有栽植。

【药食价值】

味苦、性凉，归心经。《福建药物志》："收敛，清热，治创伤，外用鲜叶捣烂敷患处。"可用于花香型、幻想型日用化学香精和水果香型的食用香精中。

【芳香成分】

芳香特征与香调：花香浓郁；香调中调。

提取方法与组分：鲜花含精油，水蒸气蒸馏法，花朵盛开期挥发油含量在 0.5% 以上，主要成分为 β-芳樟醇（29.98%）、5, 8-二乙基-6-十二醇（2.04%）、α-紫罗兰酮（0.85%）、2-甲基-3-癸醇（0.63%）与反式芳樟醇氧化物（0.54%）。

药理与芳疗作用：用来辅助缓解很多疾病，如叶对腹泻、痢疾、麻风病、疥疮有良好的疗效；花可用来缓解头痛、发烧、过敏、贫血、失眠等；种子对发烧、失眠、痢疾、腹泻及智力缺陷有效。有研究者考察了散沫花对于伤口愈合、宫颈炎、宫颈糜烂时的疗效和安全性，表明这种药不仅能缓解症状，而且可使这些疾病的症状得到有效缓解。

79. 苏合香

【名称】

拉丁名：*Liquidambar orientalis* Mill.

英文名：Styrax

别　名：苏合油、流动苏合香

【分类】

类　别：乔木

科　属：蕈树科枫香树属

【产地】

喜生于肥沃的湿润土壤中；原产于小亚细亚南部，如土耳其、埃及、叙利亚北部地区，现我国广西壮族自治区等南方地区有引种栽培。

【药食价值】

味辛、微甘，苦，性温，归心、脾经。《本经逢原》："苏合香，聚诸香之气而成，能透诸窍脏，辟一切不正之气，凡痰积气厥，必先以此开导，治痰以理气为本也。凡山岚瘴湿之气，袭于经络，拘急弛缓不均者，非此不能除。"

【芳香成分】

芳香特征与香调：淡淡的松香味；香调中调。

提取方法与组分：苏合香树脂含挥发油，可通过水蒸气蒸馏蒸出。内有 α-蒎烯及 β-蒎烯、月桂烯、莰烯、柠檬烯、1,8-桉叶素、对聚伞花素、异松油烯、芳樟醇、桂皮醛、反式桂皮酸甲酯等。

药理与芳疗作用：苏合香挥发油具有较强的神经药理作用，容易透过血-脑屏障，对脑缺血损伤有一定保护作用，可能与减少氧化应激损伤、改善脑血管血液动力状态、调节脑内氨基酸水平、降低兴奋性氨基酸毒性、抑制脑细胞凋亡、降低脑缺血性神经元损伤相关。

80. 沙枣

【名称】

拉丁名：*Elaeagnus angustifolia* L.

英文名：Russia olive

别　名：银柳、红豆、桂香柳、香柳

【分类】

类　别：落叶乔木

科　属：胡颓子科胡颓子属

【产地】

产于我国辽宁、内蒙古自治区、河北、山西、河南、陕西、甘肃、宁夏回族自治区、新疆维吾尔自治区、青海，常见栽培；俄罗斯及欧洲也有分布。

【药食价值】

树皮性凉、味酸、微苦；果实：性凉、味酸、微甘。归肺、肝、脾、胃、肾经。《全国中草药汇编》："沙枣树皮具有清热凉血，收敛止痛。用于慢性气管炎，胃痛，肠炎，白带；外用治烧烫伤，止血。沙枣果实具有健脾止泻，用于消化不良。"《新疆中草药手册》："强壮，镇静，固精，健胃，止泻，调经，利尿；治胃痛，腹泻，身体虚弱，肺热咳嗽。"

果实可食用。

【芳香成分】

芳香特征与香调：沙枣花的香味甜而不腻，浓而不稠，沁人心脾；香调中调。

提取方法与组分：通过水蒸气蒸馏得油率为 2.3%，挥发性成分有反-肉桂酸、顺-肉桂酸、顺-对羟基肉桂酸、反-对羟基肉桂酸等。

药理与芳疗作用：民间入药用于缓解慢性支气管炎、跌打、烧伤、消化系统疾病以及心脏病等。

81. 酸橙

【名称】

拉丁名：*Citrus aurantium* Siebold & Zucc. ex Engl.

英文名：Bitter Orange

别　名：枳壳、苦橙

【分类】

类　别：小乔木

科　属：芸香科柑橘属

【产地】

原产于中国华南地区、印度东北部及中亚一带，我国南部及世界热带、亚热带地区均有栽培。

【药食价值】

味苦，性寒，归脾、胃经。《药性论》："治遍身风疹，肌中如麻豆恶痒，主肠风痔疾，心腹结气，两胁胀虚，关膈拥塞。"《开宝本草》："主风痒麻痹，通利关节、劳气咳嗽，背膊闷倦，散留结、胸膈痰滞，逐水、消胀满、大肠风，安胃，止风痛。"《名医别录》："除胸胁痰癖，逐停水，破结实，消胀满，心下急痞痛，逆气，胁风痛，安胃气，止溏泄，明目。"

生吃又酸又苦，在中国和日本用于酿酒和蜜饯。

【芳香成分】

芳香特征与香调：兼有橙花的轻盈、苦橙叶的苦涩，比甜橙多了一些细微的层次；香调前调。

提取方法与组分：对成熟和未成熟的果实蒸馏，得到的精油含较多的对伞花烃、松油烯-4-醇和 α-松油烯；对未成熟的果实进行冷榨，得到的精油含较多的柠檬醛、β-蒎烯和

γ-松油烯；叶精油的主要成分为芳樟醇（33.91% ~ 39.75%）、乙酸芳樟酯（24.18% ~ 30.24%）和 d-橙油醇（8.58% ~ 10.39%）。

药理与芳疗作用：酸橙因其与麻黄碱具有一些结构相似性的原生物碱辛弗林，被广泛销售以改善肥胖症；其成分还具有抑制结肠癌细胞增殖的作用；酸橙的干果皮和未成熟的果实用于传统中国医药，帮助消化和解除便秘、缓解肺充血、减轻心脏和腹部周围的气"滞"与紧绷；吸入柠檬烯（许多柑橘精油的主要手性成分）会刺激交感神经系统并唤起警觉性；使用酸橙精油按摩可以使局部得到放松、缓解压力；酸橙精油具有镇静、抗炎、抗凝和抗痉挛作用，可用于缓解消化系统的炎症和痉挛问题；适合精神焦躁、忧郁、成瘾等状况的人，或是正处于低迷思绪中的人使用。

【其他用途】

栽培供观赏，也作甜橙类砧木；叶、花和果实中均含有芳香油，可以提取供化妆品原料之用。

82. 天竺葵

【名称】

拉丁名：*Pelargonium hortorum* L. H. Bailey

英文名：Geranium

别　名：木海棠、日蜡红、洋葵、洋绣球

【分类】

类　别：多年生灌木

科　属：牻牛儿苗科天竺葵属

【产地】

原产于南非；目前在印度、阿拉伯、中国、埃及都有种植。

【药食价值】

味苦、涩，性凉，归肾经，清热解毒。

【芳香成分】

芳香特征与香调：新鲜，甜，带着些许玫瑰和绿薄荷的花香味；香调中调。

提取方法与组分：水蒸气蒸馏花朵、叶片及茎干，从中取得精油，主要成分有牻牛儿醇和香茅醇，这两种成分至少会占 50% 以上，其他成分则有沉香醇、柠檬烯、萜品醇以及多种醇类等。

药理与芳疗作用：天竺葵精油在传统医学中被用作杀虫剂、杀线虫剂和抗真菌剂；皮肤使用天竺葵精油可以通过抑制中性粒细胞积累来抑制炎症，可用于缓解类风湿关节炎、缓解带状疱疹后神经痛；用于皮肤护理（包括缓解痤疮和油性皮肤相关问题）、水肿、循环不良和蜂窝组织炎、喉咙痛、经前综合征和更年期，刺激肾上腺以及神经紧张和压力等症状缓解；拥有非常好的调节女性激素分泌不平衡的性能，是针对女性生殖系统问题和更年期问题时必不可少的调油配方；天竺葵精油有静心、舒解压力、抗忧郁的功效；天竺葵精油被认为是与激素活动有关的情绪波动的"平衡器"，可能是通过影响肾上腺，因为香叶醇的形成途径与类固醇激素的形成途径在化学上相似，因此推断香叶醇可能会增加雌激素水平，这种平衡效应可以通过嗅觉刺激来实现。

【其他用途】

有驱虫功能，可作观赏植物。

83. 檀香

【名称】

拉丁名：*Santalum album* L.

英文名：sandalwood

别　名：檀香木、旃檀、白檀

【分类】

类　别：半寄生性常绿乔木

科　属：檀香科檀香属

【产地】

原产于印度、印度尼西亚、澳大利亚及印度尼西亚等地；我国广东、云南和东南亚各地也有引种栽培。

【药食价值】

味辛，性温，归脾、胃、肺经。《日华子本草》："治心痛，霍乱。肾气腹痛，浓煎服；水磨敷外肾并腰肾痛处。"《本草备要》："调脾肺，利胸膈，为理气要药。"

【芳香成分】

芳香特征与香调：香甜、丰富、木香、花香、芳香、细腻；香调基调。

提取方法与组分：水蒸气蒸馏树根心材及侧枝挥发性成分，得油率为 0.09% ~ 6.50%，边材的得油率最低，树龄越长得油率越高，主要成分为 Z-α-檀香醇、Z-β-檀香醇占 50% 以上，其他含反式-α-香柠檬醇、表-β-檀香醇、檀萜烯、檀萜烯酮、檀萜烯酮醇、香椊醇、檀香萜酸、檀油酸、紫檀萜醛、檀香色素银槭醛、松柏醛、紫丁香醛等。

药理与芳疗作用：α-檀香醇和 β-檀香醇有较强的抗菌作用，曾用作尿道消毒剂，抑制白浊等症；α-檀香醇和 β-檀香醇具有与氯丙嗪类似的神经药理活性，对中枢具镇静作用；能有效缓解感冒和流感症状，处理喉炎和其他喉咙问题；可缓解皮肤干燥及炎症，淡化疤痕、细纹、滋润肌肤，特别有利于成年人的皮肤；放在专用的檀香炉中燃烧，它独特的安抚作用可以使人清心、凝神、排除杂念，是修身养性的辅助工具；可刺激松果体、边缘系统以及人类情感的中心，安抚神经、减轻焦虑、催情。

【其他用途】

树木心材是优良的家具材料；檀香油可用于调配各种高级化妆品、香水、皂用香精；檀香木还可用于制造熏香。

84. 甜橙

【名称】

拉丁名：*Citrus sinensis*（L.）Osbeck

英文名：sweet orange

别　名：橙、广柑、黄果、广橘

【分类】

类　别：常绿小乔木

科　属：芸香科柑橘属

【产地】

原产于我国南方及亚洲中南半岛，主产于四川、广东、台湾、广西壮族自治区、福建、湖南、江西、湖北等地；北美洲、南美洲、西班牙广泛栽培。

【药食价值】

味甜，性微温，归肝经。《滇南本草》："行厥阴滞塞之气，止肝气左肋疼痛，下气，消膨胀，行阳明乳汁不通。"

果实可食用；甜橙油作为果香香料，在食用香精和牙膏香精中占有较重要的位置，如饮料、糖果、调味料等。

【芳香成分】

芳香特征与香调：单纯、甜美、柑橘味、果香、明亮、温暖；香调前调。

提取方法与组分：甜橙精油通过冷榨果皮或整果而得，主要成分为单萜（约90%），以柠檬烯为主。

药理与芳疗作用：可用于抗菌、止痉挛，缓解感冒、便秘、腹泻等症状；对油性皮肤和皱纹有改善作用；甜橙精油很适合改善失眠；可用于抗抑郁，有镇静作用，能缓解焦虑感以及紧张感；可用于缓解消化不良、失眠、焦虑等症状，还可以作为空气消毒剂。

85. 晚香玉

【名称】

拉丁名：*Polianthes tuberosa* L.

英文名：Tuberose

别　名：夜来香、月下香

【分类】

类　别：多年生球根草本植物

科　属：石蒜科晚香玉属

【产地】

原产于墨西哥；暖温带地区广泛分布，现世界各地普遍栽培，主产地印度、摩洛哥、阿根廷。

【药食价值】

味微甘、淡，性凉。《植物名实图考》："晚香玉，北地极多，南方间种之。叶梗俱似萱草，茎梢夏发菁葖数十枚，旋开旋生长，开五瓣尖花，如石榴蒂而长，晚时香浓。"

晚香玉浸膏可用于食品，能赋予食品以独特的晚香玉气味。

【芳香成分】

芳香特征与香调：晚香玉有着淡淡的清香，晚上散发出浓郁的香味；香调中调。

提取方法与组分：溶剂萃取法，得油率为0.08%~0.14%，主要成分为牻牛儿醇、橙花醇、金合欢醇、丁香酚、邻-氨基苯甲酸甲酯。

药理与芳疗作用：止痛、抗痉挛、消炎，适用于发炎扭伤、经常性落枕、腰伤；排毒、利尿、抗霉菌作用，适用于婴儿脸部湿疹、胎毒；有益于呼吸与循环、抗氧化，适用于气喘、胸闷、血液黏稠、心悸等症状；放松神经肌肉组织、减轻生理疾病、抗焦虑，适用于高血压、中枢神经不平衡、失眠、紧张等症状。

【其他用途】

可作为芳香插花，庭院观赏植物，南方多见；浸膏可配制高级香精原料，主要用于配制高级化妆品香精。

86. 茴香

【名称】

拉丁名：*Foeniculum vulgare* Mill.

英文名：Fennel

别　名：小茴香

【分类】

类　别：一年生草本

科　属：伞形科茴香属

【产地】

原产于东地中海地区、伊斯兰国家，如埃及、印度等。我国各地均有栽培，以内蒙古自治区产品质优，山西产量较多。

【药食价值】

味辛，性温，归肝、肾、脾、胃经。《新修本草》："主诸瘘，霍乱及蛇伤。"《本草汇言》："茴香温中快气之药也。方龙潭曰，此药辛香发散，甘平和胃，故善主一切诸气，如心腹冷气、暴疼心气、呕逆胃气、腰肾虚气、寒湿脚气、小腹弦气、膀胱水气、阴颓疝气、阴汗湿气、阴子冷气、阴肿水气、阴胀滞气。其温中散寒，立行诸气，乃小腹少腹至阴之分之要品也。"

茴香的种子及其挥发油是重要的调味香料，可直接用于烹调和制作调味品以及肉制品、焙烤食品的加香。

【芳香成分】

芳香特征与香调：有着麝香般的香气，带有一丝苦味，类似于洋茴香；香调中调。

提取方法与组分：茴香油主要存在于茴香籽（种子、果实）中，水蒸气蒸馏法提取，得油率为2.5%~4.5%，主要成分为反式-茴香脑63.4%、柠檬烯13.1%、小茴香酮12.1%、爱草脑4.7%、γ-松油烯2.7%。

药理与芳疗作用：抗溃疡作用；利胆作用，能促进胆汁分泌，并使胆汁固体成分增加；挥发油对真菌孢子、鸟型结核分枝杆菌、金黄色葡萄球菌有灭菌作用；可祛风健胃，改善水土不服、肠胃混乱等症状；低剂量使用可安神助眠、温暖安心、消除焦虑。

【其他用途】

茴香除了用于调味，在烟、酒、牙膏、香水及化妆品工业中也被广泛使用。

87. 香薷

【名称】

拉丁名：*Elsholtzia ciliata*（Thunb.）Hyland.

英文名：Elsholtzia

别　名：土香薷

【分类】

类　别：一年生草本植物

科　属：唇形科香薷属

【产地】

除新疆维吾尔自治区和青海外遍布全国各地；生长于海拔 3400m 以下路旁、山坡、荒地、林内、河边；俄罗斯（西伯利亚）、蒙古、朝鲜、日本、印度有分布。

【药食价值】

味辛，性微温。归肺、胃经。《食疗本草》："去热风，卒转筋，可煮汁顿服。又干末止鼻衄，以水服之。"《本草纲目》："世医治暑病，以香薷饮为首药，然暑有乘凉饮冷，致阳气为阴邪所遏，遂病头痛，发热恶寒，烦躁口渴，或吐或泻，或霍乱者，宜用此药，以发越阳气，散水和脾。"

作为调料植物，用于炖鱼、鸡、猪肉等，使其香味浓，口感清香。

【芳香成分】

芳香特征与香调：气味清香；香调中调。

提取方法与组分：水蒸气蒸馏法，全株有香气，含有挥发油 0.08%，主要成分为柠檬烯（5.31%）、2-甲基-1,3,5-三甲基苯（10.02%）、香薷酮（16.66%）、d-香芹酮（5.70%）、β-去氢香薷酮（44.32%）、香橙烯（8.69%）、4-甲基-2,6-二叔丁基苯酚（1.33%）等。

药理与芳疗作用：解热作用；镇静作用；镇痛作用；免疫增强作用；有较强的广谱抗菌作用；抗病毒作用；有利尿、镇咳和祛痰作用。

88. 薤白

【名称】

拉丁名：*Allium macrostemon* Bunge

英文名：Allium macrostemon

别　名：小根蒜、山蒜、苦蒜

【分类】

类　别：多年生草本

科　属：石蒜科葱属

【产地】

生于海拔 1500m 以下的山坡、丘陵、山谷或草地。分布于除青海、新疆维吾尔自治区以外的全国各地。

【药食价值】

味辛、苦，性温。归肺、心、胃、大肠经。《本草求真》："薤，味辛则散，散则能使在上寒滞立消；味苦则降，降则能使在下寒滞立下；气温则散，散则能使在中寒滞立除；体滑则通，通则使能久痼寒滞立解。是以下痢可除，瘀血可散，喘急可止，水肿可敷，胸痹刺痛可愈，胎产可治，汤火及中恶卒死可救，实通气、滑窍、助阳佳品也。"

可直接作为蔬菜食用。

【芳香成分】

芳香特征与香调：气味辛辣，跟大蒜的味道类似；香调中调。

提取方法与组分：水蒸气蒸馏法，得油率为 0.30%，主要成分为二甲基三硫醚、甲基烯丙基三硫醚和二甲基四硫醚等。

药理与芳疗作用：抗血小板聚集；抗动脉粥样硬化；抗氧化作用；镇痛作用。

89. 香草兰

【名称】

拉丁名：*Vanilla planifolia* Andrews

英文名：Vanilla

别　名：香子兰、香草

【分类】

类　别：多年生攀援藤木

科　属：兰科香荚兰属

【产地】

原产于墨西哥；现主要栽培区在马达加斯加、塔希提岛、科摩罗、留尼汪、印度尼西亚、塞舌尔、毛里求斯、瓜德罗普岛等热带国家，其中马达加斯加占世界产量80%；国内在福建厦门、海南和云南西双版纳等地栽培。

【药食价值】

味苦，性凉，入心、胃经。始载于《新华本草纲要》。

香荚兰中的香兰素是我国规定允许使用的天然食用香料，由于它具有特殊的香型，是配制香草型香精的主要原料，在高级香烟、名酒、茶叶、奶油、咖啡、可可、巧克力等高档食品的调香原料。

【芳香成分】

芳香特征与香调：精致、丰富和成熟的甜辣香，木香和花香；香调基调。

提取方法与组分：使用乙醇对香荚兰豆进行提取，荚得油率0.8%~1%，主要成分为醛类，还含有酚类、醇类、酸类、酯类、酮类、烯烃类等，其中含量最高的为香兰素（48.28%），其次为愈创木酚（15.54%），这2种化合物的含量占挥发油总量的63.82%。

药理与芳疗作用：具催欲、滋补和兴奋作用，有强心、补脑、健胃、解毒、驱风、增强肌肉力量的功效，其果荚用来缓解癔症、忧郁症、阳痿，虚热和风湿病。其含有的香兰素有抗氧化、抑菌、抗惊厥、抗癌、抗畸变、抗突变、抗癫痫的作用。

90. 香根草

【名称】

拉丁名：*Chrysopogon zizanioides*（L.）Roberty

英文名：Vetiver

别　名：岩兰草

【分类】

类　别：多年生草本

科　属：禾本科金须茅属

【产地】

广东、福建、台湾、浙江等地有栽培；世界主要产地爪哇、巴西、海地等。

【药食价值】

目前鲜有关于岩兰草相关性味、归经的报道。

【芳香成分】

芳香特征与香调：泥土味、木质、烟熏味、辛辣、草本，具有类似檀香的香气，香气悦人而持久；香调基调。

提取方法与组分：水蒸气蒸馏根，得油率3.8%~4.5%，成分中含有客烯醇（三环岩兰醇）（19.03%）、δ-松油烯（9.16%）、左旋-桧醇（5.20%）、双环岩兰醇（4.89%）、α-异杜松醇（4.86%）、α-岩兰酮（4.45%）、桧醇、法呢醇、α-依兰油烯等。

药理与芳疗作用：挥发油具有很强的自由基清除活性，但是其金属螯合能力相对较弱；岩兰草油对大肠杆菌、枯草芽孢杆菌、金黄色葡萄球菌、绿脓杆菌、地衣芽孢杆菌、高地芽孢杆菌均有一定的抑菌能力；有助于缓解生气、不正常的兴奋和易怒的情绪，还能缓和神经质般的举动，对缓解压力和紧张心情也有好处；岩兰草挥发油在香水、芳香疗法、水疗等诸多方面有作用，是一种很好的定香剂，广泛应用于各大品牌香水中；具有良好的镇静效果，能让人心情平和，情绪平稳，让人的红细胞带氧力提升，强化内分泌系统；岩兰草挥发油对皮肤抗菌、抗痉挛、促进细胞再生都有着独特的效果，可用于老化、松弛、皱纹性皮肤。

91. 香芹

【名称】

拉丁名：*Libanotis seseloides*（Fisch. et Mey. et Mey）Turcz.

英文名：Parsley

别　名：法国香菜、洋芫荽、荷兰芹、旱芹、番荽、欧芹

【分类】

类　别：一或二年生草本植物

科　属：伞形科岩风属

【产地】

原产于地中海沿岸；西亚、古希腊及罗马早在公元前已开始利用，欧美及日本栽培较为普遍；我国也有较多栽培。

【药食价值】

味甘、微苦，性凉，入肝、胃经。《本草推陈》："治肝阳头昏，面红目赤，头重脚轻，步行飘摇等症。"《随息居饮食谱》："甘凉。清胃涤热，祛风，利口齿、咽喉头目。"

叶片大多用作香辛调味用，作沙拉配菜，调香。

【芳香成分】

芳香特征与香调：气味比较清新；香调中调。

提取方法与组分：水蒸气蒸馏法，得油率约为1.2%，主要成分包括豆蔻醚、芹菜酮、柠檬烯、β-芹子烯、3-甲基丁酸-4-甲苯酯、α-丙烯基苯甲醇、月桂烯等。

药理与芳疗作用：可除口臭，消除口齿中的异味；作为缓解膀胱炎和前列腺炎病症的蔬菜膳食，或与利尿草药混合使用。

92. 缬草

【名称】

拉丁名：*Valeriana officinalis* L.

英文名：Valerian

别　名：欧缬草

【分类】

类　别：多年生草本

科　属：忍冬科缬草属

【产地】

产于欧洲和亚洲温带地区，广泛分布于美洲、欧洲、亚洲的北温带地区，在我国自东北至西南各省（自治区）均有分布；一般生长在海拔 1300~1900m 的山坡、荒山、草地、林间湿地、林缘路旁。

【药食价值】

味辛、甘，性温，归心、肝经。《科学的民间药草》："用于神经衰弱，精神不安。"

在美国，缬草可作为营养膳食补充剂；缬草的根有麝香气味，可作调味品及香料。

【芳香成分】

芳香特征与香调：味道强烈，浓重的气味常令人止步；香调基调。

提取方法与组分：水蒸气蒸馏缬草的根茎而得，含量 0.5%~2%，主要成分有乙酸龙脑酯（42.14%~44.17%），缬草烯酸约占 5%，这两者是缬草油的主要特征成分。

药理与芳疗作用：抗菌作用；具有镇静和镇定的特性，可缓解失眠、睡眠障碍、慌乱、焦虑症以及其他失调病症，同时可以放松肌肉，使内环境恢复稳态。

【其他用途】

作为名贵的天然香精和特殊化工原料；缬草油可以降低卷烟香气的粗糙度，并能明显改善吸味、去除杂气，因此，广泛应用于烟草工业；可用于调配香水、香料、化妆品；作观赏植物。

93. 香根鸢尾

【名称】

拉丁名：*Iris pallida* Lamarck Encycl

英文名：Iris pallida

别　名：乌鸢、扁竹花

【分类】

类　别：多年生草本

科　属：鸢尾科鸢尾属

【产地】

原产于克罗地亚的达尔马提亚海岸，现在我国主要分布在中原、西南和华东地区一带，日本、西伯利亚和几乎整个世界的温带也有分布。

【药食价值】

味苦、辛，性寒，有毒，归脾、胃、大肠经。《神农本草经》："味苦，平。"《云南中草药》："苦、辛、平。"

【芳香成分】

芳香特征与香调：花的根部能够散发出极其沁人心脾的香气，它的香是一种带着清新草香的灵动花香，不甜腻却爽利，清新中带着温柔，感觉轻盈不沉重，具有紫罗兰香气；香调中调。

提取方法与组分：水蒸气蒸馏法提取新鲜根茎的得油率为 0.15%，自然陈化的根茎得油率为 0.23%，主要化学成分为鸢尾酮（59.5%~79.8%），产生香气的主要化学物质为鸢尾酮，只有经过自然陈化的香根鸢尾具有此化学物质。

药理与芳疗作用：新鲜的香根鸢尾挥发油对大肠杆菌有较强的抑菌杀菌能力，自然陈化的香根鸢尾挥发油对枯草芽孢杆菌有较强的抑菌杀菌能力，对致病菌有较强的杀菌活性，说明它是一种潜在的抗菌药物。

【其他用途】

香根鸢尾为法国的国花，具有很高的观赏价值，花色鲜艳，栽培容易，且春季萌发早，绿叶成丛极为美观。鸢尾香料是国际上公认的紫罗兰系列名贵香料，主要包括鸢尾浸膏、鸢尾精油、鸢尾凝脂和鸢尾酮等系列产品，具有特殊的香韵和优良的定香能力可广泛、痕量用于卷烟、食品、化妆品、衣物、纸张和书画等。

94. 香叶天竺葵

【名称】

拉丁名：*Pelargonium graveolens* L'Her. & Aiton

英文名：Rose Geranium

别　名：摸摸香、驱蚊草

【分类】

类　别：多年生草木

科　属：牻牛儿苗科天竺葵属

【产地】

原产于南非，尼汪岛，摩洛哥等国；在我国主要分布于云南、四川、江苏、浙江、福建和广东等地，其中云南仍为主要种植区域。

【药食价值】

味辛，气香，性温散。《广西中药志》："治风湿，疝气。"《广西植物名录》："治阴囊湿疹，疥癣。"

【芳香成分】

芳香特征与香调：玫瑰和香叶醇所特有的甜香气，强烈的药草香和薄荷气息；香调中调、前调。

提取方法与组分：水蒸气蒸馏茎叶，得油率为 0.1%~0.2%，主要成分香茅醇、香叶醇、甲酸酯、薄荷酮、月桂烯等。

药理与芳疗作用：香叶天竺葵精油有强抗氧化能力，其香茅醇和甲酸香茅酯对宫颈癌有较好改善效果，对人鼻咽癌细胞抑制率在 98% 以上；对某些细菌和真菌有抑制作用，而且具有镇咳平喘功效；还可用于缓解尖锐湿疣和促进透皮给药。

【其他用途】

其栽培管理比较容易且精油产量高，可作为低产量精油（如玫瑰油）代替品，用于调制香精，作食品、香皂和牙膏等的添加剂。

95. 香蜂花

【名称】

拉丁名：*Melissa officinalis* L.

英文名：Lemon balm

别　名：香蜂草、薄荷香脂、蜂香脂、蜜蜂花

【分类】

类　　别：多年生草本植物

科　　属：唇形科蜜蜂花属

【产地】

原产于俄罗斯、伊朗至地中海及大西洋沿岸，目前广泛种植于欧洲、中亚和北美洲地区，我国已有引种栽培。

【药食价值】

味辛、甘，性温，入肾、肝、胃、大肠经。始载于《中国植物志》。

香蜂花的嫩叶及嫩茎可快炒、凉拌，或作调味料，在欧美是一种烹饪中很受食者喜爱的芳香调味品；将香蜂花茎叶捣碎后泡开水当茶喝，有镇静作用；香蜂花可以做茶饮、袋茶、沙拉、香蜂草醋、香蜂草加味水、鱼肉类料理、蘸酱、腌制料。

【芳香成分】

芳香特征与香调：浓郁的柠檬样香气以及薄荷的清凉味；香调前调。

提取方法与组分：水蒸气蒸馏法，得油率为 0.64%；微波辅助水蒸气蒸馏法，得油率 0.95%；挥发油成分中含香叶醇、黄樟脑、香芹酚、芳樟醇、香草醇、柠檬醛、橙花醇、香豆素、芳樟乙酸酯、丁香酚、松油醇、异薄荷脑等。

药理与芳疗作用：香蜂花作为温和的镇静剂、解痉剂、抗菌剂而被广泛使用；有清热、解毒的功效和提神功能；对人们生理和心理方面都有很好的抚慰效果，对情绪激动的人们具有抚顺和镇静的功能，可以缓解震惊、恐慌和癔症；香蜂草精油能控制伤口的血液流动，可以抑制真菌感染和湿疹；精油也可以缓解发质油腻和秃顶。

【其他用途】

叶片捣碎可制作防虫药膏、驱虫剂及家具油；香蜂花具有较高的景观效益，适宜庭院观赏和园林香化。

96. 薰衣草

【名称】

拉丁名：*Lavandula angustifolia* Mill.

英文名：Lavender

别　　名：狭叶薰衣草、真薰衣草、真正薰衣草

【分类】

类　　别：多年生灌木

科　　属：唇形科薰衣草属

【产地】

原产于地中海沿岸、欧洲各地及大洋洲列岛，如法国南部的小镇普罗旺斯，后被广泛栽种于英国，现美国的田纳西州，日本的北海道也有大量种植；1964 年我国新疆维吾尔自治区引入后，因天山北麓与法国的普罗旺斯地处同一纬度带，且气候条件和土壤条件相似，成为世界三大薰衣草种植地之一。

【药食价值】

味辛、性凉。《中华本草》："清热解毒，散风止痒""主头痛，头晕，口舌生疮，咽喉红肿，水火烫伤，风疹，疥癣。"

薰衣草可冲泡成茶，在欧洲，薰衣草可作为调味料，掺于酱油、醋中增添风味。

【芳香成分】

芳香特征与香调：大部分具有草本味、果味、花香和木香，并带有一种难以描述的"干燥"气味；香调前调或基调。

提取方法与组分：水蒸气蒸馏法，全草挥发油得率为 0.80% ~ 2.50%，主要成分为芳樟醇（28.64%）、乙酸芳樟酯（26.49%）、薰衣草醇（7.51%）等；花挥发油得率为 3.26% ~ 4.50%，主要成分为乙酸芳樟酯（25.40%）、樟醇（14.53%）、乙酸薰衣草酯成（7.93%）等。

药理与芳疗作用：薰衣草精油按摩时芳樟醇和乙酸芳樟酯在皮肤上吸收最大，作用于中枢神经系统具有很好的抗抑郁性能，其中芳樟醇具有镇静作用，乙酸芳樟酯具有明显的麻醉作用，这两种作用可能是薰衣草精油用于辅助治疗焦虑型睡眠障碍患者、改善幸福感、产生精神警觉、抑制攻击和焦虑的原因；对多种细菌和真菌都有抗菌作用，尤其是当抗生素不起作用时其依然有效；在芳香疗法中应用于缓解擦伤、烧伤、压力、头痛、促进新的细胞生长、皮肤疾病、疼痛的肌肉，增强免疫系统以及用于缓解原发性痛经。

【其他用途】

广泛用于化妆品、保健、食品等领域，如沐浴露、花茶、薰衣草啤酒、薰衣草奶茶等；且薰衣草具有较高的观赏价值，是园林景观的常用植物。

97. 香桃木

【名称】

拉丁名：*Myrtus communis* L.

英文名：Myrtle

别　名：爱神木、香叶树

【分类】

类　别：常绿灌木

科　属：桃金娘科香桃木属

【产地】

原产于南欧和地中海地区，自马德拉群岛和亚速尔群岛（葡萄牙）、北非一直到西亚（伊朗和阿富汗），广泛分布于南欧、北非和西亚，目前我国南方大部分地区已有栽培。

【药食价值】

味辛、苦，性凉，归肺、肝、大肠经，可清热燥湿，解毒散结，杀虫；据意大利、突尼斯等传统医药记载，香桃木叶常用于治疗呼吸道疾病、腹泻、痔疮和念珠菌病，充当防腐剂、消炎药、漱口水。

香桃木最初作为香料用于烹饪、防腐等，但由于苦味，仅限于地中海附近的国家使用；叶和果实可以用于食品添加，意大利两种有名的饮料"Mirto Rosso"和"Mirto Bianco"就是利用香桃木生产的。

【芳香成分】

芳香特征与香调：气味清晰、新鲜、略甜、略带草药香味，气味闻起来有点像樟脑和尤加利，令人心情舒缓；香调前调。

提取方法与组分：水蒸气蒸馏法，得油率为 0.25%，化学成分有顺式柠檬醛（橙花醛），含量在 30% 左右；反式柠檬醛（牻牛儿醛），40.1% 左右；月桂烯成分；柠檬醛，含量高达

70%或以上。

药理与芳疗作用：挥发油可用于抗菌、收敛、杀菌、祛肠胃胀气、化痰、杀寄生虫等；有显著的净化功效，对肺部异常十分有用，能带来安稳的睡眠；能抵抗潮湿、改善支气管黏膜发炎和鼻窦炎，抑制感染；还能调节生殖泌尿系统、驱逐体外寄生虫；能稳定情绪、镇静激动情绪；可用于改善咳嗽、消化道、呼吸道等疾病，还具有抗菌、收敛、镇静、止血、滋补等作用。

98. 樟

【名称】

拉丁名：*Camphora officinarum* Nees ex Wall

英文名：Camphor tree

别　名：香樟、芳樟、油樟、樟木、乌樟、樟木子

【分类】

类　别：常绿多年生乔木

科　属：樟科樟属

【产地】

樟是我国特有的品种，广泛分布于在我国四川宜宾、四川广安、江西赣州、广西壮族自治区南宁、湖南新晃以及台湾省。

【药食价值】

香樟，中药名，为樟的根，味微辛，性温，入肝、脾经。《分类草药性》："治一切气痛，理痹，顺气，并霍乱呕吐。"《贵阳民间药草》："理气，行血，健胃。治胃病，筋骨疼痛，狐臭，脚汗。"

【芳香成分】

芳香特征与香调：清新略冲鼻，带樟脑气息；香调前调。

提取方法与组分：水蒸气蒸馏法；根、茎、枝、叶、籽中均含有丰富的挥发油，但实际提取的原料以叶和果实为主；枝的平均得油率0.49%，叶的平均得油率2.67%；挥发油的主要成分有1,8-桉叶油素、芳樟醇、松油醇、樟脑、右旋龙脑、橙花叔醇等。

药理与芳疗作用：香樟精油是医药合成樟脑、龙脑的主要原料；现代药理研究显示，香樟精油具有强烈的抑制或杀死真菌等微生物的特性，所以对各种炎性疾病具有抗炎功效，并且有净化有毒空气、抗癌的功效；香樟精油具有芳香健胃的作用。

【其他用途】

樟树叶可提取色素、香料等用来制成植物农药，制备氧化剂和医药产品等；由于香樟精油清新的气味和良好的杀菌作用，常用来配置香水、洗涤剂、皮肤清洁剂、护发剂、牙膏、空气清新剂等；香樟树枝叶茂密、树姿雄伟，可以涵养水源和防风固沙，并且还可以净化有毒空气，所以有较高的园林用途。

99. 雪松

【名称】

拉丁名：*Cedrus deodara*（Roxb.）G. Don.

英文名：Cedar

别　名：香柏、宝塔松、番柏、喜马拉雅雪松

【分类】

类　　别：常绿乔木

科　　属：松科雪松属

【产地】

原产于喜马拉雅山脉海拔 1500～3200m 的地带和地中海沿岸 1000～2200m 的地带，我国自 1920 年起引种，现在青岛、西安、昆明、北京、郑州、上海、南京等地都有栽培。

【药食价值】

味辛、涩，性温，归心、肝、胃、大肠经。始载于《中国经济植物志》。

【芳香成分】

芳香特征与香调：带有檀香味，散发一种略带酸性的香味，淡淡的香味不熏鼻，很清新；香调中调。

提取方法与组分：水蒸气蒸馏法，枝叶得油率为 0.34%～0.75%，干燥花序的得油率为 0.13%，果实的得油率为 5%；化学成分包括雪松烯、雪松醇、大西洋酮等，雪松醇是雪松精油的主要成分。

药理与芳疗作用：雪松精油具有防腐、杀菌、补虚、收敛、利尿、调经、祛痰、杀虫及镇静等功效；其收敛作用可以帮助有效改善粉刺及油性皮疹；香气对于心理精神紧张、焦虑、强迫症及恐惧等症状有宁静安神的舒缓作用。

【其他用途】

雪松木材轻软，不易受潮，是一种纯天然的防腐木，木材颜色偏红，是目前世界上不用经过防腐处理的天然防腐木之一，因而是一种重要的建筑用材。雪松是世界著名的庭园观赏树种之一，它具有较强的防尘、减噪与杀菌能力，也适宜作工矿企业绿化树种。美国的原住民将雪松当作药疗及净化仪式使用的圣品。

100. 香橼

【名称】

拉丁名：*Citrus medica* L.

英文名：Citron

别　　名：枸橼、枸橼子

【分类】

类　　别：常绿小乔木

科　　属：芸香科柑橘属

【产地】

原产于我国东南部，目前在江苏、福建、云南、广西壮族自治区、浙江、重庆、湖北等南方地区分布甚广。

【药食价值】

味辛、微苦、酸，性温；归肝、肺、脾经。气香行散，可升可降。具有疏肝理气，宽胸化痰，除湿和中。《本草拾遗》："去气，除心头痰水。"《本草通玄》："理上焦之气，止呕逆，进食，健脾。"

可用香橼制作蜜饯、罐头、压榨制作饮料及蜜饯类中的凉果产品。

【芳香成分】

芳香特征与香调：香橼具有独特的新鲜、甜美的柑橘样果香气味，香气清灵、纯正；香橼鲜果香气与其他柑橘类果实不同，相比较之下更为清新和灵秀；香调前调。

提取方法与组分：水蒸气蒸馏法，得油率为 0.18%，主要成分是 d-柠檬烯（31.70%）、γ-松油烯（22.09%）和邻伞花烃（11.85%）等。

药理与芳疗作用：具有理气宽中，消胀降痰之功效，可缓解胃腹胀痛、呕吐等症状；可以改善血液微循环，主要药理是通过调节毛细血管的通透性，从而可以用于辅助心血管的临床治疗。

【其他用途】

目前香橼在我国主要作为园林观赏植物栽培，果实成熟时，色泽金黄、香气四溢。香橼叶挥发油可以卷烟加香，它能明显改善和修饰卷烟香气、增加烟香、提高香气品质。此外，香橼挥发油为古典古龙香水的香型。

101. 芫荽

【名称】

拉丁名：*Coriandrum sativum* L.

英文名：Coriander

别　名：香菜、胡菜、香菜

【分类】

类　别：一年生或两年生的草本植物

科　属：伞形科芫荽属

【产地】

原产地为地中海沿岸及中亚地区，我国在汉代由张骞于公元前 119 年引入，现我国大部分省区均有栽培。

【药食价值】

《本草纲目》："辛温香窜，内通心脾，外达四肢"。《食疗本草》："利五脏、补筋脉。主消谷能食"。《农书》："胡荽于蔬菜中，子、叶皆可用，生、熟俱可食，其有益于世者"。

香菜一般作调味料，具有特殊的香气，有去腥臭和增进食欲的作用；香菜既可凉拌，又可炒制，还常用于菜肴的装饰。

【芳香成分】

芳香特征与香调：辛香、甜香、花香，香味浓厚；香调前调。

提取方法与组分：成熟的种子经干燥后水蒸气蒸馏法提取，得油率 0.3%～1.1%，主要成分有芳樟醇、樟脑、龙脑、α-蒎烯、β-蒎烯、双戊烯等。

药理与芳疗作用：具有清除自由基、抗氧化、杀菌、消除亚硝酸钠、改善神经性厌食症和增进记忆力等作用；芬芳气味可以增进食欲，抗焦虑与抗失眠也有较好的作用；具有振奋、清新、减少晕眩感的功效。

【其他用途】

大量食用芫荽对预防铅中毒和铅中毒患者的辅助治疗有一定医疗保健作用。

102. 蕺菜

【名称】

拉丁名：*Houttuynia cordata* Thunb.

英文名：Herba houttuyniae

别　名：折耳根、鱼腥草

【分类】

类　别：多年生草本

科　属：三白草科蕺菜属

【产地】

主产于亚洲东南部，广泛生长在我国南方各省区，西北、华北部分地区也有分布。

【药食价值】

鱼腥草味辛，性微寒，归肺经。《本草纲目》中，其叶腥气，故俗称"鱼腥草"。《名医别录》："味辛，微温。"《滇南本草》："性寒，味苦辛。"外用适量，捣敷或煎汤熏洗患处。用治肺脓疡、痰热咳嗽、肺炎、水肿、脚气、尿路感染、白带过多、痈肿疮毒、热痢、热淋。

鱼腥草全株可食用，不仅可以生食还可以加工腌渍后食用，其最常见食用部位为有节地下茎：脆嫩、纤维少、辛香味浓郁而且口感好；鱼腥草还可以和其他食物一起烹饪食用，如瘦肉、腊肉、鸡蛋等；可以煮茶饮用。

【芳香成分】

芳香特征与香调：特殊鱼腥气味；香调前调。

提取方法与组分：水蒸气蒸馏法提取，全草含挥发油，干全草得油率为 0.02%～0.05%，主要成分为癸酰乙醛、月桂烯、α-蒎烯、芳樟醇等。

药理与芳疗作用：抗菌作用，鱼腥草中的癸酰乙醛是抗菌的有效成分，对卡他球菌、溶血性链球菌、流感杆菌、肺炎双球菌和金黄色葡萄球菌具有明显的抑制作用；抗病毒作用，鱼腥草对流感病毒、亚洲型病毒和出血热病毒有一直作用；增强机体免疫能力，鱼腥草能明显促进白细胞和巨噬细胞的吞噬功能；抗炎镇痛作用，鱼腥草素对于呼吸道感染和盆腔炎、附件炎、慢性宫颈炎等妇科各类炎症均有一定的改善作用；镇痛、止血和利尿作用；抗肿瘤作用，临床试验表明，鱼腥草能提高体内巨噬细胞吞噬能力，增加机体抗感染和特异性体液免疫力；抗过敏作用。

103. 益智

【名称】

拉丁名：*Alpinia oxyphylla* Miq.

英文名：Sharpleaf Galangal Fruit

别　名：摘芋子

【分类】

类　别：多年生草本植物

科　属：姜科山姜属

【产地】

主产于海南岛山区，此外广东雷州半岛、广西壮族自治区等地也有分布。

【药食价值】

益智仁为益智的果实，味辛，性温，归脾、肾经，具有温肾固精缩尿，温脾开胃摄唾功效，常用于肾虚遗尿、小便频数、遗精白浊、脾寒泄泻、腹中冷痛、口多唾涎。《汤液本草》："入手足太阴经，足少阴经。本是脾经药。"

益智仁可以与茶一起放入茶杯中，沸水冲泡代茶饮，适用于下焦肾元不足所致的心烦失眠、夜尿频多等症，具有温肾止遗的功效；益智仁粥适用于妇女更年期综合征以及老年人脾肾阳虚、腹中冷痛、尿频、遗尿等；益智仁还可以和肉煲汤或者煲粥，健胃益脾。

【芳香成分】

芳香特征与香调：清淡芳香，具有鲜明的植物香气；香调中调。

提取方法与组分：水蒸气蒸馏法，得油率为1.72%，主要含有桉油精、姜烯、姜醇、β-聚伞花烯、香橙烯等成分。

药理与芳疗作用：对神经中枢的保护、镇定作用；具有抑菌、改善运动协调及学习记忆功能的功效；能够改善帕金森病小鼠的运动协调性和学习记忆能力。

104. 月桂

【名称】

拉丁名：*Laurus nobilis* L.

英文名：Grecian laurel

别　名：月桂子、月香桂、月桂树、桂冠树、甜月桂、月桂实

【分类】

类　别：常绿小乔木

科　属：樟科月桂属

【产地】

原产于地中海一带，我国浙江、江苏、福建、台湾、四川及云南等地有引种栽培。

【药食价值】

味辛、性温，具有补血、温血、止痛、止咳、震惊的作用。《国药的药理学》："煎汁，可为误食河豚鱼的解毒药。"《本草拾遗》："小儿耳后月蚀疮，研碎敷之。"用于风湿、麻痹、感冒、食河豚中毒、风湿痛、妇女痛经等。

月桂叶为我国传统的调味辛香料，按照国家食品添加剂使用卫生标准，叶、树皮、挥发油是允许使用的天然香料。

【芳香成分】

芳香特征与香调：辛辣味，甜，并且类似于肉桂的香味；香调前调。

提取方法与组分：水蒸气蒸馏法，叶含挥发油0.3%~0.5%，主要成分为芳樟醇、丁香油酚、牻牛儿醇、1,8-桉叶素、松油醇等；树皮和树干挥发油主要成分为乙酸-α-松油酯和1,8-桉叶素。

药理与芳疗作用：叶挥发油具有抗菌、杀菌、抗病毒作用，对枯草芽孢杆菌、痤疮杆菌、腐生葡萄球菌、金黄色葡萄球菌等有很好的抑制作用；对牙周炎发生菌，如龈拟杆菌、中间普氏菌、产黑色素拟杆菌、具核梭杆菌、伴放线放线杆菌、黏性放线菌和螨虫等均有强烈抑制作用；挥发油有短期的预防感冒的功效，无副反应。

【其他用途】

月桂的精油可以用于化妆品、生发水，并且可作为香精用于皂用香精和化妆品香精中。

105. 洋葱

【名称】

拉丁名：*Allium cepa* L.

英文名：Onion

别　名：球葱、圆葱

【分类】

类　别：多年生草本植物

科　属：石蒜科葱属

【产地】

洋葱原产于中亚或西亚，我国的洋葱产地主要有福建、山东、甘肃、内蒙古自治区、新疆维吾尔自治区等地。

【药食价值】

味辛、甘，性温，健胃理气，杀虫，降血脂，主要改善食少腹胀、创伤、溃疡、滴虫性阴道炎、高脂血症。《药材学》："新鲜洋葱捣成的泥剂，应用于治疗创伤、溃疡及妇女滴虫性阴道炎。"《全国中草药汇编》："主治便秘。"《福建药物志》："祛湿消肿。"

洋葱是东西方餐桌上常见的调味蔬菜，它营养成分丰富，含有丰富的碳水化合物、蛋白质、膳食纤维、钙、磷、铁、各类维生素、氨基酸和酚类物质；不仅可以和禽、鱼、肉、蛋等配炒，还可以凉拌生食，增进食欲，促进消化吸收。

【芳香成分】

芳香特征与香调：具有辛辣的香气和香味，并且具有刺激性；香调中调。

提取方法与组分：洋葱的挥发油是以新鲜洋葱为原料，通过水蒸气蒸馏法或者超临界二氧化碳技术提取得到含有二甲基三硫化物、甲基丙基三硫化物、甲基-（1-烯丙基）-二硫化物、甲基-（1-烯丙基）-三硫化物、二甲基四硫化物和二甲基噻吩等的挥发油。

药理与芳疗作用：抗氧化性，洋葱油对羟自由基、超氧自由基、过氧化氢等均有不同程度的清除作用，特别是对羟自由基的清除作用及对羟自由基引发 DNA 损伤的抑制作用效果与维生素 C 相当；抗菌活性，洋葱挥发油对枯草芽孢杆菌、金黄色葡萄球菌及热带假丝酵母精油表现出较强的抑菌活性；降低血脂、预防动脉粥样硬化；祛痰、利尿、发汗以及预防感冒等；可以刺激食欲、帮助消化和轻微刺激呼吸、泌尿、汗腺管道的内壁。

【其他用途】

洋葱因其具有天然防腐性以及抗氧化性可以作为天然保健产品的添加剂；广泛应用于食品的调味料或者化妆品的添加剂中。

106. 郁金

【名称】

拉丁名：*Curcuma aromatica* Salisb.

英文名：Radix Curcumae

别　名：川郁金、广郁金

【分类】

类　　别：多年生草本

科　　属：姜科姜黄属

【产地】

郁金主要产于四川、福建、浙江、台湾、江西、广西等地。

【药食价值】

味辛、苦，性寒。归肝经、心经、肺经。活血止痛、行气化疼、清心解郁、利胆退黄。《新修本草》："味辛、苦，寒，无毒。"《药性论》："治女人宿血气心痛，冷气结聚。"

【芳香成分】

芳香特征与香调：中药的香味，气微香；香调中调。

提取方法与组分：水蒸气蒸馏法，块根含挥发油 6.1%，其中莰烯 0.8%，樟脑 2.5%，倍半萜烯 65.5%，主要成分为姜黄烯、倍半萜烯醇等。

药理与芳疗作用：挥发油具有抑菌、调节免疫等功能，对红色毛癣菌、白色念珠菌等 10 余种皮肤真菌有一定抑制作用；具有抗氧化应激活性。

107. 茵陈蒿

【名称】

拉丁名：*Artemisia capillaris* Thunb.

英文名：Artemisia capillaris

别　　名：茵陈、绵茵陈、绒蒿

【分类】

类　　别：半灌木状草本

科　　属：菊科蒿属

【产地】

原产于低海拔地区河岸、海岸附近的湿润沙地、路旁及低山坡地区；朝鲜、日本、菲律宾、越南、柬埔寨、马来西亚、印度尼西亚及俄罗斯也有分布；在我国分布于辽宁、河北、陕西、山东、江苏、安徽、浙江、江西、福建、台湾、河南、湖北、湖南、广东、广西壮族自治区及四川等地。

【药食价值】

味微苦、微辛；性微寒。归脾、胃、膀胱经。清热利湿、退黄。主要用于改善黄疸、小便不利、湿疮瘙痒。《神农本草经疏》："足阳明、太阴、太阳三经。"《神农本草经》："主风湿寒热，邪气，热结黄疸。久服轻身，益气耐老。"《本草拾遗》："通关节，去滞热，伤寒用之。"

【芳香成分】

芳香特征与香调：气味清香，微苦；香调中调。

提取方法与组分：水蒸气蒸馏法，挥发性成分得油率在不同生育期有所不同，幼苗期为 0.03%，立秋季节为 0.47%，花前期 0.75%~0.96%，全草约 0.27%，果穗中达 1%，主要成分为大根香叶烯 D（16.16%）、氧化石竹烯（10.42%）、石竹烯（8.70%）、α-毕橙茄醇（7.03%）、依兰油醇（4.83%）。

药理与芳疗作用：有利胆、保肝、解热、抗炎、降血脂、降压、扩冠等功效；挥发油对金黄色葡萄球菌、痢疾杆菌、溶血性链球菌、肺炎双球菌、白喉杆菌、霉菌、牛型及人型结核分枝杆菌等有抑制作用；挥发油还有利尿作用。

108. 玉兰

【名称】

拉丁名：*Yulania denudata*（Desr.）D. L. Fu

英文名：Magnolia

别　名：白玉兰、木兰、玉兰花、迎春花、辛夷花

【分类】

类　别：常绿乔木

科　属：木兰科玉兰属

【产地】

原产于我国中部各省，四川、河南、湖南、北京及黄河流域以南均有栽培。

【药食价值】

味辛，性温，有祛风发散，通鼻窍之功效，主要用于风寒头痛、鼻塞、鼻渊、鼻流、浊涕、齿痛等症。可泡茶饮用。

【芳香成分】

芳香特征与香调：香甜、清新爽朗的花香；香调中调。

提取方法与组分：蒸馏萃取法，玉兰花得油率0.2%～0.3%，主要成分为柠檬醛、丁香油酸等。

药理与芳疗作用：抗组胺作用，拮抗组胺和乙酰胆碱诱发的回肠过敏性收缩和过敏性哮喘；抗炎、抗过敏作用；降血压作用；抗微生物作用。

109. 依兰

【名称】

拉丁名：*Cananga odorata*（Lamk.）Hook. f. et Thoms.

英文名：ylang-ylang

别　名：伊兰、伊兰香、依兰香、香水树、夷兰

【分类】

类　别：常绿大乔木

科　属：番荔枝科依兰属

【产地】

依兰原产于缅甸、菲律宾、印度尼西亚和马来西亚，主产地在科摩罗群岛和马达加斯加西北部，我国云南、福建、广东等地有栽培。

【药食价值】

味甘，性温，入心、肾经。《芳香疗法大百科》中提到依兰是抗忧郁剂、催情剂和镇静剂，可以帮助因压力或焦虑等原因性生活出现困难的人。

【芳香成分】

芳香特征与香调：融合了茉莉的香甜和橙花的清雅；香调前调。

提取方法与组分：通过水蒸气蒸馏新鲜花瓣，得油率为0.1%～1%，在常温下为淡黄色液体，主要成分为酯类化合物、萜烯类化合物以及醇类化合物。

药理与芳疗作用：依兰精油在芳香疗法中常被用于放松、调节情绪；通过嗅吸依兰精油可以达到降低血压、改善认知和情绪的作用；抗焦虑作用。

【其他用途】

制造香水、香皂和化妆品等日用化工原料；观赏植物，花香气浓郁。

110. 母菊

【名称】

拉丁名：*Matricaria chamomilia* L.

英文名：German chamomile

别　　名：洋甘菊、德国洋甘菊

【分类】

类　　别：一年生草本植物

科　　属：菊科母菊属

【产地】

原产于欧洲和印度，现于我国新疆维吾尔自治区北部和西部生产，北京和上海庭院有栽培，但上海也有野生品种；欧洲、亚洲北部和西部也有分布。

【药食价值】

味辛、微苦，性凉，归肺、肝经。《中华本草》对其描述为清热解毒、止咳平喘、祛风湿，主治感冒发热、咽喉肿痛、肺热咳喘、势痹肿痛、疮肿。1882年收入德国药典，随后载入欧洲药典。《中华人民共和国卫生部药品标准》（维吾尔药分册1999年版）也已收载德国甘菊及其3种制剂质量标准。

洋甘菊可做茶饮，适合搭配玫瑰花、满天星、薄荷、紫罗兰、菩提子、金盏花、迷迭香、桂花、马鞭草等。

【芳香成分】

芳香特征与香调：强烈的刺激气味；香调中调。

提取方法与组分：水蒸气蒸馏法，得油率为0.2%~0.4%，蓝甘菊环烃是精油中最有价值的化合物。

药理与芳疗作用：具有显著的消炎作用，对支气管哮喘、风湿病、过敏性胃炎、结肠炎、湿疹有一定的效果等，可减轻过敏反应并有局部麻醉作用；临床上主要用于缓解感冒咳嗽、咽喉肿痛、关节骨痛、阿尔茨海默病及重舌等疾病；挥发油可以减少促肾上腺皮质激素水平升高带来的压力，可镇静、抗焦虑；挥发油具有防晒作用，并且可以平复破裂的微血管，增进弹性，对干燥易痒的皮肤极佳；消除浮肿，强化组织，是非常优良的皮肤净化保养品。

111. 紫苏

【名称】

拉丁名：*Perilla frutescens*（L.）Britton

英文名：Purple perilla

别　　名：桂荏、白苏、赤苏

【分类】

类　　别：一年生草本植物

科　　属：唇形科紫苏属

【产地】

主产于我国西北等地，日本、缅甸、朝鲜半岛、印度、尼泊尔也引进此种，而北美洲也有生长。

【药食价值】

味辛，性温，归肺、脾经。《本草纲目》："解肌发表，散风寒，行气宽中，消痰利肺，和血温中止痛，定喘安胎。"《本草正义》："紫苏，芳香气烈，外开皮毛，泄肺气而通腠理，上则通鼻塞，清头目，为风寒外感灵药；中则开膈胸，醒脾胃，宣化痰饮，解郁结而利气滞。"

日常生活中紫苏叶通常被当做蔬菜和香料来使用，鲜嫩的紫苏茎叶可凉拌食用或作羹汤；可作为去腥、提味、增鲜的香料；籽可以榨油食用，被用于肉类保鲜和食品调味；有些地区制作的紫苏叶凉茶和紫苏米粥。

【芳香成分】

芳香特征与香调：味道浓郁，但是香气的感觉相对来说比较清新、通透；香调前调。

提取方法与组分：水蒸气蒸馏法，挥发油得油率为 0.62%~3.03%，主要成分为紫苏醛、柠檬烯、芳樟醇、呋喃酮类衍生物、丁香烯、肉豆蔻醚，以及蒎烯、薄荷醇、苯甲醛、丁香油酚等。

药理与芳疗作用：紫苏叶挥发油对炎症病理过程中的渗出、肿胀、白细胞的聚集、增多及肉芽组织的增生具有抑制作用；有较强的抗氧化性，对消除人体自由基、缓解脂质过氧化等有一定作用；对大肠杆菌、金黄色葡萄球菌以及枯草芽孢杆菌等有抑菌作用。

112. 孜然芹

【名称】

拉丁名：*Cuminum cyminum* Linn.

英文名：Cumin

别　　名：安息茴香、枯茗

【分类】

类　　别：一年生或两年生草本植物

科　　属：伞形科孜然芹属

【产地】

原产于埃及和埃塞俄比亚，现在马耳他、摩洛哥、阿尔及利亚、伊朗、叙利亚、印度、巴基斯坦、印度尼西亚、土耳其等多个国家都有种植；我国主要在新疆维吾尔自治区和甘肃种植。

【药食价值】

味辛，性温，入归脾、胃、肾经。《普济方》中，就有用孜然辅助治疗消化不良和胃寒、腹痛等症状的记载。据《新修本草》记载，将孜然炒熟后研磨成粉，就着醋服下去，还有辅助治疗心绞痛和失眠的作用。

孜然作为食品的调味料用于加工牛羊肉，可以祛腥解腻，并能令其肉质更加鲜香，增加食欲。

【芳香成分】

芳香特征与香调：强烈的芳香气，略有甜、苦、辣味；香调中调。

提取方法与组分：果实含有丰富的挥发油，果实经破碎后通过水蒸气蒸馏法获得的挥发油，得油率2.4%~3.6%；通过超临界萃取法提取，得油率为8.79%。孜然芹挥发油主要成分有枯茗醛、4-氨基吡啶、异丙苯、α-莰酮、对丙烯基苯甲醚、对伞花烃、莰烯、3-(2-呋喃基)-3-戊烯酮-2、对乙基苯甲醚、β-蒎烯、大茴香脑、2-氨基吡啶、苯并呋喃、水芹烯及松油烯等10余种成分。

药理与芳疗作用：孜然芹挥发油表现出很强的抗氧化活性；对细菌、霉菌、酵母都有抑制作用，其抑菌活性成分主要是枯茗醛；枯茗醛具有较强的醛糖还原酶和α-葡萄糖酶的抑制活性；具有抗癌和消除致癌物亚硝酸钠，降血压、降血脂保肝的作用。

🔍 **思考题**

1. 举例说明芳香植物在食品工业中有哪些用途？
2. 举例说明哪些芳香植物具有促进身心健康的作用？

第二章

CHAPTER

芳香健康理论基础

2

[学习目标]

1. 了解植物精油进入体内的途径及代谢；
2. 掌握植物精油的生理活性及其作用机制；
3. 了解芳香对情感情绪的调节作用。

芳香物质，特别是植物精油成分，是一些容易挥发、有气味、亲脂性小分子，使其进入体内以具有比其他生物活性物质更多样的途径和方式，进入人机体后的代谢也有所不同，因此产生的生理活性和机制也不一样。另外，芳香在调节情感情绪、认知和行为方面也具有积极作用。

第一节　植物精油的生理作用

一、植物精油化学成分

1. 化学组成成分

植物精油的组成十分复杂，简单的至少包括数种有机化合物，有的甚至包括成百上千种组分。尽管植物精油中的组成成分较为复杂，但是大体可分为萜类化合物、芳香族化合物、脂肪族化合物和含氮含硫化合物四大类。

（1）萜类　组成精油的化学成分在生物合成的第二阶段产生，称为次生代谢物。萜类是许多植物特别是花卉精油的主要成分，也是精油的基本成分，主要有两类萜，单萜和倍半萜。大多数是不饱和的，也就是说它们含有一个或多个双键，称为萜烯。萜烯是通过甲羟戊酸途径产生的，苯基丙烷来自莽草酸途径。虽然苯丙烯类对香气的影响最大，但萜烯构成的单一化合物种类最多。在精油中发现的萜烯是由异戊二烯单元组成的。单萜烯有 2 个异戊二烯单元、倍半萜烯有 3 个、二萜烯有 4 个。单萜类化合物是萜类中数量最多的。所有的萜烯都以"烯"结尾。它们是轻分子，蒸发得很快。单萜常被称为"top note（前调、头香）"。羟基或其他氧的缺乏通常意味着这些成分是不易溶于水的，但它们很容易氧化，并随着时间的推移与氧结合成为醇。

萜烯（图 2-1）可为无环、单环或双环，单环萜烃是在许多不同精油中发现的一大类成分，包括柠檬烯、水芹烯、α-松油烯和 γ-松油烯、异松油烯、侧柏烯、对花伞烯、杜松烯和桧烯。无环不饱和萜烯烃类，如罗勒烯和 β-香叶烯。

莰烯、水芹烯、蒎烯、月桂烯和柠檬烯是常见的单萜化合物。所有萜烯均具有防腐性能。柠檬烯被认为具有抗肿瘤作用，在大多数柑橘和莳萝籽精油中都有这种物质。柠檬草精油中发现的月桂烯具有镇痛作用。单萜类化合物一般有刺激作用，如果使用时间过长，会使皮肤敏感。因为萜烯不溶于水，香水行业经常从精油中去除萜烯，这种"无萜"精油就可以用于花露水中。也有一些香水公司为了制造更强烈的气味而将精油"脱烯"（如去除 d-柠檬烯的柠檬精油）。然而，当去掉萜烯时，也去掉了这些精油的主要疗愈特性。

倍半萜不易挥发，但由于它们的结构较大，它们具有更大的立体化学多样性潜力。倍半萜有较强的气味以及抗炎和杀菌性能。作为萜烯，随着时间的推移，它们仍然会氧化成醇。在广藿香精油中，这种氧化作用被认为可以改善气味。母菊兰烯实际上有 14 个碳原子，但通常包含在倍半萜中。母菊蓝烯和石竹烯具有抗肿瘤活性。德国洋甘菊精油中含有母菊兰烯，黑胡椒精油中含有甜没药烯，依兰精油中含有石竹烯。

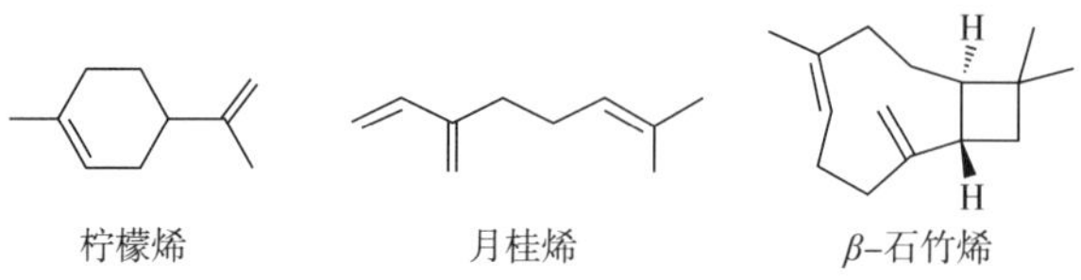

柠檬烯　　　　　月桂烯　　　　　β-石竹烯

图 2-1　萜类化合物

（2）酚类　苯酚是苯环上连着羟基，英文名以-ol 结尾。在精油中有四种常见的酚类，百里香酚、香芹酚、丁香酚和佳味酚（对烯丙基苯酚）。百里香酚、香芹酚以及丁香酚（图 2-2）分别是百里香精油、牛至精油和丁香精油的主要成分，其抗菌作用已被广泛研究。大多数具有很强的抗菌活性，有些对神经系统和免疫系统都有刺激作用。酚类物质具有镇痛、防腐、抗感染、抗痉挛、抗病毒、杀菌、消化、利尿、祛痰、镇静和免疫系统兴奋剂等作用。然而，富含酚类物质的精油被认为是对皮肤和黏膜最具刺激性的精油，会引起皮炎和致敏。如果精油中含有高浓度的酚类物质，那么精油应该稀释到很低浓度涂抹在皮肤上，并且只能短时间使用。

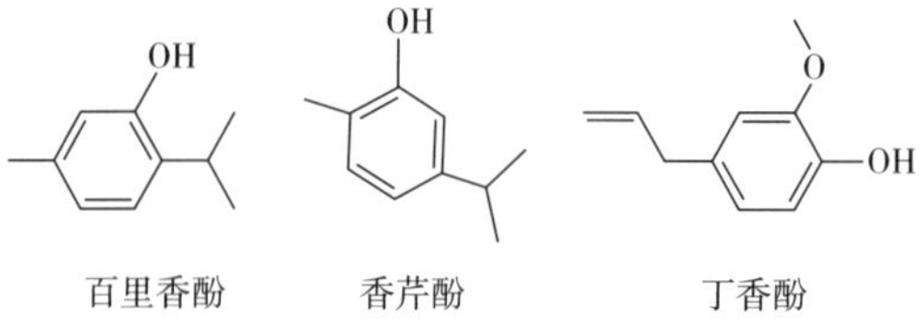

百里香酚　　　　香芹酚　　　　丁香酚

图 2-2　酚类化合物

（3）醛类 醛是碳链末端的一个碳原子以双键与一个氧原子相连，第四个键总是一个氢原子，醛类英文名以-al结尾，通常具有抗感染、抗病毒、消炎、镇静和镇定作用，对植物的香气很重要。它们有时会对皮肤有刺激性，应该在使用前稀释，但当它们的气味被吸入时非常有效。在精油中发现的醛类（图2-3）有柠檬醛、肉桂醛、苯甲醛、橙花醛和香叶醛等。柠檬醛通常存在于具有柠檬气味的精油中，如香茅、柠檬草和

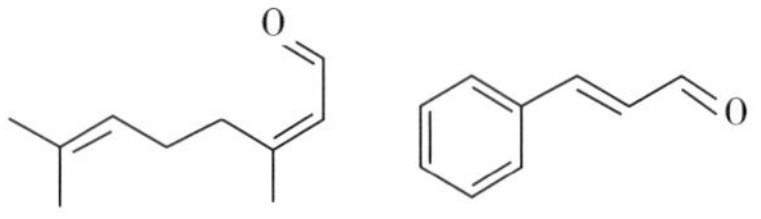

柠檬醛　　肉桂醛

图2-3 醛类化合物

柠檬桉树；肉桂醛，通常是反式肉桂醛，是肉桂树皮精油的主要成分。

（4）酯类 酯类英文名以-ate结尾，是有机酸和醇类或酚类发生化学反应的结果，是精油中发现的最广泛的一类。罗马洋甘菊精油是一种酯含量极高的精油，酯类（图2-4）含量高达85%。它们可能是非环的，如香叶醇、芳樟醇和橙花醇的乙酸酯；或环状的，如水杨酸甲酯和乙酸苄酯。大多数通常是温和且非常稳定的化合物，水果气味；而其他的则较为强力，有药味。具有抗痉挛、抗真菌作用，对神经系统有放松和镇静作用，对炎症和皮肤刺激也有效。

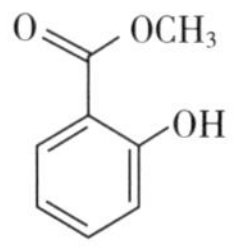

水杨酸甲酯

图2-4 酯类化合物

（5）酮类 酮类英文名以-one结尾，是从醇中氧化得到的，它有一个氧原子和一个碳原子以双键连接，碳原子和另外两个碳原子连接。酮类药物应谨慎使用，因为某些酮类药物可产生惊厥作用（通常口服）。因为酮类物质抵抗新陈代谢，它们可以在肝脏中堆积。但一些无毒的酮类（图2-5），其中大多数对皮肤和疤痕有益，如茴香酮、异薄荷酮。适当地使用酮类时，可以发挥镇静、镇定、愈合伤口、祛痰、消炎等益处。但是，它们也可能是最具潜

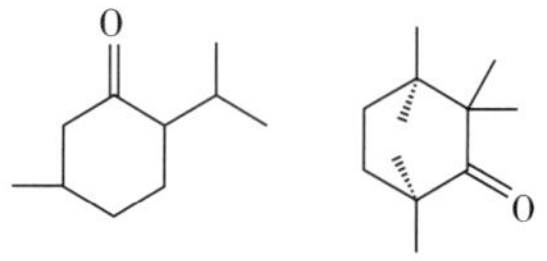

异薄荷酮　　D（+）-茴香酮

图2-5 酮类化合物

在危险的。潜在危险最大的酮是在苦艾、鼠尾草、艾菊、崖柏和洋艾精油中发现的侧柏酮。精油中发现的其他有潜在危险的酮类还有胡薄荷中的胡薄荷酮和海索草中的松樟酮。据说酮类药物能引起癫痫发作、流产、破坏中枢神经系统。误用通常发生在忽视适当的每日剂量，导致有害物质在体内积聚。例如，假设一种精油的推荐剂量是每天只在皮肤上滴4滴，而你每天都要滴6滴。含有少量酮的精油包括：罗马洋甘菊、薰衣草、薄荷和留兰香。最常见的酮类精油成分包括单环的薄荷酮、香芹酮、胡薄荷酮和胡椒酮，以及双环的樟脑、茴香酮、侧柏酮和马鞭烯酮。

（6）氧化物 在有机化学中，氧化物通常包含两个相邻碳原子之间的氧桥。在芳香疗法中，氧化物这个词的使用比较普遍，因为碳原子不是相邻的。在化学术语中，氧化物称为醚或过氧化物。最常见的氧化物是桉树脑（图2-6）——一种强化痰剂。1,4-桉树脑和1,8-桉树脑都存在于精油中，1,8-桉树脑存在于蓝桉精油、迷迭香精油和月桂精油中。在精油中发现的主要氧化物是1,8-桉树脑，也被称为桉树醇，是桉树精

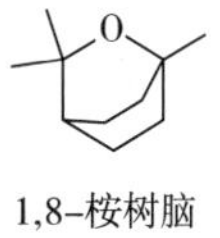

1,8-桉树脑

图2-6 氧化物

油的主要成分，也可能大量存在的迷迭香精油。在精油中发现的环氧化物包括芳樟醇氧化

物、柠檬烯氧化物和石竹烯氧化物。氧化物是最常用的消毒剂，具解充血和祛痰的性质。氧化物通常具有新鲜、强烈和医药的芳香。例如，桉树、迷迭香、白千层精油。当口服某些精油时，醚被认为是引起幻觉的原因。与苯酚不同，醚对皮肤没有攻击性。如胡椒酚甲醚（草蒿脑）、黄樟素、细辛醚和茴香脑。

（7）内酯   内酯总是有一个氧原子和一个碳原子双键连接，碳原子与另一个氧原子相连，氧原子是一个封闭环的一部分。内酯的含量可能较低，但在化痰和黏液中起重要作用。然而，内酯往往具有与酮相同的潜在神经毒性作用。许多属菊科的精油含有内酯，也可以引起皮肤敏感。香豆素是内酯的一种（图2-7），可能在精油中少量存在，但它们非常有效。如香豆素能增强酯类的抗痉挛作用。呋喃香豆素在紫外线照射下会产生光毒性作用，导致烧伤或红斑。少量呋喃香豆素（2%）存在于柑橘皮等精油中。

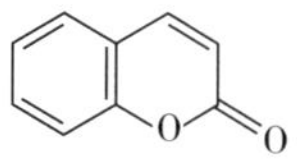

香豆素

图2-7   内酯

（8）醇类   醇类以其抗菌、抗感染和抗病毒特性而闻名。它们可以令人振奋，且不含毒性。精油中的大多数醇类都有一种甜的、绿色的、有时是木质的气味，而且很清新、很舒服。萜烯醇含有一些具抗菌性的精油成分，它们的活性可能归因于"醇"固有的抗菌活性，提高了萜烯结构基团在水和微生物膜中的溶解度。如薰衣草油的主要成分芳樟醇具有广谱抗菌活性，因其特有的甘甜、柔和的香味，在香水中得到了广泛的应用。许多精油中都含有萜醇，它们的名字都以-ol结

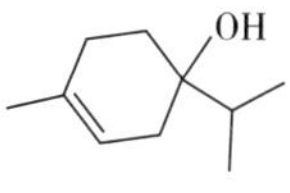

4-萜烯醇

图2-8   醇类化合物

尾。通常单萜醇含量高的精油在皮肤上不稀释使用是安全的。单萜醇被认为是一种良好的抗细菌和抗真菌性能的消毒剂。4-萜烯醇（图2-8）令人兴奋，芳樟醇被认为是镇静剂。异龙脑具有抗病毒特性，是一种有效的单纯性疱疹病毒的抑制剂。倍半萜烯醇有15个碳原子，有多种缓解效果。如金合欢醇对阴道毛滴虫有效，也可作为降压药；α-甜没药醇抗炎；广藿香醇对引起脚气的菌有效。

（9）含氮含硫化合物   含碳硫、炭氮键的有机化合物（图2-9），主要存在于植物香辛料精油中，一般具有强烈辛辣气味。如大蒜素。

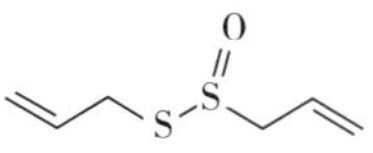

大蒜素

图2-9   含氮含硫化合物

2. 植物精油化学组成的不稳定性

植物精油的化学组成受到植物品种、植物部位、生长区域、气候变化、收获时间、储存条件以及每个成分化学类型的影响。因此，即使植物精油是在同一地区提取的，也不能期望每年的化学组成和活性都是一致的。例如，四种不同化学类型的百里香精油（芳樟醇型、侧柏醇型、香芹酚和百里香酚型）由于百里香酚含量不同，金黄色葡萄球菌250~4000μg/mL的最低抑制浓度存在巨大差异。对精油成分抗菌活性的研究一致表明，醛类和酚类比其他成分表现出更强的抗菌活性，其次是非酚醇类，氧化物和烃类抗菌活性最低。更全面的构效关系分析已经证实这一精油成分抗菌趋势。萜烯醋酯和碳氢化合物的抗菌活性水平最低，这与它们有限的氢键和较低的水溶性有关。较高水平的抗菌活性与氢键数是有关的，对于革兰阴性菌小分子精油组分抗菌活性高。就酚类化合物而言，疏水性因子被确定为抗菌活性的主要决定因素，至少对细菌是这样。

不同化学成分的精油具有潜在的不同药理作用。通常需要足够浓度的有效成分来保证精

油的有效性，这是公认的标准。特定的化学成分和声称的效果之间的联系并不像在单一成分药理学中那样明确。如克罗地亚、法国科西嘉岛和普罗旺斯地区的迷迭香精油在桉树脑、樟脑、乙酸龙脑酯和马鞭草酮含量上存在显著差异。低樟脑、高酯和高马鞭草酮含量的样品称为"马鞭草酮迷迭香"，这种精油已被公认为其特殊的黏液溶解特性和它的护肤配方的用途。普罗旺斯品种具有高桉树脑和高樟脑含量，用于芳香疗法缓解虚弱，并具有祛痰和抗感染的作用。

同一植物的不同部位、多株同种植物的相同部位，其物质组成和物质含量也存在差异。这种差异直接影响精油抑菌能力和抑菌范围。如银灰菊的花部精油对铜绿假单胞菌等革兰阴性菌和金黄色葡萄球菌等革兰阳性菌都具有一定的抑制效果，而根部精油仅对大肠杆菌、粪肠球菌和金黄色葡萄球菌有效，对铜绿假单胞菌、变形杆菌、弗氏柠檬酸杆菌无抑制作用。有研究采用水蒸气蒸馏法提取了肉桂的皮、叶、枝、果、花中的精油，通过测定最低抑菌浓度比较了不同部位精油的抑菌活性，结果表明，各部位精油对大肠杆菌、金黄色葡萄球菌均有显著的抑菌效果，其中肉桂枝对 2 种菌的抑制效果最好，最低抑菌浓度分别为 0.05% 和 0.025%。

二、植物精油进入体内的途径及代谢

芳香疗法将植物精油"导入"体内的途径有 4 种方式，分别是局部使用（通过触摸、按压或沐浴外部皮肤使用）、内部使用（通过漱口水、冲洗、子宫托或栓剂内部皮肤使用）、口服（通过胶囊或用蜂蜜、酒精或分散剂稀释）、吸入（有或没有蒸气的直接或间接吸入）。

1. 鼻腔吸入

在所有将精油引入人体的方法中，吸入法（图 2-10）是最简单、最快的，这也是最古老的方法。吸入可能是最古老的药物使用方法，但它也是最流行的方法之一。通过嗅觉使用的最新药物是胰岛素。在这种治疗糖尿病的革命性方法中，粉状或液体胰岛素需每天吸入一次。同样只需一个简单的吸入步骤，就能将精油从体外吸入体内。肺有一个巨大的表面积，通过肺泡与血液系统紧密相连。

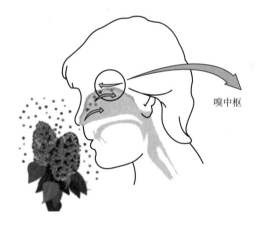

图 2-10 植物精油进入体内的方式——鼻腔吸入

（1）精油分子作用呼吸道进入血液循环系统 精油是挥发性的，所以它们的分子可以通过吸入进入身体，它们可以通过呼吸道对组织产生直接影响。精油蒸气与吸入的空气一起通过鼻子进入呼吸道。这些分子可能通过呼吸道被吸收，最终到达肺泡，在那里它们很容易被运输到血液中。鼻上皮细胞的吸收是相当可观，因为鼻上皮非常薄，分布有广泛的毛细血管，精油组分可快速进入循环。香味分子不仅可通过鼻腔被吸收，吸入精油还会导致它们的香味分子几乎立即通过肺部的内部黏膜被吸收。如常见的单萜 α-蒎烯和 d-柠檬烯以及在许多桉树油中发现的氧化物 1,8-桉树脑。Falk-Filipsson 等发现人对 d-柠檬烯的肺相对吸收量约为 70%，其中 1% 在呼出的空气中被完全排出。Jäger 等研究了长时间吸入 1,8-桉树脑的血药浓度，发现 18min 后血浆中 1,8-桉树脑的血药浓度峰值约为 750ng/mL。这种进入血液循环的速度是因为呼吸黏膜只有一个细胞的厚度，与我们的皮肤不同，这为吸收精油分子创造了一个理想的途径。另外，在精油按摩或沐浴时，由于精油挥发而吸入将不可避免地发生。已证实吸入某些精油成分具有生理作用，如吸入 1,8-桉树脑会增加脑血流量。这也就是为什么桉树精油具有提神醒脑效果的原因之一。一些精油对呼吸道组织有直接影响，特别是那些含有酮，如薄荷酮和香芹酮以及氧化物 1,8-桉树脑。研究表明，当纤毛和杯状细胞活性增加时，分泌物变稀，从而产生稀释黏液和祛痰作用，蓝桉、茴香、松树和百里香精油正是起到这种效应。

（2）精油分子作用呼吸道进入中枢神经系统　鼻上皮靠近大脑，精油分子通过呼吸有可能进入中枢神经系统和动脉循环。因此，在芳香疗法中通过鼻腔吸入方式吸收精油成分的重要性不应被低估。呼吸精油分子进入中枢神经系统有以下三条通路。

①血-脑屏障通路：通过呼吸区黏膜下丰富的毛细血管，先吸收进入体循环，再透过血-脑屏障进入中枢神经系统。药物进入中枢的途径和吸收量主要取决于药物的亲脂性、分子质量等性质，药物剂型也有一定的影响。很多药物因血-脑屏障难以进入脑部发挥药效。在我们的大脑里自然存在着允许血液中大脑所需的氧和营养等有益物质、阻止血液中危害脑组织和诱发大脑疾病等有害物质进入大脑的天然保护屏障，即"血-脑屏障"，是一种大脑中微血管、细胞以及其他大脑组织之间的保护性屏障。血-脑屏障对于保护大脑正常生理功能和维护整个人体健康是最为关键的，也是必需的。但是，研究发现大约 95% 的口服和静脉注射药物因被血-脑屏障所阻挡无法进入大脑与脑组织病灶接触发挥作用，这也是为什么很多用于大脑保健或防治大脑疾病的活性物质基于体外科学实验的作用或疗效用在人体身上几乎无效的重要原因之一。如何穿过血-脑屏障成为了医学治疗所面临的一个特别大的挑战。近年来，越来越多的科学家将眼光放在血-脑屏障，研究如何穿过血-脑屏障来防控大脑及其直接关联组织的疾病。通过提高血-脑屏障的自身通透性和改善药物的自身通透性是促进药物进入大脑最为直接的方法。不过，提高血-脑屏障的自身通透性存在血液中有害物与药物同步进入大脑的风险。相对而言，改善药物的自身通透性较为安全些。血中的溶液成分必须通过脑毛细血管的内皮细胞才能到脑组织，而内皮细胞膜是以类脂为基架的双分子层膜结构，具有亲脂性、脂溶性物质容易通过。因此药物脂溶性高低决定其通过血-脑屏障的难易和快慢。脂溶性越高的通过屏障进入脑组织的速度也越快。研究证实芳香醒脑开窍类药物对不同类型脑血管疾病的治疗，均能通过有效促进药物透过血-脑屏障，从而恢复脑神经功能。中医开窍药大多具有芳香、辛香之气，又称为芳香开窍药，易透过血-脑屏障，同样能促进药物跨过血-脑屏障进入大脑，通过增加药物在脑内的浓度发挥调节大脑的功能并防治疾病。其实鼻腔给药的临床应用已经证明，药物经嗅黏膜吸收后可直接进入大脑。冰片是我国名贵中药，中医认为其具有提神醒脑、芳香开窍等作用，多应用于心脑血管的疾病的防治。冰片是一种小分子脂溶性单萜类物质，中医常用的芳香开窍药，极易透过血-脑屏障，在脑组织内蓄积量高且蓄积时间较长。冰片不仅本身能透过血-脑屏障，还能促进其他物质经不同途径给药后的入脑量。在生理状态下，冰片通常具有提高血-脑屏障通透性的作用，而在病理状态下，冰片则可通过降低血-脑屏障通透性体现出一定的脑保护作用。冰片诱导下的血-脑屏障开放为生理性开放，在不影响脑内生理稳定的同时能改善病理性血-脑屏障开放带来的脑损伤。

②鼻-脑通路：除了基于血-脑屏障通透提升药物疗效，通过"人体嗅觉和触觉"两种感觉器官发现脑部给药的新途径有望研发全新、活性显著的大脑保健品，因为这两种器官存在活性物质躲过血-脑屏障进入大脑的通路。开展这方面的体外实验、动物试验以及临床应用的科学研究可为香熏（嗅闻香气）芳疗（如芳香物质按摩等方式的皮肤吸收）提供更多、强有力的现代科学实验数据和现代科学依据支持。目前将治疗药物向中枢转运的主要研究方向有：由鼻腔给药绕过血-脑屏障进入脑部。药物经鼻向脑转运的首要屏障是嗅黏膜上皮组织。鼻腔给药是一种非侵害性、有实用价值的脑靶向给药途径，能提高疗效、减少全身暴露、给药方便、便于患者长期用药。啮齿类动物鼻腔嗅觉区约占鼻腔总面积的利用度50%，人鼻腔嗅觉区仅占6%；动物实验通常采用浸没嗅觉区的方式给药，而人鼻腔给药体积一般为50~200μL。因此，动物试验的效果可能比人体更明显。实际上，到达嗅黏膜上皮细胞的精油分子可通过胞饮或扩散作用绕过血-脑屏障直接进入大脑中枢。

③嗅神经通路：嗅觉受体位于鼻腔上部的受体细胞上，吸入的精油分子刺激嗅觉受体细胞向嗅球发送信息，嗅球神经将信号传递给边缘系统和大脑皮层。大脑皮层是大脑最外层的灰质区域，负责记忆、思想、感知、意识、语言、个性和意识。正是香味分子影响大脑皮层的能力，使我们能够识别过去的气味，有时还能将记忆与气味联系起来。边缘系统是我们大脑中与各种情绪和感觉有关的区域，如愤怒、恐惧、性唤起、快乐和悲伤。由于精油可以刺激大脑的这一部分，因此它们也可以对我们的情绪产生影响。大脑边缘结构与大脑的其他部分如下丘脑相连。下丘脑是大脑中控制身体日常功能的部分，因此下丘脑与边缘系统的连接使得我们的情绪能够对我们的身体健康产生的影响。

（3）精油鼻腔吸入的优势　鼻腔后部为固有鼻腔，是鼻腔的主要部分，内覆黏膜。固有鼻腔的黏膜可分为嗅部和呼吸部，嗅部内含嗅细胞，主要感受嗅觉刺激；呼吸部黏膜下有非常丰富的血管。可见，鼻不仅参与呼吸功能，而且与神经系统和血液循环系统密切关联。

①从神经系统看：十二对脑神经中的嗅神经、三叉神经、面神经均分布于鼻腔。鼻的神经纤维很短，几乎直接以神经纤维的形式经很薄的一层筛板分布于鼻腔黏膜，使得鼻腔黏膜对外界的各种刺激非常敏感，所以当药物和其他刺激作用于鼻腔时，其神经就会迅速而敏感地对其做出响应，并传入大脑，通过神经对脑部和全身起到辅助治疗作用。同时，各种气味通过鼻的嗅觉而被感知以后，不管是对人的各种生理、病理活动，还是对人的心理状态，都会有显著而特殊的作用。

②从血液循环系统看：鼻黏膜表面面积相当大，约为150cm²，且鼻腔黏膜下血管异常丰富，其动脉、静脉、毛细血管互相交织成网状，同时由于鼻腔内纤毛的不断运动，故鼻腔极有利于药物的渗透和吸收，在鼻腔给药可以如静脉注射那样迅速地从黏膜透入全身的血液循环而发挥治疗作用。现代医学研究证明，黏膜由于没有角质层屏障，鼻腔给药透入比皮肤容易和迅速，药物吸收的速度可与肌肉注射甚至静脉注射相媲美。尤其是缓解头痛方面，卓有成效。

③从呼吸系统看：鼻腔给药后，部分药物分子可随着呼吸进入气管和肺内，并随气体交换进入肺循环，经心脏输送到全身各部位，起到辅助治疗作用。

④从消化系统看：鼻腔给药避开了胃肠道pH、消化酶的破坏及不受肝脏首过效应的影响，既提高生物利用度，又避免药物引起胃肠道反应，降低肝脏对药物代谢的负荷及药物对肝脏的不良反应，从而避免了消化道和肝脏的首过效应对药物有效成分的破坏。所以，很多

时候优于口服、舌下含化、直肠给药等给药途径。

可见，鼻腔与人的呼吸系统、神经系统、血液循环系统以及免疫系统关系密切，并且是人体中非常敏感、极有利于药物吸收的部位。中医鼻疗和芳香疗法的嗅香实质就是中药成分、芳香物质通过鼻腔途径给药，从而达到预防疾病以及帮助健康的作用。因此，中医鼻疗和芳香疗法在缓解疾病方面不仅极具特色和优势，而且市场前景很好。

2. 皮肤直接涂抹

当局部涂抹身体时（图 2-11），精油很容易被机体吸收，但比吸入要慢些。使用基础油稀释精油，实际上有助于将精油传递到皮肤表面，使其覆盖的面积比直接涂抹（不稀释）更大，也可避免浓度太高灼伤皮肤。有些人认为，皮肤是一个强大的屏障，用来阻挡外来物质，并对精油是否能在皮肤的最初几层之外发挥更大作用表示怀疑。然而，如果这是真的，那么在脚上放大蒜的把戏就不会起作用。大蒜去皮，捣成糊状，用压蒜器或剁碎，然后在脚底擦一擦。15min 之内，你就能在嘴里尝到大蒜的味道。这个实验其实也就是大蒜精油成分被皮肤吸收进入机体循环的结果。局部使用精油的另一个原因是为了到达特定的区域，如对于肌肉酸痛，在橄榄油中加入一点甜马乔兰精油和柏木精油，直接摩擦肌肉而不是呼吸香气。在患有足癣的人的脚趾间滴一滴茶树精油肯定比从瓶子里闻更有效。

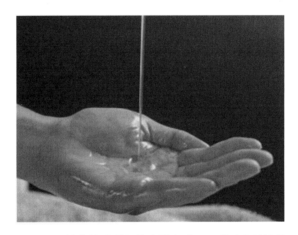

图 2-11　植物精油进入体内的方式——皮肤直接涂抹

精油化合物是一些小的脂溶性分子，在被微循环捕获之前能够渗透到包括皮肤在内的细胞膜，并进入体循环，到达所有靶器官。一般来说，呼吸道提供了最快的进入途径，其次是皮肤途径。从局部来看，芳香疗法精油有时会引起皮肤的刺激，特别是如果精油没有被稀释的话。有些精油，如佛手柑精油可引起光敏作用。在皮肤表面或破损的皮肤上使用过量的高浓度精油会导致明显的全身吸收，并增加严重副作用的可能（如惊厥），因为精油本身就是渗透促进剂。

（1）精油的透皮吸收　药物治疗疾病时，除了传统的口服和注射给药方式，皮肤吸收给药也是一种十分重要的方式，特别是在治疗皮肤疾病方面。在医学上，这种用药方式途径被称之为"透皮给药系统"，药物通过皮肤，经毛细血管吸收进入人体循环而产生治疗作用。与传统给药方式相比，具有避免肝脏首过效应及胃肠道消化液对药物的降解灭活、减少药物对胃肠刺激和皮肤损伤、稳定释药速率和血药浓度、减缓药物不良反应、方便患者自主停用药、降低给药频率等优点。

透皮吸收，即局部使用，是植物精油通过触摸、按压、涂抹或沐浴在外部皮肤使用。皮肤是人体最大的器官，多年来皮肤被认为是一个屏障，人们认为药物不能通过皮肤吸收。现在人们从化妆品认识到，一些物质不仅渗透皮肤角质层，而且被表皮吸收。局部使用涉及两个过程：透皮和吸收。透皮是一种物质实际进入皮肤并穿过皮肤，而吸收是一种物质进入身体后被吸收利用。如果仅是辅助治疗皮肤，透皮更重要；而如果寻求全身辅助治疗，吸收更重要。因为角质层（上皮的外层）部分亲水，部分亲脂，所以一些水基和一些油基成分可以通过角质层。精油成分是脂溶性的，可以通过皮肤迅速吸收进入身体富含脂质的区域，甚至使得精油中相对较小的成分分子能够通过血-脑屏障。如有研究报道，香芹酮是一种存在于精油中的酮类成分，在人体接受按摩 10min 后，在血液中发现了它。

当精油直接涂抹在皮肤上时，它们会通过汗腺、皮脂腺和毛囊被吸收。物质要穿过皮肤，分子质量必须小于 500u。精油组分的分子质量基本上都小于 500u，这意味着它们可以很容易地穿透皮肤和血-脑屏障。Jäger 研究一名男性胃部按摩薰衣草精油，发现一定比例的薰衣草精油成分被吸收到身体循环中，在涂抹 19min 后达到吸收峰值；薰衣草油的活性成分（芳樟醇和乙酸芳樟酯）随后被肝脏代谢，按摩 90min 后，两种分子的血浆水平几乎降为 0。

（2）精油促进透皮吸收的作用　皮肤表皮是药物经皮吸收的主要通透屏障，提高药物的透皮速率是开发这种给药方式的关键，因而各种促透技术得到迅猛发展。角质层是皮肤的主要屏障，改变它的亲脂特性和角蛋白的可逆变性是改善药物透过性能的关键点。

科学实验和临床应用表明，许多植物精油具有提升人体皮肤吸收活性物质的作用，并在医药临床、化妆品以及皮肤健康品中实际应用。这些植物精油的主要成分就是萜烯类化合物（广泛存在于驱风通窍、化痰止咳、驱风发汗、驱虫镇痛等中药的有效成分挥发油中）。近年来，萜烯类化合物作为天然的经皮促透剂在外用制剂中得到了广泛研究与应用，由于这类成分毒副刺激性甚小，促透能力强，部分已被美国作为公认的安全药物，因此，萜烯类植物精油经皮促透剂已成为经皮给药系统中的热点研究领域，被广泛用作亲水性或亲脂性药物的促透剂，显现出良好的应用前景，在透皮给药研究中日益受到关注。

氮酮作为经典的常用化学经皮促透剂，已在医药和化妆品行业中作为皮肤渗透促进剂得到广泛应用，也是经皮促透剂促透效果评价的常用参照药物。桉树脑（1,8-桉叶素）促透活性大约是氮酮的 60 倍，使用时添加少量就能产生较好的效应。桉树脑、柠檬烯等萜烯类化合物就是改变了生物膜的通透性。萜烯类能促进 5-氟尿嘧啶透过皮肤，尤其桉树脑较柠檬烯的促透效果好。丁香精油、柠檬烯可以协同促进他莫昔芬的透皮吸收，使表皮活性增强，提高局部用药药效。角质层有显著的亲脂特性，所以萜烯类能改变角质层。如 d-柠檬烯有降低角质层细胞间脂质和皮脂腺的作用，薄荷醇的促透作用可能涉及它首先破坏角质层细胞间的空隙和可逆的破坏细胞间脂质结构。

目前促透作用明确的主要有链状单萜烯类：香叶醇、橙花醇、香茅醇、芳樟醇、α-柠檬醛（香叶醛）、β-柠檬醛（橙花醛）、香茅醛；单环单萜烯类：d-苎烯（d-柠檬烯）、薄荷醇、薄荷酮、长叶薄荷酮、桉树脑、茴香酮、香芹酮、松油醇；双环单萜烯类：松节油、樟脑、龙脑、α-蒎烯；倍半萜烯类：α-红没药醇、法尼醇、橙花叔醇。

促进药物透皮吸收的萜烯类中应用最广泛的是薄荷醇，是薄荷挥发油的主要成分，其左旋体又称"薄荷脑"，对皮肤和黏膜有清凉和弱麻醉作用，可用于镇痛、止痒、消毒和杀菌。

研究发现，薄荷醇对多种药物的经皮渗透具有显著促进作用，并以出众的安全性被称为公认安全（generally recognized as safe，GRAS）化合物。

3. 精油口服与内用

美国、英国的大多数芳香疗法培训内容很少涉及精油口服和内部使用。大多数芳香疗法课程侧重于讲述精油美容或缓解压力的用途，几乎与口服和内部使用精油不相关。在中国，关于芳香疗法的内容和应用范围较为宽泛，特别是芳香中草药的使用历史悠久。

在应用方面，口服、阴道和直肠使用精油在法国很流行，医生会为病人开具芳香疗法处方。近年来，越来越多的美国出版物、博客和供应商建议口服比按摩和吸入更安全、更有效。鼓励口服给药的供应商可能已经接受了来自多级分销公司的芳香疗法教育，该公司在供应他们的精油转售。

（1）口服精油　在美国，现代药物出现之前，护士和医生给病人口服精油有很长的历史。1930 年由美国医学协会出版的《实用药物手册》（第 8 版）中就明确列出肉桂、丁香、薄荷、檀香和桉树等几种精油。檀香精油甚至是尿路感染的传统药物。美国口服精油有以下常见的几种方法。

①明胶软胶囊：一般是用食用植物油将精油稀释成 20% 的浓度，然后制成 0 号软胶囊，每个胶囊可容纳约 0.75mL，像普通药物一样服用，这是辅助治疗小肠和大肠方面疾病的一种极好方法。Guba（2002）推荐丁香花蕾和肉桂精油来改善腹泻，建议每天 12 滴，但在澳大利亚建议每天 6 滴就足够了。

②乳化分散液：一类以卵磷脂等为基础乳化剂，使精油在水中保持稳定分散状态的乳化剂分散液。这些乳化剂能迅速被胃吸收，因此对急、慢性感染很有用。建议的比例是 1 份精油与 9 份乳化剂分散液混合。将混合物在水或液体饮品中稀释后饮用，这个方法使用起来很简单。

③维生素 C 含片：Guba（2002）认为维生素 C 含片也是一种很好的口服精油的方法。在嚼锭上滴几滴精油，等待它被吸收。嚼碎后，用水吞下。

④蜂蜜：精油可以与蜂蜜水混合。将几滴精油和一茶匙蜂蜜混合，加入温水，然后饮用。玫瑰精油如此服用具有很好的抗病毒效果。

⑤肠溶明胶胶囊：肠溶明胶胶囊在进入小肠（pH6.8 或更高的环境）后才会释放出精油。这对肠易激综合征很有用。

口服精油是很重要的，可以是一个很好的方式来治疗胃肠问题，是非常有效的。口服植物精油的芳香疗法，这是一个高度专业化的领域，需要适当的专业和科学培训。尽管在我们的食物中，许多精油被少量用作香精香料，但纯精油是浓缩的，不能随便使用。如果几毫升的精油同时被摄入，也可能是致命的。在美国，只有在有执照的医疗保健提供者的监督下才建议摄入精油，可能还需要开处方的许可证。并不是所有植物精油都可口服，必须从传统食用历史或现代科学考量口服安全性，同时作为商品还必须合法合规。Burfield（2000）认为某些精油如海索草、苦艾和鹿蹄草绝对不能口服；含有大量酚类物质的精油应加以稀释，并制成明胶软胶囊，以避免口服时对黏膜的刺激；建议口服的安全剂量范围是 0.5~1.0mL/d。

出于安全考虑，不应该鼓励口服精油，因为这可能导致有毒的精油化学成分在体内积聚。在 24h 内，经口服进入血液的精油吸收比涂在皮肤上的精油吸收多 10 倍。另外，精油不溶于水或唾液，所以在饮料中添加的精油可能会导致积聚在口腔和消化道黏膜。在此特别应强调的是，不建议普通人群口服精油，除非倡导此事的人受过正规、专业训练；出于探索、发展又安全的考虑，建议口服的精油应是以食品加工允许的方式从可食用或药食两用的植物中获取的，并以"食品载体"进一步加工后再食用，而不是直接口服纯精油；一个更安全的选择是间接摄入微量精油——食用或药食两用芳香植物的花草茶，如洋甘菊、薄荷、姜和茴香。

（2）精油内用 精油内用包括通过漱口水、冲洗、子宫托或栓剂的内部皮肤使用，是把精油放入口腔、耳、鼻、肛门或阴道等，在这种情况下，精油并没有被吞食。一个明显的例子就是漱口水、滴耳液、鼻腔冲洗和阴道冲洗，可以应用于身体内皮肤，并通过这种方式被吸收。与口服比较，它们没有被消化，所有的这些途径（包括直肠途径）都是绕过肝脏进入系统的极佳途径。精油可以用在漱口水里，对口腔感染很有好处，对牙齿护理也很重要，对改善气管炎很有效。精油也可以在冲洗器或卫生棉条上稀释，对一些阴道感染非常有效。也可以用于阴道和直肠的子宫托来缓解感染和炎症。由于精油直接被周围的组织吸收，因此直肠和阴道两种途径在辅助治疗生殖或泌尿疾病方面都有明显的优势。这种方法对复发性膀胱炎效果良好。实际上，内部皮肤路径（使用口腔、直肠和阴道的内部皮肤）是外部皮肤路径的延伸。

4. 体内代谢分布

（1）精油在体内的分布 对精油成分吸收后体内分布的研究是十分有限的，人们普遍认为它们的分布方式与脂溶性药物相似。分布和吸收一样，取决于分子的特性，其中最重要的是它们在脂肪和水中的溶解度，即亲脂性和亲水性。亲脂性更高的精油分子将倾向于被脂肪组织吸收，如大脑（精油中发现的一些亲脂分子可以通过起保护性的"血-脑屏障"）、神经组织和肝脏；由于脂肪组织的血液供应不足，它们向脂肪组织移动的速度较慢。而脂肪组织代谢率较低，可以作为一个"储层"吸留、积累和储存亲脂分子。亲水成分更倾向于在血液和一些血流量高的器官中，如肾上腺、肾脏和肌肉。然而，由于大部分精油分子都是亲脂的，它们会相当迅速地离开血液，进入肌肉和脂肪组织。血液中含有一种称为"血浆白蛋白"的可溶性蛋白质。许多带电物质能够与血浆白蛋白结合，这是一个可逆过程。如果一种物质与血浆白蛋白结合，它就不能通过循环进入其他组织。一些精油成分（酮、酯、醛和羧酸）在体内环境中带电，并被认为与血浆白蛋白结合。肾病或肝病患者的血浆白蛋白水平可能较低，因此需要减少芳香治疗中的精油用量，以避免精油成分的血液浓度升高。与血浆白蛋白的结合可能在某种程度上解释了精油成分和某些药物之间的潜在相互作用。

（2）精油在体内的代谢 所有进入人体的外来物质都被"代谢"。肝脏是这一过程中最重要的器官，但皮肤、神经组织、肾脏、肺、肠黏膜和血浆都有代谢活动。与精油有关的代谢最重要的观点是，精油分子经过生物转化，使其具有更少的脂溶性和更多的水溶性，以便它们可以通过尿液通过肾脏排出。简单地说，这个过程发生在两个不同的生化过程中，称为第一阶段和第二阶段反应。

①第一阶段反应：氧化、还原和水解等生化反应，使分子更溶于水，使有毒分子降低毒性。

②第二阶段反应：第一阶段的代谢物连接到特定的原子团成为"共轭体"为排泄做准备，共轭反应有三种类型，葡萄糖醛酸缀合反应、氧化反应和谷胱甘肽缀合反应。精油中醇类和酚类成分可能以葡萄糖苷酸的形式排出体外，细胞色素 P450 酶催化这些反应。一些醛

类，如柠檬醛和香茅醛，被氧化转化为羧酸；萜烯在排出之前被氧化成醇，然后氧化为羧酸。谷胱甘肽是肝脏中的一种化学物质，它与活性的有毒分子结合，使它们安全。如果谷胱甘肽水平低，这些反应性代谢物会导致严重的肝损伤。少数精油成分可引起谷胱甘肽耗竭，不过芳疗中使用的剂量不太可能构成任何风险。

（3）精油在体内的排泄　精油还可以通过按摩进入皮肤毛孔，随着血液流动，精油停留在体内的影响可达数小时、数天甚至数星期。一般来说，精油可以在30min内完全被皮肤吸收，数小时之内由皮肤、尿液、肺排出体外。

如果精油进入血液，它们会被肾脏代谢并排出体外。大部分萜烯会被氧化成醇，然后是羧酸和水溶性缀合物，所有这些都通过尿液排出。一些醇，如香叶醇，被转化为羧酸并从尿液中排出；而另一些醇，如芳樟醇，则转化为葡萄糖苷酸排出。醛类如柠檬醛和香茅醛在排泄前转化为羧酸；肉桂醛转化为肉桂酸，然后缀合并转化为葡萄糖苷酸排出。酯类易于水解，并以水溶性葡萄糖苷酸和酸的形式排出体外。由于精油分子是挥发性的，少量的精油也会通过呼气和出汗流失。例如，氧化1,8-桉树脑可以不发生化学变化通过呼吸来排出。如果精油是口服摄入，它们也会在粪便中被排出。

有充分的证据表明，虽然精油代谢迅速，但它们在全身的分布是相对较高的。大多数精油成分在第一阶段酶代谢后，通过与葡萄糖醛酸盐或硫酸盐结合，由肾脏以极性化合物的形式排出或由肺以二氧化碳的形式呼出。例如，口服薄荷脑后，35%的原始薄荷脑含量以薄荷脑葡萄糖醛酸酯的形式排出肾脏。百里香酚、香芹酚、柠檬烯和丁香酚也是如此，口服给药后在尿液和血浆中分别检测到硫酸盐和葡萄糖醛酸酯的形式。快速代谢和较短的半衰期使人们相信，在身体组织中积累的风险是很低的。即使如此，考虑到植物精油的细胞毒性，不推荐较高剂量摄入精油。

三、植物精油的生理活性及其作用机制

1. 破坏病毒包膜发挥抗病毒活性

（1）植物精油抗包膜病毒的机制　植物精油能改变病毒的外膜结构或者溶解外膜，导致病毒不能吸附或者进入宿主细胞，从而抑制病毒吸附感染，精油还可以抑制合成转录后的病毒蛋白质，如反式肉桂醛。植物精油抗病毒范围广，对流感病毒、肝炎病毒、疱疹病毒等有一定的抗病毒活性作用，如松针油和万寿菊叶精油在抗甲型流感病毒方面具有良好的作用，佩兰精油有直接抑制流感病毒的作用。乔木蒿精油和艾叶挥发油分别对疱疹病毒和呼吸道合胞病毒具有较好的抗病毒效果。值得一提的是，精油发挥抗病毒活性的浓度通常远低于细胞毒性浓度，表明病毒粒子包膜比宿主细胞膜对精油更敏感。

病毒分为包膜病毒（图2-12）和非包膜病毒，包膜病毒是病毒遗传物质（DNA和RNA）的蛋白核衣壳外层包覆着的一层脂类膜，而非包膜病毒就没有这层脂类膜。有研究比较了植物精油对包膜病毒和非包膜病毒的抗病毒效果，发现其抗病毒效果一般来说对包膜病毒更强，抗非包膜病毒弱些，特别是对疱疹病毒、胡宁病毒、黄热病病毒和艾滋病病毒等许多包膜病毒有效，但对柯萨奇病毒等非包膜病毒无效。如牛至精油和丁香精油对包膜病毒（单纯疱疹病毒1型HSV-1和新城疫病毒NDV）有效，但对非包膜病毒（牛乳头状瘤病毒1型PV-1和腺病毒3型ADV3）无效。

以疱疹病毒（有包膜的DNA病毒）为例，在病毒感染周期的不同阶段将精油与宿主细

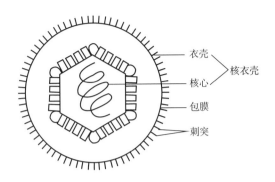

图 2-12　包膜病毒结构示意图

胞、疱疹病毒一起孵育，以确定精油抗病毒作用的模式。孵育方式：病毒感染前用精油预处理宿主细胞、病毒感染前用精油孵育病毒、病毒吸附或渗透到宿主细胞后与精油一起孵育细胞和病毒。当疱疹病毒在进入宿主细胞之前与精油一起培养时，观察到抗病毒效果最高，这表明精油对疱疹病毒具有直接的抗病毒活性，其实大多数关于精油对其他包膜病毒影响的研究都显示了类似的结果。此外，人们普遍认为，当病毒粒子从受感染的细胞传播到邻近的未受感染的细胞时，病毒感染就发生了。令人感兴趣的是，精油添加到已经感染的宿主细胞的细胞培养中，可抑制疱疹病毒在体外的细胞间扩散。大多数研究表明，精油影响了病毒的包膜或包膜上的病毒成分（对于病毒吸附或进入宿主细胞是很必要的）。特别是，单萜增加了细胞膜的流动性和通透性，打乱了膜内蛋白的排列顺序。经牛至精油和丁香精油处理的单纯疱疹病毒 1 型包膜的电镜观测支持了病毒包膜可能是主要靶点的观点。结果表明，这些精油可以破坏单纯疱疹病毒 1 型外膜。几项具体的研究表明，柑橘精油及其某些成分能有效地灭活具有脂膜的病毒，如疱疹病毒和流感病毒，因为它们可以干扰病毒粒子的包膜结构或掩盖对吸附或进入宿主细胞所必需的病毒结构。传统芳香疗法中使用的精油似乎对疱疹病毒机制有直接作用，通过干扰其包膜或影响其进入宿主细胞的能力。

综上所述，精油对包膜病毒具有直接的抗病毒活性，但精油在病毒进入宿主细胞之前接触病毒，发挥抗病毒效果最好，这正是提倡利用植物精油预防病毒感染的重要科学依据。精油本质上是亲脂性的，其抗病毒靶点被认为可能是由于病毒膜的破坏或与宿主细胞结合的病毒包膜蛋白的干扰。这种效果很有趣，因为冠状病毒也有脂质包膜，这将是精油抗病毒一个明显的辅助治疗靶标。

（2）植物精油广谱抗包膜病毒的潜力　病毒包膜与宿主细胞在修复受损膜脂上的差异为精油高效广谱抗病毒提供可能。如果几种病毒需要相同的宿主途径，就有可能开发一种"泛"抗病毒药物。包膜病毒被不同复杂程度的脂质基质包覆。它存在于双层膜中，是一种重要的成分，因为用脂类溶剂、清洁剂或脂肪酶可以抑制感染和血液凝集。如卵磷脂可溶于乙醚、氯仿、正己烷等低极性溶剂及低级醇中。病毒包膜存在于许多类型的病毒中，包括流感、HIV 和 HCV，它帮助病毒与宿主细胞融合并感染宿主细胞。这些病毒利用宿主细胞膜的脂质来构建它们的包膜。然而，病毒既不能自己修复它们的包膜，也不能合成脂质。另一方面，哺乳动物细胞可以迅速补充和修复细胞膜脂质成分的损伤。植物精油对细胞膜脂的破坏已被科学证实，所以精油基于病毒包膜靶标发挥广谱抗病毒作用是可能的。

　　包膜病毒，包括许多医学上重要的病毒，如人类免疫缺陷病毒、流感病毒和丙肝病毒，是通过宿主细胞获得脂膜的细胞内寄生。复制的成功与它们劫持宿主细胞机制的能力密切相关，特别是与膜动力学和脂质代谢相关的机制。有研究表明，许多包膜病毒（包括艾滋病HIV、巨细胞病毒CMV、登革热病毒DENV、EB病毒EBV、丙型肝炎病毒HCV、乙型肝炎病毒HBV、流感病毒、呼吸道合胞体病毒RSV和西尼罗河病毒）进入宿主细胞后，需要宿主细胞脂肪酸合成酶才能有效复制，抑制脂肪酸合成酶活性可减弱病毒复制周期的后期复制。为了研究细胞膜膜性质对病毒感染的功能影响，研究了C10～C18饱和脂肪酸对阿根廷出血热Junin病毒增殖的抑制作用，发现最有效的抑制剂是月桂酸（C12），它以剂量依赖的方式降低了几种JUNV减毒毒株和致病性毒株的病毒产量，但不影响细胞活力，短链或长链脂肪酸的抗JUNV活性降低或可忽略不计，月桂酸抑制JUNV复制周期的成熟后期，似乎抑制了JUNV成熟和释放。利用光敏剂（如核黄素）产生单线态氧形成大量自由基破坏病毒包膜，导致病毒感染能力丧失。某些天然脂类已被证明具有较高的抗病毒活性，并被开发为可在接触时迅速杀死病毒和细菌的药物配方中的杀菌成分。对脂肪醇和脂类抗病毒活性的研究表明，饱和中链脂肪酸及其相应的单甘油酯和脂肪醇能迅速灭活单纯疱疹病毒HSV、呼吸道合胞病毒RSV等包膜病毒，而其他脂类的灭活活性要低得多或几乎为零。这些科学研究表明，通过影响包膜病毒的膜脂质可抑制病毒活性。

　　加利福尼亚大学洛杉矶分校的研究小组利用病毒不能修复包膜、宿主细胞能自主修复细胞膜的差异，以包膜的脂质成分为靶点，发现了一种新型广谱抗病毒药物小分子，其具有不可逆转地阻断病毒进入宿主细胞的能力。这种小分子破坏了病毒与宿主细胞融合，并且不可逆地使病毒颗粒失去感染性，但对细胞与细胞间的融合没有明显的影响。不过，该小分子对非包膜病毒没有明显的抗病毒活性。另外，研究人员也发现其与脂肪合成抑制剂共同处理细胞时产生细胞毒性的协同性增加。该项发现被认为是揭示了一种防止包膜病毒进入细胞的新方法。这种药物小分子除了其广谱活性外，还能降低耐药性。因为病毒包膜的脂质成分来自宿主而非病毒，因此它不太容易发生突变。特别是以宿主为基础的抗病毒靶点不太可能引发耐药性，因为它们不受病毒的直接控制。这种药物小分子的抗病毒靶点是病毒包膜的脂质成分，所以它不会攻击受病毒基因组控制的物质。病毒利用包膜来附着进入细胞的糖蛋白，但是它的脂质是由宿主细胞决定的。这种化合物可杀灭血浆包膜病毒以及局部治疗黏膜传播的包膜病毒和呼吸道包膜病毒。

　　20世纪80年代初，人们发展了有机溶剂/去污剂病毒灭活法，用于血浆的医疗产品中包膜病毒的灭活。实际上，这项技术是一种能够破坏脂包膜病毒、细胞和大部分原生动物细胞膜而不损伤不稳定的凝血因子V和Ⅷ的工具。但有机溶剂/去污剂方法对无包膜病毒没有任何影响。目前，用于输血的血浆和血浆衍生药物的有机溶剂/去污剂法是最常见、最有效和最可靠的血液制品灭活病毒的工业方法。虽然迄今为止已经使用了数以百万计的有机溶剂/去污剂灭活产品治疗剂量，但没有关于由包膜病毒引起的病毒感染传播的报告。总之，临床前病毒验证研究、临床安全性病毒学评估和广泛的上市后临床经验清楚地表明，有机溶剂/去污剂方法可使包膜病毒迅速、不可逆和彻底失活。溶剂从病毒和细菌膜中去除脂质，去污剂破坏脂质双分子层。因此，有机溶剂和去污剂的联合作用导致血浆中包膜病毒的灭活，随后二者必须从灭活产品中移除。另外，脂溶剂消毒剂也是通过溶解病毒的脂质外层，从而使病毒灭活。

综上所述，从不同角度，采取不同的方法破坏包膜病毒的外层脂膜均可发挥抗病毒效果，植物精油对细胞膜脂的破坏已被科学证实，所以精油基于病毒包膜靶标发挥广谱抗病毒是可能的。

2. 抗菌活性

（1）破坏细胞膜发挥抗菌活性　人们普遍认为，植物精油处理微生物会导致细胞膜的完整性和功能受损。随着精油处理时间的延长，可能导致细胞内稳定性丧失和细胞内成分泄漏，并最终导致细胞死亡。这个精油作用机理的通用模式得到了大量科学出版物的数据支持。此外，这些影响通常以时间和剂量依赖的方式出现，高浓度更迅速地造成严重影响，而较低浓度只有在较长时间接触后才会产生非致死效应或致死活性。

精油成分和微生物细胞之间的最初相互作用可能是精油成分分子通过细胞膜被动扩散。由于许多精油成分的亲脂或疏水性，这些成分就会优先地插入到细胞膜上，导致细胞膜性质的改变。有证据表明，萜类化合物通过插入脂质双分子层的脂酰链而改变了膜的物理性质。这扰乱了酰基链之间的范德瓦尔斯相互作用，扰乱了脂质堆积并降低了脂质有序性。双分子层中萜烯分子的积累导致脂质体积增加，导致膜膨胀并增加厚度。膜的膨胀导致膜完整性下降，最终导致细胞内化合物的损失。因此，膜流动性的变化可能是由精油处理引起的主要影响之一。香芹酚、百里香酚、γ-松油烯和对伞花烃导致膜脂熔温度降低，提示膜流动性增加。如白色念珠菌暴露于茶树精油及其成分4-萜烯醇、1,8-桉叶素、萜品二烯和α-松油烯中30min后，膜流动性会增加。

膜的膨胀和流动性的增加可能导致膜完整性的破坏，使细胞内的小分子，如氢、钾和钠通过细胞膜流失。这些离子的流失与膜电位下降有关，因为膜电位的一个重要组成部分是细胞内部和外部的离子梯度。钾或钠离子的流失历来被认为是暴露于抗菌化合物导致膜损伤的最早迹象之一。这是因为这些相对较小的分子可以相对容易地穿过受损的膜。牛至精油处理不到16min，导致金黄色葡萄球菌和铜绿假单胞菌的钾离子流失。牛至精油在最低抑菌浓度处理铜绿假单胞菌（1%精油）和金黄色葡萄球菌（0.031%精油）时，几乎立即引起钾离子的流失。茶树精油（0.25%）处理可使大肠杆菌在几分钟内失去钾离子，但不会使金黄色葡萄球菌失去钾离子。柠檬精油气相处理导致黄曲霉和酿酒酵母中钾离子的流失。

在较高的精油浓度下或长期暴露后，可能会发生整个膜的严重损伤，这通常可由吸收波长260/280nm的细胞内物质的流失来量化。在260nm处存在吸收的是DNA，在280nm处存在吸收的是蛋白质。在去除细胞的液相中，出现高含量的这些物质表明大分子已经从细胞内部流失，并发生了严重的膜损伤。许多不同的研究都对DNA或蛋白质等大分子的流失进行了评估，因为它在实验室中比较容易测量。西班牙牛至精油、中国肉桂精油和冬香薄荷精油在最低抑菌浓度的一半浓度下，均导致大肠杆菌O157：H7和单核细胞增生李斯特菌中260nm的吸收物质显著流失。茶树精油处理还会导致金黄色葡萄球菌、白念珠菌和光滑念珠菌260nm吸收物质流失。至于精油成分，香芹酚（≥0.05%）处理1h，导致白色念珠菌中280nm吸收物质显著泄漏。0.4mL/L（0.04%）肉桂醛处理2h后，蜡样芽孢杆菌没有显著的蛋白质渗漏，而同样的处理导致金黄色葡萄球菌显著渗漏。虽然钾等低水平小离子的损失不一定会对细胞致命，但260/280nm吸收物质的大量流失几乎肯定意味着细胞死亡。在某些情况下，在短短10min后就检测到大量的260/280nm吸收材料，这表明细胞膜的严重损伤和相应的细胞死亡可以非常迅速地发生。有趣的是，醛类成分的作用似乎与其他成分不同，大量证据表明，它们在没有大量膜损伤的情况下具有致命性活性。百里香酚、薄荷醇和乙酸芳樟酯三种精油成分对金黄色葡萄球菌和大肠杆菌的抗菌作用被认为是由于细胞膜脂质组分受到干扰、细胞膜通透性升高导致细胞内物质流失。茶树精油通过改变细胞的通透性，增加钾离子从细胞内的逸出，干扰细胞呼吸作用，从而阻碍大肠杆菌和金黄色葡萄球菌的生长。有研究认为革兰阴性菌对植物精油的敏感性一般低于革兰阳性菌，是因为它们的亲水性细胞壁结构阻碍了疏水性化合物通过细胞膜的渗透。

　　总体的作用模式包括：精油的亲脂性干扰或部分溶解细菌的细胞膜，从而破坏细菌的正常活动；精油及其成分的疏水性是其抗菌重要特性，它使精油能够分隔细菌细胞膜和线粒体的脂质，扰乱细胞结构，使其具有渗透性，易于泄漏和死亡；精油抗菌成分可能穿过细胞膜，进入细胞内部，并与细胞内位点相互作用。这些都是对精油抗菌活性至关重要的。

　　植物精油除了直接作用细胞膜影响其稳定性，也会通过影响细胞膜构成成分的合成来影响细胞膜稳定性。脂质是广泛分布于细胞器中的重要细胞成分。磷脂、甾醇和鞘脂是两亲性分子，是包括真菌细胞在内的生物膜的主要成分。磷脂和鞘脂在其结构骨架中包括脂肪酸。Essid 等报道，香叶天竺葵精油（500μg/mL）使白念珠菌 ATCC10231 细胞中脂肪酸总量下降，其中油酸的下降幅度更大（从 41.29%下降到 11.58%），这种脂肪酸组成的不平衡可能导致白念珠菌膜流动性的改变。Rachitha 等发现，辣薄荷精油（500 或 1000μL/mL）处理后，拟枝孢镰刀菌脂质含量下降（25%~50%），这与膜稳定性下降有关。植物精油及其组分可降低或抑制麦角甾醇的生物合成。真菌细胞膜中麦角甾醇含量的缺失或减少会导致真菌细胞的渗透和代谢不稳定，影响繁殖和感染活性。麦角甾醇含量的降低被认为是精油浓度剂量依赖性的，真菌细胞中麦角甾醇含量降低幅度为 18%~100%。Chen 等（2013 年）的研究发现细胞质膜和线粒体是莳萝籽精油的主要抗念珠菌靶点。精油处理使细胞质膜麦角甾醇含量显著减少，导致细胞质膜损伤；通过扰乱线粒体柠檬酸循环，抑制 ATP 合成，显著抑制线粒体脱氢酶活性；精油引起线粒体功能障碍导致活性氧的形成也是精油诱导白念珠菌死亡的关键因素。百里香酚对引起小麦枯萎病的真菌抗菌活性，观察到脂质过氧化导致膜损伤和麦角甾醇生物合成的破坏。

　　微生物调节膜流动性是对精油的适应性措施。由于精油成分增加了膜的流动性，因此微生物会对这种变化进行补偿，以保持自身稳定和最佳流动性。适应在亚致死浓度的精油或其成分存在下生长的微生物通常具有较低的膜流动性和改变膜脂成分。从膜脂组成来看，微生物暴露于低浓度的精油中，通常会导致总体上向较短链脂肪酸转变，并增加脂肪酸饱和度。用柠檬烯处理的红串红球菌、用柑橘精油处理的解脂耶氏酵母、用玫瑰草精油处理的酿酒酵母以及用百里香酚、柠檬烯、丁香酚、香芹酚或肉桂醛处理的几种食源性或食品腐败菌的饱和度都有所提高。膜成分的这些变化的最终结果是膜流动性的降低，这一点已经在适应 0.4mmol/L 香芹酚的蜡样芽孢杆菌中得到证实。然而，也有一些例子不符合这些变化，因为膜成分的变化似乎既依赖于生物体，也依赖于化合物。进一步说明这一点的是用香茅精油处理后的酵母，其饱和脂肪酸水平下降，不饱和脂肪酸增加。最后，值得注意的是，这种微生物在低浓度植物精油下生长的膜脂变化适应机制不会导致微生物对精油或其成分的敏感性下降，也就是说不会引起微生物对抗菌精油的耐药性。因此，在这样精油低浓度下培养生长的微生物虽然膜脂组成变化了，但精油对其最低抑菌、杀菌浓度一般不会升高。

　　氧化应激是细胞死亡的主要因素之一，当它与高水平的活性氧有关时，活性氧是产生脂质过氧化的最重要原因。脂质过氧化主要发生在不饱和脂类中，产生极性脂类氢过氧化物，破坏疏水磷脂，导致膜流动性增加。脂质过氧化改变膜的完整性和功能完整性，并产生醛副产物——丙二醛，这被认为是脂质氧化的指标。丙二醛与 DNA 发生反应，与 2′-脱氧鸟苷产生丙烷加合物，对细胞的生理功能，包括细胞信号传导、细胞增殖、分化和凋亡等产生极端影响。有研究发现 $10\sim100\mu g/mL$ 的草蒿脑使细胞的脂质过氧化增加了 $2.7\sim3.8$ 倍，而丁香酚处理的细胞脂质过氧化达到了对照细胞的 $1.76\sim4.93$ 倍。

（2）损伤细胞壁发挥抗菌活性　尽管明显会造成严重的膜损伤，但大多数精油似乎不会破坏革兰阳性菌和酵母的细胞壁或革兰阴性菌的外膜。这种类型的严重损害也称为细胞裂解，指的是细胞壁的破裂或破坏，使细胞形态或形状不再明显。茶树精油处理金黄色葡萄球菌、肉桂醛处理蜡状芽孢杆菌、铜绿假单胞菌和牛至精油处理金黄色葡萄球菌均未观察到细胞裂解现象。然而，利用电子显微镜的研究显示，暴露于几种不同的精油后，细胞壁会发生大量的损伤，这表明精油即使不裂解，也会破坏细胞壁。

坚硬的真菌细胞壁主要由几丁质、葡聚糖、甘露聚糖、蛋白质、脂类、无机盐和色素组成，对黏附、生存能力和真菌致病至关重要。细胞壁也起到保护屏障的作用，限制分子进入质膜，通常被认为是一种治疗靶点。植物精油在霉菌中的作用导致菌丝壁变薄和变形，随后破坏细胞壁。

细胞壁外层的损伤导致细胞释放碱性磷酸酶 AKP。Shao 等研究了茶树精油对番茄灰霉病菌细胞壁的影响，茶树精油处理 4h 后，培养基中 AKP 活性增加，表明灰葡萄球菌细胞壁早期遭到破坏。OuYang 等利用 AKP 试验测定了肉桂醛对柑橘酸腐病菌的作用，发现处理 60min 或 120min 后检测到的细胞外 AKP 活性也与细胞壁的破坏有关。

（3）抑制生物膜形成发挥抗菌活性　大多数微生物试验都是用假定为单细胞、自由漂浮状态的细胞进行的，这种状态也被称为浮游状态。然而，许多微生物更有可能依附在被称为生物膜的表面上群居生存。生物膜通常难以根除，而且比浮游状态细胞膜对抗菌剂的敏感性低得多。一些研究表明，精油可能具有抗生物膜活性，这种活性与生物膜的形成有关，而不是由于对生长的普通抑制。如迷迭香精油和薄荷精油在 $0.02\%\sim0.08\%$ 抑制变形链球菌生物膜的形成；牛至精油、百里香酚和香芹酚抑制金黄色葡萄球菌和表皮葡萄球菌产生生物膜；桉树精油、薄荷精油和丁香精油以及百里香酚、香叶酚、1,8-桉叶素、柠檬醛、丁香酚、金合欢醇、芳樟醇、薄荷醇和 α-松油烯均能抑制白念珠菌生物膜的形成，百里香酚、香芹酚和香叶醇的抑制作用最强，这与它们最低抑菌浓度测试中的高活性有关。Stojanović-Radić 等（2016）研究发现，罗勒和药用鼠尾草精油可以减少铜绿假单胞菌的生物膜产生，撒尔维亚精油使生物膜的产生减少 81.8%，罗勒精油使生物膜的产生减少 63.6%。

生物膜形成的一个关键因素是细胞间被称为群体感应的一种特定类型的信号。微生物的各种信号分子的产生和分泌对开启和关闭致病因子特性和生物膜的形成至关重要。倍半萜金合欢醇已被证明可以减少 3,4-二羟基-2-庚基-喹诺酮（pseu-domonas quinolone signal，PQ_s）的产生，而 PQ_s 参与了铜绿假单胞菌的群体感应；肉桂醛干扰哈维弧菌的群体感应。生物体依附于任何给定表面的能力对生物膜的形成也很重要，并且在一定程度上受到细胞表面疏水性的影响。香芹醇和香芹酮都降低红城红球菌细胞表面的疏水性，由于疏水性的降低与生物被膜的减少有关，这可能是抑制生物膜的一种机制。百里香酚也被证明在体外可以抑制金黄色葡萄球菌和大肠杆菌对人体细胞的黏附，这表明细胞表面可能会发生改变，从而降低黏附。这些研究表明，精油成分对生物膜形成的抑制可能是通过干扰群体感应和降低细胞表面疏水性来介导的。

3. "双向调控"机体自由基

（1）自由基的产生与危害　自由基作为一类含有未成对电子的物质被认为可以和生物分子反应而造成细胞损伤和凋亡，自由基可能导致食品变质、引发机体多种疾病。空气中某些物质能吸收波长在290～700nm范围内光波，被激发后发生光解反应，产生自由基，可能造成光化学烟雾等危害；电离辐射环境空气中的物质会被电离形成稳定性自由基，附着于飘尘上，较长时间浮游在空气中，对脐血淋巴细胞DNA具有损伤效应；塑料的注塑、挤压、缝焊和切割等工艺均可使空气中产生自由基。自由基损害DNA、蛋白质和脂质，导致各种疾病，如糖尿病、神经退行性疾病、癌症和心血管疾病。

生命体内的"活性氧"是指氧化反应产生的、具有"引发"其他物质形成自由基或发生氧化的含氧化学物质，具体来讲如超氧阴离子、过氧化物、羟自由基、一氧化氮等，可以笼统理解为我们常说的"自由基"。可见，体内正常代谢会自然产生不少自由基（线粒体消耗的氧气约有2%～5%在体内代谢过程中转化为活性氧），而且正常生理产生的自由基并不是我们普通理解的对健康有害。它对机体健康也有着非常重要的意义，如在机体的自身抗菌、抗癌以及病变的自我修复时，自由基发挥了积极作用。正常、健康的机体内还存在自我清除自由基的体系以维持着体内"氧化与抗氧化的动态平衡"。不过，由于个体的生理因素以及生活环境会导致体内产生过量自由基，打破体内"氧化与抗氧化的动态平衡"，会产生"氧化应激"反应。人们很早就认识到辐射可以在体内产生活性氧。皮肤细胞在紫外线的作用下可以产生氧自由基。许多化学药物如抗癌剂、抗生素、杀虫剂、麻醉剂、农药等都可以诱导产生活性氧。氧化应激是机体产生活性氧和抗氧化防御能力之间的一种失衡，在氧化应激中先天抗氧化系统受到限制，从而成为诱发癌症、糖尿病、高血压、动脉粥样硬化、急性肾功能衰竭、阿尔茨海默病和帕金森病等高发疾病的罪魁祸首。

（2）植物精油清除自由基及其抗氧活性　目前，天然来源的抗氧化剂补充剂，特别是药用、食用植物引起人们的兴趣，而且氧化应激在许多慢性和退行性疾病病因学中的意义表明，抗氧化治疗是一种很有前途的治疗途径。

在医药和营养科学中，自由基清除活性已成为评价中药、食品生物抗氧化效果的重要标准之一。植物精油的抗氧化能力主要取决于其化学成分，酚类以及带有双键的次生代谢产物是植物精油抗氧化活性的来源。从传统植物（如凤尾蓍、莳萝籽、香叶蒿、神香草、欧薄荷等）中提取的植物精油是含氧单萜化合物如醛、酮和酯的丰富来源。特别是酚萜类化合物，如百里香酚或香芹酚是植物精油产生最强抗氧化活性的主要化合物。从肉桂、肉豆蔻、丁香、罗勒、欧芹、牛至和百里香等药食两用植物中提取的精油，由于含有百里香酚和香芹酚等主要成分，具有显著的抗氧化活性。酚类化合物具有显著的氧化还原性能、清除自由基和分解过氧化物作用，从而发挥重要的抗氧化活性。其他单萜化合物如某些醇类、醚类、酮类、醛类和芳樟醇、桉叶素、柠檬醛、香茅醛、薄荷酮等在植物精油的抗氧化性能中起关键作用。

（3）植物精油诱导活性氧生产　植物精油的许多芳疗生理活性就是基于"双向调控"机体内的自由基。一般来讲，一个外部导入机体内的物质，必须在物理、化学或生物层面具有很好的反应活性，才能在体内发挥调节生理功能、预防疾病、维护健康的作用。通常，对于机体病理部位或药物靶点来说，外在导入物质的活性越大效果越好。众所周知，绝大部分芳香分子属于小分子，分子小反应活性强；绝大多数芳香物质具"亲脂性"，易于穿透生物膜进入细胞；很多芳香物质分子结构中具有易被氧化的"部位"（学术上称为官能团）。正是因为这些因素决定了芳香物质基于"双向调控"机体内自由基来发挥芳香疗法的生理功能。在机体内，若芳香物质在"活性氧"作用下形成稳定性产物（即不易被进一步氧化的产物），则发挥"清除自由基"的功能来防治一些疾病；若芳香物质在"活性氧"作用下形成不稳定性产物（即易被进一步氧化的产物），则在机体病变部位或药物靶点大量产生自由基，发挥"清除病因"功能来防治一些疾病。有些植物精油组分也会刺激大量活性氧的产生，对蛋白质、脂质和 DNA 造成损害，最终导致细胞死亡。如 Wang 等（2010）研究丁香酚对灰霉菌产生过氧化氢的情况，用丁香酚处理细胞 4h 后，过氧化氢积累量增加了 100%。我们应该意识到，植物精油基于"双向调控"机体内自由基来发挥芳香疗法的生理功能，芳香物质的新鲜程度（氧化情况）以及人体生理状况会产生不同的芳疗效果。当然，有时候不新鲜的芳香物质也许芳疗效果更好。

4. 调控代谢酶活性发挥生理活性

（1）基于抑制酶活性发挥抗菌作用　线粒体是细胞产生能量的中心来源，特别是与三羧酸和电子传递有关的酶，它们对维持细胞存活至关重要。线粒体脱氢酶是负责催化 ATP 生物合成的酶。乳酸脱氢酶（lactate dehydrogenase，LDH）、苹果酸脱氢酶（malate dehydrogenase，MDH）和琥珀酸脱氢酶（succinate dehydrogenase，SDH）是 ATP 生物合成中非常重要的酶，ATP 参与三羧酸循环。植物精油可以通过抑制线粒体脱氢酶的作用来影响线粒体的活性，从而干扰三羧酸循环，抑制 ATP 的合成。Tian 等发现莳萝籽精油显著降低了黄曲霉线粒体脱氢酶活性（降低 16%～68%），从而抑制 ATP 的合成；Chen 等报道了莳萝籽精油处理白色念珠菌线粒体脱氢酶的活性下降 13%～82%；两色金鸡菊花精油对新型隐球酵母以及菖蒲精油对黑曲霉也有类似的抑制作用。Li 等研究了肉桂精油处理黑根霉的线粒体琥珀酸脱氢酶活性，在 0.1μL/mL 肉桂精油处理的细胞中，琥珀酸脱氢酶活性在 12h 后持续下降，24h 后基本消失。琥珀酸脱氢酶活性的丧失包括细胞代谢能量的丧失，从而导致活力的丧失。Li 等（2014）研究了肉桂精油对黑根霉苹果酸脱氢酶活性的影响，在 0.1μL/mL 肉桂精油处理的前 3h，苹果酸脱氢酶活性急剧下降，并逐渐下降至 24h。Tian 等和 Zeng 等发现莳萝精油可使黄曲霉 ATP 酶活性降低 7%～70%，茴香精油也使红色毛癣菌 ATP 酶活性均显著降低。

脲酶是幽门螺杆菌定植的必要条件，抑制脲酶可能是防止幽门螺杆菌黏附胃黏膜的主要防御手段，对这种酶的抑制在一定程度上可解释抗幽门螺杆菌的活性。Korona-Glowniak 等的研究表明，即使对幽门螺杆菌生长几乎没有抑制活性的精油，若对脲酶有很强或非常强的抑制活性，也可以有效地辅助治疗幽门螺杆菌感染。

（2）基于抑制弹性蛋白酶发挥抗冠状病毒作用　弹性蛋白酶是一种存在于动物、人类和一些微生物中的酶，在微生物中它是一个关键的毒力因子。它负责弹性蛋白的降解，弹性蛋白是一种具有结构功能的结缔组织蛋白，负责人类和动物组织的弹性。例如肺弹性酶是肺泡壁的组成部分，对维持其弹性至关重要，但据报道它是急性肺损伤的原因。此外，肺组织中的弹性蛋白降解是肺气肿的主要原因。这种酶在冠状病毒引起的病毒发病机制中也是必不可少的，因为通过启动蛋白水解，它激活膜细胞与病毒糖蛋白的融合。Belouzard 等提出了弹性蛋白酶失活作为一种新机制，通过对蛋白水解启动位点的空间调控来控制 SARS 冠状病毒融合蛋白的功能，防止病毒与细胞融合。在培养细胞中观察到弹性酶增强了 SARS 冠状病毒感染。在体内，肺部的弹性酶增强了 SARS 冠状病毒的复制，导致了呼吸系统疾病的加重和小鼠的高死亡率，由于 SARS 冠状病毒和一种呼吸道细菌联合感染，导致小鼠肺炎的恶化，这表明弹性酶可能在肺炎的恶化中发挥作用。弹性酶可以介导病毒进入的发现在临床上至关重要，因为这种酶是炎症期间肺部产生的主要蛋白酶，因此可以促进 SARS 冠状病毒感染的进展。这就是为什么通过抑制酶弹性酶来控制冠状病毒引起的肺炎是一个有吸引力的替代方案。有研究发现，在 0.1mg/mL 浓度下，柑橘和葡萄柚精油对微生物弹性蛋白酶的抑制率分别为 75% 和 51%。此外，柑橘、葡萄柚、甜橙和柠檬精油也能抑制人/猪胰腺弹性酶。因此，可认为柑橘精油通过抑制弹性蛋白酶保护肺部免受自我破坏以减缓 SARS 冠状病毒感染的传播。

（3）基于抑制乙酰胆碱酯酶发挥抗阿尔茨海默病作用　阿尔茨海默病（Alzheimer's disease，AD）是世界上第五大与年龄相关的神经疾病，随着年龄的增长，阿尔茨海默病的风险显著增加，65 岁的人群中有 7%~10% 的人患病，80 岁以上的人群中有 40% 的人患病。阿尔茨海默病被认为是一种不可逆的、进行性神经退行性疾病，以细胞外 β-淀粉样肽（Aβ）积累、细胞内神经原纤维缠结、突触破坏、大脑炎症、认知障碍和记忆力丧失引起的多种行为问题为特征。也有证据表明，神经精神症状，特别是焦虑和抑郁，可能是认知障碍和阿尔茨海默病的危险因素，也与皮质 Aβ 沉积有关。此外，氧化应激与阿尔茨海默病神经元功能障碍之间存在相关证据。过量的 Aβ 可能通过增加 Ca^{2+} 内流、增加氧化应激和损害能量代谢等途径触发应激相关信号通路。认知能力下降被认为是由于脑组织乙酰胆碱酯酶和丁胆碱酯酶水平增加引发突触间隙中胆碱能介导的神经传递的缺失。胆碱酯酶是潜在的抗阿尔茨海默病靶点之一，临床上使用抗胆碱酯酶药通过对乙酰胆碱酯酶的可逆性抑制，达到使乙酰胆碱在突触处的积累，延长并且增加乙酰胆碱的作用，来治疗阿尔茨海默病。近年来，许多研究发现抑制丁酰胆碱酯酶是治疗晚期阿尔茨海默病的潜在策略。一些合成的药物或植物药物已经被开发出来，通过抑制乙酰胆碱降解来提高胆碱能功能。但到目前为止，药物还不能治愈或抑制阿尔茨海默病，而且可能会产生副作用。另外，氧化应激和炎症也是阿尔茨海默病病理的因素，因为确实已经观察到使用抗炎药物的人患阿尔茨海默病的风险降低。

科学研究发现许多植物精油表现出很好的抗胆碱酯酶活性，水蓼叶精油（主要成分石竹烯氧化物 41.42%）和水蓼花精油（主要成分十氢化萘 38.29%）具有清除自由基和抑制乙酰胆碱酯酶、丁酰胆碱酯酶活性。戟叶酸模精油也具有清除自由基和抑制乙酰胆碱酯酶、丁酰胆碱酯酶活性。植物精油的抗胆碱酯酶以及抗氧化活性在开发天然抗阿尔茨海默病药物方面很有潜力。红口水仙精油、卡萨蒙纳姜精油及其松油烯-4-醇、柠檬精油等已被证明可以抑制胆碱酯酶。一些主要含有百里香酚和香芹酚的百里香精油以抗氧化活性著称，Azizi 等研究了百里香精油对诱导认知缺陷的大鼠疗效，表明这些百里香精油可能是通过抗胆碱酯酶、抗氧化和抗炎作用成功且安全地减轻了认知障碍。罗马尼亚雅西大学 Lucian Hritcu 等学者 2020 年发表了"（-）-顺式香芹醇改善 β-淀粉样肽（Aβ1-42）诱导的大鼠海马记忆障碍和氧化应激"的研究发现，吸入（-）-顺式香芹醇（尤其是 3% 剂量）显著减少了大鼠海马乙酰胆碱酯酶活性。因此，（-）-顺式香芹醇被认为是一种抗乙酰胆碱酯酶的药物，可减轻 Aβ1-42 注射后产生的胆碱能缺陷。Postu 等研究表明，富含单萜的黑松挥发油通过调节乙酰胆碱酯酶作用，改善了 Aβ1-42 注射所致的大鼠记忆缺陷。越来越多的证据表明，香芹酚具有乙酰胆碱酯酶抑制活性。Seo 等发现，在鉴定的成分中，香芹酚抑制乙酰胆碱酯酶活性，IC50 值为 0.057 mg/mL。在另一项研究中，López 等表明香芹酮能够抑制乙酰胆碱酯酶活性。Oboh 等（2014）研究了柠檬果皮精油对神经退行性疾病相关的关键酶（丁酰胆碱酯酶和乙酰胆碱酯酶）的影响，发现精油以浓度依赖方式抑制两种酶的活性，精油对两种酶以及抗氧化剂和促氧化剂诱导脂质过氧化的抑制被认为是使用精油预防和管理氧化应激诱导的神经退行性变的可能机制。类似地，Orhan 等（2008）评估了 19 种植物精油（从莳萝籽、茴香、香蜂花、薄荷、狭叶薰衣草、罗勒、牛至、鼠尾草等中提取）对丁酰胆碱酯酶和乙酰胆碱酯酶的抑制活性，发现大多数精油对两种胆碱酯酶都有很高的抑制活性（超过 80%），但精油的单一成分的活性并不高。

可见，这些抗胆碱酯酶活性以及抗氧化和抗炎活性的精油在治疗认知功能、记忆和行为受损方面具有潜在的疗愈价值。香蜂草精油也被证明有治疗阿尔茨海默病的价值，它能镇定、减少躁动和增强认知，Elliot 等认为这是因为它能够与一系列受体相互作用，包括 5-羟色胺受体（5-HT1A、5-HT2A）和 γ-氨基丁酸 A 型受体以及组胺 H3 受体。

（4）基于抑制糖类消化酶活性发挥抗糖尿病作用　糖尿病是一种慢性代谢紊乱，是心血管并发症的主要原因，由于目前治疗方法的不足及存在的不良反应，一直是人们关注的焦点。餐后血糖水平的突然升高被称为餐后高血糖症，它是与糖尿病相关的关键危险因素之一，控制餐后高血糖症已经成为糖尿病治疗的一种很好的方法。控制糖尿病前期和糖尿病患者的餐后高血糖症是防止健康状况进一步恶化的好方法。以水解碳水化合物的酶为首选目标，包括 α-淀粉酶和 α-葡萄糖苷酶。抑制这两种酶会降低循环中可吸收的单糖的百分比，从而降低餐后血糖上升的风险。α-葡萄糖苷酶和 α-淀粉酶是导致餐后高血糖的主要碳水化合物水解酶。从治疗角度来看，摄入碳水化合物消化酶抑制剂通过减少肠道葡萄糖吸收在控制高血糖方面发挥着重要作用。阿卡波糖是一种主要的碳水化合物代谢酶抑制剂，但有一些副作用，如腹痛、肠胃气胀、腹泻、腹胀和痉挛。餐后高血糖症的产生是由于小肠在水解酶 α-淀粉酶和 α-葡萄糖苷酶的作用下快速摄取葡萄糖，使多糖通过寡糖转化为单糖。抑制 α-淀粉酶会导致胃胀气和胃紊乱，这就是为什么它不是药物发现的目标酶。α-葡萄糖苷酶存在于上皮刷状边缘，它导致双糖向单糖的代谢，α-葡萄糖苷酶的抑制导致单糖的可吸收性降低。抑制 α-葡萄糖苷酶导致其水解减少，从而控制血糖水平。因此，控制餐后高血糖症的一个重要策略是抑制 α-葡萄糖苷酶。临床批准和最常用的 α-葡萄糖苷酶抑制剂，如阿卡波糖、沃格列糖和米格糖醇，与胃胀气等副作用有关，这些副作用是由未消化的碳水化合物的细菌发酵引起的。

天然产物作为 α-葡萄糖苷酶抑制剂引起了药物发现工作的极大兴趣。世界卫生组织强调研发用于控制和治疗糖尿病的植物基药物，药用植物传统上已被用来治疗糖尿病。数千年来，草药产品由于其罕见的副作用和传统的可接受性，在世界范围内被广泛用于治疗糖尿病。因此，在草药和其他天然产物中筛选 α-葡萄糖苷酶和 α-淀粉酶抑制剂受到了全球的广泛关注。研究发现一些药用植物是 α-葡萄糖苷酶的有效抑制剂。几种药用植物的精油在体外研究中显示出 α-葡萄糖苷酶抑制活性。2021 年沙特阿拉伯塔伊夫大学药学院学者 Abuzer Ali 研究报道了百里香精油体外抑制 α-葡萄糖苷酶的活性，结果表明百里香精油在 31.25～1000μg/mL 浓度范围内对 α-葡萄糖苷酶的抑制率为 18.80%～79.31%，阳性对照阿卡波糖抑制率为 21.23%～83.26%，百里香精油和阿卡波糖对 α-葡萄糖苷酶的 IC50 分别为（125.1±

4.25）μg/mL 和（115.25±3.53）μg/mL。这为百里香精油用于控制糖尿病提供了科学依据。Nidal Jaradat 等学者的研究发现叙利亚猫薄荷精油对 α-淀粉酶和 α-葡萄糖苷酶均具有较强的抑制作用。2021 年，沙特阿拉伯哈立德国王大学 Shehla Nasar Mir Najibullah 等学者研究报道了狭叶薰衣草精油基于抑制 α-葡萄糖苷酶的抗糖尿病活性，研究发现在 31.25~1000μg/mL 浓度范围内，狭叶薰衣草精油对 α-葡萄糖苷酶的体外抑制作用为 24.27%~64.04%，阳性对照阿卡波糖药物的抑制率为 33.23%~73.89%。可见，狭叶薰衣草精油对 α-葡萄糖苷酶有明显的抑制作用（IC50 值为 609.44μg/mL），甚至可接近药物阿卡波糖的效果，狭叶薰衣草精油通过抑制碳水化合物代谢酶 α-葡萄糖苷酶可能是一个有前途的抗糖尿病药物的选择。2021 年，伊拉克蒂什克国际大学药学院学者 Javed Ahamad 研究报道了留兰香精油对 α-葡萄糖苷酶的体外抑制活性，留兰香精油在 31.25~1000μg/mL 浓度范围对 α-葡糖苷酶的抑制率为 15.17%~54.93%，药物对照阿卡波糖的抑制率为 31.94%~81.26%。可见，留兰香精油潜在的 α-葡萄糖苷酶抑制活性（IC50 为 681.19μg/mL）。

与其他香料相比，肉桂是被研究报道最为有抑制活性的。2019 年 8 月 1 日，苏格兰阿伯丁大学 Nicholas J. Hayward 等学者研究比较了 4 种被用作香料的肉桂提取物抑消化酶活性，结果发现①中国肉桂对 α-淀粉酶抑制活性最强，与临床使用的降糖药阿卡波糖相当；②与抑制 α-淀粉酶相比，4 种肉桂均能更为显著的抑制 α-葡萄糖苷酶活性，其中中国肉桂和印度尼西亚肉桂最好；③在模拟的消化系统中，4 种肉桂，特别是印度尼西亚肉桂和锡兰肉桂在口腔和胃能延缓淀粉消化，而在小肠消化无延缓作用，但锡兰肉桂在生物活性和抗营养成分、酶抑制活性和淀粉消化效果方面表现出最佳的整体潜力。肉桂一般会含有香豆素（如中国肉桂 0.58%、印度尼西亚肉桂 0.9%），目前的欧洲指南建议摄入量上限为 0.1 mg/kg 体重，以避免可能的肝毒性和致癌作用。这就限制了每天肉桂的摄入量在 1g 左右，这个摄入量可能不足以对酶活性发挥有益的作用。因此，研发高效、安全的香豆素脱除技术将是肉桂药食两用高值化开发利用的"卡脖子"技术。

（5）基于抑制脂肪酶活性发挥控制体重作用　尽管针对肥胖对健康的影响进行了广泛的努力和研究，但其流行率仍在迅速增加。肥胖是全球关注的问题，不仅因为其可能造成的生理危害，还因为它与代谢、内分泌和心血管疾病等多种疾病和失调有关。肥胖会增加 20 多种慢性疾病和健康状况的风险，包括高血压、2 型糖尿病、骨关节炎、血脂异常、高胆固醇、中风、阻塞性睡眠呼吸暂停和一些癌症，增加晚年的发病率和死亡率。超重、肥胖和相关的健康问题对卫生保健系统会导致重大的经济负担。许多这些疾病可以通过减轻体重来预防或改善。

从营养角度来看，肥胖与食物脂肪消化吸收率密切有关。食物在人体内消化是由脂肪酶水解脂肪降解为甘油二酯、甘油一酯、甘油和游离的脂肪酸，然后被小肠吸收利用。这一过程中，胰脂肪酶的水解起着关键性的作用。如果能够控制胰脂肪酶的活性，减少对脂肪的分解，这将有利于控制和治疗肥胖症。抑制膳食脂肪的吸收被证明是治疗肥胖的适当方法之一。

精油已知具有抗肥胖的作用，如葡萄柚精油和柑橘精油是最常用的减肥芳疗精油。Quiroga 等的一项研究发现，牛至精油和马鞭草精油具有抗脂肪酶活性，IC50 分别为 5.09μg/mL 和 7.26μg/mL，它们的抗脂肪酶活性可抑制膳食油脂的水解，阻止或减少肠道油脂消化吸收进入体内，从而减少肥胖。Nidal Jaradat 等学者的研究发现叙利亚猫薄荷精油表现出较强的抗脂肪酶活性，IC50 值为（26.3±0.57）μg/mL。

（6）基于抑制酪氨酸酶活性发挥美白皮肤作用 酪氨酸酶是一种氧化还原酶，广泛存在于各生物中，与生物体合成色素直接相关。酪氨酸酶抑制剂应用很广泛，可应用于美白护肤保健、色素型皮肤病治疗、抗衰老、预防阿尔茨海默病、果蔬病虫害防治以及食品保鲜等多个领域。酪氨酸酶参与了人类皮肤黑色素形成的催化作用，导致表皮色素沉着，导致各种皮肤疾病，如雀斑、黄褐斑和老年斑。植物及其次生代谢产物，特别是具有抗酪氨酸酶活性的，被普遍认为是皮肤脱色和美白的有效天然来源。在这方面，植物精油已经引起了广泛的关注，因为它被观察到具有显著的抗黑素生成潜能。

Huang 等的研究表明，赤桉花精油能显著抑制酪氨酸酶活性，降低黑色素合成；还具有清除细胞内自由基的作用。因此，认为黑素生成的减少可能是由于精油抑制酪氨酸酶活性的信号通路和清除甚至是消耗了细胞内活性氧。Yang 等评价了莱姆薄荷精油及其主要化合物之一——β-石竹烯的抗黑素作用，研究发现莱姆薄荷精油可剂量依赖性地降低小鼠 B16F10 黑色素细胞的黑色素形成水平，β-石竹烯通过下调黑素细胞诱导转录因子（melanocyte inducing transcription factor，MITF）、酪氨酸酶相关蛋白 1 和 2（TRP-1 和 TRP-2）以及酪氨酸酶的表达来降低黑素的生成，从而降低黑素含量。有研究发现，肉桂精油及其主要成分肉桂醛具有降低细胞黑色素含量和酪氨酸酶活性的作用。此外，它们参与下调 α-黑素细胞刺激激素（α-MSH，能刺激黑素细胞增殖、分化及促进黑素形成，使皮肤和毛发颜色变深。）刺激小鼠 B16 黑色素瘤细胞的酪氨酸酶表达，但没有细胞毒性作用；降低硫代巴比妥酸反应物（脂质过氧化物，thiobarbituric acid reactive substances，TBARS）水平；恢复过氧化氢酶和谷胱甘肽的活性。因此，这些发现揭示了肉桂精油和肉桂醛具有强的抗黑素和抗酪氨酸酶特性，并具有抗氧化活性。

（7）基于抑制环氧化酶发挥抗炎作用 环氧化酶（cyclooxygenase，COX）是催化花生四烯酸转化为前列腺素（prostaglandin，PG）的关键酶，目前发现环氧化酶有两种 COX-1 和 COX-2 同工酶，COX-2 为诱导型，各种化学、物理和生物损伤性因子激活磷脂酶 A2 水解细胞膜磷脂，生成花生四烯酸，后者经 COX-2 催化加氧生成前列腺素。COX-2 在正常组织细胞内的活性极低，当细胞受到炎症等刺激时，其在炎症细胞中的表达水平可升高至正常水平的 10~80 倍，引起炎症部位前列腺素 E2 含量的增加，导致炎症反应和组织充血肿胀而引起组织疼痛感。同时，炎症反应中，各种细胞因子促进下丘脑产生前列腺素 E2，此为致热原，前列腺素 E2 通过环磷酸腺苷（cAMP）使得下丘脑体温调定点上调，增加产热，使体温升高。

事实上，许多芳香植物都具有潜在的抗炎活性，如丁香精油含有的丁香酚、鼠尾草含有的鼠尾草酸，迷迭香含有的迷迭香酸可通过阻断 COX-2 来发挥抗炎作用。生姜成分抑制环氧化酶从而抑制促炎细胞因子的合成，发挥抗炎作用。有研究表明，植物精油的抗炎作用机制可能与花生四烯酸在细胞膜中的结合形成竞争关系，通过减少 COX-2 的诱导，使得花生四烯酸代谢的前列腺素和二十碳化合物变化微细，从而诱导较小程度的炎症。香茅醇和香叶醇通过抑制巨噬细胞中的前列腺素 E2 发挥抗炎作用。母菊蓝烯通过抑制环氧化酶，使精油具有抗炎作用。反式-1-（3，4-二甲氧基苯基）丁二烯（DMPBD）在卡萨蒙纳姜精油中存在比例为 1%~16%，这种化合物具有强大的抗炎作用，它是一种 COX-2 抑制剂，也能抑制前列腺素 E2。Guimarães 等指出，香芹酚具有抗疼痛作用，可能通过抑制前列腺素合成、抑制促炎细胞因子和 NO 释放，并与抗氧化活性一起，对镇痛有"显著"贡献，所有这些都表明其也有抗炎作用。d-苧烯是一种具有显著抗疼痛作用以及良好体外抗氧化和清除自由基能力的双环单萜，其抗炎活性与抑制前列腺素合成有关。另有研究结果表明，*Teucrium pruinosum* Boiss 精油（主要成分为 45.53%沉香螺醇和 19.35%石竹烯）对 COX-2 酶具有选择性抑制活性，抗炎活性几乎可达到非类固醇类消炎药依托度酸同样效果。卡萨蒙纳姜精油是 COX-2 抑制剂，因此也抑制前列腺素 E2。距花山姜精油也通过抑制前列腺素的合成，具有抗炎和镇痛作用。Yoon 等（2009）发现朝鲜冷杉精油抑制前列腺素 E2 的分泌具有抗炎作用。

（8）基于抑制吲哚胺-2,3-双加氧酶活性发挥助眠安神和抗抑郁作用　色氨酸是人体内的必需氨基酸，其分解途径有两个：5-羟色胺途径和犬尿氨酸途径。少部分色氨酸通过色氨酸羟化酶生成 5-羟色胺，约 95%的色氨酸在吲哚胺-2,3-双加氧酶或色氨酸-2,3-双加氧酶的作用下生成犬尿氨酸。吲哚胺-2,3-双加氧酶是色氨酸-犬尿氨酸途径的限速酶，它可以被前炎症因子所诱导，其中干扰素 γ 是最强的诱导剂。抑郁症是一种危害人类身心健康的疾病，其发病率日益上升。近年来，由炎症引发的色氨酸-犬尿氨酸途径及其代谢物水平的改变参与抑郁症发病机制的研究越来越受到广泛关注。

目前，抑郁症的机制研究热点之一是炎症反应又称为细胞因子假说，其中色氨酸-犬尿氨酸代谢途径在该假说中的作用得到了越来越多的证实。该假说认为，色氨酸-犬尿氨酸途径是聚焦于抑郁症相关代谢产物改变的综合性通路。炎性抑郁症的产生是由于在免疫功能及神经递质改变下产生的炎性细胞因子激活了吲哚胺-2,3-双加氧酶，从而进一步引发抑郁。吲哚胺-2,3-双加氧酶的活性增加，不仅会导致色氨酸的衰竭，同时还引起通过犬尿氨酸途径代谢的神经毒性产物的增加，而这两种改变都被认为与抑郁症的发病密切相关。

薰衣草因具有抗菌、抗炎、缓解情绪等作用而在传统医学中得到广泛应用，但其潜在的分子机制尚未完全阐明。奥地利因斯布鲁克医科大学 Johanna M Gostner 等学者报道他们关于"薰衣草精油对人外周血单个核细胞中吲哚胺-2,3-双加氧酶抑制活性"的研究，发现薰衣草精油通过抑制吲哚胺-2,3-双加氧酶活性抑制了色氨酸分解和犬尿氨酸形成，这一体外实验数据表明薰衣草精油可能通过干扰色氨酸分解和吲哚胺-2,3-双加氧酶活性来调节免疫和神经内分泌系统，从而发挥安神助眠、抗抑郁的作用。

（9）基于抑制血管紧张素转化酶活性防控心血管疾病　血管紧张素转化酶是治疗高血压、心力衰竭、2 型糖尿病和糖尿病肾病等疾病的理想靶点。抑制血管紧张素转换酶是控制高血压和心血管衰竭最重要的方法之一。在这方面，Hassan 等（2018）评估了百里香精油及其主要成分香叶醇对血管紧张素转化酶的抑制活性，并与血管紧张素转换酶抑制剂（卡托普利）进行比较，在 15µg/mL 浓度下，百里香精油和香叶醇对血管紧张素转化酶的抑制率分别为 95.4%和 92.2%，而卡托普利的抑制率为 99.8%。研究还发现，香叶醇是通过香叶醇的羟基与氨基酸残基 ASP-415 之间的氢键作用而与血管紧张素转化酶活性腔结合的。香叶醇具有非竞争性抑制剂的作用，它可以阻止酶产物复合物的形成，因为它与血管紧张素转化酶的不同活性腔结合，而不是与锌活性位点结合（锌对于血管紧张素转化酶的催化作用至关重要）。

5. 作用于受体发挥生理活性

（1）嗅觉受体 OR2AT4　我们能闻到香味是因为鼻腔嗅觉上皮存在嗅觉受体（感受外界环境中气味分子的一种蛋白质），接受来自外界的、有气味的挥发性化学物刺激，通过包括化学反应在内的系列复杂作用形成"电信号"传输到神经中枢。科学发现身体其他所有非嗅觉组织（如大脑、心脏、肺、睾丸、肠和皮肤等）中都有嗅觉受体。在一些不同的非嗅觉组织中存在一些不同类型的嗅觉受体，它们在非嗅觉组织中被特异性气味激活产生非嗅觉效应的生理作用。如存在于人表皮的嗅觉感受器可被一些香气物质选择性激活，促进表皮角质细胞的体外迁移和增殖以使伤口再上皮化愈合。

嗅觉受体 OR2AT4 可被檀香香气物质激活促进非嗅觉组织中 IGF-1（一种促进生长的活性肽）的表达和分泌；几乎所有类型细胞的细胞膜上都有 IGF-1 受体存在，使得 IGF-1 与细胞膜上对应的受体结合后，使细胞内酪氨酸激酶激活，引起细胞内信号转导，介导细胞有丝分裂和抗细胞凋亡。这正是芳香疗法非嗅闻途径的生理活性科学机制。2014 年，德国波鸿鲁尔大学学者研究报道，在人皮肤角质形成细胞系的实验中，发现合成檀香香料激活了嗅觉受体 OR2AT4；siRNA（抑制 OR2AT4 表达）阻止了合成檀香香料促进细胞增殖和迁移的作用；进一步在体外人体皮肤培养实验中，檀香香料增加了伤口愈合的标志物合成。通过这些细胞和组织培养研究结果和发现，激活嗅觉受体 OR2AT4 有助于促进皮肤伤口愈合。这一重要发现，筛选和评估具有皮肤伤口愈合与修复功能的植物精油嗅觉受体 OR2AT4 的激活可作为分子生物学上的靶点。德国的 Monasterium 皮肤和头发技术研发实验室研发人员也研究发现，OR2AT4 的特异性激活是维持人头皮毛囊生长所必需。可以预见，OR2AT4 的激活不仅能维护皮肤健康、愈合伤口，还能促进头发生长。这为精油香熏皮肤、精油按摩、涂抹伤口以及护发的芳疗作用提供了重要的科学依据。

（2）嗅觉受体 Olfr78　2015 年，德国霍恩海姆大学生理研究所的学者在小鼠结肠（胃和小肠中没有）发现一种嗅觉受体 olfr78 可被丙酸激活，促进激素肽 YY（PYY）的形成。PYY 是一个调节摄食的饱感信号，抑制胰岛素和胃酸、消化酶的分泌，控制饮食和肥胖。实际上，嗅觉受体 olfr78 也存在于肾脏和许多器官动脉血管内，能感受来自肠道细菌代谢产生的短链脂肪酸（乳酸、丙酸等）。如 Jennifer L. Pluznick 研究发 olfr78 在肾脏中受丙酸激活，介导肾素分泌，改善高血压。2015 年 11 月 12 日《自然》杂志也报道，在颈动脉中存在嗅觉受体 olfr78，受乳酸激活低氧感受神经，来调节呼吸系统和心血管系统的活动。另外，还有报道在结肠细胞里面，嗅觉受体 olfr78 受短链脂肪酸的激活，会引发血清素的释放。体内血清素的提高能改善睡眠、让人镇静、减少急躁情绪、带来愉悦感和幸福感、带给人更多快乐。

（3）瞬时受体电位通道 TRP　许多离子通道，如感觉神经元中表达的瞬时受体电位（transient receptor potential，TRP）通道，对天然化合物，特别是香料和草药有反应。例如，瞬时受体电位香草酸亚型 1（transient receptor potential vanilloid 1，TRPV1）对辣椒素（辣椒中的辛辣成分）产热或燃烧脂肪的作用，而瞬时受体电位阳离子通道亚家族 M 成员 8（transient receptor potential cation channel，subfamily M，member 8，TRPM 8）则对薄荷醇产生冷的感觉。瞬时受体电位阳离子通道亚家族 A 成员 1（transient receptor potential cation channel，subfamily A，member 1，TRPA1）是一种兴奋性离子通道，并被认为在不同的感觉过程中发挥作用，包括冷痛觉、听觉和炎症性疼痛。TRPA1 也被几种天然植物（包括芥末精油、肉桂精油和大蒜精油）化合物激活，它们会产生刺鼻或尖锐的感觉。肠嗜铬细胞（enterochromaffin cells，EC）是一种罕见的肠上皮内分泌细胞，因具嗜铬性得名。仅占肠上皮 1% 不到的肠嗜铬细胞，分泌了超过人体 90% 的血清素（又名 5-羟色胺），而 5-羟色胺作为人体一种重要的神经递质，几乎影响到大脑活动的每个方面，从调节情绪、精力、记忆力到塑造人生观都会产生一定的影响。激动剂刺激 TRPA1 可引起肠嗜铬细胞释放 5-羟色胺。一些香辛料激动剂会通过激活和抑制多个通道来调节多个瞬时受体电位通道（transient receptorpotentials，TRPs）。如薄荷脑激活 TRPM8 而抑制 TRPA1；百里香酚激活 TRPV3 也激活 TRPM8 和 TR-PA1。因此，这些香辛料的基于细胞离子通道生理机制也可能是多个 TRPs 综合作用的结果。

①调节机体发热和散热：在中国和印度的传统医学中，据说辛辣的食物如辣椒、姜、芥末和肉桂能使身体暖和。现在，利用这些辛香物质对机体产热的效应来减肥和控制体重正引起日益关注。人作为恒温动物，保持机体核心温度稳定在零点几摄氏度动态变化范围内的热平衡，对生命是至关重要的。恒温动物通常通过行为和自主热调节来维持热平衡。如人类通过扩张皮肤血管（非蒸发热扩散）和出汗（蒸发热扩散）来消除多余的热量，寒冷的环境中通过收缩皮肤血管来减少热量的扩散，通过增加肌肉活动（颤抖生热）或通过激活棕色脂肪组织和骨骼肌等生热组织的新陈代谢来产生热量（非颤抖生热）。在行为温度调节的例子中，动物会寻求更好的环境或改变姿势，如我们人类穿衣服、脱衣服或打开空调。近年来，人们发现在这一过程中，我们机体组织细胞膜上分布的瞬时受体电位通道，有几种温度敏感的、能被外界热刺激激活的阳离子通道（简称热敏 TRPs）。热敏 TRPs 可能在检测外围温度时激活，从而发挥控制核心温度的作用；除了温度，一些热敏 TRPs 激动剂也会激活这些热敏 TRPs，参与行为和自主热调节。即当摄入含有这些热 TRPs 激动剂的食物时，可观察到的热调节反应（即机体发热、散热反应）也被诱导。不少香辛料就富含这些热 TRPs 激动剂，食用或药用具有调节机体发热和散热效应。

TRPV1 激动剂促进机体发热和散热。辣椒、胡椒、姜等香辛料的辛辣物质如辣椒素、胡椒碱、姜辣素是 TRPV1 的激动剂，可通过激活 TRPV1 促进机体能量代谢和产热效应，富含这些辛辣物质的辣椒、胡椒、姜因此被称之为"热性"食物。不仅如此，激活 TRPV1 还能引起明显的散热（尾部皮肤血管舒张或出汗），以使产热（反映在氧消耗上）可以更持久的进行。TRPV1 的激活还在传播辛辣刺激疼痛的感觉方面发挥作用，从而通过激活中枢神经系统促进肾上腺髓质分泌肾上腺素来诱导能量消耗和产热效应。这也正是我们吃辣椒时产生辣痛感和大汗淋漓的原因所在，是民间和中医认为这些辛辣药食资源具有祛湿驱寒作用的科学理论依据。从这一层面来看，基于祛湿驱寒类药食两用香料植物来激活 TRPV1 增加能量消耗可能是预防或治疗肥胖的一个安全、健康、有效的手段。

TRPA1 激动剂促进机体发热和抑制散热。TRPA1 对芥末、大蒜、肉桂、丁香、姜等香辛料植物刺激性分子以及低于 17℃ 的温度都有激活反应。如肉桂的肉桂醛、大蒜的大蒜素、芥末的异硫氰酸烯丙酯等通过激活 TRPA1 来促进机体能量代谢和产热效应。与 TRPV1 的活化作用机制相同，TRPA1 的这些激动剂激活感觉神经，通过中枢神经系统诱导肾上腺素分泌来促进饮食引起的机体生热效应；但肉桂醇和肉桂酸作为肉桂醛的类似物，不能诱导 TRPA1 活性，也不能促进肾上腺素分泌。与 TRPV1 不同的是，异硫氰酸烯丙基和肉桂醛激活 TR-PA1 引起热生成但抑制散热。因此，在亚洲传统上这些食物是被用来温暖身体的，可以提高机体的抗寒能力。TRPA1 作为一种褐色脂肪组织功能刺激因子，可能是一个很好的改善肥胖的途径，如有研究报道长期服用肉桂醛激活 TRPA1 已被证明可以减少体重增加。

TRPM8 激动剂促进机体发热但无散热。TRPM8 是一种离子通道，在活化时它允许钠离子和钾离子进入细胞内，这导致细胞的去极化以及产生一个动作电位，并最终将导致机体感受到冷的感觉。TRPM8 可被 1,8-桉叶素、薄荷醇或芳樟醇等化合物以及低于 25℃ 的温度激活，导致传入神经中的初级感觉神经元感受到冷刺激而引发产热又无散热效应以"维持热平衡"。因此，薄荷精油（富含薄荷脑）和桉叶精油（富含1,8-桉叶素）会令人在闷热的环境产生凉爽的感觉。TRPM8的激活促进产热可降低饮食引起的肥胖动物体重增加。

TRPV3激动剂对机体产热和散热没有任何影响。百里香酚和乙基香兰素是TRPV3激动剂，对热扩散和热生成没有任何影响，TRPV3通道的激活不会引起机体的热调节反应。不过，TRPV3也可被樟脑、冰片、薄荷等单萜类化合物激活，通过提高细胞内二价钙离子水平来发挥作用，这些芳香族化合物有抗炎、镇痛、止痒等作用，已被广泛应用于医药、化妆品等领域。因此对TRPV3的生物学作用及其相关作用机制的研究有望为开发新的抗炎、镇痛、抗肿瘤药物提供重要线索。

②基于TRPA1受体发挥抗炎抗过敏：生物进化过程中形成了一套自动识别"外物"的机制，任何个体在生长过程都在建立并不断完善这套自我保护的识别机制。当有外来物进入人体后，若被机体识别为有用或无害物，则这些物质将进入体内，最终被吸收、利用或被自然排出；若被识别为有害物时，机体的免疫系统则立即做出反应，将其驱除或消灭，这就是免疫反应发挥的保护作用。但是，如果这种免疫反应超出了正常范围，即免疫系统对无害物质做出了一种"变态反应"，对机体本身的正常组织进行攻击和破坏，这非常不利于人体健康。临床上通常说的过敏反应和过敏性疾病其实就是机体免疫的这种异常变态反应。进入人体后引起免疫系统发生异常变态反应的物质称为过敏原，是造成过敏的罪魁祸首。过敏原大多是一些大分子物质，常见的有食物（小麦、花生、大豆、坚果类、牛乳、鸡蛋、鱼和甲壳类动物等，由食物过敏引发的过敏疾病占过敏总数的90%左右）、吸入物（花粉、屋尘、螨等）、微生物以及昆虫毒素、药物、异种血清和物理因素等。

科学研究发现，TRPA1的激活与过敏性疾病密切关联，这正是以TRPA1作为抗过敏靶点研发抗过敏药物的理论基础。不少香味化合物作为TRPA1的拮抗剂或激动剂应用于过敏性疾病。具有TRPA1拮抗剂效应的香味化合物有樟脑、1,8-桉叶素、薄荷醇、冰片、莳醇、2-甲基异冰片；具有TRPA1激动剂效应的香味化合物有百里香酚、香芹酚、乙酰氧基胡椒酚乙酸酯、肉桂醛、α-n-己基肉桂醛、百里香醌、异硫氰酸酯、二烯丙基三硫化物、二丙基三硫化物等。

TRPA1拮抗剂具有抗炎、抗过敏作用，可能与其在感觉神经元中表达的TRPA1阻断活性有关。樟脑通过TRPV1脱敏和TRPA1阻滞产生抗过敏作用用于鼻解充血药和止咳以及皮肤治疗的止痒、镇痛。1,8-桉叶素是一种罕见的人TRPA1天然拮抗剂，抑制TRPA1以产生抗过敏、镇痛和抗炎，但其同分异构体1,4-桉叶素激活人TRPA1。薄荷醇用于鼻腔时，过敏反应（咳嗽阈值、催咳和累积咳嗽）明显改善。各种拮抗剂中，冰片、2-甲基异冰片和莳醇对人TRPA1的抑制作用强于樟脑和1,8-桉叶素。人TRPA1的S873、T874和Y812残基通过与香味化合物己基环上的羟基相互作用而起到抑制作用。

感觉神经元中TRPA1表达的激活和随后的下调（脱敏）可能与TRPA1激动剂的抗过敏作用有关。百里香酚可激活人TRPA1，一旦激活，进一步暴露于百里香酚会使活化的人TRPA1脱敏，因此百里香酚的抗过敏作用可能是由于感觉神经元表达的TRPA1下调（脱敏）所致。异硫氰酸酯是抗过敏作用也可能是由于TRPA1在感觉神经元中的表达下调（脱敏）所致。乙酰氧基胡椒酚乙酸酯（姜科植物精油成分）对人TRPA1激动效应的EC50值约为异硫氰酸烯丙酯（典型的TRPA1受体激动剂）的1/4，因此被认为是一种可能的抗哮喘药物。

肉桂醛的饱和激活阻断了 TRPA1 通道以产生抗过敏作用。百里香醌（黑香种子精油中主要单萜化合物）可能通过共价蛋白质修饰激活 TRPA1，其已被用作治疗湿疹、哮喘、支气管炎和炎症等。

近年来，随着工业化、城镇化、全球化进程不断加快，人们的生活节奏、方式不断改变，生活和工作压力不断加剧，以及食品的种类和加工工艺越来越多，致使许多原来不过敏的人可能逐渐演变成具有过敏体质的人，使潜在过敏人群不断扩大，这就是当前过敏的发生和发现越来越多的缘故。流行病学调查发现，约有 1/3 的人在一生中患过过敏性疾病。进入 21 世纪以来，该病已成为最常见的全球性疾病之一，如太平洋有些地区的过敏性疾病甚至高达 50%。可见，基于 TRPA1 研发芳香植物应用于过敏性疾病的防治将具有十分广阔的前景。

③基于激活 TRPM8 和抑制 TRPA1 发挥镇痛作用：TRPs 通道是非选择性阳离子通道，参与不同的感觉过程，对各种各样的感官刺激作出反应，包括温度、伤害性化合物、触摸、渗透压和信息素。如 TRPA1 是一种兴奋性离子通道，几乎分布于各种组织，并参与多种疾病的发生与发展，作为对有害低温、大蒜素以及芥菜油刺激性成分异硫氰酸烯丙基酯的受体，感知冷痛觉和炎症性疼痛，被认为是一种很有希望用于鉴别镇痛药物的靶点；TRPM8 是一种热敏受体，可以检测低温和薄荷醇，有助于感知不愉快的冷刺激或介导冷镇痛作用。

薄荷醇是一种天然的非反应性降温化合物，在一定程度上也参与抗伤害感受，在日常生活中通过 TRPM8 激活来缓解疼痛，但其激活 TRPA1 的能力限制其作为镇痛的广泛应用。有报道显示 TRPA1 拮抗剂如天然化合物樟脑具有镇痛作用。目前已知樟脑（精油成分）可能通过抑制 TRPA1 和激活 TRPM8 发挥镇痛作用，但樟脑不适合用作镇痛化合物，因为它引起温热的感觉，可能是通过 TRPV1 激活。因此，一种有效的理想镇痛化合物应激活 TRPM8 并抑制 TRPA1，而不会激活 TRPV1。

2012 年，Masayuki Takaishi 等筛选对人 TRPM8 激活能力比对人 TRPA1 激活能力更高的精油和香料化学物，发现桉树精油表现出较高的 RPM8 激活能力，而对 TRPA1 的激活能力较低；精油主要成分 1,8-桉叶素特别有效，被鉴定为一种新型 TRPA1 天然拮抗剂，可以抑制几种不同激活机制的激动剂（如异硫氰酸烯丙酯、薄荷醇等）引起的 TRPA1 的激活；1,8-桉叶素激活了 TRPM8（激活能力低于薄荷醇）和 TRPV3，而没有激活 TRPA1、TRPV1 和 TRPV2；1,8-桉叶素对 TRPA1 激动剂薄荷醇产生的感觉刺激有镇痛作用；令人惊讶的是，也存在于桉树精油中结构相似的 1,4-桉叶素同时激活人 TRPM8 和人 TRPA1。最近有研究表明，TRPM8 的外周和中枢激活均可产生镇痛作用，具体逆转外周神经损伤引起的行为反射的敏感化。

1,8-桉叶素有一种清新的气味，当摄入或涂抹在皮肤上时，会产生一种清凉的感觉。也是调味品、食物、漱口水和止咳剂中的常见添加剂，也常用于芳香疗法，作为皮肤浴的兴奋剂，被制药工业用于药物配方，以加强经皮渗透，并作为解充血剂和镇咳药。总之，1,8-桉叶素作为一种罕见的天然人 TRPA1 拮抗剂，可开发为一种理想的激活 TRPM8 和抑制 TRPA1 的天然镇痛药。

④基于 TRPA1 发挥控制体重的作用：众所周知，瞬时受体电位通道，尤其是 TRPA1、TRPV1 和 TRPM8 在许多生物和病理生理功能中发挥着关键作用，包括在防止体重增加和肥胖方面发挥着重要作用。TRPA1 的主要作用很大程度上是与疼痛、神经源性炎症、瘙痒等相关，但是越来越多的实验证据表明 TRPA1 通道的重要性还包括胃蠕动、胰岛素分泌、预防

体重增加和肥胖等其他生理功能。许多刺激性天然化合物可激活 TRPA1 通道。这些最重要的激动剂是芥末或辣根辛辣气味异硫氰酸烯丙酯，另一个显著的 TRPA1 激动剂是肉桂精油的肉桂醛。其他的还包括大蒜素、香芹酚、百里香酚、6-姜辣素、丁香酚、姜黄素、孜然醛、大茴香醛、苯丙醛等香辛料中的芳香成分。这些天然辛香的 TRPA1 激动剂通过激活褐色脂肪组织产热和调节胃肠道激素预防饮食诱导的肥胖。适应性产热是指机体对外界环境刺激产生的热量，已成为对抗肥胖的一种潜在选择。褐色脂肪组织在预防肥胖方面发挥着重要作用，因为它在适应性产热中发挥着重要作用。通过 TRPA1 激动作用靶向褐色脂肪组织产热是一种提高能量消耗的合适途径。

异硫氰酸烯丙酯。肾上腺素的分泌与能量代谢有关，褐色脂肪组织中肾上腺素能受体的激活和 UCP1 蛋白的上调可能是通过增强肾上腺素分泌而增加能量消耗和产热的原因。Iwasaki 等发现静脉给药异硫氰酸烯丙酯和肉桂醛可诱导麻醉大鼠肾上腺素分泌，这表明 TRPA1 参与促进肾上腺素分泌提高能量消耗的可能性。

肉桂醛。Tamura 等对高脂高糖喂养的小鼠进行了一项研究发现，饲料中添加肉桂醛后内脏脂肪积累较低，褐色脂肪组织激活，UCP1 表达增强。高脂高糖喂养的小鼠服用肉桂醛会导致白色脂肪组织褐变，产生抗肥胖作用。肉桂醛还通过下调成脂必需转录因子的表达来降低甘油三酯的体内积累。Michlig 等进行的一项临床试验也提供了证据，表明单剂量肉桂醛在 90min 实验期间与安慰剂组相比，300mg/kg 组的能量消耗显著增加了 15.07kJ。

大蒜素。大蒜油中含有许多硫化物，包括二烯丙基二硫化物（大蒜素）、二烯丙基三硫化物、烯丙基硫化物、二烯丙基硫化物和甲基烯丙基三硫化物。所有这些硫化物都是 TRPA1 的激动剂，其中大蒜素被报道为比异硫氰酸烯丙酯更有效的 TRPA1 激动剂。高脂肪饲料中大蒜油的摄入降低了鼠的总体重和白色脂肪组织，导致更多的氧气消耗和脂肪氧化，负责代谢产热的 UCP1 蛋白在褐色脂肪组织中上调。

TRPA1 在胃肠道中高表达，从胃到结肠分布。TRPA1 存在于肠的肠嗜铬细胞和肠内分泌细胞中，这些细胞分泌神经递质和调节各种胃肠道功能的激素。已经发现调节胃运动和收缩的神经递质之一是 5-羟色胺。已有报道 TRPA1 激动剂异硫氰酸烯丙酯、肉桂醛、丁香酚和百里香酚刺激新鲜分离的肠嗜铬细胞释放 5-羟色胺。胆囊收缩素具有调节胃动力、饱腹感、胃排空率和食欲方面的作用。TRPA1 的激活通过钙内流增加细胞内钙是小鼠小肠内分泌细胞 STC-1 释放胆囊收缩素所必需的。在 STC-1 细胞中，醛类比脂肪酸和酒精更能刺激胆囊收缩素分泌。研究发现高脂喂养的肥胖小鼠中给予含肉桂醛的饮食 5 周后，胃饥饿素分泌减少，肉桂醛可以减少禁食诱导的暴饮暴食，防止体重增加。这些对营养物质作出反应的激素分泌在控制体重增加和肥胖方面发挥着重要作用。因此，胃肠道 TRPA1 基于调节激素分泌以控制胃肠运动、食物摄入，可作为治疗肥胖及相关并发症的靶点。

总之，TRPA1 通道已成为预防肥胖及相关并发症的一个有吸引力的靶点。TRPA1 被广泛的自然刺激激活，在全身表达，并在体重控制、饱腹激素分泌、胰岛素分泌、褐色脂肪组织产热等方面发挥作用，为这一领域的研究提供了新的方向。TRPA1 是一个钙渗透通道，从现有研究发现来看，无论是在体外还是体内，钙内流都被标记为 TRPA1 依赖的肠道激素和胰岛素分泌的一个特征。使用 TRPA1 激动剂进行的体外和体内不同研究显示，它们对肥胖和胰岛素抵抗有很好的预防作用。胃肠道和胰腺中 TRPA1 的饮食调节已显示出对抗肥胖的潜力。到目前为止，TRPA1 激动剂的临床试验虽然有限，但所有试验都报道了它能增加能量消耗。

各种已发表的证据已经证明了 TRPV1 激动剂（辣椒素）通过刺激交感神经系统对能量代谢的影响。也有研究发现肉桂醛（肉桂精油主要组分）激活 TRPA1 来刺激交感神经系统影响健康人的能量代谢。在探索性临床试验中观察到，与安慰剂相比，单次摄入肉桂醛（70mg/200mL，350mg/kg）在 90min 实验期间，能量消耗显著增加约 15.07kJ；与安慰剂相比，辣椒素和肉桂醛诱导了餐后脂肪氧化增强；肉桂醛在整个处理中都会提高下巴温度，15min 后辣椒素和肉桂醛都会使鼻子温度升高，肉桂醛只在摄入后的前几分钟提高了面颊温度。研究使用的肉桂醛的剂量并没有被大多数参与者判断为强烈的辣椒素剂量，它在能量消耗方面与安慰剂相比有着显著的效果，并且与辣椒素在脂肪氧化方面的结果相似。肉桂醛摄入后下巴温度升高可能反映了大血管通过下巴的血流量增加，血流量增加的原因可能是：在交感神经系统控制下心输出量增加，肉桂醛诱导肾上腺素分泌增加；L 型钙通道抑制导致这一大血管扩张。事实上，已发现肉桂醛可以独立于 TRPA1 抑制 L 型钙通道，诱导血管舒张和降血压。

从研究结果来看，与辣椒素比较，肉桂醛是一种更易耐受的产热方法。在食品中作为调味品使用的肉桂醛浓度（350mg/kg）范围，可能比辣椒素更有效地改善能量消耗和脂肪氧化。尽管效果看起来很微小，但累积的方法（结合饮食、运动和行为方面）可认为是可持续减肥或维持体重的最有效的方法。

除了肉桂醛，一些天然存在的辛香料化合物也会激活 TRPA1，如芥末、大蒜和辣根的刺鼻性气味成分。TRPA1 不仅在感觉神经元中表达，在胃、肠及肺中的许多不同上皮细胞中也有表达。肺中 TRPA1 受体是咳嗽的"开关"，这有助于研发咳嗽的新药物。在肠道中表达的 TRPA1 被认为是肠嗜铬细胞的传感器分子，通过血清素释放调节胃肠道功能。通过饮食适度提高血清素含量能改善睡眠、让人镇静、减少急躁情绪、带来愉悦感和幸福感，带给人更多快乐（包括增强性欲）。

胃饥饿素是一种强效的食欲肽，能刺激食物摄入和体重增加。因此，胃饥饿素拮抗剂是治疗肥胖症和 2 型糖尿病的有希望的药物干预靶点。肉桂醛通过激活 TRPA1 降低胃饥饿素的分泌、提高胰岛素敏感性、增加脂肪酸氧化供能，具有很强的抗高血糖药物的潜力，可用于 2 型糖尿病的治疗。

（4）γ-氨基丁酸（GABA）受体　γ-氨基丁酸（γ-amino butyric acid，GABA）是中枢神经系统中重要的抑制性神经递质，可介导大约 30%~40% 中枢神经系统神经元的神经传导功能，主要通过与三种特异性受体相互作用发挥重要的生理活性：GABAA 受体、GABA 受体和 GABA 受体。GABA 在大脑中的水平异常及 GABA 受体功能障碍与多种神经和精神疾病，如癫痫、焦虑、抑郁、疼痛、阿尔茨海默病等有关。有研究表明，薰衣草精油和缬草精油中的物质与 γ-氨基丁酸受体相互作用，诱导全身镇静和抗焦虑作用。

6. 对基因表达的影响

植物精油可能引起整个细胞的变化，在处理过程中通过检测转录反应来分析整个基因表达。为了确定细胞暴露于精油的时间并分析其转录效应，需要额外的精油亚抑制测试。Rao 等对酿酒酵母 BY4742 的早期对数期培养进行了研究，以评估直接接触 15min 后香芹酚的转录效果，结果发现香芹酚处理的细胞上调了 800 个基因、下调了 603 个基因，幅度达到 2 倍以上；与替代代谢和能量处理途径、应激反应、热休克蛋白和伴侣蛋白、自体吞噬、液泡降解机制有关的基因过度表达。同时，受抑制基因与核酸和 RNA 的合成、加工及修饰相关，从而导致生长抑制。Wang 等（2019）也从黄曲霉 YC-15 中提取总 RNA 进行测序，并制备处理和未处理分生孢子的 cDNA 文库，以评价肉桂醛对霉菌的影响，mRNA 数据显示黄曲霉处理和未处理细胞中有 1032 个基因转录显著差异，其中 427 个基因表达上调，605 个基因表达下调，上调基因主要与生物过程、细胞成分、分子功能有关。

实时荧光定量 PCR 分析（quantitative real-time-polymerase chain reaction，QRT-PCR）评估精油亚致死剂量处理下细胞中特定基因的基因表达水平。例如，不同浓度香芹酚处理的白念珠菌细胞中 ERG3 基因（甾醇 $\Delta5,6$-去饱和酶基因）下调，这与处理细胞中麦角甾醇含量的降低是一致的。Gupta 等利用 QRT-PCR 方法研究了肉桂醛（32μg/mL）和丁香酚（64μg/mL）亚抑制浓度对光滑假丝酵母的影响，结果发现甾醇导入物（AUS1）、GPI-锚附细胞壁蛋白（KRE1）和 $1,3-\beta$-葡聚糖合成酶（FKS1）基因的表达水平在处理后显著下调。Darvishi 等采用 RT-PCR 方法定量测定了端粒酶逆转录酶 EST2 和端粒酶 RNA 成分 TLC1 的表达，并显示百里香酚对 S. cerevisiae BY4741（单倍体酵母菌株）的影响。亚抑制浓度（60μg/mL）的百里香酚处理细胞 24h，与对照相比，在百里香酚的存在下，EST2 基因显著下调了 2.2 倍，TLC1 保持不变。这些结果提示百里香酚可能干扰了与 EST2 基因转录相关的生物学通路，降低了细胞周期中端粒酶的活性。Shen 等利用该分析显示了 200μg/mL 百里香酚处理黄曲霉霉菌孢子后的一氧化氮合酶（NOS）和硝酸还原酶（NR）的表达。RT-PCR 结果证实，百里香酚处理后，NOS 和 NR 基因表达上调，因此它诱导了黄曲霉孢子中 NOS- 和 NR-依赖的 NO 的产生。这项试验也被用来分析植物精油对霉菌（曲霉和青霉菌属）中霉菌毒素产生的影响，因为人们担心霉菌在食物上生长是它们的霉菌毒素。因此，检测调控霉菌毒素产生的基因具有重要意义。1.0mmol/L 肉桂醛下调赭曲霉中赭曲霉毒素生物合成和调节基因 pks（98%）、nrps（96%）、laeA（84%）、veA（76%）和 velB（74%）的水平。这些基因表达的减少导致处理 7d 后赭曲霉毒素产量下降 82%。OuYang 等检测了 0.25μg/mL（1/2MIC）肉桂醛作用 30min 和 60min 后柑橘酸腐病菌孢子的 RT-PCR 分析，肉桂醛处理 30min 后，参与几丁质生物合成的 chs2、chsA、chsB、chsG 和 UAP1 表达水平显著低于对照。此外，肉桂醛处理的孢子中与几丁质分解相关的 CHI1 表达量显著高于对照。因此，肉桂醛抑制几丁质的合成，诱导几丁质的水解，影响细胞壁的形成，破坏细胞壁的完整性。

7. 植物精油对肿瘤及癌细胞的影响

植物精油作为抗癌剂正日益引起科学家们的研究兴趣，以设计出天然最佳的替代物来选择性作用各种肿瘤靶细胞。已有大量研究揭示了一些植物精油及其成分用作有效抗肿瘤剂的实例，可能的机制是通过增加癌细胞中的活性氧和活性氮水平，也可能涉及细胞凋亡、DNA修复、细胞周期停滞和抗增殖等多种途径。一些植物精油显示对肝、肺、结肠和前列腺癌具有潜在抗癌活性，如野艾蒿精油及其主要单一成分 1,8-桉叶素能对抗来自口腔表皮癌中普遍存在的 KERATIN 形成肿瘤细胞系 HeLa 亚系。甜莱姆精油通过诱导细胞凋亡抑制结肠癌。一些研究表明，精油单一成分，如香芹酚、百里香酚、柠檬烯和柠檬醛通过诱导线粒体功能障碍对人类不同癌细胞能产生有效的细胞毒作用，特别是百里香酚和香芹酚作为抗癌治疗剂效果尤为显著。牛至精油、柑橘属精油、艾草精油对 MCF-7（人乳腺癌细胞）、HeLa（宫颈癌细胞）、Jurkat（急性 T 细胞白血病细胞）、HT-29（人结肠癌细胞）、T24（人膀胱移行细胞癌细胞）等表现出抑制增殖的活性。Fang 等报道了反式肉桂醛的抗癌作用，发现反式肉桂醛具有抑制肿瘤细胞生长和促进肿瘤细胞凋亡的潜在作用。Jeong 等报道,以肉桂醛衍生的 2′-羟基肉桂醛为原料合成的 CB-403(溶瘤药物)具有抑制肿瘤生长的作用,在动物实验和细胞培养实验中,CB-403 的抗肿瘤和生长抑制特性表明肉桂有开发作为抗癌剂的潜力。Cabello 等报道,肉桂醛抑制 A375(人类恶性黑色素瘤)中 NF-κB 的活性和白细胞介素-8 诱导的肿瘤坏死因子-α 的产生,这种抑制作用为肉桂酸作为一种潜在的抗癌剂提供了额外的支持。

血管生成是指从已有的血管中发芽生成新血管的过程,肿瘤的生长、侵袭和转移依赖于新生血管的形成。抑制肿瘤介导的血管生成,阻断癌细胞的营养途径,就可以有效抑制癌细胞增殖。2016 年,马来西亚理科大学学者 Saad Sabbar Dahham 等用裸鼠研究口服沉香挥发油对直肠癌的抑制作用,结果显示:未口服沉香挥发油组的肿瘤组织的大量血管坏死和凋亡较少、有致密的细胞层;而口服沉香挥发油组的肿瘤组织致密细胞少、血管坏死严重、肿瘤细胞池多(肿瘤细胞池:肿瘤细胞凋亡后留下的生存微环境)。这一研究结果显示沉香挥发油在直肠癌预防中的可能应用。

8. 植物精油对人体系统的作用

人体是由细胞构成的,细胞构成了组织,组织构成了器官,器官构成了系统,系统构成了人体。细胞是构成人体形态结构和功能的基本单位。形态相似和功能相关的细胞借助细胞间质结合构成起来的结构成为组织。几种组织结合起来,共同执行某一种特定功能,并具有一定形态特点,就构成了器官。若干个功能相关的器官联合起来,共同完成某一特定的连续性生理功能,即形成系统。人体由九大系统组成,即运动系统、消化系统、呼吸系统、泌尿系统、生殖系统、内分泌系统、免疫系统、神经系统和循环系统。植物精油不仅作用生物分子、细胞、组织,也作用于这些人体系统从而产生生理调节活性以缓解这些人体系统相关疾病。

(1)呼吸系统 精油辅助治疗对肺部、鼻子和喉咙的感染效果非常好。嗅闻吸入是使用精油的有效方法,因为精油的活性成分可到达支气管,肺部会直接呼出精油,导致支气管分泌增加或产生一种保护性反应,这对大多数呼吸系统疾病都是有用的。通过吸入,精油活性成分被吸收到血液比通过口服摄入更快。具有祛痰作用的精油包括茴香精油、桉树精油、檀香精油、松树精油、没药精油和百里香精油,它们对鼻窦炎、黏膜炎、咳嗽和支气管炎等都有好处。具有解痉作用的精油包括雪松精油、神香草精油、洋甘菊精油、柏木精油、佛手柑精油和阿特拉斯雪松精油,它们对干咳、绞痛、百日咳和哮喘等都有好处。具有镇静特性的精油包括没药精油、安息香精油、托鲁香脂精油、乳香精油和秘鲁香脂精油,它们对感冒、充血、发冷等都有好处。具有抗感染的精油包括冰片、百里香精油、茶树精油、鼠尾草精油、神香草精油、桉树精油,它们对流感、喉咙痛、感冒、齿龈炎和扁桃体炎等都有好处。

(2)循环系统 多数研究认为森林环境的降低血压作用在生理方面是降低体内肾上腺素和去甲肾上腺素水平,减少交感神经活动,增加副交感神经活动,从而诱导放松效应以及血压和心率下降。过去,人们认为可能森林中的体力活动产生了降血压效应,但并未得到足够充分科学依据支持。近年来,越来越多的研究发现是森林中的芬多精(phytoncide,即植物向空气自然释放的挥发性物质,多为萜类物质,如果把这些气相物质冷凝为液体回收,其实就是精油)发挥了降低血压的作用。不少研究表明,森林浴这一人体健康效应,在长时间远离森林后会失效,因此建议应长时间、多次森林浴。但是对于生活中大都市的人们,这并不是一件很容易办到的事,不过也许可以尝试体验一下嗅闻那些源自大自然的芳香植物精油,也许有同样芳疗效果。如有临床报道连续吸入由薰衣草和佛手柑混合而成的精油可以有效地降低原发性高血压病人的血压，台湾的扁柏材精油的芳香气味可使人的血压降低。1992 年，日本千叶大学学者 Miyazaki Y 等研究发现，男大学生嗅闻台湾柏木精油收缩压下降了 6%，而嗅闻丁香精油导致脉率上升 6%；1994 年，又验证了女大学生嗅闻台湾柏木精油舒张压降低 8%。可见，嗅闻台湾柏木精油对缓解高血压有积极作用。α-蒎烯和柠檬烯是许多林木材的主要挥发性成分，不少人体临床应用已经表明吸入 α-蒎烯和柠檬烯可降低收缩压和生理放松作用。吸入 α-蒎烯可显著增加副交感神经活动；吸入 d-柠檬烯使心率变异性的高频功率明显增加，心率降低。柏木脑（又名柏木醇、雪松醇）天然存在于柏木精油和桧叶精油中，嗅闻柏木脑使心率、收缩压和舒张压降低，抑制交感神经活动，增强副交感神经活动。血浆胆固醇和甘油三酯水平的升高与动脉粥样硬化的发生有关，特别是血浆低密度脂蛋白胆固醇（low density lipoprotein-colesterol，LDL-C）水平与冠心病的发病率呈明显正相关、血浆高密度脂蛋白胆固醇（high density lipoprotein-colesterol，HDL-C）水平与冠心病的发生呈负相关。饲喂大鼠肉桂粉（15%）35 天后，总胆固醇、甘油三酯和 LDL-C 均有所降低。人体试验也表明每天口服 1g、3g 和 6g 肉桂会降低人体的血糖、甘油三酯、总胆固醇和 LDL-C 水平。动物实验表明，肉桂醛通过舒张麻醉犬和豚鼠的外周血管产生降压作用，甚至可引起犬血管舒张作用持续到血压降至基线的恢复期。肉桂分离得到的肉桂醛和肉桂酸对心肌缺血的积极作用，预示其缓解心血管疾病的潜力。从菲律宾肉桂中分离得到的一种木脂素——肉桂素（8R，8′S-4，4′-二羟基-3，3′-二甲氧基-7-羰基-8，8′-新木脂素），已被证实是一种潜在的血栓素合成酶抑制剂和血栓素 A2（TXA2）受体拮抗剂，抑制血栓素受体介导的血管平滑肌细胞增殖，可能具有预防血管疾病和动脉粥样硬化的潜力。

（3）免疫系统　人的一生时刻都会感染上各种各样的病原微生物，但是我们强大的免疫系统可以抵抗大部分病原微生物，还有些病原微生物是可以和我们终身相伴而不致命的。所以，我们应清醒认识到机体免疫力的重要性，并时时注意保护免疫系统和增强其抗病能力。因为免疫系统可令人被病原微生物感染以后产生保护自己的抗体（如免疫球蛋白），它可以在人体内存在数月、数年或者十几年。早期发现，森林中许多树木散发出的挥发性有机化合物，如 α-蒎烯、柠檬烯等具有杀菌活性，被称为植物杀菌素，也称植物精气。植物精气营造的森林香氛不仅可以缓解压力、放松机体，还可以提升机体免疫功能。研究表明，植物精气通过诱导细胞内穿孔蛋白（细胞毒性 T 细胞等细胞产生的可在细胞膜上形成孔的蛋白质）、颗粒溶素（一种增强细胞膜通透性，具有广谱抗病原微生物及溶解肿瘤细胞活性的免疫效应蛋白）和颗粒酶（外源性的丝氨酸蛋白酶，来自细胞毒淋巴细胞和自然杀伤细胞释放的细胞浆颗粒）显著增强人体自然杀伤细胞（natural killer cell，NK）活性，同时也提高 NK 细胞的数量。NK 细胞是机体重要的免疫细胞，与抗肿瘤、抗病毒感染和免疫调节有关，这有力地说明了森林环境（森林浴）对人类免疫功能有积极的作用。另有研究表明，森林空气中这些植物精气对 NK 细胞的积极作用可在森林浴之后至少持续 7d，而城市之旅（城市空气不含森林挥发油）未见这一提高 NK 细胞活性和数量的免疫增强效益。分泌型免疫球蛋白 A（secretory immunoglobulin A，sIgA）作为黏膜免疫系统的效应分子在呼吸道黏膜抗感染中发挥关键作用，病菌、病毒引起感染的首要条件是黏附在组织细胞上，sIgA 能够阻止其黏附于黏膜表面，保护黏膜不受损害；sIgA 能抑制细胞内病毒的复制、转录及组装。因此，sIgA 作为黏膜免疫的主要抗体，担负着重要的免疫功能，如有助于预防流感病毒或呼肠孤病毒感染。呼吸道是机体与外界环境接触最为密切的部位，而呼吸道黏膜覆盖在整个呼吸道表面，成为机体抗病菌、抗病毒侵袭的第一道防线。日本东京药科大学 Chiaki Takagi 等学者发表了关于"芳香疗法对健康成人免疫影响"的研究。他们选择年龄 24 岁左右的健康男女志愿者来参与这项研究，每位志愿者将 3~5 滴精油滴在棉花上，放在床边，在睡眠时吸入精油气味连续 6 周。所用精油为葡萄柚精油、狭叶薰衣草精油、迷迭香精油、茶树精油，并以蒸馏水作为对照。每周测量唾液的分泌型免疫球蛋白 A（sIgA），结果发现，薰衣草精油和葡萄柚精油显著增加唾液 sIgA 水平，其中薰衣草精油增加 3.5 倍、葡萄柚精油增加 2.55 倍。通过测定唾液 sIgA 的含量可以了解患者黏膜局部的免疫状态，葡萄柚精油和薰衣草精油增加唾液 sIgA 的分泌说明嗅闻葡萄柚精油和薰衣草精油也可增强呼吸道黏膜的局部免疫以及抗病能力，从而抵抗呼吸道系统的病毒感染。

（4）内分泌系统　内分泌系统是体内平衡的调节器，这种平衡是通过我们体内大约 200 种激素来维持的。激素这个词来自希腊语 *hormaein*，意为兴奋。在某些情况下，神经系统和内分泌系统可以调节彼此的活动，以及共同作用带来生理上的变化。人体内的内分泌细胞在内分泌腺中呈簇状分布，这些腺体将激素直接分泌到血液中。由于激素调节我们的新陈代谢、生长、发育和繁殖，显然它们是生命的基本必需品。激素也控制着我们的压力反应。芳香与边缘系统、激素和内分泌系统相互作用，并影响前列腺素的产生和细胞代谢。这使得芳香疗法成为辅助治疗内分泌系统相关疾病很有价值的工具。激素在前列腺素的作用机制中起重要作用。前列腺素是一组独特的五碳环化合物，在体内具有重要的综合功能，它们代谢迅速。前列腺素 A（PGA）、前列腺素 E（PGE）和前列腺素 F（PGF）三种类型的前列腺素已经从广泛的组织中分离和鉴定出来。阿司匹林（镇痛解热消炎药）被认为是通过抑制 PGE 的合成来发挥其抗炎作用。一些精油的主成分，如丁香酚、香芹酚、百里香酚和姜酚也被证明会影响 PGE 的合成。所有的前列腺素都与通过影响细胞内腺苷环化酶和腺苷 3,5-磷酸活性的内分泌调节密切相关。任何干扰细胞活动的因素都会间接影响激素和内分泌系统。

9. 植物精油对脑电波的影响

正常人的脑电波根据频率可分为 γ 波、β 波、α 波、θ 波、δ 波 5 种，γ 波又称兴奋波，频率在 30Hz 以上；β 波又称紧张波，频率 13~30Hz；α 波又称安静波，频率 8~13Hz；θ 波又称精神恍惚波，频率 3~7Hz；δ 波又称熟睡波，频率 2.5~3Hz。

人在清醒闭目养神时，α 波频率 8~11Hz；当嗅闻到某些香味时，α 波频率可以缓慢降至 6~7Hz，即进入精神恍惚状态，即"小睡"，进而再降至 3~5 Hz，安然入睡。相反，当嗅闻到另一类香味时，α 波频率可以迅速增至 10~13 Hz，此时人完全清醒；如闻到强烈的刺激性气味，甚至会出现 β 波，大脑进入紧张状态，指挥全身防止"不测"。大脑长期处在紧张状态下容易引起疲劳。根据以上试验的结果，科学家们配制出两种"香味"，一种"香味"闻过后可以使人脑电波慢慢降至产生 θ 波，称之为"安眠香味"；另一种"香味"闻过后可使人脑电波迅速提高 1~3Hz，使人处于清醒状态，但又不进入紧张状态。这种"清醒香味"用途很广，对于值夜班的工人，下午容易打瞌睡的学生，特别是对开长途车的司机来说，可在一定时间内保持头脑清醒，减少差错，避免交通事故，因此人们又将其称作"司机警觉剂"。日本有资料显示，自从这种"司机警觉剂"问世以后，由于疲劳驾驶引起的交通事故减少了一半。利用香味对大脑的特殊作用发明的"安眠香味"和"清醒香味"对人体无毒无害，长期使用也不会上瘾或失效。

第二节　芳香对情感情绪的调节

一、调控情感情绪和学习记忆的边缘系统

边缘系统对人类的正常功能至关重要，是人类大脑最古老的部分。边缘系统的主要结构是杏仁核、中隔、海马、前丘脑和下丘脑，这些结构通过许多复杂的途径连接。在这些大脑区域中，杏仁核和海马在处理香气方面尤为重要（图2-13）。

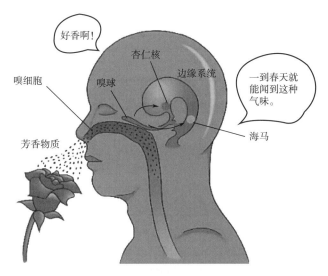

图2-13　大脑中处理香气的杏仁核和海马

1. 杏仁核

杏仁核是位于颞叶前内侧表面下的一组杏仁状皮质下核，在处理情绪和形成情绪记忆方面起着关键作用，并支配着情绪反应。杏仁核是已知的影响生存行为，并与恐惧的感觉密切相关。也被认为在控制攻击性方面起着重要的作用。安定（苯二氮䓬类抗焦虑药、镇静催眠药）被认为是通过增加杏仁核中含 γ-氨基丁酸的抑制性神经元来减少外部情绪刺激的影响。狭叶薰衣草精油对杏仁核有类似安定的作用，发挥一定的镇静作用。另外，狭叶薰衣草精油是一种常见的精油，局部用于缓解疼痛。这与传统医学常用的缓解慢性疼痛的三环类药物或苯二氮䓬类药物能抑制痛觉感受器神经递质的作用类似。

2. 海马

海马是触发嗅觉记忆的地方，因此边缘系统的这一部分与外显记忆的形成和提取有关。它还与三种类型的记忆密切相关：语义记忆（对各种有组织的知识的记忆，如对字词、概念以及它们之间的关系和规律、公式等的记忆）、情景记忆（记住过去某个时间、地点的特定事件）和空间记忆（外界环境地理位置或者方向的一种记忆）。海马被认为是新经历成为永久记忆之前的储存区域，这些记忆被认为储存在大脑皮层。

3. 嗅觉与边缘系统

气味分子通过扩散到达嗅觉器官。嗅觉器官位于鼻子的顶部，刚好低于眼睛的高度。它由薄薄的嗅膜组成，上面覆盖着数以百万计的嗅毛，这些嗅毛是受体；它们成群地从嗅觉神经纤维中产生。这些纤维与嗅球中的神经元相连，嗅球向后延伸形成嗅神经。嗅觉神经是第一个颅神经，是边缘系统的延伸，边缘系统是大脑的一部分，被认为是感觉和情绪的所在地。通过嗅觉神经束，嗅觉信号被传送到大脑。来自嗅束的神经元投射到形成边缘系统的大脑的几个部分。边缘系统位于颞叶的内侧边缘，是一个与情绪反应、记忆、动机和快乐相关的弥漫性区域，在该区域没有有意识的控制，由围绕胼胝体和丘脑的环状结构组成。在过去，它被称为鼻脑—原始的"嗅觉大脑"或嗅觉中心。边缘系统是情绪、本能行为、决心、动机和感觉的中枢"控制"，并且在一定程度上受到嗅觉的影响。此外，来自嗅束的神经元还投射到感觉整合发生的丘脑以及额叶皮质的布罗德曼区，识别气味。这些中心之间有许多联系。因此，对嗅觉信号有两种相互关联的反应——额叶皮层的认知和解释，以及边缘系统的情感反应。嗅觉输入到杏仁核和下丘脑可以触发情绪和身体反应，即使我们没有意识到气味。与其他感觉信号不同，嗅觉信号并不一定要通过丘脑才能到达大脑皮层，还有可能通过嗅觉系统产生神经内分泌效应。刺激嗅上皮的目的是直接刺激边缘区和下丘脑区。

二、芳香优化情感情绪的作用

关于芳香通过调节人的情绪来缓解压力令人镇静放松获得健康的科学性，我们可以从一门医学分支"心理神经免疫学"（psychoneuroimmunology）得到较好的理解。心理神经免疫学是研究心理、神经、免疫系统之间联系的学科，主要研究免疫系统如何和大脑交互以影响健康，在这一过程中脑下垂体分泌的一种类吗啡生物化学合成物激素"内啡肽"起了重要贡献，被认为可能是情绪反应和身体抵抗疾病之间的联结物。在内啡肽的作用下，人的身心处于轻松愉悦的状态、免疫力得以强化，并能顺利入梦、消除失眠。

触觉和嗅觉是芳香疗法中可以使用的两种强大放松减压工具。许多人觉得轻轻抚摸一些闻起来很香的东西可以令人愉快和抚慰，因为触摸有助于内啡肽的释放。芳香疗法是一种利用"心理神经免疫学"的完美方法。许多病人发现他们自己被反复的抚摸动作所麻痹，这种动作会促使一系列的内啡肽发挥作用。精油的香味会增强这种效果。嗅觉和触觉一起可以产生社交、身体、心理和神经系统的协同作用。患者最常说的是他们觉得治疗很放松，放松的感觉会持续几天。虽然嗅觉被认为是即时的，但是嗅觉的作用会随着嗅觉神经元对气味的习惯而很快消失。这也许是通过在皮肤上施加"气味"，达到了一种产生更持久效果的缓释气味以产生持续几天的放松感觉的原因。

芳香吸入疗法主要是改善人的心理与精神状态。在现实生活中，过快的生活节奏使人们的身心健康很容易在不知不觉中受到外界压力的影响。减轻压力、安抚心理以及促进情绪安定是人们采用芳香吸入疗法的目的。

1. 提振情绪

愉悦、快乐是每个人都向往的境界，芳香物质能带来欢乐，提振情绪。关键是要选择能产生吸引力的香气，有助于提振情绪的芳香物质，如甜橙、玫瑰、茉莉、丁香、香叶天竺葵、檀香、依兰、柠檬、香蜂草、薰衣草等精油。

2. 缓解忧郁

人们情绪低落的时候，通常是因为生活工作压力过大，导致其不仅情绪低落，而且身体极度疲乏，继而睡眠也受到影响，从而影响到正常的工作、学习和生活。芳香物质的调节能使患者在愉悦的香气环境里，不知不觉调节异常情绪，缓解忧郁症状。有助于缓解忧郁症状的芳香物质包括马郁兰、依兰、薰衣草、迷迭香、春黄菊、玫瑰、乳香等精油以及安息香脂。可用川芎、白芷各50g，桔梗、檀香各70g，甘草120g，用75%乙醇1400g与上述香料制成酊剂，用电加热香熏灯加热释放至室内吸入，疗效明显。

3. 缓解焦虑

焦虑情绪表现为经常或持续的、无明确对象或固定内容的紧张不安，或对现实生活中某些问题过于担心或烦恼。这种紧张不安、担心或烦恼与现实不相称，常伴有自主神经亢进、肌肉紧张和过分警惕等，芳香物质吸入疗法对该疾患有明显的改善。取沉香、丁香、广藿香、木香、雀脑香各30g，麝香10g，檀香90g，零陵香300g，全部研成细末制成香包，随身嗅吸，七天内症状会明显改善，再用安息香浸膏、佛手柑精油、丝柏精油、马郁兰精油做吸入治疗。

4. 缓解悲伤

悲伤的情绪会影响人体身心健康。愉快而平静的情绪，能使人的大脑及整个神经系统处于良好的活动状态，保持人体内各脏器组织系统的功能正常以及心理活动的协调一致。可通过芳香物质吸入让患者从悲伤情绪中解脱出来。取沉香、麝香、檀香、甘松、零陵香、广藿香各30g，丁香15g，另备75%乙醇1kg与上述香料研末浸泡制成酊剂，用电加热香熏灯加热释放至室内吸入，香气透发，吸入后精神舒畅。

5. 缓解惊恐情绪

惊恐是对某些特定东西或情景所产生的持续性及非理性的恐惧。人受到突然惊吓后，身体上首先表现的是微血管急剧收缩，引起肌肉局部紧张、心跳加快、呼吸急促等一系列机体变化，严重者可发生精神错乱、神情呆僵甚至休克等精神症状。芳香物质吸入疗法用于惊恐后的急救，可收到较满意的效果。取红花、当归、没药、木香、乳香各6g，防风、牛膝、安息香各10g研末备用，另备1000g 75%乙醇浸泡制成酊剂，用电加热香熏灯加热释放至室内吸入。也可用橙花、柠檬香蜂草、玫瑰、檀香精油以及安息香脂的方式吸入。

三、芳香调节情感情绪的神经机制

1. 嗅觉与中枢神经系统的联系

当我们研究精油对心理的影响时，需要考虑它们对嗅觉系统及其神经连接的影响。精油挥发或蒸发一旦进入大气层，气味分子就会被我们的嗅觉器官检测到，延伸到嗅球、嗅觉神经和嗅觉通路，它们将这些嗅觉信号传递到大脑。嗅觉神经元投射到边缘系统，边缘系统与情绪、记忆、动机和快乐有关，但没有意识控制。神经元也会投射到感觉整合发生的丘脑；下丘脑负责监控和维持身体机能；杏仁核是基本情感的所在地；海马与记忆有关；再到额叶皮层，在那里可以识别气味。前额叶皮层负责组织和计划，而执行、逻辑和社会决策则由前额叶皮层负责。当你考虑到嗅觉与这些区域的联系时，尤其是边缘系统（特别是海马、下丘脑和额叶皮层），气味对我们有如此深远的影响就不足为奇了。气味可以通过多种机制来发挥影响作用。嗅觉途径是通过快速的神经传递来调节的，所以任何由嗅觉引起的影响都会很快显现出来；通过血液的途径要慢得多，因为这些成分需要被吸收后再输送到大脑，但持续反应的可能性会增加。Satou 等（2011）研究吸入艳山姜精油对小鼠的潜在抗焦虑作用，观察到短时间（5min）的暴露没有抗焦虑效应，这表明嗅觉神经通路对焦虑效应的贡献非常小或可以忽略不计；长时间的暴露确实产生了一种抗焦虑的效果，这表明血液通路和药理学反应起作用。Lv 等（2013）调研总结已发表的芳香疗法与中枢神经系统相关文献，并结合自身未发表的研究提出一些作用机制，认为吸入精油刺激大脑神经递质（如 5-羟色胺和多巴胺）产生对调节情绪的重要性；分子机理是嗅觉受体引发一连串的气味刺激反应，气味物质的化学信号转换为电信号，沿着神经细胞嗅球的轴突，并通过其神经连接大脑的各个领域；大脑通过释放 5-羟色胺等神经递质做出反应。这意味着，因为精油分子可以直接进入大脑，而且确实可以穿过血-脑屏障，精油香气有辅助治疗精神疾病的潜力。

2. 嗅觉与自主神经系统的联系

吸入芳香气味也会影响自主神经功能，如心率、脉搏、皮肤电导、皮肤温度、呼吸和呼吸频率都可以通过香味来调节。Haze 等（2002）利用血压波动和血浆儿茶酚胺水平等参数，研究了一系列精油对正常成年人交感神经活动的影响，表明吸入香味可以调节交感神经活动，进而影响肾上腺系统；黑胡椒、葡萄柚、龙蒿和茴香精油均使交感神经活性增加 1.7～2.5 倍，而广藿香和大马士革玫瑰与对照相比下降了约 40%；吸入黑胡椒精油导致血浆肾上腺素增加 1.7 倍，而大马士革玫瑰导致血浆肾上腺素下降 30%，葡萄柚精油的吸入导致肾上腺素增加 1.1 倍；黑胡椒、葡萄柚、龙蒿和茴香精油中存在 d-柠檬烯、α-蒎烯、草蒿脑和反式茴香脑，这些成分在玫瑰或广藿香精油中都不存在，玫瑰主要是单萜醇，如香茅醇和香叶醇，广藿香主要是倍半萜，尤其是广藿香醇。基于这些结果，可见一些芳香吸入法的应用对缓解与生活方式相关的疾病，如肥胖和高血压有一定的效果。

第三节 气味对认知和行为的影响

一、气味影响认知能力的表现

几项研究表明，薄荷和肉桂香氛能够提高我们在认知力上的表现，其中包括注意力、记忆力、打字速度及依字母排序的工作能力、在电子游戏中的表现等。

气味能唤起伴随着某种记忆的情感，因此气味可以作为记忆的助手。由于嗅觉器官与边缘系统、脑的右半球的连接，被气味唤起的记忆图像带有明显的情感标记。一个人在令人愉快的气味环境下会记得更多愉快的事情。也就是说，嗅闻愉快的气味与回忆愉快的往事是相伴随的。气味和记忆的联系并不仅是现在与过去的联系，人们也可以利用它学习很多东西。如曾在一个充满茉莉花香的房间里背诵过单词，日后在有茉莉花香的地方重新回顾那些单词会相当有效，这是因为气味激活了对那些单词的语义记忆。气味只有在某些场合下才能直接影响学习的能力。例如，薰衣草香气有助于人们在数学计算时速度更快且降低出错率。薰衣草香气能使人放松，它不会给我们制造出在数学计算中所常见的那种亢奋状态，但是它可能对那些在数学上有天赋却害怕考试的学生有一种特别有利的影响，所以薰衣草有时候被称作

"学生的药草"。还有，因为柠檬香味能帮助办事人员在电脑里输入数据和进行文字处理的过程中少犯错误，一些公司通过空调在工作室里散布一些柠檬的气味。

实质上，任何气味通过条件反射的作用都能成为记忆的助手。关键是要有一种愉快经历与一种特别的气味相结合才使得该气味在条件反射的作用下变得清爽宜人。人们通常所吸入的气味既可能是有害的，也可能是有益的或中性的。如果我们对某种气味有消极的反应，我们就会设法减少对那种气味的感觉，即我们会避开它的源头或者消除它产生的原因。如果对我们起的是积极的反应，我们会做出保持或加强对这种气味的感觉的行为，即我们会接近它的源头或者保留它产生的原因。如果对我们起的是中性的反应，我们就不关心气味是怎么产生的。我们觉察出某物，但是该气味不是任何我们所知的或认为很重要的东西，因此，中性的气味特别适合于通过条件反射作用与我们发生联系，也就是说中性气味适合于通过条件反射的作用成为记忆的助手。

值得注意的是，即使只是用鼻子呼吸而不是用嘴呼吸，对大脑的活动性也会有影响。用鼻子呼吸不仅能明显地增强大脑对气味的敏感度，而且通过鼻子呼吸将比通过嘴呼吸使脑电图中 α 波与 β 波（它们分别是 $8\sim13Hz$ 和 $13\sim40Hz$）变化更大。这也许意味着当我们用鼻子呼吸时，大脑"更警醒"，反应准备更充分。有一种特殊的扫描技术证实，气味对右脑的影响比左脑的要强大。这一点很重要，因为脑的右半球与情感和"本能运动神经机制"（如逃跑）有比较紧密的联系。气味主要刺激边缘系统和右脑，两者都对我们的语言能力没有多大作用。那可能就是为什么女人能够比男人更好地描述气味的缘由，有迹象表明女人的两个脑半球相互传递信息比男人的更活跃。这里有一部部分原因在于女人的两个脑半球之间的交叉连接普遍发达一些。在这一点上，女人的气味记忆功能稍微要比男人好一些。

研究表明，人类海马连接在嗅觉方面更强，可能是因为嗅觉没有视觉、听觉和躯体感觉系统在哺乳动物进化过程中保持的相对结构保守性。这种嗅觉–海马连接也随着鼻腔呼吸而振荡，这表明气味具有提供对记忆、认知和海马相互作用的相关洞察力的潜力。在嗅觉系统及其到边缘系统的直接路径中，边缘系统是大脑中参与行为和情绪反应的部分，特别是杏仁核和海马，解释了气味、情绪和记忆之间的密切关系。虽然气味记忆不一定更准确，但它们往往更容易引起情感共鸣。这种联系是通过对啮齿动物的研究发现的，这使得我们能够深入了解嗅觉和记忆在大脑中是如何编码在一起的。嗅觉记忆目前是一个不断发展的研究领域，可能会在医学上特别是在了解帕金森病甚至阿尔茨海默病等疾病方面产生改变生活的结果。

嗅觉通过各种复杂的生物物理过程来检测、转换和翻译外界刺激，但就其与大脑的联系而言，它不同于其他感觉系统，通过直接到达海马和杏仁核，嗅觉与情绪和记忆的联系确实更加紧密。因此，嗅觉描绘的画面比视觉、听觉或触觉更微妙，人类经常低估他们鼻子的能力，但它仍然是一个重要的工具，可以区分超过万亿种气味，胜过眼睛和耳朵，因为眼睛和耳朵只能区分几百万种不同的颜色和近 50 万种不同的音调。

二、气味对消费行为的影响

气味会影响我们的情绪、行动以及判断力，而最广为人知的例子，要数香氛对消费者行为造成的影响。环境中沁人心脾的香氛会促进消费者消费行为和购买决定。

在卖房时，最好在销售中心或样品展示房间里烤些面包或曲奇（香草味最有效）来吸引买家。不少研究已经证明，在香气萦绕的店铺中，人们不仅逛的时间更长、消费更多，对商品的评价也更高。研究人员曾在一家著名的大型服装店里做过一次实验，在一周的时间里，他们在店内喷洒了一款怡人的香氛，然后将那一周的消费者情况与另一周店内没有喷洒香氛时的情况做了比较，结果在怡人的香氛环境中，消费者对店铺和产品的评价更高，做回头客的意向也更强烈。一项关于两组学生进入贩卖杂货的模拟商店的研究发现，与无香氛的商店相比，进入薰衣草、姜、绿薄荷或橙味香氛商店的学生对商店和店内产品的评价更高。在拉斯韦加斯赌场内进行的一项实验表明，在老虎机区域喷上香氛的日子里，人们赌的钱更多。在法国小镇布列塔尼的比萨店进行的一项实地研究表明，当餐厅里喷洒上薰衣草香氛的时候，顾客们在店里待的时间更长，消费也更多。当夜店喷上香橙、海洋或是薄荷香氛的时候，顾客们不仅更有劲头跳舞，也会觉得在夜店里的时光更加愉快。

不过有研究发现，怡人的香氛的确能够影响消费者的消费水平，但这种影响仅限于年轻消费者，而对年纪稍大的消费者不起作用。

三、气味对社交行为影响

气味还能影响人与人之间的社交行为、相互作用和相互关系，因而它们在社交中的重要性不可低估。气味有助于确定我们的社会交往。它们能确定和加强我们与亲戚间的关系，它们促进和加强父母和孩子间的交流，标志着社交甚或性关系的发展和巩固。那种一直陪伴着我们和弥漫在我们家中的气味，也许对我们的幸福感、安全感和归属感非常重要。陌生的房间没有我们的气味，导致我们在那里常会产生一些迷惘。或许这给我们一个为什么露营是美好的理由，因为在几个小时之后帐篷里充满了熟悉的味道。

研究表明，怡人的香氛可以影响到我们与他人的交流。刚刚出炉的可颂面包，外加一杯新煮的咖啡，这样的气味大概是大家公认的甜美。人们可能也很享受这样的香味，但不知道这种气味能让我们与他人的交流变得更加愉快。香气扑鼻的地方人们更愿意出手相助。如现烤面点的香气不仅会让我们更加乐于助人，也会影响到我们在恋爱中的行为举止。

如果想要吸引某个陌生人的注意，尽量找一个气味怡人的场所。如果正好身处商场，那就找找附近的面包店或现煮咖啡店采取行动。在香喷喷的饮食店里成功的机会要比其他地点更高。

好闻的香气能够帮助我们更好地面对尴尬的情形。研究人员安排一部分彼此不相识的人坐在有香气的房间里，另一部分人则坐在无味的房间里，并比较了两组的交流情形，与无味房间的人相比，在充满了天竺葵精油香氛的房间里，人们更乐于彼此交流，不仅谈话、眼神接触和肢体交流更多，而且人们的座椅之间的距离也较近。

怡人的香氛可能对我们的情绪产生了积极的影响，从而让我们更乐于与他人交流以及帮助他人，同时也能提升我们对环境的更好评价。

🔍 思考题

1. 植物精油常见的化学成分有哪些？
2. 为什么同一种精油往往化学组成有很大差异？
3. 植物精油进入体内途径有哪些？
4. 简述植物精油的生理活性及其作用机制。

扩展学习内容

芳香疗法思想体系

芳香物质提取与分析

1. 芳香物质提取技术的基本原理、工艺流程、设备，了解传统提取分离技术和现代提取分离技术的优劣点和适用范围；

2. 掌握芳香物质的物性分析和组分定性定量的分析方法。

芳香物质广泛分布于自然界，主要来源是各种芳香植物的根、茎、叶、花、果、种子等各个部位或器官。开发利用时需要从上述部位中将它们提取出来，在提取和应用时芳香物质物化性质的检测必不可少，因此本章重点介绍芳香物质的提取与分析技术。

第一节　芳香物质的提取技术

一、传统提取分离技术

传统的精油提取分离技术所指的主要包括水蒸气蒸馏法、有机溶剂萃取、压榨法（利用压力挤出柑橘类植物的果皮精油）。这三种方法具有设备简单、容易操作等优点。在工业化和大规模应用中，实现了资源节约集约利用，在成本、供应链和工艺上具有巨大优势。

1. 水蒸气蒸馏法

在植物性天然香料（如植物精油）提取方法中，水蒸气蒸馏法是最常用方法之一。植物精油的成分，其沸点通常在 $100 \sim 300 ℃$，且常压下具有一定的挥发性。因此，在加热条件下，成分可随水蒸气蒸馏出来。而精油大多数成分不溶于水，因此能很好地分离出精油。此法操作容易，生产成本低，使用范围广。除了易溶于沸水的主要香味物质或易热分解、氧化的植物原料（如柑橘属、茉莉、紫罗兰等），都可以用此方法提取。因此，水蒸气蒸馏法在精油提取工业中较为普遍（图 3-1）。

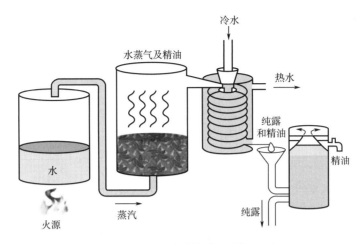

图3-1 精油水蒸气蒸馏提取过程示意图

（1）蒸馏工艺与设备 传统的水蒸气蒸馏法主要有三种形式，水中蒸馏、水上蒸馏、蒸汽蒸馏（图3-2）。

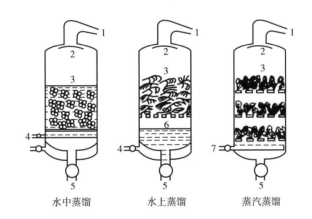

1—冷凝器；2—挡板；3—植物原料；4—加热蒸汽；
5—出液口；6—水；7—蒸汽入口

图3-2 三种蒸馏方法设备简图

①水中蒸馏：原料放入水中，使水刚好没过原料。利用水的渗透扩散以及水蒸气带出精油，实现精油与原料分离。该方法适合易结块或细粉状原料，能使原料更均匀接触水，提高提取效率，但是对于薰衣草等含酯较高的原料不适宜该方法。

②水上蒸馏：在蒸馏锅内下部装一块多孔隔板，隔板上层放入原料，下层放入水，使原料不直接接触沸水，饱和蒸汽通过隔板后穿过原料，并将精油带出。该方法有效的减少水解作用，保护了易水解成分。

③蒸汽蒸馏：蒸汽蒸馏法原理上和水上蒸馏相同，但是其水蒸气来源不是由蒸馏锅挥出，而是由管道将水蒸气通入炉内进行蒸馏。由于通入的水蒸气可调节，因此炉内的压力和温度也可被调节，产品的质量相对较好。而该方法对设备要求较高，更适合大规模生产。

水蒸气蒸馏法设备主要由蒸馏、冷凝和油水分离三部分组成，生产工艺流程如图3-3所示。

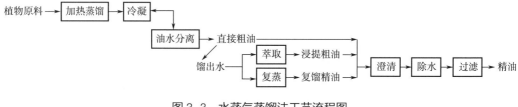

图3-3 水蒸气蒸馏法工艺流程图

①蒸馏：水蒸气蒸馏设备主要分为3种类型，单锅蒸馏、加压串联蒸馏以及连续蒸馏。单锅蒸馏主要依靠简单蒸馏锅进行加热蒸馏，但是效率较低。加压串联蒸馏设备则是通过提高锅内压强以及多个蒸馏锅串联提高生产效率，该形式适合在高温与加压情况下成分不易变质的原料如香茅、甘松等。而连续蒸馏则依靠蒸馏塔进行连续性生产，该形式适合连续、大量工业化生产。

②冷凝：目前精油生产中采用的冷凝器有盘管式、列管式、栅状冷凝管。

③油水分离：油水分离采用油水分离器；主要是利用精油和水的密度不同进行分离，主要有轻油分离器、重油分离器和两用分离器；为了加强分离效果，还可以采用两个或两个以上进行串联；一般采用间歇性放油和连续性出水的形式。

（2）工艺要求

①装料：装料的要求是均匀，松散程度要一致，四周要压紧，装载密度要适宜，密度过高不利于精油透过，影响生产效率与产品品质，密度过低则影响效率。一般装料体积为，蒸馏锅容纳体积的70%～80%。

②加热：无论采用何种蒸馏形式与蒸馏设备，蒸馏炉加热应按此原则加热，在蒸馏开始阶段应缓慢加热，缓慢加热阶段一般应维持0.5～1h，然后按需求逐渐提高温度。

③蒸馏速度：蒸馏速度也称流出速度，即每小时馏出量。蒸馏速度在开始阶段也应降低其流速。流速应根据蒸馏锅容积而定，通常为5%～10%。

④蒸馏终点：理论上，蒸馏产品会随着蒸馏时间延长而增加，但是在实际生产中蒸馏后期蒸馏效率降低，延长蒸馏时间会降低生产效率浪费资源。因此单蒸出精油的90%～95%时，就视为蒸馏终点。

⑤冷凝：在精油生产时，精油和水混合物需进行冷凝后再进行油水分离。鲜花类精油宜冷凝到室温以下，而对于黏度大、沸点高、容易冷凝的精油一般保持40～60℃。

⑥油水分离：精油与水混合蒸气经冷凝后变为馏出液后进入油水分离器。

⑦粗油精制：从油水分离器中分离出的精油称为"直接粗油"，需要进行静止、澄清、脱水、过滤、净化后得到精制精油。将直接粗油进行脱水、分离出的蒸馏水还含有一些香气较好的含氧化合物精油成分，因此可以进行回收或制备纯露等副产物。

总而言之，水蒸气蒸馏法能够有效的把精油蒸出，且设备简单、成本低、产量大，但是在加热过程中成分很容易发生化学变化，导致精油品质下降，对于那些热敏成分较高，水溶性成分含量较高的材料如茉莉、紫罗兰等，该方法不适用于生产。

2. 有机溶剂萃取

有机溶剂萃取法又称浸提法，是利用挥发性有机溶剂将原料中某些成分分离出来，在天然香料生产中应用十分广泛，玫瑰、白兰、茉莉等名贵材料常用有机溶剂萃取方法制成相关产品。而在萃取过程中，香料受温度影响较低，且一些沸点较高的成分也被萃取出来，使得产品不仅香气完整自然，且质量较高。此外，食品中一些香料中含有的不挥发性成分只有萃取法才能提取出来（图3-4）。

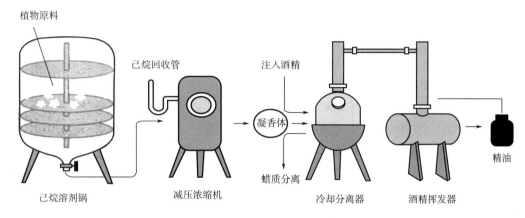

图 3-4　精油有机溶剂萃取过程示意图

（1）萃取原理　溶剂萃取是一种物质传递过程，当溶剂与被萃取物料接触时，溶剂由物料表面向组织内部渗透，同时对某些成分进行溶解。当内部与外部形成浓度差时，产生扩散推动力，高浓度向低浓度扩散，这样将被萃取成分传递到溶剂中去。萃取完成后的萃取液，不仅含有目标芳香成分，还含有植物蜡、色素、淀粉等杂质。通过蒸发浓缩回收溶剂后得到的膏状物质称为浸膏。将其用乙醇溶解，冷却后过滤杂质，再回收乙醇后得到净油。用乙醇浸提芳香物质的产物称为酊剂。

（2）萃取方式　有机溶剂浸提主要以原料和溶剂之间的相对运动状态及操作方式来区分不同萃取方式。

①固定浸提：采用固定式浸提器，将原料浸泡在有机溶剂中静置，溶剂可以静止或循环流动。浸提率为60%~70%，该方法适合娇嫩花朵如紫罗兰等原料的精油提取，但这种方式无法使溶剂与材料充分接触，因此提取效率不高。

②搅拌浸提：搅拌浸提主要采用刮板浸提机或浮滤式浸提器，原料浸泡于溶剂中，通过搅拌器，使原料与溶剂转动，使彼此充分接触，该方法使提取效率可到达80%，适合桂花等体积较小的鲜花原料的精油提取。

③转动浸提：该方法主要利用设备的转动使原料与溶剂作相对运动。加快了溶剂的渗透和扩散作用，该方法提取率可以达到80%~90%。但是设备要求高，耗资巨大，且滚动过程中会损伤鲜花，不仅浸提物含有较多杂质，还促进酶的活性进而影响提取质量，因此该方法适合白兰等花瓣较厚不易损伤的花。

④逆流浸提：该方法主要是运用设备使原料与溶剂逆流方向移动，以增大接触面积提高提取效率。该方法提取效率可达90%，溶剂损耗低，适合产量大的原料。

（3）工艺要求

①溶剂选择：有机溶剂种类很多，而应用于工业化生产的需要符合以下原则。无色无

味，安全且对人体危害小；易回收、易获取，且在常温下不易大量挥发，在较低的温度下能除净，无残留；不溶于水，否则会被原料水分稀释；选择性强，溶解芳香物质的能力要强，但是溶解糖类、蛋白质等杂质的能力较弱；化学性质为惰性，不与芳香物质发生反应；具有较高的纯度。目前常用的溶剂有石油醚、乙醇、丙酮、二氯乙烷等。

②装料：装料的质量要考虑浸提效率。物料体积不能太大，要使物料与溶剂接触面积尽可能最大，且物料不可太厚，否则不利于溶剂渗透与精油的扩散。

③物料与溶剂比：溶剂与物料的比例根据浸提的方法而不同。固定浸提与搅拌浸提一般为 4∶1~5∶1，转动浸提一般为 3∶1~4∶1，而逆流浸提为连续加溶剂，则要控制料液比为 4∶1 左右。

④萃取温度：萃取温度会影响萃取效率和产品质量，温度高会促进精油扩散提高生产效率，但是温度过高会使精油中一些热敏成分发生氧化分解、杂质增多，而降低产品品质。

⑤萃取时间：理论上，萃取量会随着萃取时间的延长而增加，最终到达动态平衡。为了提高生产效率以及产品质量，浸提时间不会达到动态平衡的时间，且浸提时间还要考虑原材料体积和性质。

⑥溶剂分离：为了得到较为纯净的产品，必须将萃取液中溶剂进行蒸馏回收。一般会采取两步法进行分离，先采用常压蒸馏回收大部分萃取剂再进行减压蒸馏。而对于含有植物蜡较多的萃取液，还要进行二次减压蒸馏。

（4）工艺过程

①浸膏生产工艺：由于残渣还残有大量有机溶剂，因此在工业中，应对残渣进行处理，在回收溶剂的同时，可获得精油生产副产品（图 3-5）。

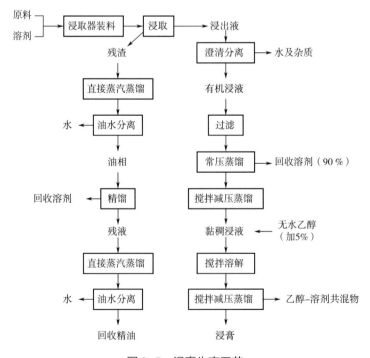

图 3-5　浸膏生产工艺

②净油生产工艺：在浸膏中含有大量植物蜡等杂质，使其应用受到限制。利用乙醇对芳香成分溶解受温度变化影响小以及乙醇对植物蜡等杂质溶解随温度降低而下降的特点，先用乙醇溶解浸膏，经降温除去不溶杂质再除去乙醇的方法制取净油，其生产工艺如图 3-6 所示。

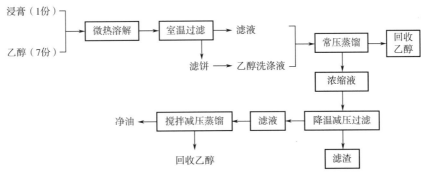

图 3-6　净油生产工艺

3. 压榨法

压榨法又称冷压法，是一种传统方法，将柑橘皮等原料机械研磨并加压以获得精油。柑橘类精油的化学成分都为热敏性物质，除了含有大量萜烯类成分外，还有酚醛等容易氧化变质。水蒸气蒸馏法在 90~100℃ 下进行，会使精油质量欠佳，香气失真。而采用有机溶剂萃取法提取，在经济成本上是不合理的。因此，冷压是柠檬、甜橙、酸橙等精油的商业可行方法。

（1）压榨原理　柑橘类果皮中精油主要集中在表皮外层的油囊中，油囊直径可达 0.4~0.6mm，周围由退化细胞堆积而成，无管腺。当人们挤压橘皮时，会发现精油喷射而出。而压榨法就是利用这一特点，通过对油囊施加外压，使油囊破裂，将精油从皮中分离出来。

（2）压榨工艺

①锉榨法：锉榨法是利用具有突出针刺的铜制锉榨器，将柑橘的整果放入锉榨器中，利用其表面的针刺进行旋转锉磨迫使油囊破裂，从而将精油释放并通过锉榨器漏斗下端流入油水分离器内，静置油水分离后，实现将精油从原料中分离的目的。该方法操作简单，但是耗费大量人力，且提取率仅为 20% 左右，而提取过程中部分杂质如破碎细胞、部分色素等也会进入精油中，影响其质量。

②海绵法：海绵法主要将果皮浸泡一段时间，使其海绵体充分吸水分，再将其放在海绵压板上进行连续性压榨。果皮油囊破裂后渗出的精油被海绵吸收。要随时挤压吸满精油的海绵，并将油释放于油水分离罐中进行油水分离。此方法虽然能回收 50%~75% 的精油，但是操作繁琐，需要大量人力。

③整果冷磨法：整果冷磨法主要有两种形式，平板式磨橘法和激振磨橘法。平板式磨橘法主要是利用平板式磨橘机中旋转的磨盘，借助离心力使整果与磨橘板进行摩撞，促使油囊破裂释放精油。在工艺过程中，要注意磨盘转速以及磨皮时间。防止果皮中的水溶性果胶析出，使油水不易分离。此方法适宜柠檬、甜橙等果实，所得的精油产品品质较佳。激振磨橘法主要是利用不断上下振动的齿条尖进行撞击和翻动，刺破油囊使精油喷射出，再经过喷

淋、过滤、分层等工序，获得产品。生产工艺如图 3-7 所示。

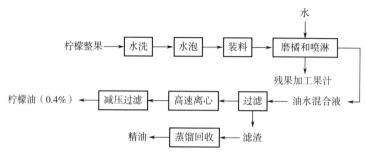

图 3-7　整果冷磨法提取精油

④螺旋压榨法：螺旋压榨法主要是利用具有一定压缩能力的螺旋压榨机进行压榨。一般的压缩能力为 8∶1~10∶1。果皮被螺旋轴逐渐推向轴小端，而受到压力逐渐增大。油囊破裂后，精油喷射而出。但该方法破碎处理果皮，大量果胶溶于水中，随精油流出起乳化作用，导致油水难以分离。因此，材料在压榨前，需要用石灰水进行预处理，使果胶转变为不溶的果胶酸钙，同时在喷淋过程中使用 0.3%硫酸钠水溶液，防止胶体生成。生产工艺如图 3-8 所示。

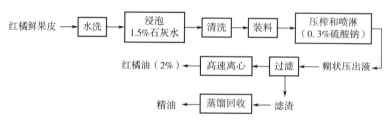

图 3-8　螺旋压榨法提取精油

（3）工艺要求

①原料处理：柑橘类果皮压榨精油前，原料必须浸泡处理，可以使果皮海绵体吸收大量水分，减少其对精油的吸收能力；浸泡过程，纤维溶胀，细胞更容易破裂，有利于提高压榨效率。另外一方面，采摘时间过长，或者过熟果实的果皮因为失水而变的坚韧而不易磨刺。浸泡剂一般为清水或 1.5%的石灰水，一般果皮与浸泡剂比例为 1∶4 石灰水可以使果胶变为不溶的果胶酸盐，有利于后面油水分离。

②装料：浸泡过的果皮必须用清水冲洗干净，使其 pH 控制在 7~8，再进行均匀、衡量、连续或间歇加料压榨。

③喷淋：无论采用何种工艺，大部分精油游离出来的同时会有少量残留于油囊或表面，则需要喷淋将精油洗涤出，待精油分离后洗淋液可以重复利用。

④过滤：经过压榨产生油水混合物常常混有碎屑，因此需要进行过滤，过滤多数采用连续式圆筛过滤器。经过过滤后还需要沉降槽把果胶酸盐等物质沉降下来。

⑤高速离心：经过过滤和沉降后的油水混合物，还要经过高速离心进行分离。转速需要6000r/min。

⑥静置分离：经过过滤和离心后的精油还需要在 5~10℃ 低温处静置一段时间除去少量水和杂质，得到的产品称为"冷法油"。

⑦精油除萜：橘类精油含有大量萜烯类物质，这些物质不仅对香气没有帮助，且其极易氧化变质而影响精油品质，因此精油一般需要进行除萜处理。柑橘类精油除萜一般需要两步。沸点较低的单帖烯通过减压蒸馏可以除去，而较高沸点的倍半萜和二萜需要用稀乙醇将精油与萜类物质分离，再经过减压蒸馏将精油与乙醇分离。

4. 其他传统提取方法

传统的香料提取方法，除了上述提到的方法以外，还有吸收法。吸收法主要是利用溶剂与固体对芳香物质的吸附，所得到的产品为被芳香成分所饱和的油脂，统成为香脂。吸收法的形式主要有两种，即非挥发性溶剂吸收和固体吸附剂。

（1）非挥发性溶剂吸收　根据吸收温度的不同，非挥发性吸收法又分为温浸法和冷吸收法。温浸法的生产工艺与搅拌浸提法类似，与之不同的是温浸法的溶剂为精制油脂，在50~70℃下进行浸提。冷吸收法则是将原材料放在脂肪基上，使挥发出的香气成分被脂肪吸收（图3-9）。

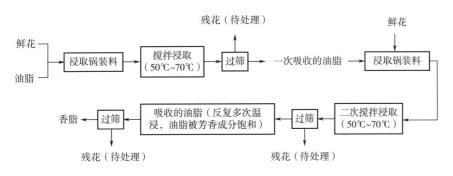

图 3-9　非挥发性溶剂吸收提取精油

（2）固体吸附剂吸收法　固体吸附剂吸收法则是利用活性炭、硅胶等固体吸附剂，将材料释放的香味成分吸收，再利用石油醚进行洗脱，然后除去石油醚获得精油。

吸附法由于操作温度低，产品香味自然且品质极佳。但是该方法操作繁琐，生产周期长，生产效率低，因此在工艺生产中不常用。该方法适合香味强，容易释放的名贵材料。

二、现代提取分离技术

传统的精油提取技术在工业化方面面临着重大的挑战：提取效率低、耗费大量人力物力、产品品质不高、生产污染大。党的二十大报告指出，"高质量发展是全面建设社会主义现代化国家的首要任务""实施全面节约战略，推进各类资源节约集约利用，加快构建废弃物循环利用体系""发展绿色低碳产业，健全资源环境要素市场化配置体系，加快节能降碳先进技术研发和推广应用，倡导绿色消费，推动形成绿色低碳的生产方式和生活方式"。随着国家实施全面节约战略，面对现代化生产的需求，现代提取分离技术如超临界萃取、超声波辅助、微波辅助等技术应用到精油提取分离领域，促进了精油产业技术得到进一步的提升。新技术具有的产物明确、生产周期缩短、效率提高、能耗降低、质量可靠的优势。近三十年来，人们将超临界萃取、酶辅助提取应用在提取或者改良传统提取技术，以实现工业大批量生产需求。

1. 超临界流体萃取

传统芳香物质的提取分离工艺存在温度过高，导致小分子物质损失；溶剂难以分离，操作工序复杂等问题。而超临界二氧化碳萃取在这些方面有着显著的优势，近二十年来在芳香成分提取领域上得到了广泛的关注。

超临界二氧化碳萃取利用超临界二氧化碳的特性以及相似相溶的原理，通过对压力和温度的控制，改变流体密度和溶解能力，实现有选择地萃取目标萃取物，然后再通过改变体系的压力和温度，达到超临界二氧化碳与产物分离目的。

由于操作温度可控制在常温或低温下进行萃取，而且二氧化碳作为溶剂性质不活泼，不仅安全、环保，而且能够很好保留天然小分子，保留更接近天然植物的芳香气味，而这往往是香料生产中的头香。低温操作能更好地保留精油中含有的天然活性物质，有利于精油功能进一步开发。相比其他提取分离方式，简单的工序有利产业连续化生产，提取效率更高。但是要求高压环境萃取，对设备要求较高，这是制约超临界二氧化碳萃取技术发展的重要因素。另一方面，超临界二氧化碳萃取技术难以萃取、分子质量较大、极性较大的物质，这就需要夹带剂的介入，夹带剂可以改变其对于这些物质的溶解度，但引入夹带剂难以分离的问题。因此，超临界二氧化碳萃取技术适合对于提取材料昂贵、出油率低、对热和氧气敏感且极性物质较少的精油萃取，如玫瑰精油、沉香精油、松茸精油等。

（1）萃取过程 原料进入萃取釜时，二氧化碳进入冷凝器冷凝成液体后加压，再调节温度后形成超临界二氧化碳流体进入萃取釜。超临界二氧化碳流体流入萃取釜底部与原料充分接触，萃取后萃取液进入单向减压阀，使压力下降再流入分离釜，使被目标产物与二氧化碳分离。目标产物在分离釜定期流出，而二氧化碳经过过滤后，压缩回收，循环利用。

在分离目标萃取物与超临界二氧化碳流体时，考虑分级分离的方法，因为在分离过程中，石蜡、色素等杂质会存在与萃取物中，通过不同的分离釜改变压力和温度条件可以对其进行分离的。二氧化碳萃取也会与其他提取技术进行结合，如分子蒸馏、吸附分离技术等。而目前精馏与超临界流体萃取的结合应用较为普遍，在萃取过程中能够根据性质和沸点分离出不同的产品，这种联用的技术大大提高了分离萃取效率。

（2）影响因素 前面已经介绍，超临界流体对压力和温度很敏感，通过改变其条件就能够改变超临界流体的选择性质。萃取压力和温度为影响萃取率的决定性因素，并且可能对萃取物成分及含量造成影响。而物料形状、物料含水量、萃取时间、萃取剂流速也会对提取率产生一定影响。

①压力：一般来说，通过增加超临界流体的压力，可以提高其溶解能力。这是由于压力升高，增加了流体的密度，从而改变其溶解能力。一般压力大约控制在 $10 \sim 30 MPa$。

②温度：大量的研究表明，一方面温度升高能够使超临界二氧化碳的饱和蒸气压增加，提高其溶解度；另一方面，温度的升高使流体密度下降，从而降低溶解度。因此，通过调节压力实现溶解度改变更具有操作空间。在实际生产中温度可控制在 $40 \sim 50℃$。

③粒度：在精油工艺优化实验中，粒度也是影响提取效率的重要因素。而物料尺寸不能太大，会降低物料表面积而影响萃取率，而粒度太小一方面容易产生床层结块，增大流体阻力，另一方面颗粒之间的摩擦加剧产生热量，对萃取的进行非常不利。大量的研究表明适宜的物料尺寸 $2 \sim 10 mm$。

④流体流速：随着流量增大，萃取率呈现先上升后下降的趋势。一方面随着流量增加，传质推动力增大，有利于萃取；但另一方面，流速增大，流体与物料接触时间减少，不利于萃取。

2. 同时蒸馏-萃取法

同时蒸馏-萃取法是 Likens 和 Nickerson 于 1964 年首次设计的样品前处理技术。此法是一种集提取、分离、收集样品挥发性、半挥发性物质的处理技术，通过同时加热样品液相与有机溶剂至沸腾来实现。同时蒸馏萃取的工作原理是使含有样品的水蒸气与萃取溶剂的蒸气在萃取装置中充分混合，两相充分接触后冷凝达到相转移的效果，且在反复循环过程中实现高效萃取。

（1）萃取过程　实验装置如图 3-10 所示，样品及水的混合液置于左边圆底烧瓶中，有机萃取剂置于右边圆底烧瓶中，同时加热两边圆底烧瓶直至适宜温度，使样品溶液及萃取剂产生蒸气，含有样品组分的水蒸气和萃取剂的蒸气沿导管上升至混合区域充分混合，在冷凝管中冷凝形成液膜，在沿冷凝管下流的过程中，冷凝的水相中的组分连续不断地被冷凝的有机溶剂所萃取，最后流入冷凝管下方的 U 形相分离器中后分层，密度小的水在上层，并且逐渐充满 U 形管的左臂后又流回装有样品水溶液的圆底烧瓶中。同样，含有萃取组分的有机溶剂在下层，并逐渐充满 U 形管右臂后流回装有萃取溶剂的圆底烧瓶中。这样反复循环蒸馏、萃取，样品中的挥发性、半挥发性组分随着水蒸气不断被转移到有机溶剂中，达到高萃取率的效果。如果采用密度比水小的有机溶剂，则样品与水的混合溶液装在右边的圆底烧瓶中，有机溶剂装在左边的圆底烧瓶中即可。同时蒸馏萃取将水蒸气蒸馏法和溶剂萃取法合二为一，通过连续、循环的蒸馏过程达到提取、分离、浓缩挥发性、半挥发性成分的目的。

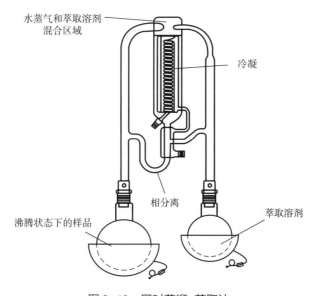

水蒸气和萃取溶剂混合区域

冷凝

相分离

沸腾状态下的样品

萃取溶剂

图 3-10　同时蒸馏-萃取法

（2）影响因素

①萃取溶剂：萃取溶剂首先取决于该组分在有机相和水相中的分配系数，而组分的分配系数与所使用的萃取溶剂沸点、密度、极性等方面都有关系。在对同时蒸馏萃取的研究中，

常用萃取溶剂有二氯甲烷、正戊烷、异戊烷、三氯氟甲烷、乙醚、己烷、氯仿、乙酸乙酯等。最常用的萃取溶剂是二氯甲烷和乙醚。此外，有研究表明，按照一定比例混合的混合萃取溶剂可以在一定程度上提高萃取效率，常用的一种混合溶剂为正戊烷和乙醚的混合物。

②萃取时间：较长的萃取时间对高沸点物质来说会提高萃取效率，但是萃取时间过长会导致低沸点物质的萃取率降低，特别是随着萃取时间的延长，一些不稳定的化合物会发生副反应，同时也不利于实际生产。因此，实际采用的萃取时间一般在 1~4h。

③萃取温度：萃取温度包括试样水溶液的蒸馏温度、溶剂的蒸馏温度、冷凝温度。一般而言，在保证有效组分不被分解的前提下水溶液的蒸馏温度越高，蒸馏的速度越快。但是，蒸馏温度越高会导致不稳定组分发生副反应。萃取溶剂的蒸馏温度越高会使萃取效率增加，因为萃取温度越高，溶剂蒸发的速度越快，与物质结合的速度越快，从而提高萃取效率。冷凝温度对萃取效率也有很大的影响。冷凝速度慢时，有利于冷凝后的两相充分接触，有利于萃取。因此，冷凝速度不宜过快。但是如果冷却效率不高，会使水蒸气、溶剂蒸气逸出系统，造成组分的损失。

④水溶液盐浓度：水溶液盐浓度的大小是影响萃取效率的一个重要参数。有实验证明，当溶液存在一定盐浓度时，会改变液液平衡与相对挥发度。但是值得注意的是，盐浓度太高，会提高水溶液的沸点，使一些不稳定的挥发性物质在蒸馏过程中分解。因此，在实验过程中应根据实验需要调整盐浓度的大小。

⑤氧气：为了降低氧气引起氧化反应产生衍生物的影响，实验前需要对其进行脱气前处理，并在蒸馏提取时使用氮气进行保护。但是氮气的流量会影响冷凝效率以及回收率。

与传统的水蒸气蒸馏法相比，减少了实验步骤；与溶剂萃取法相比，节约了大量的溶剂，同时也降低样品转移的损失，在萃取过程中进行浓缩，大大缩短了萃取时间。

3. 亚临界提取法

亚临界状态是物质相对于临界及超临界状态而言的一种存在形式，处于该状态的物质温度高于沸点但低于其临界温度，压力也相应地低于其临界压力，当溶剂处于亚临界状态时，黏度与气体相近，密度与液体相近，溶剂分子的黏性和表面张力同时发生改变，导致其扩散及传质性能提高；同时溶剂分子的极性也会发生改变，以致对天然植物原料中非极性和弱极性成分的溶解能力也随之增强。亚临界萃取起源于 20 世纪 30 年代，美国的亨利·罗森塔尔（Henry Rosenthal）首次设计用于油脂提取，该技术主要是利用处于亚临界状态的有机溶剂，依据物质间相似相溶的基本原理，利用天然植物原料与萃取溶剂充分接触过程中发生的分子扩散作用，使得物料中的可溶组分转移到液体溶剂中，并通过恒温蒸发及压缩冷凝的手段将溶剂与提取物分离，以获得目标提取物的一种新型萃取技术。

（1）萃取过程　亚临界流体萃取技术的工艺流程与超临界流体萃取技术的工艺流程非常相似。原料进入萃取釜时，萃取流体进入冷凝器冷凝成液体后加压，再调节温度后形成亚临界流体进入萃取釜。亚临界流体流入萃取釜底部与原料充分接触，萃取后萃取液进入单向减压阀，使压力下降再流入分离釜，使被目标产物与萃取剂分离。目标产物在分离釜定期流出，而萃取剂经过过滤后，压缩回收，循环利用。相比超临界萃取，其要求的压力相对较小，对设备要求较小，可连续化生产，更有利于大规模生产，且其因绿色、低温高效而逐渐受到社会广泛关注（图 3-11）。

（2）影响因素　萃取溶剂及夹带剂的不同选择对同一物料的萃取所得到的目标产物是有

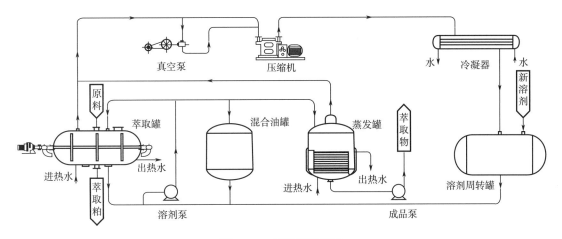

图 3-11 亚临界提取法

差别的，目前比较常用的溶剂有丙烷、丁烷、二甲醚等。另外，特定夹带剂的添加可影响溶剂的极性、密度或内部分子间的相互作用，以显著增加对这一物料的溶解能力和萃取效果。

①萃取温度与压力：提高萃取温度能增加分子的运动速率，从而提高萃取的速度，但是，过高的温度又会造成活性成分的灭活，生产过程中通常将温度控制在 25～45℃。压力与温度呈正相关关系，萃取温度上升，萃取压力相应提高，压力升高，有助于提高萃取效果，但在规模化生产中并不将压力作为调控参数，只是控制萃取压力不要高于萃取罐的设计压力。

②料液比：从理论上说，溶料比越大，萃取效率越高，在工业化的生产过程由于质量成本的优化，一般控制在 1.15∶1～1.2∶1。

③物料的预处理：为了提高萃取效率、降低萃取时间，物料需要进行一定粉碎，一方面尽可能提高物料表面积即增加接触面积；另一方面尽可能破碎细胞壁使目标成分更快地释放。

4. 微波辅助提取法

微波是指波长从 1mm～1m，频率在 300MHz～300GHz 的电磁波，是介于红外线和无线电波之间的波段。当微波在传输过程中遇到不同的介质时，微波将依据介质性质的不同，产生反射、吸收以及穿透等现象。这主要与介质物料本身的介电常数、比热、形态以及含水量等因素有关，即不同的介质物料对微波的敏感性不同。而微波的加热原理则是通过空间或媒质以电磁波形式将微波电磁能转变为热能，材料在电磁场中由介质损耗而引起的"体加热"或"内加热"。当微波在提取植物有效成分时，微波辐射能穿透提取介质，微波能直接到达植物内部维管束和腺细胞内，导致细胞内的温度突然升高。连续的高温使其内部压力超过细胞壁膨胀的能力，致使细胞破裂，细胞内的物质自由流出传递至周围的溶剂中且被溶解。不仅增大了被提取成分在提取溶剂溶解度，而且微波所产生的电磁场同时加速了被提取成分在溶剂中扩散。微波"内加热"方式的加热效率优于借助外部热源通过热传导由表及里的常规的热方式，使细胞内传热和传质方向一致——同为由内向外，具有协同效应，而不同于传统能量传递方式由外向内，加快了提取速率、缩短了提取时间。单一的微波萃取耗时长，效率不高，因此该方法往往作为提取过程中辅助手段，提高提取效率过程中，能节约能源，更好的

保护有效成分。具体萃取形式包括:

(1) 微波水蒸气提取 微波水蒸气提取是利用微波协助加热代替传统的加热方法。具体操作过程为先将细胞内的挥发油分离到细胞外的水相中,随后挥发油被水蒸气夹带回流,该技术不但能够将挥发油成分直接从提取物中与脂类等其他成分分离,还易于实现后续纯化时的油水分离,解决了传统微波萃取法中使用溶剂萃取带来的操作复杂、溶剂残留等问题,简化了后续分离纯化过程。

(2) 真空微波协助提取 真空微波协助提取指的是在真空条件下进行的微波萃取。将体系抽成真空,隔绝氧气,有效防止物质的氧化,从而保证被提取物的品质更接近于自然状态,并且真空状态下溶剂的沸点低于常规状态下的沸点。因此,真空状态下的提取环境相对温和,更有利于热敏性物质的提取。提取物的品质更好,但是真空对仪器和设备要求过高,因此在实际生产中设备维护等费用较高。

(3) 水扩散-重力沉降微波萃取 微波直接作用于新鲜植物体,其内部的水分能够将植物内的挥发油带出细胞外,挥发油会随着水分的重力作用向下汇集,并及时被冷却、收集,挥发油因此富集,实现与植物体分离的目的。该方法不但能够有效地将挥发油提取出来,而且避免了使用溶剂,减少了污染,节约了大量的能源和时间,能在 $15\sim20\text{min}$ 内完成挥发油的提取。

(4) 无溶剂微波协助萃取 无溶剂微波协助萃取指的是,在微波萃取过程中不需要添加任何溶剂,微波直接作用于植物细胞,植物自身的水分吸收微波后使细胞破壁,同时加热提取体系,以此实现蒸馏提取的目的。这就要求采用该方法提取的植物须满足一定的含水量,提取干植物时,则需对植物进行浸泡或喷水等预处理。该方法所需溶剂的量较少,因此可以在一定程度上节约时间和能耗。

5. 超声波辅助提取法

超声波是指频率为 $20\text{kHz}\sim50\text{MHz}$ 的电磁波,它是一种机械波,需要能量载体介质来进行传播。其穿过介质时,会产生膨胀和压缩两个过程。超声波能产生并传递强大的能量,给予介质极大的加速度。这种能量作用于液体时,膨胀过程会形成负压。如果超声波能量足够强,膨胀过程就会在液体中生成气泡或将液体撕裂成很小的空穴。这些空穴瞬间即闭合,闭合时产生高达 3000MPa 的瞬间压力,称为空化作用。这样连续不断产生的高压就像一连串小爆炸不断地冲击物质颗粒表面,使物质颗粒表面及缝隙中的可溶性活性成分迅速溶出。同时在提取液中还可通过强烈空化,使细胞壁破裂而将细胞内溶物释放到周围的提取液体中。超声空穴提供的能量和物质间相互作用时,产生的高温高压能导致游离基和其他组分的形成。因此,超声波处理纯水会使其热解成氢原子和羟基,两者通过重组生成过氧化氢,当空穴在紧靠固体表面的液体中发生时,空穴破裂的动力学明显发生改变。在纯液体中,空穴破裂时,由于它周围条件相同,因此总保持球形;然而紧靠固体边界处,空穴的破裂是非均匀的,从而产生高速液体喷流,使膨胀气泡的势能转化成液体喷流的动能,在气泡中运动并穿透气泡壁。喷射流在固体表面的冲击力非常强,能对冲击区造成极大的破坏。机械效应、热效应和空化效应这三种效应机制是超声波萃取技术的基础。

目前超声波萃取技术已经广泛应用于食品、药物等原料的成分提取与分离。与其他萃取技术相比,超声波萃取不仅萃取效率高、萃取时间快,由于其空穴作用,可以增强系统的极性,相对于超临界以及超高压萃取,其需要的设备简单,因此萃取成本较低且无需考虑萃取物的极性，有利于非极性物质的萃取。但是，目前超声波萃取主要是手工操作，较少用于系统连续性，因此往往工业上将其与其他萃取手段结合，提高提取效率。

6. 生物酶制剂辅助提取法

酶是一种专一性强、催化效率高的生物催化剂。酶辅助提取法能够应用于精油提取，核心原理是利用其较强的催化作用破坏植物细胞的纤维素、细胞壁等致密结构，使有效成分溶出，其本质是利用酶解反应加快生物反应的过程。酶工程提取技术具有快速、高效、高度专一性且无生物毒性、无污染等优点，在食品安全、绿色工业等生产上具有广阔的应用前景，可推动精油产业绿色发展。而单一酶法提取技术仍不成熟，且成本较高，还无法达到大规模生产应用的要求。目前越来越多的研究将多种提取技术联合应用于精油提取。

（1）酶的选择

①果胶酶：果胶酶是指分解植物主要成分——果胶质的酶类，包括两类，一类能催化果胶解聚，另一类能催化果胶分子中的酯水解。其中催化果胶物质解聚的酶分为作用于果胶的酶（聚甲基半乳糖、醛酸酶、醛酸裂解酶或者果胶裂解酶）和作用于果胶酸的酶（聚半乳糖醛酸酶、聚半乳糖醛酸裂解酶或者果胶酸裂解酶）。果胶酶是精油加工中最重要的酶，应用果胶酶处理破碎果皮，可提高香味物质的释放量，适用于含果胶较多的果皮花卉等材料。

②半纤维素酶：半纤维素是植物细胞壁的主要组成成分之一，它结合在纤维素微纤维的表面，并且相互连接，这些纤维构成了坚硬的细胞相互连接的网络。而半纤维素酶能够有效将其水解为寡糖或者单糖，因此能有效促进香味物质的释放。半纤维素酶是起协同作用的多组分酶系，主要包括内切葡聚糖酶、乙酰木聚糖酶、α-L-阿拉伯呋喃糖苷酶、α-葡萄糖醛酸酶等。

③纤维素酶：纤维素酶（β-1,4-葡聚糖-4-葡聚糖水解酶）是降解纤维素生成葡萄糖的一组酶的总称，它不是单体酶，而是起协同作用的多组分酶系，是一种复合酶，主要由外切β-葡聚糖酶、内切β-葡聚糖酶和β-葡萄糖苷酶等组成，还有很高活力的木聚糖酶。作用于纤维素以及从纤维素衍生出来的产物。在提高生产效率中起到重要作用，因此它是酶法辅助提取中主要用酶之一。大量研究表明，复合酶具有协同效果，其精油得率比单一酶高。因此在实际生产中，复合酶更适合工业生产。

（2）工艺要求　原料处理→酶解→蒸馏→冷凝→萃取→纯化→精油产品

①原料：物料粒径大小应均匀，过 60～80 目筛，粒径太大降低接触面积，降低提取效率。

②料液比：料液比过大会稀释酶浓度，降低提取速率；而料液比过小会延长提取时间，降低提取效率。因此料液比应控制在 1∶10～1∶20。

③温度：酶解温度应控制在 45～50℃，温度过高一方面会使酶失活，另一方面香味物质如萜烯类会氧化分解而损失。

④时间：酶解时间应根据酶活和酶解情况而定。

与其他提取手段相比，酶法提取安全、绿色、材料利用率高、能够很好地保留热敏性成分。在实际生产中，酶解提取虽然绿色低温，能够极大地保留精油的自然香味，但是其耗时，生产成本高，而酶制剂反应要求苛刻，这极大限制其在工业生产上的应用，因此，在工业上尽量将酶法提取与其他提取方法结合，如超声波提取、有机溶剂萃取等，在酶法辅助下提取，能够实现在更低温度下提高生产效率。

　　总而言之，现代提取技术发展与应用大大推动了芳香产业的发展，而大量研究表明，多种提取手段的结合使用能大大地提高提取效率、节约能耗，如超声微波辅助超临界流体萃取、酶法前处理后同时蒸馏-萃取法等。

第二节　芳香物质分析技术

一、物理分析方法

1. 香气的评定

　　香气是香料的重要性能指标，通过香气的评定可以辨别其香气的浓淡、强弱、杂气、掺杂和变质的情况。香气的评定，是由评香师在评香室内利用嗅觉对样品和标准样品的香气进行比较，从而评定样品与标准样品的香气是否相符。

　　（1）原理　香气的评定是将待检试样与标样进行比较，根据两者之间的香气显性差异来评估待检试样的香气是否可接受。根据感官分析方法，选取三点检验法的数学统计模型，在最低的显著水平是 5% 的情况下，香气的评定需评定人员轮流独立地对准备好的辨香纸进行评析，并在不讨论的情况下记录对香气的评定结果，每人进行 3 次（勿重复进行），分别对样品的头香、体香和尾香进行评析。把每次评析都视作一次独立判定，如果为 5 人的话，共评析 15 次，如果抽出正确的辨香纸低于 9 次，则低于最低的显著水平 5%，可判断待检试样的香气与标样有差异，但在可接受范围内。因此，本方法的操作需由不少于 5 位、经培训合格的或是嗅觉灵敏的评价员组成的评析小组进行。一次评析的样品量不应超过 15 个，以确保评价员集中精力。

　　（2）评价员的选择与培训　评价员应身体健康，具有正常的嗅觉敏感性和从事感官分析的兴趣；对所评析的产品具有一定的专业知识，且无偏见；无明显个人体味。每次评析时要求评测员全身不带异味、不能过饥或过饱、禁止抽烟及吃东西、身体不适时不能参与评香。评价员培训需挑选 3~4 个不同香型的样品让评价员反复长期熟记，并在熟悉后逐步稀释样品浓度以加大难度，达到使用盲样进行测试能够辨别的程度。

　　（3）溶剂及辨香纸的选定　按不同香料品种选用乙醇、苄醇、苯甲酸苄酯、邻苯二甲酸二乙酯、十四酸异丙酯、水等作为溶剂。辨香纸用质量好的无嗅吸水纸（厚度约 0.5mm），切成宽 0.5~0.8cm、长 10~15cm 条形。

　　（4）评定流程　评测者应先确保评析环境符合要求并准备好标样和待检试样，将 4 根辨香纸不蘸取样品的一端用独特的代号进行标记。取 2 根标记过的辨香纸浸入标样中约 1 cm 蘸取料液，在标样容器口尽量把多余的料液刮掉，辨香纸从标样中拿出后勿将蘸有料液的一端向上竖放，避免多余的料液下淌，并记录其代号。取另 2 根标记过的辨香纸浸入待检试样中，蘸取料液的高度应与标样一致，并记录其代号。如果不能确保蘸取同样高度的话，最好将 4 根辨香纸都单独蘸取，避免评价员从蘸取料液的高度上进行鉴别如果两个样品在辨香纸上出现可见的色差时，调暗评析室的亮度。

　　将 4 根蘸有样品的辨香纸交叉混合，此过程应避免蘸有样品的一端相互接触、污染。任意抽出 1 根放置一旁，保留其余 3 根辨香纸置于辨香纸支架上，交给评价员评析，在评析时需注意，辨香纸距鼻子需保持 1~2cm 的距离，切勿让辨香纸接触鼻子，缓缓吸入。

评析小组集中进行评析，在评析过程中评价员应不相互讨论，且需对同一组标样和待检试样进行 3 轮蘸取和评析。每位评价员需在大约 30min 内，每隔 10min 寻找一次香气不同的辨香纸，主持者只记录每位评价员每一轮评析所找出辨香的编号。

（5）结果的表述 评价员应根据自己的评析结果给出意见：与标样相符；与标样有一定的差异，但可接受；与标样差异明显，拒绝。

应至少有 5 位评价员参与，最终的结果应综合评价员的意见。如果正确回答的数目小于表 3-1 中的临界值，则认为待检试样与标样没有显著差异，属可接受范围。反之，正确回答数大于临界值，即认为待检试样与标样在香气上有显著的差异，超出了可接受范围。

表 3-1 香气评定表格

评价员数	评价次数	临界值
5	15	9
6	18	10
7	21	12
8	24	13
9	27	14
10	30	15
11	33	17

2. 相对密度的测定

（1）原理及定义 精油在 20℃时的相对密度：20℃时，一定体积的精油质量与 20℃时同样体积蒸馏水的质量之比，表示符号为 d_{20}^{20}，没有单位。

（2）仪器

①玻璃密度瓶：5mL 或 25mL。

②恒温水浴：能将温度控制在 （20±0.2）℃。

③标准温度计：10~30℃，具有 0.2℃或 0.1℃的分刻度。

④分析天平

⑤烘箱：能控制在熔化样品的最低温度。在此温度可把呈固体或半固体的精油在 10min 内熔成液体，该温度通常高于预计的香料凝固点约 10℃。

⑥折光仪：应用任何一种认可型号的折光仪，一般采用阿贝型折光仪。可直接读出从 1.3000~1.7000 的折光数，精密度为±0.0002。

（3）操作步骤

①样品的处理：将样品置于烘箱中并以合适的温度使其变为液态。需要注意的是如果精油中含有醛类化合物则需要操作过程中隔绝空气。将呈现液态的精油倒入经过预热的干燥玻璃瓶中，装入量不超过该容器体积的 2/3。保持呈液态的温度下加入质量约为精油质量 15%

的脱水剂并摇动 2h 以上。过滤样品脱水剂并使用 5% 脱水剂重复以上步骤，过滤后试样应清澈透明，使用折光仪测定折光指数，若折光指数无变化则证明脱水剂作用完成。否则，过滤后的油样须保持在已经干燥、密封的容器内，置于阴凉处，避开强光。

某些情况下，在有关的产品标准中将规定要用柠檬酸或酒石酸与精油一起搅拌，除去使精油变色的苯酚金属盐。单离与合成香料一般只需过滤除去不溶杂质。操作步骤按上面操作步骤进行，但不加入脱水剂。需要进行脱水、脱色的样品，将在有关的香料产品标准中规定，操作步骤按上面进行。

②密度瓶的准备：将洗净的密度瓶依次使用乙醇、丙酮进行润洗，烘干后称量密度瓶与玻璃帽的总质量，精确到 1mg。

③蒸馏水的称量：用刚煮沸并冷却至稍低于 20℃ 的水注入密度瓶内。再将该密度瓶浸入水浴中，30min 后，用滤纸吸去由毛细管溢出的水，盖上玻璃小帽，并用干布或滤纸拭干密度瓶的外部。称取连同玻璃小帽的密度瓶的质量，精确到 1mg。

④精油的称量：该密度瓶倒空，按（2）条规定选用仪器，将其洗净并干燥。

用试样代替水，按（3）条的规定进行操作。

（4）结果的计算　按式（3-1）计算相对密度 d_{20}^{20}，

$$d_{20}^{20} = \frac{m_2 - m_0}{m_1 - m_0} \tag{3-1}$$

式中　m_0——空密度瓶的质量，g；

m_1——装入水后密度瓶的质量，g；

m_2——装入精油后密度瓶的质量，g。

平行试验结果的允许差为 0.0004。

3. 折射指数的测定

（1）定义及原理　折射指数指当具有一定的波长光线从空气射入保持在恒定的温度下的液体香料时，入射角的正弦与折射角的正弦之比。按照所用的仪器类型，直接测量折射角或者观察全反射的临界线，香料应保持各向同性或透明性的状态。

（2）试剂制备　所用试剂均为分析纯试剂，水为蒸馏水或纯度相当的水。可用于矫正折射仪的标准物质如下：蒸馏水，20℃ 时的折射指数为 1.3330；对异丙基甲苯，20℃ 时的折射指数为 1.4906；苯甲酸苄酯，20℃ 时的折射指数为 1.5685；1-溴萘，20℃ 时的折射指数为 1.6585。

（3）仪器选择　折射仪（光源为钠光）：可直接读出 1.3000 ~ 1.7000 范围内的折射指数，精密度为 ±0.0002。恒温器：保证循环水流通过折射仪时能保持它在规定的测定温度 ±0.2℃ 以内。

（4）操作流程

①试样制备：按《香料　试样制备》（GB/T 14454.1—2008）的规定。试样温度要接近测定温度。

②折射仪的校准及测定：通过测定标准物质的折射指数来校准折射仪同时保持折射仪的温度恒定在规定的测定温度上。在测定过程中，该温度的波动范围应在规定的温度 ±0.2℃ 内。参考温度为 20℃，除了那些在 20℃ 时为非液体的香料，根据这些香料的熔点，可在 25℃ 或 30℃ 进行测定。

将制备的试样放入折射仪。待温度稳定后，进行测定。阿贝折射仪为例操作步骤如下，

a. 测定前清洗棱镜表面，可用脱脂棉先后蘸取易挥发溶剂乙醇和乙醚轻擦，待溶剂挥发，棱镜完全干燥。

b. 将恒温水浴与棱镜连接，调节水浴温度，使棱镜温度保持在所要的操作温度上。

c. 按规定操作校正折射仪读数。重复 a、b 步骤。

d. 用滴管向下面棱镜加几滴试样，迅速合上棱镜并旋紧。试样应均匀充满视野而无气泡。静置数分钟，待棱镜温度恢复到所需操作温度上。

e. 对准光源，由目镜观察，转动补偿器螺旋使明暗两部分界限明晰，所呈彩色完全消失。再转动标尺指针螺旋，使分界线恰通过接物镜上 "X" 线的焦点上。

f. 准确读出标尺上折射指数至小数点后四位。

（5）结果的表述　按下式计算在规定温度 t 下的折光指数 $n_d{}^t$：

$$n_d{}^t = n_d{}^{t'} + 0.0004 \ (t' - t) \tag{3-2}$$

式中，$n_d{}^{t'}$ 是在 t' 温度下测得的读数，结果表示至小数点后四位。平行试验结果允许差为 0.0002。

4. 旋光度的测定

（1）定义及原理　旋光度是指在规定的温度条件下，波长为（589.3±0.3）nm（相当于钠光谱 D 线）的偏振光穿过厚度为 100mm 的香料时，偏振光振动平面发生旋转的角度，用毫弧度或角的度数来表示。

（2）试剂制备　所用试剂均为分析纯试剂，水为蒸馏水或纯度相当的水。溶剂（仅在测定香料的比旋度时使用）最好使用 95%（体积分数）的乙醇。使用前应先检查所使用的溶剂的旋光度应为 0°。

（3）仪器选择　旋光仪精度至少为 ±0.5mrad（±0.03°），用水调整到 0° 和 180°。在使用前应用已知旋光度的石英片进行校验。如果没有石英片，就用每 100mL 中含 26.00g 无水纯净蔗糖的水溶液来校验。此溶液在 20℃，厚度为 200mm 时的比旋度应为 +604mrad（+34.62°）。同时应在稳定状态下使用，非电子型仪器应在黑暗中使用。

光源波长选择为（589.3±0.3）nm 且以钠蒸气灯泡为最佳。旋光管通常长度为（100±0.5）mm。当测定低旋光度的浅色试样时，可使用长度为（200±0.5）mm 的旋光管。当测定深色试样时，如有必要，可使用长度为（50±0.05）mm 或（10±0.05）mm 的旋光管，甚至更短的旋光管。在 20℃ 或其他规定的温度下测定，应使用配有温度计的双壁管，以确保水在所需温度下循环。对于常温测定，可使用上述旋光管，也可使用其他任何类型的旋光管。温度计的测量范围在 10~30℃，具有 0.2℃ 或 0.1℃ 的分刻度。恒温控制器需要能够将试样的温度控制在（20±0.2）℃ 或其他规定的温度。

（4）操作流程　如有必要对试样进行干燥，按 GB/T 14454.1—2008 的规定。当测定比旋光度时，最好使用 95%（体积分数）的乙醇。使用前应先检查所使用的溶剂的旋光度应为 0°。

接通光源，使其至充分亮度。如有必要，可将试样的温度调至（20±1）℃ 或其他规定的温度，然后将试样注入同等温度的适当的旋光管中。在恒温控制下，开始水循环，使旋光管在测试过程中保持在规定的温度（±0.2℃）。将试样注满旋光管，确保管中无气泡。将旋光管放入旋光仪，根据仪器上的刻度读出香料右旋（+）或左旋（-）旋光度。同一试样至少

测定三次。三次测定的值相互之差不得大于 1.4mrad（0.08°）。取三次读数的平均值即为所测结果。

（5）结果表述

①旋光度的计算：

按下式计算旋光度 α_t^D，用毫弧度或角的度数表示。

$$\alpha_t^D = A/L \times 100 \tag{3-3}$$

式中：A——偏转角的值，毫弧度或角的度数；L——旋光管的长度，单位为 mm。

右旋用（+）表示，左旋用（−）表示。

当不具备水循环双壁旋光管时，应对被测香料使用合适的校正系数加以校正。

注：这些校正系数将在有关香料的产品标准中给出。

②比旋光度的计算：

按下式计算比旋光度 $[\alpha]$，用毫弧度或角的度数表示。

$$[\alpha] = \alpha_t^D/c \tag{3-4}$$

式中：α_t^D——香料溶液的旋光度；c——香料溶液的浓度，单位为 g/mL。

5. 溶混度的测定

（1）定义及原理

①精油在乙醇中的溶混度：在 20℃时，将适当浓度的乙醇水溶液逐渐加入到精油中，评估溶混度和可能出现的乳化现象。

②单离香料（使用物理或化学方法从天然香料中分离提纯的单体香料化合物）及合成香料在乙醇中的溶解度：在 25℃时，各种单离及合成香料在不同浓度乙醇水溶液中有不同的溶解度。

③溶混度的分类：在 20℃时，当 1 体积的某种精油和 V 体积一定浓度的乙醇水溶液混合后澄清透明，再将该浓度的乙醇水溶液渐渐加入至乙醇体积为 20 体积，仍能保持澄清透明，则认为此精油与 V 体积或更多体积的该浓度的乙醇水溶液混溶；当 1 体积的某种精油和 V 体积的一定浓度的乙醇水溶液混合后澄清透明，但在继续渐渐加入体积（$V' \sim V$）的该浓度的乙醇水溶液后变为浑浊，且当加入至乙醇体积为 20 体积时仍保持浑浊时，则认为是此精油能与 V 体积该浓度的乙醇水溶液混溶，而稀释至 V' 体积时变为浑浊；当 1 体积的某种精油和 V 体积一定浓度的乙醇水溶液混合后澄清透明，但在继续渐渐加入（$V' \sim V$）体积的该浓度的乙醇水溶液后变为浑浊，而在进一步加入（$V'' \sim V'$）体积的该浓度的乙醇水溶液后变为澄清透明，则认为此精油能与 V 体积该浓度的乙醇水溶液混溶，而稀释至 $V' \sim V''$ 体积时变为浑浊。将一种精油和一定浓度的乙醇水溶液混合后呈乳色，此种乳色和新鲜制备的乳色标准溶液乳色相同，则认为此精油能与该浓度的乙醇水溶液溶混成乳色溶液。

V——获得澄清透明溶液所需的 Q 浓度乙醇水溶液的体积，mL；

V'——澄清透明后产生浑浊时所需的 Q 浓度乙醇水溶液的体积，mL；

V''——当浑浊消失所需的 Q 浓度乙醇水溶液的体积，mL。

V、V'、V'' 表示到小数点后一位。

（2）试剂制备　所用试剂均为分析纯试剂，水为蒸馏水或纯度相当的水。95%（体积分数）乙醇。乙醇水溶液：通常使用的乙醇水溶液，乙醇的含量（体积分数）为 50%、55%、60%、65%、70%、75%、80%、85%、90% 和 95%。

制备乙醇水溶液时，可按上表的指示，将蒸馏水加入到乙醇中，再用乙醇比重计或密度仪进行验证。

测定乳色的标准溶液：将 0.5mL 的硝酸银溶液（$C_{AgNO_3}=0.1\ mol/L$）加到 50mL 的氯化钠溶液（$C_{NaCl}=0.0002mol/L$）中，然后加入一滴浓硝酸$=1.38g/mL$，搅拌溶液后静置 5min，避免直接光照。此溶液要新鲜配制。

（3）仪器选择 滴定管，容量为 25mL 或 50mL。移液管，容量为 1mL。在适当的场合可使用分析天平，精度为 0.001g。量筒或量瓶，容量为 25mL 或 30mL，配有不受乙醇和被测试样侵蚀的塞头。

恒温水浴能使温度保持在规定的温度±0.2℃。经校准的温度计用以测定装置的温度，具刻度为 0.2℃ 或 0.1℃。

（4）操作流程

①试样：用移液管将 1mL 试样置于量筒或量瓶中，把盛有试样的量筒或量瓶放在恒温水浴中，使温度保持在（25±0.2）℃（单离及合成香料）、（20±0.2）℃（精油）。

注：当试样的物理状态不允许使用移液管时，则称取（1±0.005）g 试样（精确到0.001g）。在这种情况下，定义和结果均以质量/体积表示。

②精油溶混度的评估：用滴定管将先调整到（20±0.2）℃的已知浓度的乙醇水溶液加入精油中，每次加入量为 0.1mL，并剧烈摇动，直至完全溶混。当混合液澄清时，记下所加入的乙醇水溶液的体积。继续加入乙醇水溶液，每次加入量为 0.1mL，并充分摇动，直至加入的乙醇水溶液的总体积为 20mL。如在 20mL 加完前出现浑浊或乳色；记下开始出现浑浊或乳色时所加入的乙醇水溶液的体积；如可能，记下浑浊或乳色现象消失时所加入的乙醇水溶液的体积。如加至 20mL，还不能得到澄清透明的溶液，则用表 3-2 中更浓一级的乙醇水溶液重新测定乳色；如不能获得澄清透明的溶液而得到乳色液时，则将此乳色液和标准溶液比较。

③单离及合成香料溶解度的测定：用滴定管将先调整到（25±0.2）℃的已知浓度的乙醇水溶液加入试样中，每次加入量为 0.1mL，并剧烈摇动，直至完全溶解。当溶液澄清时，记录加入乙醇水溶液的毫升数，即为溶解度。或按有关香料的产品标准中溶解度的规定，一次加入规定浓度及体积的乙醇水溶液，保温并振摇片刻，如能得到澄清溶液，即作为通过。

注 1：溶解度的测定，通常用乙醇作为溶剂。用其他溶剂时，将在有关香料产品标准中指出。

注 2：在测定时，如加入某种浓度的乙醇水溶液到 10mL 时，还不能得到澄清透明的溶液，则用表 3-2 中更浓一级的乙醇水溶液重新测定。

（5）结果的表述 在 20℃ 时，精油与浓度为 Q 的乙醇水溶液（表 3-2）的溶混度表示如下。

第一种情况：1 体积的精油溶在 V 体积浓度为 Q 的乙醇水溶液中；

第二种情况：1 体积的精油溶在 V 体积浓度为 Q 的乙醇水溶液中，而在 V' 体积同浓度的乙醇水溶液中出现浑浊；

第三种情况：1 体积的精油溶在 V 体积浓度为 Q 的乙醇水溶液中，而在 V' 至 V'' 体积同浓度的乙醇水溶液中出现浑浊；

第四种情况：如果只发生乳色现象，则报告乳色是否大于、等于或小于标准溶液的乳色。

表 3-2　乙醇水溶液的制备

100mL 乙醇水溶液中乙醇的体积，精确到 0.1%，$Q\%$（体积分数）	制备 100mL 乙醇水溶液所需 20℃的 95%（体积分数）乙醇的毫升数/mL	95%（体积分数）乙醇的质量/g	加入水的质量/g	相对密度 D_{20}^{20}	密度 P_{20}
50	95.76	45.9	54.1	0.9318	0.93014
55	77.90	51.1	48.9	0.9216	0.91996
60	62.92	56.4	43.6	0.9108	0.90911
65	50.15	61.8	38.2	0.8993	0.89765
70	39.12	67.5	32.5	0.8872	0.88556
75	29.47	73.4	26.6	0.8744	0.87279
80	20.94	79.5	20.5	0.8608	0.85927
85	13.31	85.9	14.1	0.8464	0.84485
90	6.40	92.7	7.3	0.8307	0.82818
95	0.00	100.0	0.0	0.8129	0.81138

二、组分的定性定量分析

1. 气相色谱法

气相色谱法是一种常规的分离技术，利用惰性气体作为流动相，通过装有填充剂的色谱柱进行分离测定方法。主要是利用芳香物质组分在流动相和固定相间的分配系数存在差异进行，各组分随流动相解吸，分先后流出色谱柱，并进入检测器后转换为电信号输出。气相色谱法具有分离效率高、选择性强和分析速度快的优点。气相色谱仪通常由气路系统（气源、气体净化装置、气体流速控制装置）、进样系统（汽化室、进样器）、分离系统（色谱柱、柱温箱）、检测系统和数据处理系统五部分组成。

（1）气路系统　通常气源选择氦气、氢气、氮气等惰性气体。

（2）进样系统　包含汽化室和进样器，待测样在进样口进样，在汽化室瞬时汽化。

（3）分离系统　主要由色谱柱和柱温箱组成，此系统也是整个气相色谱仪最核心的部分，待测样随载体流动到色谱柱固定相进行吸附或解吸，各组分先后分离，进入检测器。柱温箱负责控制色谱柱的温度。

（4）检测系统　分为浓度型检测器和质量型检测器。常用的有热导池检测器、电子捕获检测器、火焰光度检测器和氢火焰离子化检测器等。针对分析的物质选择检测器，如农残的测定通常利用电子捕获检测器，该检测器可以检测电负性元素化合物（S、P、N 等）；而像精油这种比较复杂的物质，如果用气相色谱法分析检测时通常采用氢火焰离子检测器。

（5）数据处理系统　能够对检测器输入的电信号进行处理并显示的系统。

2. 液相色谱法

与气相色谱法相比，液相色谱更容易对精油内各组分的含量进行定量分析。液相色谱法是利用液体作为流动相的色谱法，主要是利用待测样中各成分对两相存在的亲和力差异进行的。根据固定相的差异，液相色谱又分为液固色谱、液液色谱以及键合相色谱。当在液相色谱中增加高压液流系统时，流动相处在高压的情况下，此时分离效果得到很大提升，就称为高压（又称高效）液相色谱法，其分离能力比气相色谱法更具优势。小分子烃类、醇、醛和酮，由于其沸点低，且能被紫外光透过，用高压液相色谱分离不适合，采用气相色谱进行分离更合适。分子质量大的烃类及其衍生物、芳香族醇、醛和酮，或含有芳香环、杂环等可以吸收紫外光的烃类、醇、醛和酮，利用高效液相色谱分离最合适、准确。

3. 气相色谱-质谱联用技术

气相色谱（gas chromatography，GC）具有很强的分离能力，但定性能力不好；质谱（mass spectrometry，MS）具有很好的鉴别能力，但不适用于成分组成复杂的混合物测定。将气相色谱和质谱技术联用，可以达到强强联合的目的，两种技术的优势和短处能得到互补，为鉴定成分组成复杂的混合物提供了检测的新思路。气相色谱-质谱联用技术（GC-MS）能够对未知化合物定性，也能对痕量组分定量，具有高灵敏性、鉴定范围广的优点。GC-MS的联用就是将GC和MS利用接口连接，待测样经过GC进行分离，分离后的单组分进入MS进行检测、鉴定。

芳香物质往往具有复杂的基质，单四极杆的气相色谱-质谱联用技术常不能满足分析要求，气相色谱-三重四极杆质谱联用技术（GC-MS/MS）因具有较高的选择性和灵敏度，对于分析复杂基质的样品具有更好的表现。

当待测物质基质比较复杂时，利用GC-MS法不能很好的鉴定组分结构相似的成分，一维气相色谱中，需要通过严格的样品前处理来提高准确性，而全二维气相色谱则能解决成分复杂及前处理复杂的问题。在利用一维气相色谱-质谱检测样品时，如芳香物质，常因为一些样品在一维柱上的保留时间几乎相同，而难以得到高匹配度的检出，二维色谱则能使这些芳香物质的复杂组分进一步分离，从而提高样品成分匹配度，提升样品成分鉴定的准确性、权威性。

4. 液相色谱-质谱法

液相色谱的流动相为高压液体，其流量要远远高于气相色谱的载气量，液相色谱-质谱联用需要选择能够除去流动相和分离待测样的接口，此外，还需要有很好的传递性。目前，常用来作接口的是电喷雾电离和大气压化学电离两种。与HPLC相比，气相色谱-质谱联色谱分离更足，使得对待测样的处理要求大幅度降低，气相色谱-质谱联是低分子质量定性和定量的重要分析手段之一。气相色谱-质谱联用技术虽是测定挥发性芳香物质的主要手段，但气相色谱进样口的温度较高，容易裂解不耐热物质，且高沸点的组分也没办法测出。液相色谱能分离各类化合物，弥补上述缺点，因此有的时候也可以采用液相色谱-串联质谱进行测定。有些芳香物质的基质十分复杂，一些低含量的成分用GC-MS检测，需要复杂的前处理。而液相色谱-串联质谱法具有高灵敏度、高专属性的特点，准确度能够在99.1%以内。适合测定复杂基质中的低含量成分。

5. 电子鼻

电子鼻是一种通过模拟人的嗅觉系统来检测一种或多种气味信息的智能电子仪器，具有检测简单或者复杂的气味的功能。电子鼻一般包括三个部分：气敏传感器阵列、信号处理系统和模式识别系统。

电子鼻的工作原理是传感器阵列与样品气体接触后，在其表面发生吸附、反应以及解吸附等过程，从而导致气敏传感器电学特征发生变化，最终导致气敏传感器表面的电阻发生变化，经信号处理系统对采集后的信号进行预处理，预处理主要通过对电子鼻的响应值进行基线处理、传感器优化、数据压缩以及标准化等方法消除或减弱信号干扰、提高信噪比，对响应值的偏移和削弱进行补偿，最后经模式识别系统对预处理后的数据进行特征值处理，使其降维后进行定量回归或者定性分析。一般来说，模式识别主要包括特征值处理和分类决策两部分。特征值处理时通过将数据从特征值参数组成的高维空间映射到低纬空间，在降维的同时保留原始数据大部分的信息。

电子鼻在食品行业和烟酒行业应用较为广泛，目前在精油领域的应用也越来越常见，主要应用于不同产地、不同种类的精油的辨别分析，对于精油掺假方面的研究也有相关报道。如应用电子鼻对从椪柑、温州蜜柑、本地早蜜橘和橙橘4种宽皮橘的精油进行辨别分析，通过 PCA 分析可以将4种宽皮橘的精油进行很好的区分，区分因子大于86%；应用电子鼻对不同处理方法得到的柠檬草精油进行分析，结果表明电子鼻可以对不同方法得到的柠檬草精油中挥发性成分进行有效分析与判别；运用电子鼻对水蒸气蒸馏法提取胡椒鲜果、黑胡椒、白胡椒和胡椒叶中的精油进行分析，结果表明采用电子鼻方法可有效区分胡椒粉和胡椒叶。

6. 气相色谱–傅里叶变换红外光谱联用技术

气相色谱–傅里叶变换红外光谱技术（gas chromatography–fourier transform infrared spectroscopy，GC-FTIR）是分析复杂有机混合物的重要工具之一，在医药、香料、食品、环境等领域应用广泛。GC-FTIR 分析的灵敏度虽然不高，目前气相红外标准图谱比较少，实用性受到较大限制，但该法能够为组分提供官能团信息，确定样品中是否存在某一类化合物，对于分析同分异构体具有优势，能够为 GC-MS 分析提供辅助，从而提高检测的准确性。GC-FTIR 主要由气相色谱系统、接口和 FTIR 系统三部分组成。与液相色谱–质谱联用一样，其接口也是整个联用装置的重点部分，现在主要有两种类型接口，分别为光管接口和冷冻捕集接口。与光管接口相比，冷冻捕集接口具有更高的信噪比，但其价格的过高，应用不够广泛，目前大多使用价格便宜的光管接口。GC-GTIR 的工作原理为待测样品在气相色谱系统的色谱柱进行分离，分离的组分经过加热传输线，抵达光管。光管的两端用 KBr 窗片封口，其内壁镀有金层。FTIR 系统发射的红外光束经过光管，被光管内的组分吸收后，MCT 检测器对透射过来的光进行检测。所得的数据以干涉图的形式储存，并进一步处理。精油的成分通常利用 GC-MS 测定，但许多有机化合物利用质谱鉴定存在一定困难，对有机物的异构体鉴定不够准确，而傅里叶变换红外计数具有几何异构体鉴定能力强的特点。GC-FTIR 与 GC-MS 联用能弥补上述不足，利用其对精油成分分析，可以更准确。

7. 其他分析方法

氘与氢和 O^{18} 与 O^{16} 稳定同位素的比值，会因来源于不同的水而不同。如果是古老地质年代的水，这种差异在研究水的成因和古环境上是比较有用的。在质谱仪上测定同位素的比值，并经常与标准物质中所发现的比值加以比较，因为这种对比与绝对比值的直接分析法相比较，提供了更高的精密度。近些年来，稳定同位素质谱（stable istope ratio mass spectrometry，IRMS）发展较快，具有灵敏度高、检测限低的特点，尤其对于掺假物品和真品的鉴定方面具有很强的优势。

目前测定精油挥发性成分的方法主要是 GC-MS，但对于一些不易挥发性成分，利用 GC-MS 则难以测出，且 GC-MS 的测定局限于针对精油的化学组成，并不能反映一些商业制品精油的浓度和纯度。利用薄层层析和薄层扫描可以对芳香物质的成分进行定性鉴定，还可以确定其某种成分的含量。薄层层析是一种简单、快捷、准确的微量定性定量分析方法，具有设备简单、分离速度快的优点，在天然产物和合成产物的定性定量分析、杂质检查及成分研究等具有重要作用。通常该法应用在名贵中药材的活性成分中较多。如早在 20 世纪 90 年代，陶丽华等就利用薄层层析法分离人参中单体皂苷，并且发现利用该法可以效果好、时间短的进行有效分离。该法也被用在食品领域，鉴定物质是否被掺假，如童淑芬等利用薄层层析法快速检测食用油品种的胆固醇，从而判断食用植物油是否掺混地沟油。

🔍 思考题

1. 对比分析传统提取分离技术和现代提取分离技术的优劣点，并举例说明。
2. 芳香物质物理性质检测方法有哪些，它们对芳香物质的应用有什么影响？
3. 芳香物质定量分析方法有哪些？并说明它们的原理。

扩展学习内容

植物精油掺假人工合成物的仪器分析

芳香疗法中精油纯度及掺杂鉴别方法和必要性

第四章

CHAPTER
4

植物精油的制剂

[学习目标]

1. 掌握芳疗精油调配的原则；
2. 了解基础油的作用；
3. 了解精油的乳化、微胶囊及气雾化技术。

　　植物精油不仅具有各种生物活性，不少还是良好的皮肤渗透剂，从而使其自身的生物利用度和联合给药产品的生物利用度增加，成为良好的药物增效剂。然而，它们在氧、热等不利环境很容易降解。此外，它们通常不溶于水，但在某些应用中需要控制释放以保证其药物时效，这就限制了精油的应用，因此应该考虑将它们用于生产适当的精油剂型，以便最大限度地扩大它们的商业应用。在精油剂型的开发过程中，应严格遵循几个标准，即必须防止在加工过程中因挥发而降解或损失、应在特定的作用点控制释放、易于进一步加工处理。这些剂型包括液体（乳剂、胶束、液体溶液）、半固体（凝胶、脂质体）、固体（微胶囊或微复合材料）和气溶胶形式。

第一节　液态制剂化技术

一、精油的调配

1. 精油调配的目的

　　一般来说，精油调配是为了美学或疗愈目的。出于美学目的的精油是关于美丽和香味的，与精油的治疗性能几乎没有关系。然而，有些人可能会觉得完全出于情感目的来调配精油可能属于美学范畴。如很重要、适合冥想的调配精油：檀香、雪松、乳香、没药和丁香精油，几个世纪以来一直用于冥想。为了美而使用精油的例子还有制作天然精油香氛为家里增添香味，带给家庭成员一种天然、清新、干净的大自然美景的感受。所以，芳香疗法调配和使用精油有两大目标①享受一种令人愉悦的个性化气味，但对气味的偏好是高度个性化的，有些人觉得很香的东西会让其他人反感；②获得对身体、心理和精神的治疗益处。

当为使用者调配一种芳香疗法个性化精油时，还需要对使用者做大量的了解工作，也就是要在评估使用者的基础上开展芳香疗法精油的调配。评估芳疗精油使用者的方法很多，各不相同，但似乎有三种应用较为广泛的方法①"生物医学"方法：重点是评估功能障碍和疾病，以及症状的识别和特征；②"生物-心理-社会医学"方法：考虑身体和生理、认知、情感和行为方面的问题，还有包括人文因素、生活经历，以帮助使用者充分发挥他们的潜力；③"活力论"方法：可以为治疗师基于东方传统医学或活力论哲学提供制定他们评估和治疗计划的机会。

在充分了解芳香疗法以及精油使用目的基础上，根据使用者的具体情况，将不同的精油按照一定比例混合，并用基础油稀释到所需浓度，调配成一种复合精油，称之为复方（组方）精油。若调配时，仅是一种精油与基础油稀释，得到的是单方精油，不含基础油的单方精油可称为单方纯精油。同样，不含基础油的复方精油可称为复方纯精油。

总之，创作完美的复方精油最重要的需要注意①明确想要复方精油实现的目标；②了解精油及其对人体益处；③使用天然植物精油和植物基础油。

在芳香疗法实践中，使用多种精油的目标是创造积极的协同作用，以加强复方精油的整体辅助治疗效果，有时通过对抗作用来猝灭精油刺激性化合物。

2. 芳疗精油调配的原则

芳香疗法是唯一一种利用嗅觉的多重效应治疗方式，它对身体和心理的深远影响是准药理学、享乐效价、语义和安慰剂机制以协同方式作用的结果。精油调配的目的是产生积极协同效应的复方精油，已成为一个公认的芳香疗法应用实践。使用复方产品的协同原理是为了获得具有多种作用模式的动态产品，并遵照复方产品的作用大于已知和未知化学成分的总和原则。这一理论依据虽然合理又清晰，但实践应用没有得到很好的定义。

（1）功效协同效应　不同功效作用的精油、精油组分以及基础油调配在一起，会产生加和、协同、拮抗的组合效应。加和效应是指两种或两种以上物质混合产生的效果是各单独效果简单相加的总和（即"1+1＝2"）；协同效应是指不同物质间会相互增强使得两种或两种以上的物质混合产生的效果比加和效应的要大得多（即"1+1>2"）；拮抗效应是指不同物质混合产生的效果比加和效应的要小得多（"1+1<2"）。

①不同精油间的协同：Cassella 等（2002）证明茶树精油和狭叶薰衣草精油形成协同组合，增强了对两种皮肤真菌（红色毛癣菌和须毛癣菌的活性。Fu 等（2007）证明迷迭香精油和丁香精油对细菌、酵母和真菌均具有广谱抗菌活性，如果这些精油联合使用对表皮葡萄球菌、金黄色葡萄球菌、枯草芽孢杆菌、大肠杆菌、寻常变形杆菌和铜绿假单胞菌会产生加和效应，对白色念珠菌则产生协同效应，而对黑曲霉是拮抗效应。de Rapper 等（2013）研究 45 种精油以不同比例与狭叶薰衣草精油混合时的体外抗菌活性，发现协同效应的发生率为 26.7%，加和效应的发生率为 48.9%，只有一个拮抗的例子（柠檬草精油和狭叶薰衣草精油混合的组合）；特别是甜橙精油本身的抗菌活性相对较差，但与薰衣草精油各种比例的组合均有协同作用，这支持了使用甜橙精油和薰衣草精油组合改善呼吸道感染的情况。

②精油组成成分间的协同：芳香疗法认为整体的、完整的精油比单独的组分更有效，这

被认为是精油"内在的"协同作用。例如，在一项探索吸入一系列的抗焦虑作用的动物研究中，Takahashi 等（2011）发现薰衣草精油中乙酸芳樟酯与芳樟醇的同时存在对吸入薰衣草精油的抗焦虑作用至关重要，二者具有协同作用。有大量的研究表明，"完整的"或"整体的"精油比它们的单独主要成分具有更显著的作用。Astani 等（2010）发现，茶树精油中某些单萜的混合物比单个分离的单萜具有更强的抗病毒作用和更低的毒性。Medina-Holguin 等（2008）研究了假银莲花根茎精油的抗癌活性，发现虽然它的主要成分抑制两种人类癌细胞的生长，但完整精油显示的活性可能是主成分和小成分组合之间的"协同关系"的结果。

植物精油的抗菌活性主要取决于其具有抑杀微生物的活性成分，但精油不同化学成分间的协同作用可能在抗菌活性中也发挥了独特的作用。精油各组分之间的协同作用对病原微生物抗菌活性的增强或减弱起着至关重要的作用。如香芹酚、γ-松油烯、对伞花烃在一起时就会产生协同增效作用，这一协同作用是归因于对伞花烃促进香芹酚透过细胞壁和细胞质膜。另外，植物精油成分基于亲脂性和影响酶反应活性以干扰生物膜完整性来协同增强抗菌活性。

精油的倍半萜和单萜类复配可以有效地增强蚊虫驱避效果，精油的次要成分（如3-蒈烯、异松油烯、α-异松油烯等表现出对蚊子的幼虫优越的杀灭幼虫活性）可能在调节驱避效果方面发挥着重要作用。因此，含有这些组分的不同植物精油复配会对蚊虫驱避效果产生协同增效作用。许多商用驱蚊剂含有多种植物精油，如薄荷油、柠檬草油、香叶油、松油、雪松油、百里香油和广藿香油，其中最有效的包括百里香油、香叶油、薄荷油、雪松油、广藿香油，它们可以在60~180min内击退疟疾、丝虫病和黄热病的蚊虫传播媒介。有趣的是，当使用香兰素、液体石蜡和水杨酸等固定剂时，驱避效果有所提高。应用最广泛的固定剂是香兰素，与驱蚊精油复配时，对埃及伊蚊有明显的增强作用。如加入香兰素后，花椒皮油和香茅油的保护时间分别延长至2.5h和4.8h。另有研究报道添加5%的香兰素可降低枫茅、姜黄和毛罗勒精油的挥发性，大大延长其驱蚊保护时间至6~8h。

在芳香疗法中，应该使用完整的植物精油，而不是使用部分或分离的成分。因为除了活性成分之间的积极协同关系之外，有些成分可能会保护其他成分（如充当抗氧化剂），有些活性成分实际上还没有被识别出来，有些成分迄今为止具有未知的活性。最后应提一提的是，拮抗效应与协同效应相反，往往易被认为是不利的，但在芳香疗法实践中拮抗效应有时也是有益的、必要的。一些精油中有毒或敏感成分可被同一精油中其他成分的存在所缓解。如香芹酚的毒性可因麝香草酚的存在显著降低、肉桂醛的过敏可由 d-柠檬烯和丁香酚（本身就是一种敏化剂）改善。

③精油与其他物质间的协同：已有研究发现抗菌活性植物精油或其组分与抗生素存在协同作用，这可能成为一种应对耐药菌引起感染的替代策略。如肉桂醛和克林霉素对艰难梭状芽孢杆菌有协同作用；牛至精油和沙拉沙星、左氧氟沙星、痢菌净、氟苯尼考和多西环素对大肠杆菌有协同作用；橙花叔醇和红没药醇与一系列抗金黄色葡萄球菌的抗生素有协同作用；香叶天竺葵精油和诺氟沙星对蜡状芽孢杆菌和两种金黄色葡萄球菌有协同作用，但对枯草芽孢杆菌和大肠杆菌无协同作用；诺氟沙星与香茅醇或香叶醇联合使用也产生类似的效果。Langeveld 等（2014）发现含有香芹酚、肉桂醛、肉桂酸、丁香酚和百里香酚等成分的精油与抗生素之间相互作用的协同效应可能是由于多种因素，包括影响多个靶点、通过物理化学相互作用和通过抑制抗菌耐药机制。与精油协同作用的非抗菌素还包括透性剂 EDTA、有

机酸、氯化钠和乳链球菌产生的细菌素 nisin 等。环丙沙星与茶树精油、百里香精油、薄荷精油和迷迭香精油之间对肺炎克雷伯菌存在拮抗、协同增效和加和效应。在迷迭香精油和环丙沙星之间观察到良好的协同增效作用。茶树精油与溶葡球菌酶、莫匹罗星和万古霉素对耐甲氧西林金黄色葡萄球菌的相互作用很大程度上是无关的，尽管万古霉素与两种试验菌中的一种存在拮抗作用。环丙沙星与茶树精油、百里香精油、薄荷精油和迷迭香精油对金黄色葡萄球菌的拮抗作用已进一步证实，这些精油与两性霉素 B 的结合导致对白念珠菌的强烈拮抗作用。

Ané Orchard 等（2019）研究了 23 种植物精油分别采用 6 种基础油（芦荟油、万寿菊油、金丝桃油、鳄梨油、杏仁油、荷荷巴油）稀释为 50％时的 11 种皮肤病原菌进行抗菌活性研究，从抗菌活性来看，这些基础油没有明显抗菌活性，稀释对精油大多不会出现明显的抗菌拮抗效应，有的稀释后抗菌活性产生了协同增效的效应，表现最为明显的是杏仁油，其次是芦荟油。

④精油协同效应的影响因素：以植物精油抗菌的协同作用为例。精油成分之间的相互作用似乎取决于微生物、精油成分和成分比例，相互作用可能是协同作用、加和作用或拮抗作用。虽然不少精油的抗菌作用可能取决于精油的一种或两种主要成分，但越来越多的证据表明精油的内在功能可能不仅取决于主要活性成分的比例，而是取决于这些成分与精油中次要成分之间的关联。当以两种或三种成分组合时，已经发现精油成分及百分比的多种协同抗菌作用。一些实验表明，除了精油中的主要成分外，另一些化合物具有协同作用。如显示协同作用的精油组分，肉桂醛与百里香酚或香芹酚联合抗鼠伤寒沙门菌，桉油脑与百里香酚、对伞花烃或香芹酚联合抗假丝酵母，橙花叔醇联合丁香酚、百里香酚抗金黄色葡萄球菌；而橙花叔醇与丁香酚或百里香酚对大肠杆菌或铜绿假单胞菌无协同作用，香芹酚与百里香酚或伞花烃联合对人白色念珠菌无协同作用。

基于精油成分间的协同效应，不同精油间的协同作用也会因微生物、精油种类和配比不同而产生差异。马郁兰、锡兰肉桂、药用鼠尾草、丁香精油与多香果精油复配对肉毒杆菌、大肠杆菌、鼠伤寒沙门菌、单核细胞增生李斯特菌、金黄色葡萄球菌和枯草芽孢杆菌等病原菌表现出协同作用。药用鼠尾草精油、法国百里香精油与牛至精油复配对金黄色葡萄球菌和大肠杆菌具有协同作用。百里香精油和肉桂精油、柠檬草和肉桂精油、百里香精油和柠檬草精油的复配对单核细胞增生李斯特菌有协同作用。

精油应用方式也会影响协同作用。当将丁香精油和肉桂精油在气相与液相中的抗菌活性进行比较时，气相表现出更显著的协同抗菌活性，活性浓度较低；丁香精油和香菜精油对真空包装猪肉的嗜水气单胞菌有协同抗菌作用。

⑤精油与按摩的协同效应：整体芳香疗法通常包括按摩和各种躯体锻炼方式，这些心理、生理层面也会影响精油组方的协同作用，如有证据表明指压和按摩可以增强精油的作用。Kuriyama 等（2005）的一项初步研究支持了按摩和精油的协同作用，尽管使用或不使用精油的按摩都能减少短期的焦虑，但只有精油按摩对血清皮质醇水平和免疫系统有好处，表明使用精油按摩可提高抗感染能力。Takeda 等（2008）探索了芳香疗法按摩与非芳香按摩在压力诱导后的生理和心理效果的差异，结果表明使用或不使用精油的按摩比单独休息更有优势，但精油按摩能更有力、更持久地缓解疲劳，尤其是精神疲劳。

按摩是芳香疗法中最舒适和最有效的一种方法，将植物精油按比例与基础油混合后，结合针对性按摩手法，促进皮肤新陈代谢、驱除疲劳、振奋精神。通常采用复方精油会好些，基础油选择得合适对提升精油芳疗非常重要。按摩实际上是一种触摸疗法，因为触觉与皮肤有着不可分割的联系，触觉是一种与生俱来的维持生命的感觉，它依赖于环境，是一种交流的手段、一种"治疗媒介"。事实上，按摩是已知的最古老的治疗形式，在历史上和大多数文化中，被认为用于恢复身体健康和减轻心理压力。香熏按摩在英国、澳大利亚和新西兰被称为"芳香疗法按摩"，这种按摩源自玛格丽特·摩利（Marguerite Maury）在 20 世纪 50 年代发明的香熏按摩系统。按摩时要混合三种或三种以上的精油，精油很少单独使用。香熏按摩可以非常有效地促进身体和情绪的健康、帮助愈合软组织损伤。

单纯按摩的健康效应分为机械效应和反射效应。机械效应是直接由于按摩手法对软组织的直接作用力而产生的。机械效应的例子有静脉回流的变化、液体置换、组织液体交换、产生热量导致血管扩张、肌纤维拉伸、充血和轻微的细胞损伤。反射效应通过神经系统引起的效应。反射是对环境变化的快速反应，有助于维持体内平衡，许多按摩手法刺激反射，按摩的许多治疗反应是反射效应。反射在感觉信号中占有优先地位，它们的刺激将导致体内平衡的转变。反射效应还包括生物化学效应，即从受损或受刺激的细胞中释放出化学物质。如肥大细胞会释放组胺，这是一种血管扩张剂，也增加了毛细血管的渗透性。反射效应也可以通过自主神经系统和内分泌系统发挥作用。在现实中，当考虑到具体的按摩手法的效果时，很难将机械性和反射性机制分开，通常两者都有。按摩融合了触摸、压力和振动的刺激作用，这些刺激会影响感觉受体，进而导致体内平衡的改变。按摩刺激皮肤，包括刺激皮脂腺和血管舒缩活动。增加的皮脂生产和血管扩张反过来增加细胞营养，导致皮肤状况的全面改善。

在香熏按摩过程中，皮肤刺激和由此产生的温暖和血管扩张可能会增强精油的吸收。按摩可以通过增加自然杀伤细胞的数量和活性来增强免疫系统，加上一些精油的免疫刺激作用，使得香熏按摩更有利于增强免疫系统。按摩可以影响身体的软组织，对神经系统的影响也是相当大的，并且通常可以缓解疼痛。按摩可以增加与深度睡眠有关的脑电波活动，增加与放松、冥想状态有关的脑电波活动，减少与精神警惕性和压力有关的脑电波活动。在这方面，可结合精油对大脑活动的影响以增强按摩的治疗效果。按摩还能刺激副交感神经系统，从而促进放松反应、减缓呼吸速度、缓解压力，或许还能缓解抑郁，因为按摩后多巴胺和血清素水平可能会升高。已经证明，一些精油（如薰衣草）可以刺激副交感神经系统，所以精油和按摩之间可能有相互促进的作用。按摩还可以引起心理变化，包括情绪变化、行为变化和自我认知的变化，与精油一起使用，这些效果可能会得到积极的增强。

精油的透皮吸收与嗅闻吸入和按摩结合使用的香熏按摩可以减轻压力，同样也能提供兴奋和提高警惕性。许多关于减轻焦虑和压力的研究都集中在具有这些作用的精油上，如薰衣草精油、橙花精油、玫瑰精油、佛手柑精油、甜橙精油和酸橙精油等柑橘皮精油；在探索认知功能、活力和警觉性的研究中寻找那些经常被认为具有兴奋和激活作用的精油，特别是迷迭香精油、薄荷精油、桉树精油和茉莉精油。局部涂抹精油的缺点是不能吸收所有精油，除非使用封闭敷料。否则，很多精油会因为挥发性高而蒸发掉。不过，在香熏按摩中，大部分精油会蒸发到房间里，被人吸入。因此，这种情况下精油的芳疗效果可能是透皮吸收和吸入精油的协同作用，同时还包括轻柔的触摸，让人放松和深呼吸产生的综合效果。

⑥同理心与精油的协同：哈里斯（Harris）认为协同和拮抗也可能在芳疗实践应用的其他层面出现，如治疗师和使用者之间的互动，甚至使用者对处方气味的认知和情感反应。因

此，可以说人际关系和个人对其气味的反应也影响精油组方的协同作用和拮抗作用。实际上，芳疗协同作用不仅是考虑精油或其成分之间协同效应，还应考虑人作为身心整体性疗愈产生的协同作用。对于执业芳香治疗师来说，评估自己是否创造了协同作用可从产品对使用者的效果中得到明显的体现。但有必要记住，在精油复配中创造协同效应不一定对使用者有协同效应。一个人对治疗师和产品满意才会坚持治疗，也就是说使用者需要一个有同理心的倾听者，他们不想承担任何不良后果，他们需要症状的改善。如果这些需求没有得到满足，人就不太可能顺从，产品就会失败。因此，考虑到这一点，芳香疗法协同作用的方程式可能是协同作用=使用者+治疗师+产品+治疗结果。

（2）气味嗅觉效应　①气味香调：精油香调和钢琴一样，香味也有前调、中调、基调。"香调"是香水行业中的一个术语，用来分级一种香水香味的持久力。简要地看一些香水的原则，可以帮助我们理解气味的香调以及芳香治疗组方结构。香调基于芳香不同的挥发性、弥散性和强度，可嗅觉区分出前调（头香）、中调（体香）和基调（尾香）。香水中还会包括定香剂或芳香缓凝剂，它们使香气挥发得很慢，使不同香调产生"融合"。因此，头香会带一些体香，而尾香也会带一些体香。这些香水学的一些原则可以应用于芳香疗法的组方设计。在人造香料发明之前的几个世纪里，精油一直是香水的代名词。因此，精油被香水师划分为不同的香调——前调、中调、基调。了解这些香调对于创造完美的精油复方是至关重要的，特别是当涉及到香水和香氛。在精油芳疗时调节神经、改善情绪、皮肤吸收以及空气净化等方面，合理利用"香调"将会产生意想不到的效果。当一种精油涂抹在身体上，可简单地将嗅觉系统识别每种精油的香味所需的时间进行香调的分类。皮肤表面精油的挥发决定了气味是立即被嗅觉传感器记录下来（即前调），还是在前调精油快速挥发之后才被感知到（中调之后是基调）。

前调，又称头香，是气味的第一印象，当嗅闻混合气味时，首先闻到的气味。产生前调的气味分子又小又轻，蒸发速度很快。这些前调的香味通常被描述为愉悦、明亮、清淡、清新。柑橘精油属于前调。

中调，又称体香，是指在前调气味挥发后从混合中产生的香味，这是香水的主体。中调不会像前调那样迅速消失，在皮肤上停留的时间更长。薰衣草是中调的一个例子。

基调，又称尾香，是留存时间最长的香味。它们多为重分子，挥发需要更长的时间。基调为整款香水增添了深度和丰富性，同时也是整款香水的基本风格。檀香和广藿香都是基调。皮肤上整个香味混合物，前调和中调已经消失闻到的香味。这就是为什么一个人总是应该等30min或更久再决定是否买一款新香水。因为最初几分钟内的气味和30min后闻到的气味不同。

大家可以自己做一个试验亲身体验。在厨房柜台上放三个棉球，分别滴一滴甜橙精油（前调）、薰衣草精油（中调）、檀香精油（基调）。立刻就能清楚地闻到这三种精油香味，因为它们刚从瓶子里出来，但随后空气和挥发过程将改变这一点。离开家几个小时后回来，会发现几乎闻不到甜橙精油香味（前调，小分子很快就飘走了）。但是，薰衣草精油和檀香精油的棉球还有香味。到晚上睡觉时间，仍然可以闻到薰衣草的香味，但已经不那么浓烈了（中调，稍大的分子缓慢散发出来）。到了第二天早上，甜橙精油香味已经完全消失了，薰衣草精油香味勉强能闻到，但檀香精油棉球闻起来还是很香（基调，重分子挥发很慢）。

前调和中调精油最常用于急症，而中调和基调精油用于慢性疾病。因为基调精油的分子较重，它们在系统中停留的时间较长。另外，基础油可以用来调节较轻的前调和中调以提升停留时间，让它们更大的持久力。一个完美的复方应该包含所有的香调，并实现平衡。可按照前调、中调、基调精油分别为30%、50%、20%的比例（即30-50-20法则）来调配复方精油。对于精油调配的初学者，只使用三种精油也减少了选择精油时的不知所措；尽量减少精油的用量，很有可能得到一种既能起到疗愈作用又能散发出诱人香味的混合物。混合太多种的精油实际上会分散想要的潜在疗愈效果，因为每种精油的浓度不够高。

②气味印象：当复方精油用于恢复情绪和精神的平衡时，Mojay（1996）建议不超过三种精油，因为"只有当复方精油保持相对简单时，每种精油的独特和微妙的影响才会显现"。不过，临床应用也可多达七或八种精油。在简单的二元组方精油中，比较容易辨别出产生嗅觉印象的两种精油，三种精油的组方中每种精油的嗅觉印象和影响仍然很明显，四种或更多种精油的组方更有可能产生新的气味印象，随着精油的数量增加将变得越来越难以识别单个品种精油的存在。

③气味偏好：精油组方的整体气味很重要，它应该与使用者产生共鸣。在与使用者咨询、沟通过程中，气味偏好和厌恶感可以得到解决，只需向使用者提供一些精油，并询问一个简单的"是"或"否"，同时观察非语言信号。如Porcherot等（2010）关于气味感觉的口头问卷用语。

愉快的感觉——高兴、幸福、惊喜

不愉快的感觉——厌恶、恼怒、不愉快的惊讶

感性——浪漫、欲望、爱情

放松——放松、平静、安心

感官愉悦——怀旧、娱乐、垂涎欲滴

清爽——精力充沛、干净

人类学家扬·哈夫利切克（Jan Havlíček）认为，香水和个人体味之间有很强的相互作用，每个人都会选择与自己体味互补的香水。他发现，当人们使用自己选择的香水时，效果会比使用别人选择的香水更令人愉快。Milinski和Wedekind（2001）也认为，自己选择的香水可以与体味协同作用，增强体味的生物信号。Lenochová等（2012）提出，体臭和香水之间存在相互作用，而不是简单的掩蔽效应。有人认为，这种相互作用创造了一种独特的气味混合物。这些发现支持了一种假说，即我们选择的气味会与我们自己的体味产生积极影响，也可以解释为什么我们对气味的偏好如此不同。所以，治疗师让客户在精油组方的气味上有一定程度的选择权是很重要的。

④精油数量：如果选择了三种以上的精油组方，就可以创造出一些有趣而美妙的香味。但如果混合太多种精油，每一种精油中的成分在组方中被稀释，特别是那些本来很微量的关键成分会被过度稀释后失去功效相加或协同的作用。Harris（2002）是第一个针对整体芳香疗法的潜在协同组方精油调配发表指导方针的人，她建议所选的精油应该在化学、活性和作用方式方面相互补充，组方中的精油品种数量应该限制在3~7，这样组方中的有效成分将占主导地位，目标明确，但不要试图包含太多的目标。因此，如果选择使用功效分子或根据已知的功效成分选择精油，组方精油的品种数量应该合理地限制。不过，当嗅觉对健康的影响很重要时，用心理感官的方法更好，意味更多品种数量的精油组方是完全可

取的。

⑤精油香型：一般来说，同一类型的精油（如柑橘类、花香类、草本类或辛香类）往往能很好地相互混合。例如，柠檬精油和葡萄柚精油的混合，或者薄荷精油和迷迭香精油的混合都不会出错。柑橘精油和香辛料精油倾向于完美地互补，草本和柑橘也是如此。如许多人喜欢柠檬和薄荷的经典组合。混合的时候，先把精油加到一起，让它们混合，然后再加基础油。如果香味是首选，应让精油混合静置一定时间（1h～3天），再决定是否喜欢这个香味，然后再添加基础油。因为这些精油成分相互混合时，香气往往会发生变化。

⑥嗅觉缺失：芳香通过鼻子和嗅觉系统，绕过血-脑屏障，到达中枢神经系统，激活嗅觉神经元，这些神经元与大脑中与认知和情感相关的区域错综复杂地联系在一起。因此，芳香疗法调节人体情感情绪中，嗅觉的重要性很明显。但有时，我们可能会遇到嗅觉丧失或嗅觉减退的患者，这种情况芳香物质可以被肺部和鼻黏膜吸收，然后通过血液输送到中枢神经系统，在那里起神经传递作用。从本质上讲，似乎嗅觉缺失症患者也可以从芳香疗法中体验到情绪上的好处。另外，一些嗅觉丧失者也可能通过三叉神经体验嗅觉类型的感觉，但通常只有穿透性的气味，如薄荷和樟脑。

（3）分子官能团效应　基于不同分子官能团的精油组分间"水平"或"垂直"的协同作用调配精油复方。"水平"协同作用可在几种含有相似官能团的精油组分为单一特定目的的混合物中发现。例如，富含单萜醇（如芳樟醇、松油烯-4-醇和α-松油醇）的混合物应具有增强的抗菌作用。"垂直"协同作用可能存在于含有不同功能基团的精油组分混合物中，用于不止一种目的。"垂直"协同作用可能更适合整体芳香疗法实践，通常患者有多个需求，需要考虑个体具体身体情况。即使是一种单一的疾病，通常也会有几种不同的病理生理过程，如炎症和疼痛。由于混合物中的每一种精油将包含一种以上的官能团，因此活性有进一步重叠的余地。然而，与"水平"协同作用（例如，抗菌活性可以测量）的情况不同，"垂直"协同作用并不容易进行研究和评价。

二、精油的稀释

1. 基础油的稀释效应

植物精油的健康作用正被越来越多的消费者所关注，但对普通大众消费者而言，可能并不知道仅有极少数纯植物精油可直接用在人体上，如未经稀释直接涂抹在皮肤上会引起接触性皮炎。因此，芳香疗法的临床应用时精油通常会采用一些基础油（主要是植物油）稀释到5%以下浓度方能涂抹到皮肤上。在芳香疗法中，按摩精油用基础油稀释后可达到转运精油进入皮肤真皮层、增加精油进入肌肤的吸收速度、防止精油对皮肤的潜在刺激、促进精油在皮肤周围流动、减少精油蒸发到空气中等效果。特别是因为精油浓度高，刺激性强，会灼伤皮肤或引发过敏，绝大多数不能直接涂抹皮肤，所以芳香按摩疗法时必须使用基础油稀释，通常基于治疗目的精油浓度为2.5%左右。一般来讲，常温液体天然油脂均可作为基础油，但出于安全考虑实际上绝大多数基础油属于可食用油脂类，其中不乏我们日常的食用油，如杏桃仁油、鳄梨油、橄榄油、茶籽油、葡萄籽油、月见草油、荷荷巴油、胡桃油、玫瑰果油、甜杏仁油、小麦胚芽油等。一些理想的基础油特点与用法如表4-1。

表 4-1　一些理想的基础油特点与用法

基础油	特点	用法	保质期
葡萄籽油	不昂贵、不油腻、容易被皮肤吸收、抗炎、抗菌	通用基础油、适合所有皮肤类型	3 个月
葵花籽油	便宜、容易被皮肤吸收、富含天然抗氧化剂、类似于皮肤角质层脂肪	适合晒伤、皮肤愈合、痤疮、老化皮肤、含有类胡萝卜素（可在身体中转化为维生素 A）	1~2 年
金盏花浸泡葵花籽油	比较昂贵、抗菌、抗炎	适合缓解皮肤、蚊虫叮咬、痤疮；由于抗炎，抗菌特性，促进上皮化和可能缓解疼痛，对伤口愈合有效	1~2 年
杏仁油	价格昂贵、富含亚油酸、软脂酸和油酸	适用于各种肤质、缓解前胸湿疹和干燥肌肤、易被肌肤吸收；抗氧化、抗炎、抗菌、清除自由基	1 年冷藏
鳄梨油	昂贵、保湿，适合干燥、过敏、脱水的皮肤；富含维生素和油酸（50%）	高黏度，低浓度复配时吸收率最好；有效的伤口愈合，对缓解牛皮癣有帮助	1 年
荷荷巴油	昂贵，类似角质层脂质；复方基础油中加入荷荷巴油，另一基础油保质期可延长	适合所有皮肤类型；抗炎、保湿；有助于辅助治疗皮肤感染、皮肤老化和促进伤口愈合	数年

多数基础油是富含易氧化的不饱和脂肪酸、维生素 E 以及一些保护皮肤的天然抗氧化因子，因此基础油氧化会导致芳疗活性成分丧失，严重的氧化产物是不利皮肤健康的。所以，芳香疗法使用的基础油首推使用经冷压榨法提取的基础油，同时注意避光、冷藏避免氧化。除了荷荷巴油能保持 8~10 年外，其他的基础油在 1~2 年内就会变质。基础油与精油混合，其有效期会缩短，所以购买已经用基础油稀释好的精油时，一定要弄清楚稀释的时间。

薰衣草精油和茶树精油可以不用基础油稀释直接应用于皮肤。茶树精油具有抗细菌和抗真菌的特性，可以直接应用于昆虫叮咬、粉刺和痤疮。未经稀释的茶树精油或薰衣草精油可以减轻热度和疼痛，并迅速清除粉刺。茶树精油对改善手指甲和脚指甲真菌感染也很有效。薰衣草精油当应用于轻微烧伤时，如果在烧伤后立即使用，可能有助于防止留下疤痕或起泡。

2. 基础油的疗愈特性

（1）抗菌活性　芳香疗法时，大多数植物精油多数情况下都要采用基础油（主要是各种植物油）稀释才能直接用于人体。这些植物油属于天然脂质，其中不少具体抗菌活性，因此植物精油的抗菌活性可选择具有抗菌活性基础油稀释或与抗菌脂质复配提升效果。抗菌脂质在自然界中广泛存在，存在于从植物到动物的各种物种中，并作为有效的抗炎、抗菌效应分子。简单的天然脂类，如脂肪酸和甘油一酯，表现出抗菌特性，并能杀死感染动物的皮肤和黏膜的革兰阴性和革兰阳性细菌、包膜病毒、酵母、真菌和寄生虫。脂质的体外抗菌作用已经被研究了一个多世纪，尽管大多数早期研究集中在肥皂的杀菌作用上，长链、中链脂肪酸和甘油一酯也被证明可以杀死微生物。脂肪酸和甘油一酯已被发现可以杀死已知感染黏膜和皮肤的病原体，它们被认为是人类病原体的有效抑制剂。无论是革兰阴性和革兰阳性细菌，脂质破坏其细胞膜的能力已被证明。脂质对细胞膜的部分溶解会导致膜蛋白的释放，从而造成各种有害影响。这可能导致电子传递链的干扰和氧化磷酸化的解偶联或抑制酶活性和养分吸收，从而抑制细菌生长。在较高浓度时，脂质的"溶解"作用可以通过细胞裂解杀灭细菌。这种作用既可以是抑菌可逆的，也可以是杀菌不可逆的。脂肪酸等脂质必须穿过革兰阳性菌的细胞壁和革兰阴性菌的外膜才能进入细菌的细胞膜。对于革兰阴性菌，细菌不同种类对脂质作用的不同敏感性很可能是由于这些外部结构的不同，这些外部结构可以起到屏障和保护内膜的作用。

有研究归纳了脂质结构及其抗菌活性的一些规律，

①对革兰阳性细菌抗菌活性，最活跃的饱和脂肪酸是月桂酸、最活跃的单不饱和酸是棕榈油酸、最活跃的多不饱和脂肪酸是亚油酸；

②中链饱和脂肪酸甘油一酯比其游离脂肪酸更活跃，尤其是月桂酸甘油一酯；

③对革兰阴性细菌，除了非常短链（6 个碳原子或更少）外，脂肪酸的抗菌活性很低；

④酵母受短链脂肪酸（10~12 个碳）的影响；

⑤脂肪酸甘油一酯是非常活跃的，甘油二酯和甘油三酯是不活跃的；

⑥不饱和脂肪酸对革兰阳性菌具有活性，并随着双键数增加，活性会增强。

（2）透皮吸收 用于治疗局部或全身疾病药物的透皮给药可克服常规给药的不足，如胃肠道及肝脏的首过效应以及药物全身吸收导致有效性下降。但是，皮肤角质层渗透性低，为此人们开发了不同的物理和化学方法来克服这种皮肤屏障，以更好地控制药物在皮肤上的传输。其中，渗透促进剂是最方便、效果较好的方法之一，与皮肤成分相互作用以增加药物通量。然而，许多化学促进剂是有毒的、刺激皮肤，浓度和治疗频率高易引发过敏。因此，开发一种新的相对安全的渗透促进剂是非常必要的。脂肪酸已被证明能加速药物的皮肤渗透，可能改善角质层脂质区域的细胞间脂质堆积，从而降低屏障功能。特别是，鱼油富含的二十碳五烯酸和二十二碳六烯酸具有非常显著的促进药物皮肤渗透吸收作用。另外，二者还可以预防紫外线辐射引起的红斑以及并具有明显的抗炎作用。

芳香疗法中的按摩手法主要就是利用精油的功效成分通过皮肤渗透吸收。绝大多数植物精油是不能直接接触人体，而是需要稀释到一定适宜浓度。按摩用植物精油，通常采用无皮肤刺激且易于吸收的动物或植物油作为基础油稀释后使用。但不少芳疗师在应用时缺少针对消费者皮肤个性评估，随意搭配基础油使得芳疗效果大打折扣。其中，基础油的皮肤易吸收、安全无刺激、促精油皮肤渗透性是首要考虑的。基础油有各种各样的特性和吸收率，因此它们可以根据皮肤类型和状况进行选择；它们也有自己的疗愈特性，如果仔细选择，将成为整体协同精油处方的一部分。

大多数基础油本身带有很多的辅助治疗作用，如软化皮肤角质层、保持皮肤水分滋嫩、抗菌消炎、促进活性成分透皮吸收等。过去芳疗用基础油一直是使用植物性油脂，但一些动物性油脂也是值得探索和尝试的。实际上，如海鱼油、鳄鱼油等一些动物性液态油已在护肤品中添加应用。一些富含 α-亚麻酸、二十碳五烯酸、二十二碳六烯酸等 n-3 系多不饱和脂肪酸的植物油和动物油，具有极强的透皮吸收进入血液循环代谢以及显著的抗菌消炎活性，特别值得一提的是这些人体营养必需又不能自身合成的脂肪酸已被多数科学实验和临床研究证实具有促进大脑发育、缓解脑功能衰退以及防治抑郁症等方面作用。

（3）促进心理健康与认知健康　α-亚麻酸、二十碳五烯酸、二十二碳六烯酸等 n-3 系多不饱和脂肪酸在缓解心理和行为异常疾病方面有积极作用，α-亚麻酸在牡丹籽油、亚麻籽油、紫苏籽油中含量丰富；二十碳五烯酸和二十二碳六烯酸一般在海鱼油中含量丰富。有研究发现二十二碳六烯酸有改善人的情绪作用，体内低水平二十二碳六烯酸可能与抑郁症有关，二十二碳六烯酸的缺乏会引起儿童注意力分散及多动症。日本一项研究表明，摄取富含二十二碳六烯酸的鱼油食品的青少年学生考试期间不易表现出挑衅行为。也有研究报道体内低水平 n-3 系多不饱和脂肪酸引发敌对心态和挑衅行为。美国国立酗酒及酒精成瘾机构的研究人员研究自杀病患血 n-3 系多不饱和脂肪酸含量发现，含量越高，自杀欲望越低，如果让病人补充适量鱼油，病患的自杀念头也会随之打消。越来越多的流行病学和膳食研究显示抑郁症患者大都存在 n-3 系多不饱和脂肪酸的缺乏，补充 n-3 系多不饱和脂肪酸能够改善抑郁症状和行为。可见，为了预防抑郁症，促进身心健康，补充 n-3 系多不饱和脂肪酸是十分必要的。因此，富含 n-3 系多不饱和脂肪酸的基础油若与一些植物精油巧妙搭配，有望在调理人的记忆、情感情绪方面获得更好应用。

（4）常见基础油的治疗特性　甜杏仁油相当黏稠，是一种很好的保湿剂，有助于调理皮肤。它可以平衡皮肤的水分流失，并抑制皮肤瘙痒。它经常被用于稀释按摩精油，因为它不会太快渗透到皮肤中，停留在表面，与其他油相比减少了油腻，保湿润肤、舒缓、止痒。杏仁是从杏树的干果仁中提取的，如果对杏仁过敏，一定要避免使用。甜杏仁油是最受欢迎的多用途的基础油，是调配按摩精油的首选。

杏仁油也是一种很好的保湿剂，有助于调理皮肤。比甜杏仁油稍微油腻一点，它是一种很好的按摩用基础油，因为它很容易涂抹，质地轻盈，易于吸收，适用于干燥敏感皮肤，润肤和止痒。对缺水、娇嫩、成熟、敏感的皮肤特别有帮助，并有助于缓解炎症。

鳄梨油相当黏稠，良好的皮肤渗透性和触感，是一种很好的保湿剂，经常用于芳香按摩基础油。鳄梨油含有维生素 A、维生素 D 和维生素 E，使其具有愈合和保湿作用。尽量购买深绿色的鳄梨油，颜色越深越好。较浅色的鳄梨油通常经过漂白处理。鳄梨油对湿疹和牛皮癣患者非常有效，在缓解脱水、营养不良和皮肤晒伤时也很有用，因为它可能有助于皮肤再生和软化组织。

可可脂可用作一层保护层，保持皮肤上的水分，所以它是一个极好的皮肤柔软剂。它有一种天然的巧克力香味，也有无香味的，经常被推荐用于预防孕妇妊娠纹、缓解皮肤和嘴唇皲裂，以及作为日常保湿剂防止皮肤干燥和瘙痒，对疤痕也有帮助。然而，可可脂非常坚硬。因此，如果要使用它制作一种药膏，就需要将其融化并与一种较软的油混合，这样才可以被应用。

椰子油能迅速被皮肤吸收，而且保质期较长。分馏椰子油的加工方法除去了所有的长链脂肪酸，只留下健康的中链脂肪酸，为微黏性液体，具有皮肤软化特性。由于它的加工方式，分离的椰子油含有高浓度的癸酸和辛酸，这使它具有惊人的抗氧化和消毒性能。普通椰子油在室温下是固体的，涂抹在皮肤上有油腻的感觉，提供良好的润滑并在皮肤上留下轻微油腻薄膜；未精制产品具有皮肤和头发涂层性能以及舒缓、保湿效果。

葡萄籽油是一种轻质油，良好的润滑，能迅速被皮肤吸收，不会留下油腻的感觉，防止水分流失，润肤。与大多数其他基础油不同的是，用溶剂提取的葡萄籽可能会留下微量的溶剂。

榛子油饱和脂肪酸含量低，据报道有助于紧致皮肤。尤其对油性皮肤有用，尽管它会在皮肤表面留下一层油性膜。是一种很好的爽肤液，有助于细胞再生，强化毛细血管。榛子具有收敛性，可以作为改善粉刺的良好基础油。良好的润滑剂，很好的渗透和皮肤感觉；滋养肌肤、微涩、刺激循环；润肤、重组；也防止脱水；阻隔阳光。

荷荷巴油是改善牛皮癣等皮肤问题的极佳润肤剂，因为它的化学成分非常接近皮肤本身的皮脂。适用于所有皮肤类型，有利于斑点和痤疮情况，并适合敏感皮肤和油性皮肤。荷荷巴油其实是一种液体蜡。当以10%的比例加入其他油中时，它有助于防止其他油变臭，延长它们的保质期。荷荷巴油价格较高，是一种渗透性极强的优质蜡油，极易为皮肤吸收，具有十分显著的美容功效，尤其适用于脸部和头发护理。与皮肤非常相容，对温度敏感；润滑皮肤的感觉；保护、消炎；治疗湿疹、头皮屑、晒伤和痤疮；在芳香疗法中，可用于"干燥"和"油性"皮肤（皮脂"控制"）。

石栗子油富含亚油酸。它能迅速被皮肤吸收，对阳光暴晒后的皮肤调理非常好，也能改善痤疮、湿疹和牛皮癣。它提供了适宜的润滑而不留下油腻的感觉。它已被用于缓解烧伤和伤口，以及舒缓头皮和头发护发素的制作。

橄榄油黏稠，是较重的基础油，往往会在皮肤上留下油性的感觉。众所周知，橄榄油对烧伤、炎症和关节炎有益，但不是芳香疗法中使用的首选油。几个世纪以来，地中海女性一直将其作为眼部周围的"皱纹霜"使用；用于舒缓、消炎和润肤；用于烧伤、扭伤、擦伤、皮炎和昆虫叮咬。

乳木果油有两种不同的品种：天然的和精制的。天然的乳木果油是黄色的，并有坚果的香味。精制乳木果油经过了脱色、脱臭过程，所以它是白色和无臭的。决定使用哪一个完全取决于个人偏好。乳木果油被认为是有效应用于疤痕褪色、湿疹、皮疹、烧伤、皮肤干燥、黑斑、皮肤变色、嘴唇干裂、妊娠纹、皱纹以及银屑病的舒缓。虽然它实际应用中不被认为是基础油，但也可以用于芳香疗法。

葵花籽油是橄榄油较便宜的替代品。它含有维生素E，所以它能抵抗酸败。它能很好地穿透皮肤，不会留下油性残留物。葵花籽油据报道对缓解擦伤和其他皮肤病有益。像其他油一样，可以在皮肤中保持水分。

山茶油质地轻盈，易吸收，便于按摩；拥有皮肤再生和保湿特性，有助于减少疤痕的出现或防止疤痕。

积雪草油促进表面伤口的愈合，包括手术伤口和烧伤；可以改善血液循环；刺激皮肤再生，缓解失去弹性。

月见草油本身不适合作为润滑剂，但与其他基础油结合使用可达20%，缓解湿疹和牛皮癣，适用于干燥、鳞状皮肤，可以改善皮肤弹性，加速愈合。

夏威夷核果油非常易于吸收和良好的肤感，是有用的基础油之一。可用于浅皮肤损伤和烧伤的辅助治疗；减缓水分流失；润肤（缓解牛皮癣、湿疹），止痒；也用于癌症辅助治疗（放射治疗）；抗衰老。

玫瑰果籽油对按摩来说太"油腻"了，但以10%~50%的混合效果很好；可促进皮肤再生，用于疤痕；也可帮助烧伤、伤口和湿疹愈合；能够促进组织再生，改善皮肤纹理和变色；与积雪草联合使用非常有效。

芝麻油有黏腻感，以混合20%为宜；促进皮肤重组，保湿和润肤；改善弹性和皮肤完整性；清除自由基。

琼崖海棠油黏稠，气味浓烈，不适合按摩；可以止痛、消炎、瘢痕；促进局部血液循环；外用非常有效，特别是缓解带状疱疹的疼痛（与罗文莎叶精油等比例混合）。

核桃油质地优良，按摩时质感和皮肤感觉良好，吸收速度较慢；高度润肤，减少水分流失；具有再生和抗衰老功能；用于缓解湿疹。

小麦胚芽油厚重，黏稠，气味强烈，不适合按摩，除非用其他基础油调制5%~10%；适合于成熟或受损的皮肤。

3. 不同类型皮肤如何选择基础油

（1）干性皮肤如何选择基础油来护肤

①皮肤细纹和皱纹：玫瑰果油含有维生素 C 和维生素 A，对皮肤来说是很好的抗氧化剂。维生素 A 帮助皮肤在真皮深处产生更多的胶原蛋白，从而使皮肤更光滑。它还能温和地去角质，使皮肤更加容光焕发。维生素 C 还可以减少黑斑。

摩洛哥坚果油富含维生素 E，是一种极好的抗氧化剂，可以抗皮肤衰老。

鳄梨油含有一种称为固醇的抗炎化合物，可以帮助缓解太阳晒伤和老年斑。如果较为年轻，但看到皮肤损伤的迹象，这可能是一个很好的选择，以避免发生过早老化。

橄榄油或椰子油非常柔软，但与上述油相比，它们的抗衰老成分较少。

乳木果油和可可脂对干燥的皮肤很有保湿作用，但它们主要用于使天然护肤产品更像霜而不是液体油。

②黑斑：玫瑰果油是最好的选择。鳄梨油对年轻肌肤有效。

③真菌感染和头皮屑：椰子油具有优良的天然抗真菌特性，与茶树精油或薰衣草精油配合可以用来缓解真菌感染、减少头皮屑。如果没有精油，则需要更长的时间来疗愈，这正证明了椰子油的有效。

④湿疹和牛皮癣：精油和基础油只能缓解症状，而不能完全治愈这些疾病。橄榄油或椰子油都是减少湿疹和牛皮癣干燥的好选择。

⑤痤疮：如果是干燥的皮肤和痤疮，最好的组合是椰子油和茶树油、薰衣草油或印楝油。椰子油具有天然的抗菌特性，可以缓解炎症。可以交替使用椰子油和玫瑰果油。玫瑰果中的维生素 A 有助于去除死皮细胞（痤疮的原因之一），并将痤疮疤痕降到最低。

（2）油性皮肤如何选择基础油来护肤　油性皮肤只能使用葡萄籽油，因为使用任何其他的油都会导致多余的油脂。幸运的是，葡萄籽油有多种好处。它可以帮助皮肤再生，减少老化的迹象，缓解干燥的湿疹和牛皮癣，并可以帮助解决痤疮问题，使油腺产生较少的油。然而，它不能帮助真菌感染，除非使用精油，如茶树精油或薰衣草精油。

（3）正常皮肤如何选择基础油来护肤

①细纹和皱纹：适合正常皮肤的油通常不能很好地减少细纹和皱纹，但对预防它们有好处。荷荷巴油、甜杏仁油和杏仁油能滋润皮肤，就能预防细纹和皱纹。保湿的皮肤可以很好地保护自己不受各种因素的伤害。这些油可以代替皮脂，特别是在皮肤产生较少皮脂的时候，例如在寒冷的月份。

②黑斑：由于蓖麻油的辅助治疗能力，它可以帮助治愈黑斑。但是，它的作用速度比玫瑰果油慢。可以将这两种方法结合使用，让黑斑更快地消失。

③真菌感染和头皮屑：蓖麻油是解决这个问题的最佳选择，因为它含有化合物十一烯酸，具有抗真菌的特性。

④湿疹和牛皮癣：缓解干燥，荷荷巴油、甜杏仁油或杏仁油是不错的选择。

⑤痤疮：蓖麻油含有蓖麻油酸的抗菌特性。它的效果不如椰子油，但因为它比椰子油更轻，所以对于普通肤质来说是更好的选择。

4. 基础油改善精油的细胞毒性

Ané Orchard 等（2019）研究了23种植物精油分别采用6种基础油（芦荟油、万寿菊油、金丝桃油、鳄梨油、杏仁油、荷荷巴油）稀释为50%时的抗菌活性和细胞毒性。采用肉汤微稀释法对11种皮肤病原菌进行抗菌活性研究，采用盐水虾致死试验测定细胞毒性。结果表明基础油稀释不会明显降低植物精油的抗菌活性，但大部分植物精油的细胞毒性有所降低，特别是芦荟油和荷荷巴油作为基础油不仅十分有效地降低了精油的细胞毒性，还可明显提高精油的抗菌活性。从细胞毒性来看，23种植物精油中，除了意大利永久花精油、月桂精油、香根草精油，大部分植物精油都会产生细胞毒性；基础油自身不具细胞毒性，但可降低精油的细胞毒性，如芦荟油和荷荷巴油降低了其中14种精油的细胞毒性，金丝桃油、鳄梨油、杏仁油降低了13种精油的细胞毒性，万寿菊油降低了11种精油的细胞毒性。

三、纯露与细胞液

广泛意义上来界定纯露，应是指从植物的根、茎、叶、花、果实等不同部位通过水蒸气蒸馏法获得的溶有植物挥发性成分的冷凝水；但从精油生产角度来定义，纯露是指从芳香植物的根、茎、叶、花、果实等不同部位通过水蒸气蒸馏法制备精油（挥发油）时油水分离的水相部分，即被精油成分溶解饱和的冷凝水。如果采用非水或非水蒸气直接加热介质（热风、微波等）来干燥处理生鲜芳香植物的根、茎、叶、花、果实等不同部位时冷凝收集得到的即为细胞液。对于同一种植物，细胞液比纯露含有更为丰富、含量更高的挥发性成分。纯露中除了含有少量挥发油成分之外，还含有全部植物体内的可挥发水溶性物质。拥有全部植物水溶性物质的纯露，其所含的一些成分是挥发油所缺乏的。其低浓度的特性容易被皮肤所吸收，不含酒精等成分，温和而不刺激。纯露内含上百种对皮肤有益的天然芳香物质，而且纯露的气味也可以对人体产生作用，能保持健康的心情、舒缓负面情绪、放松神经。纯露是小分子补水，能迅速直达肌肤真皮层。渗透力是普通水分子的70倍。使用纯露后几秒就能进入血液作用，迅速解决肌肤缺水状况。

1. 能产出纯露的植物

纯露和精油的获取方式相同，均是通过蒸馏获取的。纯露是提取精油时出来的副产品，有精油就有纯露，这是相同之处；不同之处是有些植物提不出精油，却可以有纯露，例如矢车菊、橡木、车前草、金盏花等；此外，也有通过蒸馏得不到精油或提取精油成本很高的植物，但可以提取纯露，如桂花、茉莉花、荷花、栀子花等；还有一类植物精油毒性太高不能使用，但是其纯露却可以安全使用。

法国提取纯露将植物分为含精油植物和不含精油植物，在这个定义的基础上，分为纯露（Hydrolat）和蒸馏液（Distillate）。纯露指从芳香植物中获取的蒸馏水；蒸馏液指从不含精油的药用植物中提取的。但是这不意味着蒸馏液没有气味，很多蒸馏液其实气味也是比较大的。大多数情形下，纯露的蒸馏，主要以水蒸气蒸馏为主；而蒸馏液以水蒸馏为主。在中国，大部分做中草药植物提取工厂都使用的是水蒸馏，可惜的是，蒸馏液基本都丢弃了。

芳香植物提取的纯露和精油一样，有其特有的成分，从而有自身独有的功效。例如贯叶金丝桃、金樱花等，这些植物都有淡淡的香气，但是精油含量太低，蒸馏的时候，很难得到精油或获取成本太昂贵，故而只用来生产纯露。还有些植物本身没有精油，但是蒸馏液却有药用功效，例如积雪草、金盏花、矢车菊、金缕梅等，虽然本身没有挥发油，但是却有能挥发的亲水分子，随着蒸气跑出来，形成蒸馏液，而这些蒸馏液具有疗效。如大荨麻（*Utica dioica*）、问荆（*Equisetum arvense*）、长叶车前草（*Planrtago lanceolata*）等的蒸馏液。

2. 纯露中水溶性挥发油

国外的各种研究表明，植物中的亲水性挥发油，最高能达到总挥发油的 30%，这部分挥发油随着蒸气出来，存在于纯露中。头道油基本是碳氢化合物，也就是烃类，水溶解值很低，属于疏水的；而二道油，也就是水溶性挥发油，基本是携氧化合物，水溶解值高，属于亲水的。生物质中这种高含量的亲水挥发成分溶解在蒸馏水中的感官特性，构成挥发油香气的丰富多彩，也是纯露为什么有功效的原因。天竺葵精油具有玫瑰挥发油的香气，但是，如果不把蒸馏水中的携氧化合物——水溶性挥发油（占挥发油总量的 7%）加进去，天竺葵精油成分就不完整，从而导致香气的完整性和功效都缺失了。

3. 保存期与防腐剂

纯露中含有水溶性挥发油，而这些挥发油证明是有抑菌作用的，因此很多纯露的保质期可以有 2~3 年。每种纯露的保质期都不同。纯露保存的期限，决定因素除了卫生条件外，取决于纯露中的挥发油成分和含量。保存时间最长的是含有抑菌性酚类成分的纯露，如夏香薄荷（*Satureia hortensis*）、牛至（*Origanum vulgare*）、侧柏醇－4 型百里香（*Thumus vulgaris ct. thujanol*-4），这些纯露的保质期都可以轻易达到 2 年以上。

铜蒸馏锅作为传统的蒸馏罐材质，目前依然在一些蒸馏工厂应用。铜离子具有抑菌的作用。在蒸馏的过程中，会随着蒸气出来，进入纯露中。铜离子在纯露中的含量取决于注入的水的 pH 和蒸馏时间。如果水是偏酸的，铜锅的铜离子会牵引植物中的离子，进入到纯露中。铜锅蒸馏出来的纯露保存时间相比不锈钢锅蒸馏出来的纯露保质期会延长。但是有些植物不适合用铜锅蒸馏的，例如含有甘菊蓝（*azulene*）的洋甘菊、野艾草、西洋蓍草等。因为铜锅不适合蒸馏的植物，有些蒸馏中会加入具有抑菌作用的银。古罗马时期，罗马人在处理饮用水的时候，通常会放一个银币到水中，起到净化抑菌的作用。在 20 世纪 40 年代之前，还没有合成的抗生药之前，银溶胶一直被用来作为抑菌剂。

芳香疗法师对于纯露中添加防腐剂会很排斥，因为她们在使用中很多是口服的，添加了防腐剂，给人的感觉很不舒服。但事实上，添加防腐剂是无法避免的。我们日常的食品中、化妆品中，其实都添加了防腐剂。而且添加防腐体系，很多是因为国家法规要求必须添加。要达到芳香疗法师期待的疗效，不使用防腐剂的纯露是最理想的。大部分不懂得芳香疗法师要求的公司，为了降低成本、压缩费用、延长保质期，会在纯露中添加防腐剂。欧盟规定，如果商业化出售纯露做化妆品，必须添加防腐剂，否则禁止市场公开销售。因此，化妆品公司大多使用芳香水做化妆水，这些化妆水的原料可能是纯露，可能是挥发油溶解的水，也可能是合成香精的水。而且不管是什么水，都要添加最高限达到 14% 的乙醇作为防腐剂。中国化妆水的执行标准为《化妆水》（QB/T 2660—2004），但只规定了微生物的指标，对于使用什么防腐体系没有做具体说明。相比来讲，中国的化妆水有很大的防腐剂使用空间。如果化妆水中必须添加乙醇，那使用过程中，必须避开眼部，而且使用了添加乙醇的化妆水，对皮肤不但有刺激，而且会因为乙醇的挥发性带走皮肤中的水分从而令皮肤干燥。

四、精油的乳化

1. 微乳技术

微乳液，通常定义为由表面活性剂、助表面活性剂、油和水等组分按适当比例混合后自发形成的一种无色、外观透明或半透明、各向同性、低黏度、热力学稳定的分散体系，具有超低界面张力、较高增溶能力，其液滴分散均匀，粒径在 1~100nm。与纳米乳液相比，制备微乳液所需的能量非常低，因为它们在水、油和两亲组分接触时自发形成，它们的生产成本更低；微乳液具有热力学稳定性，具有较长的保质期，而纳米乳液具有热力学不稳定性。微乳的一个主要缺点是形成需要高浓度的表面活性剂，这可能会导致药物应用时的毒性。微乳体系最先是在 1943 年由英国化学家舒尔曼（Schulman）和霍尔（Hoar）发现的，直到 20 世纪 70 年代石油危机爆发后，微乳液体系在原油开采方面存在巨大潜在应用价值，将其发展推向了高潮。目前，微乳液的应用在各行各业中得到迅速发展，如日用化工、生物技术、环境科学、精细化工、材料科学等领域。

对于单项微乳液而言，根据水油比例的不同，可将微乳液分为水包油型（O/W）、油包水型（W/O）、双连续型。虽然微乳液、纳米乳液与普通乳状液间在结构和成分上存在许多相似之处，但三者也有着显著的差异。微乳液的形成是自发的，不需要外力做功，可长期放置且离心后仍不分层，但需要约为 5%~30% 的表面活性剂及助表面活性剂的辅助作用。微乳液中表面活性剂具有产生界面张力梯度形成界面膜以便促成微乳形成的作用，而助表面活性剂主要是一类具有 3~5 个碳原子的醇和长链烷烃，其可调节表面活性剂的亲水亲油平衡值（hydrophile-lipophile balance number，HLB 值）、降低液滴的界面张力、增强界面膜的流动性。

制备微乳液的两种主要方法是相滴定法和反相法。对于相滴定法而言，微乳液的形成是由于表面活性剂、助表面活性剂或溶剂分子在连续相和分散相之间的快速扩散而形成的。当这些分子在界面处扩散和排列时，界面张力和自由能将降低，并形成纳米尺寸的液滴，从而形成稳定的微乳液体系。对于反相法而言，是由于温度、成分、pH 或离子强度的变化而使表面活性剂膜在界面处的曲率改变，从而形成稳定的乳液体系。

植物精油制成微乳液的最大优势可结合纯露一起制剂化，同时分散在水相产品中不影响透明度和产品分散稳定性。如制备以 Tween 80 为表面活性剂，柠檬烯为油相，1,2-丙二醇、聚乙二醇、无水乙醇分别为助表面活性剂的 O/W 型微乳液。精油制成微乳液还可改善功效。如 Gaysinsky S. 等根据临界胶束浓度制备了以丁香酚为油相的微乳液，发现丁香酚定向均匀地分布于微乳液的界面膜上，且以具有抗菌活性的基团朝向水相，这有利于损坏微生物的细胞膜，从而引起细胞死亡，发挥抗菌作用。有研究结合拟三元相图制备了以薄荷挥发油为油相的微乳液，发现微乳液能增加大肠杆菌细胞膜的通透性，利于核酸释放以致死亡。

2. 纳米乳液

纳米乳液指通过表面活性剂以及高剪切外力迫使两种不混溶的液体（水和油）均匀混合而形成纳米尺寸亚稳态分散体。其稳定性不仅与环境和加工条件（例如 pH 和温度）有关，而且与其自由能水平相关。纳米乳液可以用较低的表面活性剂浓度来制备。纳米乳液是一种精细的水包油分散体系，具有自发分离成组成相的倾向。然而，由于纳米乳液的尺寸非常小，基本上是液滴之间显著的空间稳定结果，纳米乳液可能具有相对较高的动力学稳定性，甚至在数年内。

目前，用于制备纳米乳液的技术包括超声处理、高压均质化和微流化。通常用常规高速混合器以形成粗乳液，然后通过超声、高压均质化或微流化形成纳米乳液。其中，微流化使用高压迫使流体通过微通道，从而产生高剪切力，将乳液破裂成非常细的液滴。与传统的均质技术相比，微流化产生的液滴尺寸分布更窄，从而提高了不同生物活性化合物的溶解率和生物利用度。超声处理的优点在于液滴尺寸更小、多分散性好、稳定性更高，同时方法清洁简便、效率较高、成本低，更适用于食品工业。

近年来，纳米技术的应用使精油的释放速度得以减慢，从而显著改善植物精油功能作用的时效。如将 2.5% 的表面活性剂和 100% 的甘油高压均质法制备香茅精油纳米乳，制备出稳定的微滴，提高了精油的保留率，减缓了释放速度，可延长驱蚊保护时间。d-柠檬烯与来自互叶白千层萜烯的抗菌混合物，纳米乳为基础的传递系统包封处理后解决了配方和工艺问题，从而保留并提高包封化合物的抗菌活性。有研究报道了一种用于口服莪术精油的自纳米乳化给药系统，以精油、油酸乙酯、吐温 80、二乙二醇单乙基醚（30.8：7.7：40.5：21）为主要成分，载药量为 30%；与水混合后，该制剂迅速分散成平均粒径为 68.3nm、zeta 电位为 -41.2 mV 的细液滴，有效成分在 25℃ 下存储至少 12 个月后仍保持稳定；大鼠口服纳米乳化的莪术精油后具有代表性的生物活性标志物吉马酮，其生物利用度和药物的峰值浓度分别比未处理的莪术精油增加了 1.7 倍和 2.5 倍。

红豆蔻（*Alpinia galanga*）提取物和精油具有多种辅助治疗活性，包括抗细菌、抗真菌、抗病毒、抗原生动物、免疫调节、抗氧化、抗糖尿病、抗血小板、降血脂等多种药理作用，在医药行业中日益得到应用。它的精油因其独特的泥土或木质薄荷味被用于水疗和香水。由于有如此大的辅助治疗潜力，全球市场对红豆蔻精油的需求很大。Subhashree Singh 等（2021）采用表面活性剂吐温 20、助表面活性剂异丙醇制备了红豆蔻精油纳米乳液，该纳米乳液的粒径范围为 20~80nm（100nm 以内），平均粒径为 35nm。通过对金黄色葡萄球菌、枯草芽孢杆菌、粪肠球菌、大肠杆菌、黑曲霉和镰刀菌的抗菌作用研究发现，纳米乳化红豆蔻精油比未纳米乳化的所有菌株都表现出了更强的抑菌活性，这是因为纳米乳液的小液滴尺寸和表面电荷，导致精油在水相中的溶解度增加，通过破坏细胞膜，最终改善与细胞膜的相互作用；同时，在自由基清除能力方面，红豆蔻精油明显高于对照的抗坏血酸，纳米乳液显示更高的清除活性，这是由于表面积增加的精油滴利于快速和高效的自由基吸收。

3. 皮克林（Pickering）乳液

Pickering 乳液是指用合适表面润湿性的固体粒子替代传统的化学分子乳化剂，能够不可逆地吸附在油/水界面上，在界面上形成稳固的空间壳层，对乳滴油相起到保护作用，阻止液滴之间的奥氏熟化聚集，从而形成稳定的水包油（O/W）型或油包水（W/O）型乳液。Pickering 乳化技术作为一种以固体粒子为稳定剂的新型乳化技术，已成为化学、材料科学、医药等研究领域的一个新热点，相比传统的乳液，其具有高稳定性、低毒性、可生物相容性等特点，对改善精油的稳定性具有良好的应用优势。

Pickering 乳液作为一种以固体粒子为稳定剂的新型乳化技术，已成为化工、材料、食品科学等研究领域的一个热点，将精油封装于 Pickering 乳液中是提高精油稳定性的有效途径，其制备简单、生物相容性高、稳定性好，且可进一步脱水干燥固化，实现固体粉末化，这对精油的后续加工与应用具有重要的价值与意义。然而，Pickering 乳化技术在精油中的应用也存在一定的局限性，如何避免精油乳化过程中由于高压均质或高速剪切等作用而造成的损失，如何设计具有合适的表面润湿性与粒径大小的纳米颗粒，仍然是制备稳定的精油 Pickering 乳液研究的难点。Pickering 乳液的制备方法有高压均质法、超声法、微流体技术、膜乳化技术、电场乳化法等。

Pickering 乳液由于未使用表面活性剂，可避免其对人体的刺激性，只需少量的固体粒子可精油制备得稳定的 Pickering 乳液，可显著提高精油的稳定性，增强精油的作用效果和应用价值。

（1）提高精油的分散性，促进抗菌或杀虫作用　将精油封装于 Pickering 乳液中，可提高精油的分散性，增强其作用。Zhou 等以纳米纤维素作为稳定剂，通过超声法将牛至精油制备得 Pickering 乳液，结果表明该乳剂在高稳定剂浓度、高 pH、低油水比的条件下均具有较好的稳定性，并且抑菌实验表明其可有效抑制大肠杆菌、金黄色葡萄球菌、枯草芽孢杆菌和酿酒酵母 4 种细菌，其抑菌效果优于精油。Jiang 等以胶态二氧化硅作为稳定剂，通过超声 - 均质法制备茶树精油、百里香精油的 Pickering 乳液，并对其体外扩散性进行了研究，研究表明，与以吐温 80 为稳定剂的传统精油乳相比，Pickering 乳液载油量较大，并具有更好的体外扩散特性。Jiang 等以玉米果胶复合纳米颗粒作为稳定剂制备肉桂精油 Pickering 乳液，结果表明肉桂精油 Pickering 乳液的分散性和缓释性能均优于纯肉桂挥发油。Li 等（2018）以玉米蛋白、阿拉伯树胶纳米颗粒作为稳定剂制备百里香酚 Pickering 乳液，研究表明百里香酚 Pickering 乳液可显著抑制大肠杆菌的活性，并具有缓释作用。由此可知，将精油制备成 Pickering 乳可提高其分散性和抑菌活性。另外，精油 Pickering 乳化技术在农药方面也有相应的应用，如 Sánchez-Arribas 等将丁香酚封装于 Pickering 乳液中，并进行抗头虱实验，结果显示头虱死亡率达 60%。Shin 等将百里香精油制备成 Pickering 乳液，结果显示挥发油 Pickering 乳液的杀虫效果强于纯精油。因此，将精油封装于 Pickering 乳液中为环保有效型杀虫剂提供了一条新思路。

（2）有利于进一步实现精油的固体化　将精油制备成 Pickering 乳液是实现精油固体化、提高稳定性的一种途径和方法。Almasi 等分别以乳清分离蛋白和菊粉的混合物以及吐温 80 作为稳定剂，制备了马郁兰精油 Pickering 乳液和纳米乳，并以这两种乳液为原料制备了果胶薄膜，结果表明，与吐温 80 作为稳定剂的纳米乳相比，马郁兰精油 Pickering 乳液制备的果胶膜具有良好的力学性能和防水能力，且释放精油的速度较慢，具有更好的稳定性。有研究以羟磷灰石作为稳定剂，制备了香茅精油 Pickering 乳液，并以其为模板将香茅精油封装于胶囊中，进一步固化，抑菌实验表明香茅精油胶囊对金黄色葡萄球菌和大肠杆菌有较好的抑制作用。可见，精油 Pickering 乳液可作为中间载体，将精油进一步固化，可提高精油的稳定性和作用效果。

（3）实现精油在食品与环保产品领域的应用　Pickering 乳液可提高精油的稳定性和溶解度，并且还具有环保、可生物相容性等优点，在食品等领域具有广泛的应用价值。如 Kasiri 等通过从开心果壳中提取纳米纤维素，以其为稳定剂制备了薄荷精油 Pickering 乳液，并应用于口香糖中，不含表面活性剂，具有更好的生物相容性。Fasihi 等制备了迷迭香精油 Pickering 乳液，以其为中间制剂制备食品包装膜，研究表明食品可在此包装膜中存放 60 天，且在此期间未观察到真菌生长。Gagliano Candela 等将百里香精油制备成 Pickering 乳液，并以其作为天然杀菌剂应用于陶瓷或大理石表面的抑菌去污，具有天然、环保、易清洗等特点，取得了良好抑菌效果。由此可见，精油 Pickering 乳化技术在食品和包装材料领域具有广泛的应用前景。

4. 精油乳剂的应用

　　精油的微乳、纳米乳以及 Pickering 乳液可提高精油的稳定性以及缓慢释放，不仅可保存精油的生物活性，还能提高精油的作用时效。微乳与纳米乳液可以封装粒径从 20～100nm 的水不溶性化合物，由于包封了亲脂性化合物而减小了液滴的尺寸，使其易于通过细胞膜，从而可增强生物活性，在食品工业中具有巨大潜力。

　　（1）解决了精油生物活性成分的递送问题。研究表明，当活性化合物被封装并进一步分散在乳液的连续相中，可以提高其稳定性、并防止它们与食品、药品、日用化学产品等中其他化学成分相互作用。

　　（2）通过使用乳化技术封装植物精油来提高其溶解度或其分散稳定性，最大限度地减少感官不良影响。

　　（3）有利于精油抗菌包装的开发。

　　（4）精油乳化技术具有操作安全、能耗低的优势。

　　（5）避免精油受氧化或降解，提高稳定性。

　　（6）改善精油在胃肠道保留和递送效应。

　　（7）微乳、纳米乳促进精油与酶的相互作用。

五、精油的安全性

　　科学、规范、合理使用植物精油是非常安全的，但不宜仅因植物精油是天然的就随意向使用者宣称没有任何潜在的风险和副作用。所有使用精油的人都必须知道最为基本的安全注意事项和禁忌，避免使用不当可能存在的副作用和风险。

1. 植物精油的天然安全属性与掺假危害

　　天然植物精油一般是安全的，副作用最小。很多植物精油是可食用植物性食物提取得到的，可以安全地应用于食品。其中有不少已被批准为食品添加剂应用于食品加工，属美国食品药品监督管理局"一般公认安全的"类别。2002 年，Lawrence 调查了大约 17500 种芳香植物，发现商用的精油只有 300 种，其中 50% 商业精油原料来自野生来源，而 50% 来自栽培来源。

　　不过，天然植物精油中加入合成化学品或其他更便宜的提取油，在辅助治疗用途的芳疗精油的生产中是不能被人体健康接受的，因为每种天然植物精油中的芳香物质的气液平衡受到干扰，会破坏自然香氛平衡，甚至影响机体对有效成分的吸收，使精油芳疗潜力减弱。掺假的精油对辅助治疗用途是非常危险的，可能会引起皮肤病或更多毒性反应（如神经毒性和流产）。

　　通常情况下，精油的掺假是通过添加与精油成分相关或无关的合成和天然化合物来实现的，目的是增加利润或满足某些既定的国际标准化组织（international organization for standardization，ISO）要求。掺假人工合成物的一个问题是人工合成物本身的毒性以及杂质带入。如用柠檬烯合成香芹酮和香芹酚的过程中，总会产生像香芹肟、2-氰基-3-异丙烯-环己烯或

n-苄基异丙胺等杂质。除了对人工合成物自身毒性的需要关注外，掺假人工合成物还会导致手性成分的立体异构异常分布，这可能引起对健康产生其他危害。如（−）-α-侧柏酮被报道比（＋）-β-非对映体毒性更大；（−）-棉酚对非反刍脊椎动物的毒性明显大于（＋）-棉酚。掺假人工合成物导致手性成分的立体异构异常分布也会影响精油的辅助治疗作用，因为不同手性分子的生理活性是不同的。如吸入（＋）-柠檬烯可使收缩压升高，从而改变警觉性和躁动，而（−）-柠檬烯只影响警觉性；（−）-香芹酮被报道增加脉搏频率、舒张压和躁动，而（＋）-香芹酮增加收缩压和舒张压；（＋）-玫瑰醚提供放松的生理活性，而（−）-玫瑰醚则具有显著的兴奋作用；与纯对映体（＋或−）相比，外消旋芳樟醇对吸入有不良影响。

2. 植物精油的副反应

芳香疗法有时候精油使用不当，特别是不常见、非食用精油，会出现不良反应。最常见的不良反应是眼睛、黏膜和皮肤刺激和过敏，特别是一些含有醛类和酚类的精油。一些易氧化、不稳定的单萜类化合物由于储存不当氧化，接触皮肤容易诱发皮肤过敏。很多产品企图使用稳定剂提高精油稳定性，但不少芳疗师根本意识不到这样会令精油的芳疗功效丧失。但从人群调研数据和很多研究报告来看，有关吸入香气引发的过敏数据还是很有限的，而且许多报告涉及的产品都是香水，而不是芳香疗法的精油。虽然储存易氧化、稳定性、保质期等方面的质量安全一直存在着很大的争议，但就局部应用的临床报道过敏反应很少，大多数研究都没有证明这些精油如果用于芳香疗法是有害的。

（1）植物精油的光敏性及其对皮肤的光毒性　精油中某些天然化学成分对日光敏感，会吸收阳光紫外线被活化，导致皮肤表面发生急性损伤性反应，即光毒性。如导致皮肤灼伤、起水泡、发炎、发红。一般来说，柑橘类精油被归类为光毒性，尽管不是所有的都是，如苦橙精油光毒性但血橙和甜橙精油则不是。由于提取方法不同，精油通常会变得具有光毒性或不具有光毒性，如水蒸气蒸馏的青柠精油不具有光毒性，但冷压榨青柠精油具有光毒性。引起光毒性的最常见成分是呋喃香豆素。柠檬精油中含有氧化前胡素和佛手柑内酯，这两种呋喃香豆素都能产生光毒性反应。酸橙和苦橙油也含有这些成分，但数量较少。当归根油中含有呋喃香豆素，也能产生光毒性。一些最常见的、被认为是光毒性的精油如万寿菊、柠檬（冷榨）、苦橙（冷榨）、柑橘叶、无花果叶（净油）、愈伤草、葡萄柚、酸橙（冷榨）、孜然、白芷。被认为不具有光毒性的柑橘精油有佛手柑（去除呋喃香豆素）、柠檬（水蒸气蒸馏）、血橙、橙叶、温州蜜柑（冷榨）、橘柚、甜橙和日本柚子。

涂抹含有呋喃香豆素（佛手柑内酯）的精油后，如果在12h内暴露在阳光下，皮肤就会出现色素沉着和烧伤。根据皮肤上佛手柑内酯的浓度和皮肤暴露在紫外线下的时间长短，皮肤损害可能从轻微的晒伤到严重的起泡和皮肤色素沉着的永久性改变。这是因为佛手柑内酯增加了皮肤对紫外线的敏感性。含有佛手柑内酯的精油包括佛手柑、白芷、芸香、莳萝、欧防风草和所有柑橘类精油。水蒸气蒸馏法的精油可将佛手柑内酯含量降低到非光毒性水平。选择是不含呋喃香豆素的精油，可具有同等的辅助治疗效果，而不像呋喃香豆素那样存在光毒性问题。大多数精油供应商都有这种精油，它被标记为"无呋喃香豆素"。在皮肤上涂抹光毒性精油后，要求在涂抹后12h远离阳光。原因是5%的佛手柑精油混合物中的呋喃香豆素的毒性作用在敷肤后的头2h内达到峰值，并在接下来的8h内逐渐降低到0。

（2）精油致敏　随着精油使用时间的推移而发生一种皮肤对精油的过敏反应，即精油致敏。致敏可能发生在仅使用几次或使用几个月后。当致敏反应发生时，会引起炎症、皮疹，有时还会出现类似哮喘的症状。服用药物或已经过敏的人更有可能出现这种反应。一些易氧化、不稳定的单萜类化合物由于储存不当氧化，接触皮肤容易诱发皮肤过敏。

第一次暴露时，可能不会发生什么事。然而，与某些药物敏感性类似（如青霉素），随后的暴露会产生更强烈的反应，这些反应可以表现为皮疹、打喷嚏或气短。最常见的过敏性皮肤反应是皮肤刺痛、疼痛或全身荨麻疹，这些反应有时伴有支气管炎症，产生类似哮喘的症状。长期习惯使用后也会出现敏感性。考虑到香料在日常产品中的普遍使用，香料产生副作用的实际风险很小。然而，香料过敏是化妆品接触性皮炎最常见的原因，影响了1%的人口。最令人担忧的是那些仍然含有香料原料的"无香味"产品。现在几乎所有的产品都加入了合成香料，敏感性可能会提高。同时服用多种药物的病人更容易对精油过敏。那些有过敏性疾病的人，如哮喘、湿疹或花粉热，也可能对潜在的过敏成分更敏感，如精油中的内酯。有报道称，一名花商对罗马洋甘菊精油有过敏反应，后来发现他对洋甘菊药茶和药膏有过敏反应；另一名花商患面部皮炎1年，被发现对德国洋甘菊精油中的倍半萜类物质过敏。玫瑰和薰衣草香皂已经使用了数百年，没有任何副作用案例报道。薰衣草被认为是所有精油中最安全的一种，也有报道称引起了一位理发师的过敏，原来这位理发师好几年来每天都要用好几次薰衣草洗发水，涉及的过敏原被认为是芳樟醇、乙酸芳樟酯。柠檬醛本身是一种潜在的增敏剂，但柠檬草和蜜蜂花精油中含有大量的柠檬醛，在芳香疗法中很少产生过敏反应，可能因为精油中 d-柠檬烯的存在产生了猝灭作用。

可能导致皮肤敏感的精油包括：蜜蜂花、安息香、万寿菊、八角茴香、猫薄荷、山苍子、丁香、橡树苔、松树、月桂、茴香、肉桂（树皮和叶子）、柠檬草、香茅、秘鲁香脂。

（3）皮肤刺激　皮肤刺激是由精油中的刺激成分引起的化学烧伤，立即导致皮肤损伤和炎症，通常会产生红斑或灼伤。最为普遍的刺激成分主要是酚类化合物（如存在于丁香、牛至和百里香的精油中）或芳香醛类（如存在于肉桂的精油中）。一般对于新鲜精油稀释至5%以下产生这种刺激的情况很少见，所以含有大量酚类或芳香醛类的精油不能未经稀释直接在皮肤上使用。如果稀释成这样的情况下仍然出现皮肤刺激，那么也可能是因为精油掺假了。另外，陈年柑橘果皮油（如柑橘、佛手柑和柠檬）中萜烯被氧化，也会导致皮肤刺激反应。若出现精油接触皮肤刺激反应，应立即用基础油或家用食用油涂抹稀释皮肤表面精油，然后再用温水和普通肥皂（不含香料）清洗。一开始不要用水，避免促进精油深入真皮。如果皮肤损伤严重或植物油也未能改善受损皮肤，应前往医院就医。

可能导致皮肤刺激的精油包括茴香、万寿菊、鼠尾草、冷杉、丁香、云杉、百里香、欧芹、多香果、安息香、肉桂（树皮和叶子）、牛至、月桂。

百里香精油、丁香精油、牛至精油等富含酚类的精油具有很好抗菌活性，以止痛和抗炎的潜力而闻名，但它们会刺激皮肤和黏膜。为了利用它们辅助治疗的潜力，同时降低这些风险，Guba（2000）提出了"苯酚法则"——酚类精油应用9倍以上的无刺激精油复配，并用基础油稀释后酚类精油不超过1%，方可用于皮肤。

（4）植物精油制品伴随物的安全性问题　芳香疗法所指的植物精油绝大多数是传统、经典的水蒸气常压蒸馏法提取的可挥发油溶性成分的混合物。所以，对于采用其他精油制取工艺以及调配以后的精油产品，严格来讲不是"纯净"精油，而是植物精油制品。植物精油制品中除了"纯净"精油，还可能包括芳香植物原料油脂及其他油溶性物质、溶剂萃取物、溶剂残留、稀释用的基础油或溶剂等伴随物，有时候这些伴随物在植物精油制品中含量可高达

90%以上，如基础油。因此，在使用时必须结合考虑这些伴随物对植物精油制品功效和安全性影响。如果使用纯精油，可以避免伴随物许多不良反应，如嗅闻吸入芳香。溶剂残留也可能存在潜在不良反应以及被掺假或掺杂的精油可能造成的危害。然而，不能完全排除对纯的、未掺杂的精油产生不良反应的可能性。这些不良反应可能发生在已经接受多种药物治疗或有过敏倾向的患者身上。

3. 植物精油的使用安全性

（1）植物精油不同使用方式的安全性　①口服精油：有些人认为精油是危险的不能口服；有些人让病人口服精油认为没有问题。法国的芳香疗法，医生可以给病人每天口服3~4次精油软胶囊（每个胶囊含有3~4滴精油稀释在基础油里），用于辅助治疗感染或慢性疾病，虽然几乎没有副反应报道，但口服产生毒副作用的可能风险比其他使用方式大。大多数以这种方式使用精油的法国医生都是与细菌学家和药剂师一起协作指导使用的。长期口服精油可能导致慢性毒性，但吸入或局部使用精油不太可能导致慢性毒性。已有一些通常主要涉及儿童口服精油中毒的实例报道，症状包括恶心、呕吐、共济失调、神志不清、抽搐和昏迷。所以，除了国家食品添加剂法规允许食品添加的植物精油或者植物可食、可药（口服药）部位提取的植物精油，不建议与其他植物精油一同推荐给普通人群口服。

②皮肤局部涂抹精油：英国的芳香疗法侧重于用基础油将植物精油稀释到5%以下用于皮肤涂抹以及按摩，主要用于身心放松和缓解压力，有时用于上呼吸道感染，但几乎没有出现这种方式使用精油的毒副作用报道。但大多数植物精油在未经稀释的情况下直接使用在皮肤上是十分危险的，特别是酚类、醛类成分含量高的精油，否则出现刺激、过敏和光毒性不良反应。法国使用富含酚类的精油用于辅助治疗感染时高度稀释才使用。Guba（2000）建议，如果一定需要高浓度或未稀释的精油，可以使用90%的无皮肤刺激性精油和10%的酚类精油混合。

③嗅闻吸入精油：Jellinek（1999）认为由于精油中物质的浓度以蒸气状态进入人体，因此其用量比通常的药理学应用模式要少，并且减少了全身副作用的可能性。吸入精油不太可能产生毒性反应。如果一个人被限制在一个不通风的房间里，温度非常高，精油不断扩散，至空气饱和时就会发生毒性反应。然而，这种情况的影响更像是窒息而不是对精油的反应。

（2）精油皮肤斑贴测试　如前所述，某些精油可能引起某些人的过敏反应或致敏。一些被积极宣传为"使用安全"的同样会导致过敏，包括茶树精油和薰衣草精油。如果是第一次使用精油，最好在皮肤上的一小块区域做皮肤斑贴测试。这个测试很容易操作，可以帮助你辨别你是否对某种精油敏感。即使大多数纯露未稀释时局部应用都被认为是安全的，但皮肤斑贴测试仍然是需要的。

进行皮肤斑贴测试的第一步是确保你使用的精油被适当稀释以供局部使用。用3~4滴基础油润湿棉球，向棉球中加入1滴精油，将棉球轻拍在肘部内侧褶皱处，用绷带包扎以保持干燥。在进行皮肤贴测试时，确保避免将皮肤部位弄湿。观察24h，如果在到达24h之前，感到任何的刺激或不良反应，应立即去除绷带，并使用水和温和的肥皂仔细清洗区域。如果24h后没有刺激，那么表明在你的皮肤上使用稀释的精油是安全的。记住，如果你对某种植物过敏，则很可能对那种植物的精油过敏。

（3）精油的安全使用浓度　有许多内在和外在因素不仅影响精油的吸收，而且影响体内分布和代谢，如不同精油成分的经皮吸收速率存在巨大差异，所以芳香疗法精油使用剂量、浓度有时很难精准确定。

Bowles（2003）给出了一些有关剂量的有用数据：按摩剂量范围是 1.2~16.0mg/kg、嗅吸剂量范围是 5~15min 可达 0.7~1.1mg/kg、沐浴剂量范围可达 1.1~3.7mg/kg、在小范围内均匀涂抹 1.0~2.0mL 可高达 12.8~25.7mg/kg 的最大潜在剂量。关于精油浓度，Tisserand 和 Young（2014）建议，为了达到按摩的目的，当大面积的皮肤被覆盖时，一般建议使用 2.5%~3.0% 的浓度，并且 5.0% 应该是最大的；对于年轻人和老年人，建议使用 1.0%~2.0%；对于放松或更经常使用的人，2.0%~2.5% 就足够了。Komeh-Nkrumah 等（2012）的动物研究证明了一种抗炎精油处方的有效性，并确定了最佳剂量为 20% 的浓度。因此，"最佳"或辅助治疗剂量很可能取决于期望的结果，对于心理治疗效果和一些临床效果（如祛痰作用）来说，剂量较低也许对于（主要）通过吸入提供的处方来说；对于其他临床效果，例如抗炎作用，则剂量要高得多。如 Schnaubelt（2011）建议在特定情况下使用更大的剂量，包括使用未经稀释的精油。

鉴于缺乏确凿的证据，而且从业人员在剂量问题上缺乏共识，似乎有几个方面需要考虑，包括期望的辅助治疗结果、如何和在哪里应用处方以及限制因素等。显然，当我们决定精油的浓度时，是基于我们的客户不属于易受伤害的类别，限制因素是安全性、毒性和混合物中任何精油可能引起皮肤刺激和过敏的假设。按摩复方精油的精油浓度一般为 1%~4%，具体浓度取决于辅助治疗需要、健康状况和使用对象的年龄。

从辅助治疗需要来考虑，低浓度/剂量（浓度在 1.0%~2.5% 范围内局部应用，或短暂/间歇暴露于未稀释的芳香气体）适合通过嗅觉系统吸入/吸收的心理治疗效果，适合吸入和呼吸道作用；中等浓度（2.5%~5.0%）适合芳香按摩，通过皮肤、吸入和嗅觉进行全身吸收；较高浓度（20% 范围内）适合局部应用于一些临床效果，如镇痛和抗炎作用；高剂量（专用未稀释精油 1.0~2.0mL）可小范围涂抹于皮肤，如减轻疼痛。

从使用者的年龄来考虑，精油对早产儿来说一直不安全；对于 3 个月以下的婴儿来说，只要婴儿是足月分娩的，并且所使用的精油也被认为是安全的，浓度稀释在 0.1%~0.2% 之间的精油被认为是安全的；只要使用的精油被认为对婴儿是安全的，0.25%~0.5% 的浓度一般被认为对 3~24 个月的足月婴儿是安全的；1% 的精油浓度通常适用于日常护肤产品、敏感皮肤的人以及 2~6 岁儿童、免疫功能低下又有长期健康问题的人和老年人；只要使用的精油在怀孕期间被认为是安全的，1% 也适合孕妇；1.5% 的浓度被认为适于 6~12 岁儿童，只要使用的精油对这个年龄段的儿童是安全的；2%~2.5% 的浓度被认为是成人使用的标准。

从使用者健康状况来看，急性疾病是突然发生的，会在某一时刻结束，分娩、抽筋痛、肌肉损伤、头痛、牙痛和伤口都是急性疾病的例子，对于这些急性情况，精油浓度应为 3%~4%；对于情绪或慢性疾病（即长期的医疗疾病），如关节炎、类风湿性疾病、慢性疲劳和其他长期疾病，精油浓度应为 1%~2%。

总体而言，植物精油在公共领域的应用已经有几百年的历史了，科学合理使用精油是安全的，毒副作用问题是较为少见的。但是，植物精油的用量大大超过口服、局部使用或吸入芳香疗法的正常用量时，是不安全的。也许我们需要的是大量的常识。任何东西，即使是水，如果摄入太多都是有害的。精油的不良反应发生率远低于合成药物的不良反应发生率，且一般不严重。植物精油很好，但是过度使用可能会导致过敏——即使是用无处不在的薰衣草。

（4）植物精油与药物的相互反应 一些脂溶性非离子化药物可在肝脏中完全再吸收，使其变得更溶于水，更容易在尿液中排泄。吸入或局部使用的精油不会经过肝脏的这一阶段代谢。因为它们是脂溶性的，精油中的成分很容易进入大脑，这些成分通过血流运输也很容易到达肾脏。所以，精油口服可能影响其他药物的肝脏代谢。大多数微溶于水的药物可与血浆白蛋白非特异性结合，植物精油进入血液也一样可发生类似结合作用从而与药物在安全性、药理方面发生相互影响。然而，Tisserand 和 Balacs（1995）指出，由于精油的用量与传统药物相比很小，即使是口服，也不太可能影响大多数传统药理学的治疗作用。

某些精油可能与其他药物发生相互反应。如一些精油可能会增强药物的疗效，一些精油可能会在细胞水平上产生干扰，降低药物的有效性。众所周知，精油的一些成分可促进药物透皮或局部吸收而提高药物疗效，如桉树精油广泛应用于外用制剂和鼻腔喷雾剂。依兰精油可使 5-氟尿嘧啶的皮肤吸收增加 7 倍；蓝桉树精油提高链霉素、异烟肼和磺胺酮在结核分枝杆菌中的活性；蓝桉树精油中的 1,8-桉叶素显著降低了戊巴比妥效应和剂量相关的对大鼠肝脏酶活性的影响。

最好不要将芳香疗法与顺势疗法混合，因为精油被认为会抵消顺势疗法的治疗。英国顺势疗法医学协会理事会官员 Nandra 博士表示，虽然两种药物结合使用不会产生不良影响，但精油会降低顺势疗法的有益作用。

4. 植物精油的安全提示

（1）需要确保自己不会对所选择使用的植物精油及基础油过敏。一般来说，如果自己对某种物质有食物过敏，可能也会对它有皮肤局部过敏。例如，对坚果过敏，那么当在皮肤上涂抹乳木果油（来自坚果）时，可能也会产生过敏反应。因此，首次使用某种精油或基础油之前应做一个皮肤斑贴测试。

（2）植物精油必须储存在远离儿童、宠物以及火源的地方，精油是可燃的，应远离明火和火源。

（3）如果你遇到一种不熟悉的精油，首先要做是查询一些专业、严谨的科普介绍，以确保不会产生意外。最好是坚持使用经过皮肤斑贴测试安全或已经使用过安全的精油。

（4）在尝试一种精油时，即使是使用已经很熟悉的薰衣草精油，也一定要从最小的推荐剂量开始。这是为了避免不可预见的情况发生。一旦确定自己不会感到刺激或不适，才可以逐渐达到更高的量。

（5）最好避免为新生儿和非常年幼的婴儿使用精油。他们的皮肤非常敏感，如果使用精油可能会受到刺激。

（6）不要认为所有的精油都可以用于芳香疗法。

（7）孕妇和哺乳期妇女在使用精油时必须小心。很多对她们来说是不安全的，即使被用于皮肤或香水，因为精油可以被皮肤吸收进入血液或乳腺，最终会影响胎儿或婴儿。

（8）患有某些疾病的人应避免以任何方式使用某些精油，包括芳香疗法，如

癫痫——迷迭香、鼠尾草、樟脑和茴香（这些物质会刺激癫痫发作）

高血压——迷迭香、鼠尾草、百里香

哮喘——马郁兰

肝炎或肝硬化——避免所有的精油

（9）某些精油不能长期使用，否则它们会在体内积累有害毒素。

（10）避免暴露在阳光下使用这些精油，因为它们会导致黑斑形成，如佛手柑、雪松木、生姜、柚子和广藿香。如果使用其中任何一种用于皮肤护理或其他目的，请在晚上或其他阳光没有接触的地方使用。一些精油会引起光敏反应，这意味着它们会增加被晒伤的风险。如果使用带有光敏警告的精油，在使用后 6~24h 内避免阳光暴晒。

（11）注意精油新鲜时的香味和外观。如果它们改变了气味、颜色和黏度，就扔掉。柑橘精油通常只能存放一年，而花如果储存得当可以存放 5 年。那些气味较重的香，例如檀香、广藿香和乳香，可以存放好几年。这就是为什么精油通常以小瓶出售的原因。因为它们是浓缩的，你只需要使用少量。

（12）如果你需要关于如何使用某些精油的进一步建议，请咨询专家，查阅专业、科学、严谨的网络科普资源。特别是与精油专家的直接讨论可以让你说出你所有的担忧。它还可以让专家在考虑所有相关信息如过敏史、过去和现在的医疗状况以及个人偏好之后，判断哪种精油最适合你的具体情况。

（13）许多精油会刺激或伤害眼睛和黏膜，如果意外接触发生，用水彻底冲洗该区域。千万不要在眼睛附近或眼睛里使用香熏产品，如果任何精油不小心进入眼睛，立即用蘸有植物油的软布擦拭该区域。最后，用水冲洗眼睛并看医生。用植物油冲洗眼睛的基本原理是精油化合物被吸引到油脂中并溶解。由于精油会被眼部的脂肪细胞所吸引，所以要及时将精油溶解在植物油中。

（14）芳疗产品和未稀释精油需要储存在阴凉、黑暗的地方，以防止光氧化。另一种防止或延缓氧化的方法是将精油储存在铝瓶或深绿色、棕色或红色的玻璃瓶中。储存确保瓶盖密封好，因为精油一接触空气就会迅速蒸发。

第二节　微胶囊及纳米胶囊

一、微胶囊

1. 概述

大部分精油经皮肤、口服或肺给药后可迅速被吸收，并穿过血-脑屏障，与中枢神经系统受体相互作用，从而改善有关的生理功能。尽管如此，众所周知，大多数精油组分是快速代谢和半衰期很短的活性化合物，在某些情况下导致生物利用度较差。生物利用度反映了药物进入体循环的比例。如果一种化合物被广泛代谢，它就很难被吸收，这意味着只有有限的一部分剂量会进入体循环。随着药物给药技术的不断发展和完善，大多数活性化合物生物利用度较低的问题可以通过新型的给药系统得到解决。近年来，化学修饰、偶联剂、脂质体、微粒、纳米颗粒、传递体、乙醇脂质体、脂质系统、凝胶系统以及环糊精和药物前体已经成功地用于各种修饰给药。

微胶囊化是将活性化合物封装在载体材料内。活性化合物的递送可以通过其胶囊化的方式来改善，例如通过增强其溶解度（即允许在疏水基质中溶解亲水化合物或反之亦然）或保护不受不希望的环境条件（如氧、光或热）影响，在加工和存储过程中使其能够减缓降解以保护其功能，或者在需要吸收的部位允许靶向释放。精油在室温下呈液态。因此，在水溶液中乳化或分散这些组分是最简单的包埋形式，但这种包埋的主要问题是加工应用处理困难，这可以通过微胶囊化生产干燥配方，将油滴包埋在载体材料中来解决。微胶囊包埋技术可分为三大类：化学法（分子包埋或界面聚合）、物理化学法（凝聚和脂质体包埋）和物理法（喷雾干燥、喷雾冷却/冷却、共结晶、挤出或流化床包埋）。

　　微胶囊是一种能包埋和保护某些物质的具有聚合物壁壳的半透性或密封的微型"容器"或"包装物"。广义上，微胶囊还包括一些能包纳、保护并控制释放其他物质，但并没有明显壁壳的微粒。通过特殊的方法，利用天然或合成的高分子材料包覆固体、液体甚至是气体物质，制成有囊壁的微型胶囊以及保留或截留其他物质的微粒，从而达到保护、控释等效果，这一过程称为微胶囊化，实现微胶囊化过程的技术称为微胶囊技术。由于芯材、壁材和微胶囊化方法不同，微胶囊的大小、形态和结构变化较大。微胶囊的颗粒直径尺寸范围在零点几微米至几千微米，一般为 $5 \sim 200 \mu m$，囊壁厚度 $0.5 \sim 150 \mu m$。也有上至数毫米大的毫米级微胶囊，下至 $0.1 \sim 1 nm$ 的纳米级微胶囊。常见的微胶囊化方法包括喷雾成型法、相分离法、流化床包涂法、超分子包合物形成法、糖玻璃化技术、锐孔 – 凝固浴法、复相乳液法、蔗糖共结晶法等。微胶囊化是一种可行、有效的生物活性物质包埋方法，可以调节活性物质释放、增加物理稳定性、避免与环境相互作用、降低其挥发性、增强其生物活性、降低毒性以及提高患者依从性和使用方便。

　　精油通常情况下是具有特殊而浓烈气味的油状液体，常温下可以挥发，可溶于浓乙醇和大多数有机溶剂，几乎不溶于水；对空气、日光及温度较敏感，易于分解变质。由于精油沸点低，挥发性高，一些成分在室温或低于室温的条件下就会挥发，稳定性较差，有效作用时间短，影响终产品的品质以及药效，所以精油的缓释和控释技术是目前国内外研究的热点，也是难点。其中，微胶囊化是最为引起关注的缓释和控释技术。微胶囊化从 20 世纪 50 年代就开始发展，至今这方面的研究仍然处于方兴未艾之势，每年有大量专利获得批准。在国外，特别是美国，微胶囊香料已广泛用于食品、医药、日用化学产品等多个领域。

　　与其他天然产物的微胶囊技术相比，精油的微胶囊化难度较大，这主要是因为①精油通常是几十种，甚至上百种不同组分（如醇、酚、酯、酮、烃等）的混合物，它们对水和油的溶解性各不相同，因此要将所有组分完全包埋在壁材中是十分困难的；②不同组分具有不同沸点，组分挥发性差异大，一些组分即使 0℃ 以下仍具有很强的挥发性，易挥发成分的挥发损失，导致包埋后组分和功效变化；③许多组分对 pH、光、热、氧敏感，给微胶囊制作带来了难度。精油组分有的稳定，有的挥发性很强，有的易受氧化，还有的相互之间或与药物、载体物质之间易发生反应。对精油进行微胶囊化是为了保护这些组分，以避免其挥发或受到外界热、水和氧气作用而发生降解反应的手段之一。

2. 微胶囊化的目的意义

　　植物精油微胶囊化的意义：

　　（1）抑制挥发损失　通过微胶囊化，精油由于囊壁的密封作用，挥发损失受到抑制，组分保留完整，从而提高精油制品储存和使用的稳定性。

　　（2）保护敏感性成分　微胶囊化可使精油免受外界不良因素，如光、氧气、温度、湿度、pH 的影响，大大提高耐氧、耐光、耐热的能力，增强稳定性。如桔油中柠烯的含量约占总挥发性组分含量的 90% 左右，柠烯在贮藏过程中极易发生反应生成氧化产物，其中最早生成的氧化产物-1,2-环氧柠烯和香芹酮是影响桔精油香气的重要原因，微胶囊化就可避免桔油中的柠烯氧化及其导致的风味变质。柠檬醛是许多精油的重要组分，在空气中易挥发，易氧化变质，遇热快速分解，给使用带来不便，经 β-CD 包合微胶囊化后，热稳定性得到了一定程度的提高。薄荷精油和大蒜精油经 β-CD 包合微胶囊化后，抗光解性、热稳定性以及湿稳定性得到明显提高。

（3）具有控制释放作用 微胶囊化可使精油达到控制释放效果，如在酸性或碱性释放、高温释放以及缓慢释放等。典型的例子就是可实现口服精油肠道释放，避免消化道黏膜损伤。

（4）避免精油制品成分间反应 芳香疗法经常会使用复方精油，微胶囊化可将复方中不同精油的活性成分隔离保护起来，从而避免与其他成分反应，从而改善精油制品稳定性。

（5）掩盖不良气味 一些可口服精油具有重要的生理活性。如大蒜油富含的大蒜素具有抗菌消炎、抗病毒、抗肿瘤、杀虫、抗癌、降血压、降血脂、预防动脉粥样硬化、保肝以及提高机体免疫能力等作用，现在人们已经从大蒜中提取出大蒜素应用于医药、食品、保健品。但是大蒜精油有强烈的令人不愉快刺激性气味，对胃肠道有强烈刺激性，很大程度上限制它的应用和推广。将大蒜精油制成微胶囊后，既可保护功能成分，又掩蔽了不良气味。

（6）增溶与改善乳化分散作用 微胶囊化能可使精油在水溶液中形成稳定乳浊液。对于难溶性精油微胶囊化后可适度提高其水中溶解度，起到增溶作用，如 β-CD 包合后，薄荷油的溶解度从 0.02% 提高 0.5%，提高约 25 倍。丁香酚在水中的溶解度为 14.17ug/mL，而被 β-CD 包合后则为 76.41ug/mL，溶解度提高了约 5 倍。

（7）改变物理形态 精油常温为液体，微胶囊化能将常温为液体精油转变为自由流动的粉末，使其易于与其他配料混合。

3. 植物精油微胶囊化的应用

（1）微胶囊化精油开发芳香抗菌纺织品 近年来，具有抗菌活性的功能性织物受到人们的广泛关注。抗菌纺织品已广泛应用于个人护理产品和家用纺织品。目前，具有抗菌性能的一次性无纺布被广泛应用于功能性纺织品的生产中。在众多赋予纺织品抗菌性的技术中，抗菌剂在纤维基质中的微囊化就是其中之一。

2018 年，Karagonlu 等研究载有法国百里香精油的微胶囊，开发用于伤口敷料和绷带，微胶囊被嵌入到无纺布上增加抗菌特性。2010 年，Asanović 等研究壳聚糖凝胶聚合物荷载硫酸庆大霉素或欧洲云杉精油抗菌处理尼龙弹力平纹针织面料，基于医疗用途评估其抗菌活性以及抗菌处理对面料的压缩功、体积电阻率、吸水率和保水率的影响，结果表明抗菌处理的面料对金黄色葡萄球菌、大肠杆菌、克雷伯菌和白色念珠菌等微生物具有广谱抗菌活性，但抗菌处理降低了织物的总压功、弹性和不可逆压功、吸水率和体积电阻率，提高了织物的保水性，总体上云杉精油优于硫酸庆大霉素。

将芳香气味吸附在固体载体材料上对纺织工业具有重要意义，因为它们更适合于整合到纺织品中。不过，吸附在固体载体上的挥发性香味在使用洗涤剂进行常规洗涤时很容易被去除。在这方面，微胶囊技术已被深入，以系统地研究这个问题。如薰衣草精油的微胶囊可以防止香味化合物在纺织品上的挥发，从而延长纺织品的香味。

（2）微胶囊化提升植物精油的长效驱避蚊虫效果 大多数植物合成一些化合物（如驱避剂、抑食剂、毒素和生长调节剂）用来防止植食性昆虫的攻击。虽然这些化合物的主要功能是防御植食性昆虫，但许多化合物对蚊子和其他双翅目昆虫也是有效的，特别是那些用于防御食草动物释放的挥发性成分。植物在叶片受损时，通常会产生挥发性的"绿叶挥发物"以阻止食草动物。研究发现，蚊子的气味受体对这类挥发物（如乙酸香叶酯、香茅醛、甲基庚烯酮和香叶基丙酮）有强烈的反应。有趣的是，对避蚊胺有反应的气味受体在致倦库蚊中也对侧柏酮、桉叶脑和芳樟醇有反应。

植物驱蚊剂的发现在很大程度上依赖于民族植物学。大规模筛选植物驱蚊活性的方法是20世纪60年代从柠檬桉树提取物发现的一种商业有效的驱蚊剂——孟二醇，是从柠檬桉树的叶子中提取的一种有效天然驱蚊剂。许多植物萃取物和精油都能驱蚊，其驱蚊效果可持续数分钟至数小时。这些植物萃取物的活性成分往往挥发性很强，因此，虽然它们在使用后的短时间内有效，但它们很快就会被蒸发而失去驱蚊效果。例外的是，孟二醇具有较低的蒸气压，能提供数小时驱蚊效果。孟二醇是美国疾病控制与预防中心提倡在疾病流行地区使用的唯一一种植物性驱蚊剂，源于柠檬桉树叶精油，它具有已证实的预防疟疾的临床疗效，而且被认为不会对人体健康构成威胁。另一种通常用作植物性驱蚊剂的成分的是香茅属植物的精油和提取物，在20世纪初被印度军队用来驱赶蚊子，并于1948年在美国注册用于商业用途。如今，香茅是市场上广泛使用的天然驱蚊剂之一，浓度为5%～10%（低于大多数其他商业驱蚊剂，但较高浓度导致皮肤敏感）。香茅精油为基础的驱蚊剂只能在2h左右的时间内有效，因为精油迅速蒸发造成损失。改善驱蚊效果以及提升驱蚊时长是植物性驱蚊剂的技术研发方向，特别需要重点突破解决植物性驱蚊剂易挥发导致的驱蚊时效短的"卡脖子"问题。

目前，植物精油中较为一致证明具有驱蚊虫作用并已商业化应用的主要是孟二醇和香茅醛。美国环保署虽然把孟二醇列为GRAS物质，但考虑到没有对柠檬桉树叶精油的安全性和有效性进行研究，因此不推荐使用柠檬桉树叶精油直接作为驱蚊剂。一般驱蚊液中可含有10%的孟二醇，适用于1岁以上的儿童使用。但美国食品药品监督管理局不建议3岁以下儿童使用孟二醇。来自香茅精油的香茅醛被美国国家环境保护局建议用作儿童和其他敏感人群的局部驱蚊虫剂，美国食品药品监督管理局认为香茅精油是GRAS。不过，香茅精油在加拿大和欧洲没有被用作驱蚊虫剂，主要因为香茅精油中存在的甲基丁香酚，被国际癌症研究所2013年列为2B类致癌物质。

化学合成驱蚊剂驱蚊胺的持续时间最高可达10h以上，绝大部分天然驱蚊产品难达到。2002年《新英格兰医学期刊》上的一项实验研究显示，7款天然植物精油的驱蚊产品驱蚊持续仅为20min～2h。不少植物精油具有显著的驱避作用，但由于易挥发，往往很快消散，只在短时间内有效。例如香茅油挥发性高，以香茅油为主要成分的驱蚊剂需要每20～60min重复使用一次。若通过微胶囊化控制精油缓慢释放可以延长驱避时间。如利用明胶-阿拉伯胶微胶囊化香茅精油处理织物后，其室温驱蚊效果长达30天。利用这些技术来提高天然驱蚊剂的性能，可能会彻底改变驱蚊剂市场，使植物精油成为一种更可行的选择，用于长效驱蚊剂。

（3）环糊精分子包络可促进精油组分溶于水　递送活性成分的一个简单策略是将其与其他分子进行物理络合，以获得更好的溶解度或增加络合体系的化学稳定性。如环糊精与精油成分形成的分子络合物。

环糊精是一种天然的大环寡糖，因其具有刚性亲脂腔的环状结构和亲水的外表面，确保了复合物在水环境中的良好溶解而闻名。它们能够将高度疏水的分子包裹在疏水腔内，构成真正的分子包封。使用环糊精分子络合物的主要优势在于医药、食品、日用化产品应用中可保护活性成分因光、热、氧分解，挥发损失、消除或减少不良气味，缓解胃肠刺激，防止药物之间反应，还可以将油状和液体药物转化为固态粉末，以减少微生物污染和降低吸湿性。另外，包合物的形成增加了客体在体内的稳定性，从而提高了生物利用度和生物效能。环糊精主要有三种类型：α-环糊精、β-环糊精和γ-环糊精，分别对应由α-（1,4）键连接的6、7和8个葡萄糖基。内腔的尺寸为$0.5 \sim 0.8$ nm，对客体分子的"封装"至关重要。近年来，通过对环糊精羟基进行化学修饰，提高了它们的理化性质和包合能力。除了天然环糊精，越来越多的半合成衍生物和共聚物已经被制备出来，并已进入市场。它们中的许多被用作结构和手性选择剂，取代基的种类和数量赋予了它们新的性质。半合成的环糊精衍生物在水中具有较好的溶解度，能降低和调节水溶性分子的释放速率，提高溶出速率和包合能力，还能降低部分分子的副作用。

β-石竹烯是一种存在于多种植物精油中的天然倍半萜，具有多种生物活性，如抗菌、抗癌、抗炎、抗氧化、抗焦虑、局部美容等。但其挥发性和水溶性较差限制了其在制药领域的应用。Liu和同事研究并比较了大鼠单次口服（剂量50mg/kg）后游离β-石竹烯和β-石竹烯/β-环糊精包络物的口服生物利用度和药代动力学，体内数据显示β-石竹烯从包络物中快速释放，包络的β-石竹烯较游离β-石竹烯的达到峰浓度的时间更早、最高浓度值更高，包络物的AUC0-12h（一次用药后的吸收总量，反映药物的吸收程度）的增幅约为游离的2.6倍。可见，β-环糊精包络物在大鼠体内的口服生物利用度显著高于游离β-石竹烯。Hill等采用冻干法制备β-环糊精包络肉桂精油、反式肉桂醛、丁香精油、丁香酚和反式肉桂醛与丁香酚混合物，包封率为$41.7\% \sim 84.7\%$，其中纯化合物包封率高于精油，进一步研究其对伤寒沙门菌LT2和无害李斯特菌的抑菌活性，除游离丁香酚外，其余样品均能有效抑制细菌生长；β-环糊精包络精油能够在较低浓度下抑制这两种细菌，这可能是因为它们增加了水溶性，因为促进了病菌与精油之间的接触；β-环糊精包络的肉桂精油和丁香精油是最强大的抗菌剂，尽管它们包埋效率最低。可见，包络物可能是很有用的精油抗菌递送系统，在革兰阳性和革兰阴性细菌可能存在风险的食品系统中具有广泛的应用前景。

（4）酵母微囊化精油高效安全防控蚊媒病毒　蚊媒病毒疾病是对人类健康的全球性威胁，每年造成120多万人死亡。其中增长最快的包括登革热病毒、基孔肯雅热病毒和寨卡病毒。在缺乏疫苗和有效治疗药物情况下，主要采取公共卫生减少蚊媒预防病毒传播。这些虫媒病毒主要是由埃及伊蚊传播的，埃及伊蚊在白天进食，不以饱食为目的，主要是嗜人的，偏爱城市和远郊地区。目前控制埃及伊蚊的方法主要是在城市地区喷洒杀虫剂，这对人类和环境健康构成了威胁，而且经常产生抗药性。使用杀蚊子幼虫剂来控制蚊虫病毒传播是一个更为可取的办法。与以成虫为目标的喷雾杀虫剂相比，杀幼虫剂更简单、更安全。由于幼虫被限制在水生环境中，无法逃避控制措施，因此可达到很高的死亡率。但是，目前使用的合成杀虫剂存在对人体毒副作用、影响水产养殖水体以及成本高等不足。

近年来，陆续报道了柑橘、日本柳杉、台湾土肉桂、丁香、柠檬草等多种植物精油的杀幼虫活性。精油已被证明至少通过神经毒性、生长抑制和代谢途径中断等三种不同的机制发挥杀幼虫作用。虽然低浓度精油对人类和其他非目标物种无毒，但将大量的植物精油带入水生幼虫环境可能会破坏微生物环境，危害其他物种。此外，分散的精油容易受到紫外线辐射的快速降解。为了不影响水生生态系统的前提下，高效、有效和可持续的方式向含有蚊子幼虫的水体环境中提供精油，Michael J. Workman 等（2020）学者发表了他们采用酵母细胞包膜食品甜橙油研制微胶囊新型杀蚊子幼虫剂，他们将甜橙油、新鲜酵母和水，按 1∶5∶16 的重量比例混合在一起，在 40℃ 的温度下搅拌一夜，然后将溶液离心，弃上清液，洗去残油，然后冷冻和冻干，微囊含油量 26%~30%，4℃ 保存 6 个月后，含油量、精油组成及杀幼虫效果均无明显变化。这种基于微胶囊包埋精油在蚊虫体内释放杀灭幼虫的新型杀幼虫剂从蚊媒病毒传播源头阻断的手段不仅高效、安全、环保，而且精准。

二、纳米胶囊

1. 概述

目前关于植物精油的包埋文献研究中有很大一部分涉及微胶囊，这些微胶囊用于保护活性化合物免受环境因素（如氧气、光、水分和 pH）的影响，降低精油的挥发性，并将精油转化为粉末。纳米颗粒的胶囊化包埋是克服这些问题的另一种选择，而且由于其亚细胞大小，可能增加细胞吸收机制和提高生物效能。

纳米胶囊也称毫微粒，是 20 世纪 80 年代以来发展起来的新技术，是具有纳米尺寸的新型药物制剂。纳米胶囊的概念是 20 世纪 70 年代末 Narty 等首先提出来的，相对于普通微胶囊，其具有良好的靶向性和缓释作用等独特的性能而备受人们的重视。它已经应用到医药、香料以及食品等领域。纳米颗粒微小，易于分散和悬浮在水中，形成胶体溶液，外观是清澈透明的液体。通常制备的微胶囊粒径在 5~2000μm 之间，称为微米级的微胶囊。而纳米胶囊的粒径在 10~1000nm，纳米胶囊的粒径对于纳米胶囊来说是很重要的指标，这是区分一般微胶囊和纳米胶囊的最重要因素，也与纳米胶囊的被动靶向性密切有关。纳米胶囊制备的方法主要包括乳液聚合法、界面聚合法、单凝聚法以及干燥浴法等，但主要是单凝聚法以及干燥浴法。采用的材料有明胶、清蛋白、淀粉等。纳米胶囊挥发油负载量一般为 10%~70%。

聚合物可用来制备纳米胶囊和纳米球。合成来源的生物相容性聚合物包括聚 α-氰基丙烯酸酯烷基酯、聚乙烯醇、聚乳酸、聚乙醇酸和聚乳酸-羟基乙酸共聚物。天然来源的聚合物通常分为多糖和蛋白质两类。多糖包括植物来源化合物（如果胶、纤维素及其衍生物、淀粉及其衍生物、阿拉伯胶、卡拉胶和海藻酸盐）和微生物或动物来源多糖（如黄原胶和壳聚糖）；蛋白质有清蛋白、明胶、大豆蛋白和酪蛋白。由多糖组成的纳米粒子由于其独特的性质，是一种很有前途的载体，可以传递和保护亲水药物的生理特性，已成功应用于药物传递系统。多糖是一种稳定、安全、无毒、亲水性、可生物降解的天然生物材料。

2. 纳米胶囊荷载精油的目的意义

纳米给药系统已经被发现提供了一系列令人满意的特性，如药物的持续和可控释放、纳米尺度的组织深度渗透、细胞摄取和亚细胞运输，以及在细胞外和细胞内水平对药物治疗的保护，这将扩大生物活性化合物，如植物精油及其衍生成分在制药和生物医学领域的应用。

纳米胶囊包埋可增加易变生物活性物质的溶解度，可以增强其稳定性。纳米胶囊可以作为稳定性差的生物活性分子与环境之间的屏障，从而防止氧、水分等破坏，减少挥发性物质的蒸发和降解，以及防止令人不快的感官特性（即苦味、涩味或气味）。此外，还可用于改善胃肠道中生物活性化合物对细胞和组织的递送、控释和生物利用度。通过抑制化学反应活性（如挥发性、光降解、脱水、水解、升华、氧化、热分解、立体化学转化、异构化等），可以提高分子稳定性和化学稳定性，从而保护了易变活性物质的功能，并允许在需要吸收的位点有针对性地释放，这使得许多目前由于稳定性、兼容性和吸收问题而未在使用的活性物质得以生产和使用。

应用于皮肤的纳米系统被用于促进局部治疗。众所周知，用纳米粒子局部给药的目的是让纳米粒子进入皮肤的更深层，通常药物难以到达活性表皮。只有在角质屏障受损的地方，如老年或病变皮肤，微粒穿透增强。纳米颗粒好似一个储药层，纳米颗粒的使用提供了活性成分的持续和缓慢释放。因此，纳米胶囊可以在细胞水平上促进精油与皮肤相互作用。毛囊和皱纹被认为是不重要的潜在药物递送途径，覆盖不到人类皮肤表面面积的1%，但它们复杂的血管形成和稀薄角质层的深层内陷引起了人们关注。研究表明，特别是毛囊是纳米颗粒给药的有效储器，按摩可以增加纳米颗粒的穿透。

植物精油通过口服或吸入时，会遇到鼻、肺、口腔（舌下和颊）、胃和肠道的黏膜内衬，纳米胶囊可以提高精油对酶降解的稳定性，在需要的时间内以较低的剂量在目标组织中达到理想的辅助治疗水平，并可能确保最佳的药物代谢分布以满足特定需求。分布在所有黏膜组织上的黏稠、弹性黏液层已经进化成通过快速捕获和清除外来颗粒和疏水分子来保护身体。纳米颗粒可黏附在黏液上增加停留时间，增强药物吸收和生物利用度。天然或人工合成的聚合物纳米材料可与黏蛋白形成氢键、疏水或静电相互作用。黏蛋白带负电，静电相互作用是最有效的，可以使用带正电的聚合物纳米材料，如壳聚糖。纳米颗粒的大小、形状和表面性质在跨黏膜纳米传递系统的吸收中起着至关重要的作用。粒径为50~300nm、zeta电位为正、表面疏水的纳米载体具有优先吸收特性。

3. 纳米胶囊荷载精油的应用

除了类似环糊精分子包含复合物，大量具有高生物降解性和生物相容性的精油纳米递送系统，如聚合物纳米胶囊和脂质体纳米胶囊（微乳、纳米乳液、脂质体、固体脂质、纳米胶囊）已有研究报道。如百里香酚被玉米醇溶蛋白-酪蛋白酸钠纳米胶囊化增强抗菌活性。

（1）脂质体　脂质体是研究最多的胶体传递系统之一，事实上，早在20世纪70年代就被用于药物输送。脂质体由囊状自组装系统组成，该系统由一个或多个双分子层组成，通常使用磷脂形成。尺寸可以很小（20nm范围内），也可以很大（超过1μm）。由于亲水、亲脂区域的存在，使其可以作为亲脂和亲水分子的载体。脂质体可防止生物活性物降解，对于亲脂化合物也可以增加溶解性。

以氢化大豆磷脂和胆固醇为原料制备脂质体包埋 *Santolina insularis* 精油，可防止精油降解；脂质体至少一年的时间内是稳定的，在此期间没有发生精油渗出和囊泡大小的改变；但抗病毒 HSV-1 活性方面，游离精油比脂质体精油更有效，这可能与精油的细胞内抗病毒机制有关。为了研究囊泡结构和成分对脂质体包埋南木蒿精油体外抗疱疹活性的影响，制备了带正电荷的多室和单室脂质体，以氢化和非氢化大豆卵磷脂为原料制备脂质体，结果表明脂质体在至少6个月的时间内非常稳定，在此期间既没有发生精油渗出现象，也没有发生囊泡大小的改变；储存一年后，保油性良好，但出现囊泡融合；抗病毒实验结果表明，脂质体包埋增强了精油的体外抗疱疹活性，尤其是用氢化大豆卵磷脂制备脂质体，多室脂质体大大提高了抗细胞内疱疹病毒活性。香芹酚、麝香草酚、对伞花烃和松油烯是牛至属植物精油的主要成分，将其制成卵磷脂脂质体后，评估其对4个革兰阳性细菌、4个革兰阴性细菌和3个人类致病真菌，以及食源性病原体（单核细胞增生李斯特菌）的抗菌活性，结果表明脂质体均表现出增强抗菌活性。另有研究发现脂质体提高了香芹酚和百里香酚的生物利用度和稳定性，对湿度和紫外光的耐受性也有所提高。

（2）固体脂质纳米粒　脂质纳米载体包括微纳米尺度的乳剂和脂质纳米颗粒，大致分为脂质体、胶束、非离子表面活性剂囊泡、固体脂质纳米颗粒和纳米结构脂质载体。脂质体和非离子表面活性剂囊泡是两亲性脂质的胶体结合体，它们自发组织在双层囊泡中，适合于亲水性和疏水性化合物。固体脂质纳米颗粒和纳米结构脂质载体是在室温和人体温度下呈现脂质核心的固体颗粒，使其成为捕获亲脂性化合物，如精油的合适介质。由于这些纳米粒子是由脂质和/或磷脂组成的，被认为是治疗微生物感染的替代品，因为它们能够与被感染的细胞相互作用。此外，精油与脂质纳米颗粒的结合有不同的目的，但主要目的是增强精油在水溶液中的稳定性和溶解度，维持甚至增强其生物活性以及药物靶向。固体脂质纳米粒给药系统可通过多种给药途径，包括真皮、口服、肠外、肺部和眼部，提高药物效率。与聚合物纳米颗粒相比，固体脂质纳米粒给药系统还可以降低药物毒副作用，融合了脂质体、乳剂和聚合物纳米颗粒的优点，可以保护封装的药物不受化学变化的影响，并控制药物的释放形式。与脂质体相比，固体脂质纳米粒可提供长期稳定的纳米悬浮液，且工业规模制造可行。

固体脂质纳米颗粒是指脂质制备的在室温或体温下保持固态的纳米级颗粒。脂质成分可能包括广泛的脂质和类脂分子，如三酰基甘油或蜡。这种脂质颗粒的直径也可以非常小，在50nm~1μm。活性成分可以均匀地溶解在核心或外部中。作为亲脂活性成分输送系统的优势在于，通过固体颗粒结构固定活性成分，增加了化学保护，减少泄漏，并持续释放。这种物理特性可以更好地控制所输送成分的物理稳定性和化学稳定性（防止降解）。

以山嵛酸甘油酯（Compritol ® 888 ATO）为脂质，Poloxamer 188（SLN 1）和 Miranol Ultra C32（SLN 2）为表面活性剂，采用热压均质技术制备了两种不同的固体脂质纳米颗粒（SLN 1、SLN 2），研究其荷载树蒿精油透皮给药及体外抗疱疹活性的影响，SLN 1 粒径为223nm（多分散指数 0.243），SLN 2 粒径为 219nm（多分散指数 0.301），两年后二者平均粒径均略有增加，表明两种固体脂质纳米颗粒均能荷载精油，且具有较高的物理稳定性；体外抗病毒实验表明固体脂质纳米颗粒对精油抗疱疹活性无影响；体外皮肤渗透实验表明固体脂质纳米颗粒能极大地改善精油在皮肤中的渗透累积。Alhaj 和他的同事研发氢化棕榈油 Softisan-154、山梨醇和水制备固体脂质纳米颗粒荷载黑种草精油，在 3 个月的存储期间，不同的存储温度下具有很高的物理稳定性，平均粒径在贮藏过程中没有变化，冻干分散后略有增加。以山嵛酸甘油酯（Compritol ® 888 ATO）为固体脂质，大豆磷脂和吐温 80 为表面活性剂，采用高压均质法成功制备了固体脂质纳米胶囊精油的水分散体，平均粒径为 113.3nm，包封效率为 80.60%，固体脂质纳米颗粒提高了精油对 H22（小鼠肝癌细胞）荷瘤昆明小鼠的抗肿瘤作用。

Roohollah Azadmanesh 等（2021）研究报道了他们采用固体脂类（单硬脂酸甘油酯、棕榈酸硬脂酸甘油酯和硬脂酸）和表面活性剂（泊洛沙姆 188 和 Tween80）制备了蓝桉精油固体脂质纳米粒悬液，精油封装效率 94%、精油荷载量 7%，并评估了对 4 种革兰阴性菌（伤寒沙门菌、大肠杆菌、铜绿假单胞菌、黏质沙雷菌）、4 种革兰阳性菌（金黄色葡萄球菌、蜡样芽孢杆菌、藤黄微球菌、表皮葡萄球菌）、白念珠菌和黑曲霉的抗菌活性。他们的研究发现，蓝桉精油含量主要的有 35 种组成成分，占到 86.9%，其中最主要的 1,8-桉油醇和 α-蒎烯含量分别达到 68.1% 和 15%；制备成固体脂质纳米胶囊后，蓝桉精油 35 种组成成分占到 99.4%（提高了 14%），1,8-桉油醇和 α-蒎烯含量分别升高到 74.3%（提高 9%）和

17.3%（提高15%）；对4种革兰阴性菌、4种革兰阳性菌和2种真菌的最低抑菌浓度、最低杀菌浓度，蓝桉精油制备成固体脂质纳米胶囊后均明显下降，说明抗菌活性提高了。可见，固体脂质纳米胶囊对精油组成成分具有富集浓缩和抗菌增效效应。

（3）其他 Saporito 等（2017）证明了荷载桉树或迷迭香精油的脂质纳米胶囊可以用于改善伤口愈合。橄榄油作为纳米脂质载体，荷载桉树精油，具有良好的理化特性、细胞相容性、良好的生物黏附性能、体外增强纤维细胞增殖和创伤修复性能以及抗菌性能。可见，富含油酸的橄榄油与桉树精油具有协同作用，有助于伤口修复和抗菌作用。Chifiriuc 等（2012）研究表明纳米胶囊迷迭香精油能强烈抑制白色念珠菌和热带念珠菌测试菌株在导管表面的黏附能力和生物膜形成。Choi 等报道，将丁香酚包封成聚己内酯纳米胶囊可以增强其抗光氧化的稳定性。采用喷雾干燥法制备海藻酸盐/腰果树胶纳米胶囊立比草（*Lippia sidoides*）精油，包油量水平从1.9%～4.4%、包封效率高达55%；体外释放曲线显示，45%～95%的精油在30～50h内释放；在海藻酸盐中添加腰果树胶能够最大限度地提高聚合物基质的亲水性，使得负载的精油更快地释放；海藻酸盐与腰果树胶协同用于精油包埋，是一种"可定制"释放速率、包油率和包封效率的潜在包封体系。

壳聚糖制备丁香酚纳米颗粒，平均粒径小于100nm，载药量12%，包封率20%，具有良好的热稳定性，可作为各种热处理应用的抗氧化剂。牛至精油壳聚糖纳米颗粒，粒径范围为40～80nm，包封率为21%～47%，载药量为3%～8%，体外释放初始为快速释放，随后是缓慢释放。为改善精油的负载和释放特性，采用壳聚糖和腰果树胶制备立比草精油纳米胶囊，精油负载率高达11.8%，包封率高达70%，体外释放显示纳米颗粒具有持久缓释特性，这种持久缓释的精油纳米胶囊对埃及伊蚊幼虫有效。甲基纤维素/乙基纤维素聚合物制备高荷载量（43.53%）的百里香酚纳米粒子在乳膏和水凝胶中可延长抗菌作用时间。用明胶和阿拉伯胶制备耐热的茉莉花精油纳米胶囊，在80℃下稳定时间从5h延长到7h。用玉米醇溶蛋白制备百里香酚纳米粒，并以酪蛋白酸钠和壳聚糖盐酸盐（水溶性壳聚糖）稳定，在较长时间内，包埋的百里香酚对革兰阳性菌的抑制效果优于未包埋的百里香酚。

鉴于植物精油与纳米载药系统的协同作用能增强其药理活性，其在生物医学领域的应用前景广阔，未来的应用前景有待进一步探索。

第三节　植物精油的气雾化

一、植物精气与植物精油的自然挥发

1. 概述

1930年，列宁格勒大学（现圣彼得堡国立大学）的杜金博士在研究植物的新陈代谢过程中发现，植物的花、叶、茎、根、芽等的油腺组织不断分泌出一种浓香的挥发性有机物，能杀死细菌和真菌，防止林木中的病虫危害和抑制杂草生长，他将这种挥发性有机物称之为植物的"芬多精"，也就是植物杀菌素（pythoncidere）。在我国，植物"芬多精"又称"植物精气"。

1998 年 9 月，中南林学院吴楚材教授课题组选择"空气负离子、植物精气、空气中微生物含量"三项指标作为新鲜空气质量测定与评价指标，开展中国第一个自然保护区——广东省鼎湖山世界生物圈保护区的森林空气质量测定与评价。1998 年 12 月，评价报告发布后，经媒体报道引发了轰动全国的"空气负离子"效应及"天然氧吧"的生态旅游产品。至此，"植物精气"概念进入社会大众视野。2004 年 12 月 26 日，国家林业局科技司对吴楚材教授课题组"植物精气研究"成果进行鉴定，历经 7 年多的研究，在此次会议上"植物精气"从学术上开始了准确、严谨的定义，并总结了植物精气的生理功能：被人呼吸道黏膜吸收后，能刺激、促进人体免疫蛋白增多，增强抵抗力，还能调节人的自主神经平衡，镇静神经，消除失眠、焦虑和头痛。

人类利用"植物精气"消毒、治病已历史久远。早在四五千年前，埃及人就开始用香料消毒、防腐，欧洲人很久以前就用薰衣草来治疗神经性疾病。中国 3000 多年前，就利用艾蒿沐浴焚熏防病。名医华佗曾用丁香、麝香制成香囊辅助治疗呼吸道感染等疾病。唐代大医学家孙思邈在其《千金翼方》医著中提出"山林深处，固是佳境。"明代医学家龚廷赞在其《寿世保元》中提出了"山林逸兴，可以延年"的论述。这些就是人类对"植物精气"的早期认识。1880 年，欧美发达国家发展了"自然健康疗法"，其实质就是将"芬多精+空气负离子+运动"在大自然界打通。

2. 植物精气的化学组成

植物生长过程中会代谢产生一些水溶性或油溶性的挥发性物质，当这些挥发性物质生长过程自然挥发到空气当中即形成"植物精气"；油溶性的挥发性物质通过水蒸气蒸馏、冷凝收集到的液体即为"植物精油"；水溶性的挥发性物质通过水蒸气蒸馏、冷凝收集到的液体即为"植物纯露"；无论水溶挥发性物质，还是油溶挥发性物质挥发后被人嗅觉感知并产生令人愉悦、舒适、喜爱的感受，即为"植物香气"。

植物精气是植物分泌的一类带气味、挥发性、散发在空气中的萜烯类化合物，是一类广泛存在于植物体内的天然来源碳氢化合物。分子式为异戊二烯的整数倍［分子简式 $(C_5H_8)_n$］的链状或环状烯烃类化合物及其含氧化合物，$n=1$ 时为半萜烯、$n=2$ 时为单萜烯、$n=3$ 时为倍半萜烯、$n=4$ 时为二萜烯。通常倍半萜与单萜一起构成了植物精气的最主要成分。

3. 富含植物精气的植物

一直以来，认为松科、柏科等树林中植物精气丰富，但实际上不少花草以及其他树木也会释放植物精气，有利于健康。从现有的研究来看，最有益的和最有利用价值的是松科、柏科的树木。如马尾松、云南油杉、云南松、湿地松、火炬松、西伯利亚落叶松等松科植物的针叶精气中，单萜烯含量均在 90% 以上。柏科植物既优良的药用植物，又是理想的保健树种。柏木的木材、叶片、果实均被称为中药极品，药用功效显著，柏树精气的医疗保健功能已得到世界公认。大多数柏科植物都有香气，柏科植物叶片单萜相对含量由高至低，依次是西藏柏木、柏木、侧柏、叉子圆柏、日本扁柏、干香柏、圆柏、崖柏，其变化范围 46.10%～94.49%；倍半萜依次为圆柏、干香柏、日本扁柏、侧柏、叉子圆柏、柏木、西藏柏木、崖柏，其变化范围 1.21%～33.60%。

4. 植物精气的生理作用

现代研究已经表明，植物精气被人体吸收后，可增强人体的抵抗力，达到抗菌、抗炎，健身强体的生理功效。这正是森林浴健康养生的核心关键成分，也是生态旅游与休闲养生的科学依据，更是城市人发展"芳香养生"最为尊贵、高雅的源泉。大量科学研究证实植物精气具有抗菌效果（杀死或抑制人体病菌）；促进新陈代谢、增加细胞活力、提高免疫力；减缓压力和改善各种不良情绪，使人心情愉悦、心境改善、感觉心情舒畅、消除紧张，促进人的身心健康；能净化空气、降低污染、人呼吸到新鲜的空气令人呼吸顺畅、精神旺盛、达到清醒效果；通过肺泡上皮进入人体血液中，作用于延髓两侧的咳嗽中枢，具有止咳作用，尤其是对呼吸道疾病的效果十分显著。日本有关芬多精人群测试表明森林浴中高浓度植物精气明显提升了人体免疫抗病能力，使受试者处于低应急、放松状态，进一步测试发现受试者肾上腺素及去甲肾上腺素浓度有所降低。植物精气主要是一些芳香萜类化合物，医学研究表明特别是单萜类化合物对人体具有重要的、积极生理活性，通过呼吸道吸入体内在鼻腔、肺吸收进入中枢神经、血液和全身循环，发挥生理活性。

森林环境因其宁静的空间、美丽的风景、温和的气候和清新的空气而长期为人类所喜爱。当人们出于放松、娱乐、观光、运动等需要，在森林里开展短暂的、悠闲的森林之旅的同时，人会因自然呼吸作用不自觉吸入森林植物生长过程自然挥发到空气中的植物精气或森林精油。早期发现，森林中许多树木散发出的挥发性有机化合物，如 α-蒎烯、柠檬烯等具有杀菌活性，因此又被称为植物杀菌素。森林之旅正成为都市或长久居住城市的人们的一种身心康养、休闲的生活方式，当今已经成为公认的放松身心、缓解压力的极佳户外活动，被称之为"森林浴、森林医院、森林康养"，习惯性的森林浴有助于降低心理、社会压力相关疾病的风险。森林浴对人健康作用最为核心的因素是自然飘逸在森林空气中的"森林精油"，所以森林之旅的森林浴就是一种"森林精油"自然营造的森林香氛中沐浴，因此森林浴可被誉为是一种生态、自然的芳香疗法。

（1）森林浴的植物精气降低血压效应　人类祖先原本是自然生活在森林中的，过着自给自足的农耕生活。随着人类文明出现、社会发展与科技进步，人们开始走出森林、远离田野开创都市生活，人们借助工具适应环境、改造自然发展工业经济，人们享受现代健康卫生的同时一些健康危害也随之伴生。现代生活方式的不利健康一面正日益引起世人关注，虽然我们不可能回到远古生活，但在生活方式方面做一些"回归"、添加一些"原始"、亲近一下"自然"是完全可以的，如森林浴。通俗来讲，森林浴就是出于身心健康的需要，定期或不定期反复在森林中去开展"学习、工作、生活"一段时间。近年来，从预防医学的角度来看，森林浴越来越受到人们的重视。亲近大自然和接触绿色植物，甚至仅坐着看看森林景观，都对防治心血管疾病具有积极作用。科学实验与人体临床研究也均表明森林环境有降低血压作用。特别是对于高血压患者、老年人的收缩压降低十分明显。

多数研究认为森林环境的降低血压作用在生理方面是降低体内肾上腺素和去甲肾上腺素水平，减少交感神经活动，增加副交感神经活动，从而诱导放松效应以及血压和心率下降。过去，人们认为可能森林中的体力活动产生了降血压效应，但并未得到足够充分科学依据支持。近年来，越来越多的研究发现是森林中的植物精气发挥了降低血压的作用。不少研究表明，森林浴这一人体健康效应，在长时间远离森林后会失效，因此建议应长时间、多次森林浴。但是对于生活中大都市的人们，这并不是一件很容易办到的事，不过也许可以尝试体验一下嗅闻那些源自森林植物的精油，也有同样芳疗效果。

（2）森林浴的植物精气增强人体免疫力效应　森林精油"自然挥发形成"植物精气营

造的森林香氛不仅可以缓解压力、放松机体，还可以提升机体免疫功能。研究表明，植物精气通过诱导细胞内穿孔蛋白（细胞毒性 T 细胞等细胞产生的可在细胞膜上形成孔的蛋白质）、颗粒溶素（一种增强细胞膜通透性，具有广谱抗病原微生物及溶解肿瘤细胞活性的免疫效应蛋白）和颗粒酶（外源性的丝氨酸蛋白酶，来自细胞毒淋巴细胞和自然杀伤细胞释放的细胞浆颗粒）显著增强人体自然杀伤细胞的活性及数量。自然杀伤细胞是机体重要的免疫细胞，与抗肿瘤、抗病毒感染和免疫调节有关，这有力地说明了森林环境（森林浴之旅）对人类免疫功能有积极的作用。另有研究表明，森林空气中这些植物精气对自然杀伤细胞的积极作用可在森林浴之后至少持续 7 天，而城市之旅（城市空气不含森林精油）未见这一提高自然杀伤细胞活性和数量的免疫增强效益。

（3）植物精气 α-派烯具有女性抗疲劳作用　日本钟纺株式会社的化妆品研究所和化妆品本部美容研究所的专家对 α-派烯减轻女性疲劳的作用进行实验，他们把女性分为 α-派烯嗅闻和无 α-派烯两个试验组，结果发现，每天夜间沉浸在 α-派烯香氛中的女性感觉视觉疲劳、头重、全身倦怠、腰痛、不舒服的情况呈减少趋势。目前，国外已开发了可以消除疲劳、增强记忆力、提高学习欲望、提高工作效率的芳香剂，这些芳香剂有不少就是以 α-派烯作为基本组分。自然界松科植物的松节油富含 α-派烯，但高纯产品需医师或芳疗指导使用。

（4）植物精气减压放松效应　我们所说的"压力荷尔蒙"，实际上是当人们紧张的时候，身体的肾上腺释放出的去甲肾上腺素、肾上腺素等化学物质，这些物质能促使人们的血管收缩、血压升高，使人们警醒，从而应对紧张的事件与活动。研究发现，森林浴能显著降低尿液肾上腺素和去甲肾上腺素浓度，而城市之旅则没有这样效果，这正是森林浴过程中植物精气"压力荷尔蒙"的降低效应。

（5）植物精气止咳祛痰平喘作用　植物精气具有多种生理功效，可以通过肺泡上皮进入人体血液，作用于延髓两侧的咳嗽中枢，抑制咳嗽中枢向迷走神经和运动神经传播咳嗽冲动，具有止咳作用；通过呼吸道黏膜进入平滑肌细胞内，增加细胞里磷腺苷的含量，提高环磷腺苷与环磷鸟苷的比值，增强平滑肌的稳定性，使细胞内的游离钙离子减少，收缩蛋白系统的兴奋降低，从而使肌肉舒张，支气管口径扩大，解除了哮喘，因而能够平喘。植物精气具有轻微的刺激作用，使呼吸道的分泌物增加，纤毛上皮摆动加快，所以能够祛痰。

5. 森林植物精气的开发利用

随着人们日益认识到大自然对身心健康的积极作用，"森林浴"作为一种健康、休闲、悦乐、回归自然的生活方式，正越来越受到科学研究、消费体验、健康休闲的重视。森林浴对人体的化学干预作用是通过吸入树木产生的各种挥发植物化学物质来实现的，而这些植物化学物质的主要成分是萜烯化合物。科学研究表明，森林可以改善人类健康，这其中最重要的是归功于植物萜烯化合物对人体的有益作用。如已有研究表明萜烯化合物能降低心理压力和血压，并能促进抑制癌细胞的自然杀伤细胞活性。在开发利用森林浴的萜烯化合物健康价值时，有必要考虑并注意如下一些问题，

（1）森林树种　某一树种的萜烯排放与其自身萜烯含量呈高度相关。一般高萜烯含量的植物也具有相应的高排放速率。为了获得森林浴对人体健康产生有益的健康作用，最好选择萜烯排放率高的植物。如有研究报道赤松每小时向大气中释放的萜烯量最高，是所有供试植物中单萜烯释放量最高的。

（2）气象影响　一般来说，温度和阳光强度被认为是两个主要因素，但一些研究人员认为阳光是最重要的因素。温度是影响针叶树生长的重要因素，而光照强度对阔叶树生长的影响更大。松针蒸腾过程中萜烯的释放与温度高度相关。

（3）白昼时间　萜烯的浓度随一天中的不同时间而变化，这与风、日照量等许多因素有关。

（4）季节影响　树木的生理特性随季节而变化，季节温度、日照时间以及生理依赖的萜烯合酶活性都会影响空气中萜烯的浓度与组成。有研究在韩国的森林发现，夏天浓度最高的是 α-蒎烯和 β-蒎烯、春季是对伞花烃、冬天是 d-柠檬稀、秋天是莰烯。

（5）其他影响　树龄、树木生长环境、相对湿度、叶片表面含水率、风速对空气中萜类化合物的排放速率和浓度也有影响。

6. 植物精油的自然挥发

植物精油是若干易挥发但挥发性各不相同的成分组合而成的常温液体混合物。芳香疗法使用精油时，精油通常是以气相组分模式或液相组分模式接触或进入机体。如嗅闻精油主要利用了精油的气相成分，按摩精油可以说是利用精油液相成分，吸入雾化精油则既有气相也有液相。理论上，植物精油室温自然挥发也可形成植物精气，嗅闻精油香气的芳香疗法效果可达到植物精气的健康效果。芳香疗法实际应用过程中，通过室温自然挥发植物精油的方式方法包括，

（1）嗅吸精油纸巾或棉球　在面巾纸或棉球上滴 1~5 滴精油，置于鼻前深呼吸的同时嗅闻吸入香气 5~10min。对于紧张性头痛，只需在棉球上滴 3 滴薄荷精油，深呼吸 3 次，再等上 10min，通常就会有一些缓解。对寻求改善情绪或立即缓解鼻塞时也很有效。

（2）呼吸精油飘带　将 1~5 滴精油滴在吸附性好的小布条上，系在风扇或空调扇叶前风吹。

（3）精油自然香熏　通过扩香装置使香气气味分子室温自然扩散在空气中的巧妙使用精油的方法。虽然确实可从吸入精油中获得了一些芳香疗法的好处，但其效果是温和的，因为精油是在整个房间传递的，而不是直接进入身体系统。这种方法主要用于将气味传入房间，或者是为了净化空气（例如一个有人生病了的房间香熏消毒），或者是为了简单的享受环境的香氛。

不过，由于精油中不同组分的挥发性以及液相亲和力的差异，还有温度和时间的影响，导致不少精油在气相和液相中组分种类及含量是大不相同的。众所周知，一种物质对人机体生理方面的作用是基于物质成分种类及含量，所以大家应不难理解，即使是同一植物精油在芳香疗法临床应用时，由于温度、时间不同以及机体实际接触是气相还是液相，导致真正接触我们身体的精油组分及含量是完全不同的。在这一点上，与现代医学上的药物治疗是完全不同的。也是芳香疗法在生理治疗方面的功能多样、功效不稳定以及差异的一个重要原因，更是芳香疗法难以标准化、不宜标准化的客观因素。所以说，植物精油质量标准化是精油产品的事，不一定与其芳香疗效画上等号。如佛手柑精油液相与气相组分很大不同，佛手柑精油中的松油烯、罗勒烯、橙花醛、香叶醛、橙花醇乙酸酯、α-松油醇、β-石竹烯在气相未检测到，这些组成成分及含量差异自然决定了佛手柑精油在实际临床应用的功效差异和不稳定性。水蒸气蒸馏法提取的薰衣草精油主要有 39 种成分，其中芳樟醇、乙酸芳樟酯、乙酸薰衣草酯、α-松油醇、乙酸香叶酯等 5 种成分含量最高；自然状态挥发收集的薰衣草精气主要

是 13 种成分（主要是萜类合物），其中对异丙基甲苯、柠檬烯、1-甲基-4-苯等 3 种成分含量最高。可见，同一植物气相成分与其精油有时是有很大区别的。

二、植物精油的热强制挥发

对于室温挥发较慢的植物精油，或者希望空间较短时间达到较高的精油气相浓度，可以通过适度加热来促进精油的挥发。

1. 嗅吸精油蒸气

在头上裹一条毛巾，在一碗热气腾腾的水中加入 1~5 滴精油，鼻前深呼吸的同时嗅闻吸入香气（香气+水蒸气）10min；或者滴入少许精油到一杯温水中（精油会迅速蒸发），盖上盖摇匀几次，静置几分钟，打开用鼻子对准杯口深呼吸以吸入香气，可重复几次。记得要闭上眼睛，摘掉隐形眼镜。因为软性隐形眼镜会吸收一些精油，导致皮肤刺痛，所以在蒸气吸入前摘除隐形眼镜。要注意对于年长者、幼童或体弱者，应避免此方法。

2. 呼吸精油清新空气

在空间相对较为狭小、密闭的办公室、书房卧室，一碗热水中加入 1~5 滴精油，放置在房间安全的地方，特别是空调设施旁边，那里的空气通常更干燥，水温和空气低湿度让精油与水一起慢慢蒸发（也可隔水加热蒸发），可净化空气，人自然呼吸可达到模拟"森林浴"的效果。

3. 直接热促挥发

将植物精油、微胶囊包埋型精油或芳香植物直接置于加热面使精油受热挥发。对于容易氧化、热降解的精油不能加热温度太高，也不能加热时间过长。

三、植物精油的气雾化

精油或其乳液通过雾化器以一定的时间间隔被雾化为微细液滴扩散到空气中，大多数时候雾化不加热。这种方式对潮热和疲劳很有效，也可以使房间除臭或营造香氛。雾化吸入时雾滴的大小决定了它在呼吸系统中的沉降部位。雾滴直径 1~5μm，沉积部位在细支气管及肺泡；直径 5~20μm，沉积在支气管；20~40μm，沉积在鼻、咽、喉及上部气管。根据所辅助治疗疾患的不同，选用不同的雾化器。一般所需雾滴直径以 1~5μm 为宜。

精油和它们的挥发性成分可以通过呼吸道吸入，从而将它们分配到血液中。精油及挥发性化合物的吸入对中枢神经系统有重要的控制作用，被作为镇静剂和镇痛剂，用于辅助治疗癫痫。如苏合香丸的精油在中药中被用来辅助治疗癫痫，吸入香味可抑制脑脂质过氧化，这是它抗惊厥作用的原因之一，这种精油通过 γ-氨基丁酸能系统对中枢神经系统有抑制作用。吸入乌龙茶中的香料（顺式茉莉酮和茉莉酸甲酯）可以增加戊巴比妥诱导小鼠的睡眠时间，表明这些化合物对大脑有镇静作用，从而增强了 γ-氨基丁酸受体的反应。薰衣草可能会减少扁桃体切除术后儿童患者所需的镇痛药的使用，如同时吸入薰衣草精油，减少了对乙酰氨基酚的使用。芳香疗法也代表了一种有效的辅助治疗术后恶心的选择，如 121 名术后恶心的患者接受了含有薰衣草、薄荷、姜和留兰香精油混合的芳香吸入器治疗，发现芳香疗法很有效。

四、植物精油的燃烧烟雾化

自古以来，烟雾一直是人类生活和文化各个领域的一部分。自从地球诞生以来，温泉、火山等天然资源的产生，烟雾也随着人类的进步而悄然出现。从古代人点燃的第一把火，到今天现代人点燃的各种东西，烟雾一直在进步。虽然当今烟雾作为主要污染物变得越来令人担忧，然而随着人类对烟雾的更多了解，正合理利用它的好处，例如燃烧各种草药和木材用于自然疗法和仪式。这就是后来众所周知的"药烟"；以其多样的治疗特性而闻名。因此，药烟不仅渗透人类健康，也渗透人类文化和宗教。

在早期的印度文字记载中，用芥末、黄油和盐的烟雾熏蒸手术室被认为是空气消毒的早期形式。在公元前 522~486 年，通过燃烧骆驼蓬和檀香的烟用于驱逐国王的邪恶和疾病。整个中世纪时期，包括鼠疫耶尔森菌引起鼠疫的可怕岁月里，预防传染病的主要措施是通过燃烧香料、草药和香料精华的烟雾来熏蒸。出于药用和精神目的燃烧草药和植物部分，是世界各地土著人民的一种古老习俗，而文化和宗教用途在亚洲国家占主导地位。因此，五大洲的50 多个国家出于某种动机都有使用药用烟雾。

研究发现，药用烟雾主要用于治疗特定器官系统——肺（23.5%）、神经（21.8%）和皮肤（8.1%），这种"气氛烟雾"是一种由熏香产生的被动吸入烟雾，被认为是一种有效的"空气净化器"。可以预期现代医学会日益深入研究使用药烟作为药物输送系统，因其快速输送到大脑，可以更有效地被人体吸收，生产成本低。众所周知，高温产生的烟雾是一种简单的给药方式。在某些文化中，烟雾的使用不仅限于医疗应用，而且是宗教庆典和仪式的一部分。由天然物质产生的烟雾已广泛用于许多宗教仪式。著名的古代医生已经描述并推荐了这种做法。Mohagheghzadeh 等人总结了对药用烟雾的植物来源，如菊科（10.6%）、茄科（10.2%）、豆科（9.8%）和伞形科（5.3%）；它们的叶子（29.1%）、果实（15.3%）、整株植物（12.5%）、地下部分（12.1%）被确定为药用烟雾的主要来源。这些产生药用烟雾的植物具有多种用途，可作为空气净化、皮肤病调理、退热和消毒，用于胃肠道疾病、泌尿生殖系统疾病、情绪障碍、神经疾病、骨科疾病、肺部疾病、牙痛和其他口腔问题以及耳、眼疾病治疗和其他用途。从化学上讲，烟雾是有机物质（例如木材、煤和烟草）不完全燃烧的气态产物，主要由未燃烧的碳的悬浮颗粒组成，这些颗粒沉淀为烟灰。因此，由于烟雾中的主要成分是碳，这种碳很可能以纳米形式存在，而且这种碳纳米材料可以荷载这些药用烟雾中的活性成分进行功能化，从而在药用烟雾中发挥作用。

从古今中外研究与利用"芳香"防治疾病来看，不难发现通常是采用直接或间接地将芳香料燃烧产生烟雾，然后吸入芳香烟雾的方法。一般来说，植物燃烧产生的烟雾含有碳颗粒，产生的烟雾也包含挥发油，与纳米碳一起构成烟雾，由于表面积增加，纳米碳活化的位点可用于荷载挥发性油，使得跨细胞膜的吸收增强以及生物活性成分的功能强化。以燃烧姜黄的烟雾为例。它是印度咖喱中常用的香料，生长在印度、中国和其他亚洲国家，几个世纪以来一直在印度的自然疗法系统中使用，称为阿育吠陀。姜黄是一种强大的抗炎、防腐剂和消毒剂，可用于多种不同的用途，包括燃烧和吸入烟雾。在印度，燃烧姜黄根茎并吸入烟雾是一种非常普遍的做法，吸入姜黄燃烧产生的烟雾以缓解慢性感冒或咳嗽引起的充血，通过每个鼻孔单独吸入烟雾以从鼻窦腔释放大量黏液；将干燥的姜黄根茎浸入椰子油或印楝油中以缓解鼻窦炎；吸入姜黄烟雾以结束打嗝；吸入燃烧的姜黄烟雾结束歇斯底里的发作。在所有这些用法中，缓解效果几乎是在几秒钟内自发产生。Sechul Chun 等（2016）研究燃烧姜黄的烟雾生理活性，发现了纳米碳效应，纳米碳颗粒促进姜黄挥发油的抗菌、抗癌及生物相容性。可见，精油荷载在纳米碳颗粒上使精油易于进入细胞使其生理活性得以增强。这项研究发现为药用烟雾利用纳米碳效应提供理论支持，也预示天然纳米碳颗粒在药物输送和生物医学应用领域的广阔前景中，具有巨大的发展潜力。这也为燃烧芳香植物产生烟雾化精油的芳香疗法提供了强有力的科学依据和理论。

第四节　植物精油其他剂型

精油有几种剂型被用于全身治疗，如乳膏和软膏。由于精油是脂溶性的，在被微循环捕获之前，它们有能力穿透皮肤细胞膜，然后进入体循环，到达所有器官。如茶树精油已被用于预防耐甲氧西林金黄色葡萄球菌定植或感染以及复发性唇疱疹的辅助治疗，因为茶树精油对单纯疱疹病毒有活性，这种精油目前以水凝胶或软膏来外用。精油也被用于伤口辅助治疗，如一种含有贯叶连翘、鼠尾草和牛至精油的软膏被开发用以提供更有效的杀菌和伤口愈合活性。半固体制剂也被广泛用于阴道给药，因为这些制剂在被清洗或自然因素去除之前，具有在合理时间内黏附于表面的能力。Das Neves 等发现含有 1% 百里香精油聚卡波非凝胶对念珠菌具有抗菌活性，可能在辅助治疗外阴阴道念珠菌病中发挥重要作用。如"Saugella gel"阴道凝胶商品包含百里香和丁香精油（含有活性分子百里香酚和丁香酚），具有有效的抗细菌和抗真菌活性。

精油可以以不同的固体形式使用，如软药丸、片剂、胶基剂以及咀嚼剂。Bradley 等研制了含有有机薰衣草精油的葵花籽油明胶胶囊，对 97 名患者用药，发现对低焦虑状态显示出抗焦虑作用。在另一项研究中，薄荷精油胶囊（精油和一种特殊的吸油淀粉）被用来测试其对肠易激综合征患者的疗效，这种胶囊在通过胃的过程中具有抵抗性，只在 pH 为 7.0 或更高的肠道中溶解，57 名患者接受了连续 4 周每天两次的肠溶胶囊治疗，结果表明薄荷精油可以改善患者的腹部症状。另外，使用肠溶薄荷精油胶囊来测试 42 名肠易激综合征儿童的疗效，给药 2 周后 75% 的患者与该病相关的疼痛严重程度减轻。另外，还可以开发精油为具有抗菌、抗氧化的薄膜来应用。

Q 思考题

1. 精油调配的目的及原则是什么？
2. 不同类型皮肤如何选择基础油？
3. 精油的微乳、纳米乳液和皮克林（Pickering）乳液有什么不同？
4. 安全使用植物精油需要注意什么？
5. 举例说明微胶囊和纳米胶囊荷载精油的应用。
6. 精油不同气雾化时气相化学组成有何异同？

扩展学习内容

提升芳疗作用的策略

第五章　CHAPTER **5**

芳香植物在香精香料与调味品方面的应用

[学习目标]

1. 了解单离香料的概念和用途；
2. 理解香辛料的祛臭原理及应用；
3. 理解香辛料的减盐和减糖原理及应用。

芳香精油是源于植物的天然活性物质，不仅具有增香保健功效，而且具有抗氧化、抗菌作用，所以植物精油无论在日用化学产品的香精香料方面，或者在食品加工的抗菌抗氧化和增香调味，以及在调味中顺应现代健康饮食要求的减盐、减糖、减油方面，都具有无可比拟的优越性。本章将从芳香植物在香精香料与调味品方面展开阐述。

第一节　植物精油在香精香料方面的应用

一、植物精油制备天然单离香料

植物精油是重要的天然香料，来自植物的不同组织，如花、果、叶等。从花部提取芳香油的有玫瑰、茉莉、橙花、紫罗兰、白兰等；从叶与茎提取的有薄荷、香茅、留兰香、香叶、柠檬油、桂叶、橙叶等；从树皮提取的有桂皮、玉桂等；从枝、干提取的有樟脑、柏木、檀香、芳樟等；从根、茎提取的有岩兰草、鸢尾根、姜、黄樟等；从果实提取的有柠檬、橘子、橙、柚子、香柠檬、白柠檬等；从种子提取的有茴香、黑香豆、肉豆蔻、杏仁、杜松子、芹菜子、胡椒、山苍子等；从树脂提取的有安息香、乳香、苏合香、秘鲁香脂、吐鲁香脂等。植物含有的天然精油，有的局限于某一部位，有的全株都有。精油的品质往往由于部位的不同而不同，如得自丁香花蕾的丁香油香气要比从枝叶制得的为佳。

从植物中提取的芳香精油是一个多组分的复杂混合物，含有的每种成分都是具有独特挥发特性的芳香化合物，有时必须将其中的部分成分分离出来成为单离香料。传统的方法可通过三种方式从精油中分离出来，即分馏、冻析法、化学处理法。通过这些物理或化学方法分离而制得的较单一的成分，如丁香酚、檀香醇等。其中的分馏法可以用来净化精油或分离单个成分来制作成为单离香料，例如通过分馏法可以从柠檬草精油分离出柠檬醛，从丁香精油中分离出丁香酚。冻析法是根据香料混合物中不同组分间凝固点的不同，通过降温使高熔点物质凝固析出，与其他液态成分分离的一种方法。冻析法与结晶分离原理相似，但析出的固体物不一定是晶体。例如薄荷醇就是从薄荷油中通过冻析法单离出来的。

通过物理或化学方法从天然香料中分出的单离香料，由于成分单纯，香气较原来精油独特而更有价值。例如从薄荷精油中分出的薄荷脑，在薄荷精油中含有75%的薄荷醇，用重结晶的方法从薄荷精油中分离出来的薄荷醇就是单离香料，俗名为薄荷脑。从山苍子精油中分出的柠檬醛，从丁香精油中分离出的丁香酚，从鸢尾根精油中分离出的鸢尾酮。具有玫瑰香气的香叶醇、香茅醇是借用蒸馏法从香茅精油中分离出来的具有单个结构且利用价值高的化合物。具有单个结构的单离香料，可作为调和香料（香精）的重要原料及其他用途，也可用作制备合成香料的原料。

1. 丁香精油制备丁香酚

丁香精油富含丁香酚，是制备天然单离丁香酚的经典原料。不同制备方法得到的丁香酚纯度不一样。如有研究比较了回流提取法、水蒸气蒸馏法、超临界萃取法对丁香叶中丁香酚的提离效果，发现超临界二氧化碳最佳提取条件下丁香酚纯度可达80.76%，得率为11.95%。采用微波辅助碱液直接蒸馏法提取紫丁香中的丁香酚，丁香酚纯度达96.2%，提取率为12.0%，纯度和提取率分别比水蒸气蒸馏法高21.7%和14.6%、比普通碱液蒸馏高6.9%和9.2%。

2. 山苍子精油制备柠檬醛

从山苍子精油制备柠檬醛制备方法主要有水蒸气蒸馏法、化学法、减压精馏法、分子蒸馏技术等。水蒸气蒸馏法是最早使用的分离方法，是指先通入水蒸气到山苍子油中加热，待山苍子油温度升高，使柠檬醛与水共沸蒸出，再把蒸出的混合物进行油水分离，从而得到柠檬醛；但此法所得产品的纯度低，且原料利用率低，原料浪费大。采用化学法（亚硫酸钠加成法）从山苍子油中提取柠檬醛，虽然此法设备较简单，但存在着许多不足，如反应时间过长、不易操作、得率不高、工序繁琐等。采用高效波纹填料塔分离技术，可直接获得纯度为97%的柠檬醛；采用蒸馏与提取为一体的工艺流程（该流程分为三步：简单蒸馏、连续精馏、间歇蒸馏），可用于制取95%和97%的柠檬醛，得率分别为97.07%和96.94%；采用分子蒸馏技术制备柠檬醛，可从原料的79.61%提高到95.08%，得率也有所提高。

3. 薄荷精油制备薄荷醇

传统方法制备薄荷醇是用水蒸气蒸馏法提取薄荷精油，再进行反复处理重结晶才能得到高纯的L-薄荷醇，其他方法有冷浸法以及超声波法，获得的产品无论在产率还是纯度都比传统方法高。在实际生产中，由于蒸馏法容易操作、要求也不高，因此在实际工厂中应用的比较多；超临界二氧化碳法获得的产品产率是最高的，原因在于超临界二氧化碳法的操作过程是在无水无氧环境下进行的，且具有操作温度低、薄荷醇成分不易损失、产率高、操作简单、效率高、无毒无害等优点，充分保证薄荷醇以及产品纯度的稳定性和均一性，不会对环境造成污染，所以目前的提取方法中超临界二氧化碳法更适用于薄荷醇的提取。

4. 肉桂精油制备肉桂醛

可用化学法制备肉桂醛，在肉桂油或桂皮油中加亚硫酸氢钠，生成的复合物再通过碱分解，进一步精制得到。也可用物理法提取肉桂醛，物理法主要采用水和有机溶剂（乙醇和甲醇等），并辅之以加热加压。有研究表明用甲醇对肉桂粉中肉桂醛的提取率较其他溶剂高，且操作较简便。也可用分子蒸馏技术从肉桂油中分离提纯肉桂醛，适宜技术参数为：压力100Pa、蒸馏温度60℃、物料流量1滴/s、刮膜蒸馏转速370~390r/min、冷却水温度4~5℃。

5. 香茅精油制备香叶醇

提取工艺并不复杂，关键点是香叶醇与其他挥发油成分的分离技术。香叶醇与香茅醇的沸点相差很小，常压下相差5.4℃，在1.33kPa时，相差2.3℃。有研究将粉碎后的无水$CaCl_2$烘干后，取40g与香叶醇、香茅醇的混合醇100g（含香叶醇52%），置于三角瓶中，加入环己烷500mL，加入混合醇量的3%乙醇为催化剂，搅拌7h，过滤分离用水溶解其中的$CaCl_2$，经蒸馏得含量90%的香叶醇。橙花醇和香叶醇是同分异构体，沸点差仅为2℃，且具有热敏性，对两者进一步分离很困难。有研究采用减压高效间歇精馏方法对橙花醇和香叶醇的混合物进行了分离，得到含量大于90%的橙花醇产品，将釜液闪蒸得到含量大于95%的香叶醇产品。

6. 芳樟叶精油制备芳樟醇

因芳樟叶油的成分里面除了芳樟醇以外，主要杂质是桉叶油素和樟脑，而这两种物质的沸点与芳樟醇非常接近，即使很"精密"的精馏也不容易把这两种杂质除干净。有研究从芳樟叶油中单离芳樟醇的效果问题，采用间歇精馏的方法，以芳樟叶油为原料单离芳樟醇，实验结果表明，经过一次精馏，从芳樟叶油中单离芳樟醇的较佳工艺条件为：真空度为35~40mmHg，回流比为4∶1。在此工艺条件下，芳樟醇纯度为98%以上的产品得率为86.73%，且单离产品具有铃兰花的甜香。

二、植物精油配制香精的应用

1. 植物精油在食用香精中的加香应用

食用香精使用精油加香大致上是因为其有下列几个方面的作用。

（1）辅助作用　某些原来具有香气的产品，如高级酒类、茶叶等，香气浓度不足，因而需要选用与其香气相适应的香精起辅助作用。香精不仅可以弥补食品本身的香气缺陷，掩盖某些不良气息，还可以保证食品的香气香味的稳定性。不少植物精油可作为香精的天然香原料加香发挥食用香精的辅助作用。如有研究利用安吉白茶提取物以及β-苯乙醇、含萜甜橙油、对甲基苯乙酮、己酸烯丙酯以及苯乙酸异戊酯等物质配制出一种烟用茶香精；以茶渣为原材料，利用乙醇回提和乙醚萃取后减压浓缩制备天然茶精油，结果表明制备的茶精油中茄酮、巨豆三烯酮和3-羟基-β-大马酮等对茶香气有重要贡献作用物质的含量均有所增加；以祁门红茶为原料，通过特殊工艺制得具有祁门红茶特征茶香和明显花香的烟用茶精油，用以卷烟加香。

（2）稳定作用　天然产品的香气，往往因受地区、季节、气候、土壤、栽培技术和加工条件等的影响而不稳定，而精油是从植物中提取的富含香气成分的天然产物，按照一定比例添加调配可使香气基本上能保证每批都稳定，特别是可以对一些天然食品的香气起到一定的稳定作用，同时确保加工食品的天然属性。

（3）补充作用　某些产品因在加工过程中损失了其原有的大部分香气。这就需要选用与其香气特征相适应的香料进行加香，特别是精油可使产品香气得到补充并贴近自然香气。如手工牛油火锅作为市场上的主流火锅之一，火锅底料的质量直接决定着火锅的风味和口感，有研究发现花椒精油可作为牛油火锅底料中最重要的提香提味物质。

（4）矫味作用　对于一些令人不易接受的气味，通过选用适当的香料可以矫正其香味，使人乐于接受。如香烟制作中使用的烟用香精香料，烟用香精香料作为烟草制品加香矫味的一种添加剂，可增强卷烟清香，提高香烟舒适度，实现卷烟种类多样化。如安息香浸膏在低档、中档和高档卷烟的适宜添加量分别为 $0.5 \sim 0.8 g/kg$、$0.2 \sim 0.8 g/kg$ 以及 $0.2 \sim 0.5 g/kg$，可以丰富烟香，掩盖香烟杂气。迷迭香精油的药草香和松木香不仅不会掩盖烟草本香，还能使卷烟的香气量和香气质有明显提升效果。

（5）赋香作用　某些产品本身没有香味，可以通过选用具有一定香型的香料，使产品具有一定类型的香味。如饮料用乳化香精是以柑橘类精油为主要赋香剂，添加增重剂、稳定剂（乳化剂）等食品添加剂和水，经特殊加工工艺而制得的，能够在饮料中均匀分散的香精，像鲜橙乳化香精、柠檬乳化香精、鲜柚乳化香精等，使饮料外观较澄清透明的饮料更接近于天然果汁，并且赋予饮料强烈的新鲜感以及饱满度，这是水溶性香精所缺乏的。以鲜橙乳化香精为例，其新鲜感主要来源于鲜橙精油中的萜烯化合物。乳化香精利用了全部鲜橙精油的香气成分又添加了一部分人工香料，相比较而言，其香气要显得饱满得多。

2. 植物精油在日用化学调香的应用

（1）草本牙膏　几年前，对牙膏还停留在追求其功效的表层意义上，随着牙膏安全问题的日益严峻，人们开始追求纯天然、无害的牙膏原料。市场上很多品牌都推出了纯天然的牙膏。天然、有机趋势在亚洲的发展已经不可阻挡，此外天然概念的流行还催生了新的流行趋势——植物提取物，因为产品只需含有很少的植物提取物就可以达到产品需要。植物提取液之所以能够在短时间内催生出庞大的市场，是因为天然、有机总能让人感到更安全、更温和。中草药是中国牙膏市场最重要的一个天然概念。在中国牙膏中使用的成分包括田七（三七）、两面针、银杏、冰片、黄连、云南白药、绿茶、莲花、竹子、芦荟、海藻，草本概念等已被人们广泛接受。这些成分基本都以清热解火、抗炎消肿、解毒等功效而闻名，其功效十分适合于牙龈护理的系列产品。这些产品使用的香精就会包含相应的天然精油香气成分，如金银花香精（椒样薄荷精油、金银花精油）、牡丹花香精（椒样薄荷精油、牡丹花精油）、合欢花香精（留兰香精油、合欢花精油）。

（2）经典空气清新剂精油配方　配方1：甘松精油3滴+香橙精油4滴；把植物精油按照10滴油对10mL水的比例放于喷雾瓶中，随时喷洒客厅，能振奋精神、缓解疲劳。

配方2：薄荷精油2滴+香橙精油2滴+依兰精油2滴；用香熏炉熏蒸，让芳香精油徐徐释放，融洽气氛、芳香自然。

配方3：薰衣草精油5滴+柠檬精油3滴+西洋杉精油2滴；取调配好的精油5~8滴，滴入盛有清水的香熏灯内，待热力使水中精油徐徐释放出来，也可以在加湿器的水箱中直接加入上述精油，使精油随加湿器的水雾散发到空气中或者用棉球蘸上述精油，放在暖气管散发热气的地方，使精油随暖气散发到空气中，清淡芳香、轻松自然。

（3）驱蚊功能性香精调配

①青香型驱蚊香精：原料以天然精油为主的青香型驱蚊香精，香精总体以青草气息为

主，辅以果香，同时略带薄荷气息。最终调配的香精配方突出青草气息的芳樟叶精油、桉叶精油、冬青精油含量较高，果香则以 d-柠檬烯为主，选用薄荷精油、薄荷脑等突出清凉气息。香叶精油的含量达 6%。最终的青香型香精的配方（%）：d-柠檬烯 15、芳樟叶油 13、70%桉叶油 7、冬青油 6.5、薄荷原油 6、香叶油 6、85%丁香油 6、百里香油 5.5、桂叶油 5.5、薰衣草油 5、50%松油 4、石竹烯 4、山苍子油 4、乙酸芳樟酯 3.5、薄荷脑 3、乙酸苄酯 3、橙叶油 2、留兰香油 1。

②果香型驱蚊香精：原料以天然精油为主的果香型驱蚊香精时，加大香叶油的用量，总含量达到 11.8%。果香以人群接受度高的甜橙为主，添加草滋香型原料和清凉原料。确定最终的果香型香精的配方：巴西甜橙油 30、香叶油 11.8、山苍子油 13、柠檬油 11.7、冬青油 6.5、70%桉叶油 4.4、丁香罗勒油 2.9、丁香叶油 2.9、石竹烯 2.9、天然樟脑 2.9、薄荷脑 1.5、香茅油 9.5。

（4）常见的几种精油在洗护产品中的作用

①玫瑰精油：精油的典型代表，是世界上最昂贵的精油，被称为"精油之后"，主要成分有芳樟醇、芳樟醇甲酸酯、β-香茅醇、香茅醇甲酸酯、香茅醇乙酸酯、牻牛儿醇、牻牛儿酸甲酸酯、牻牛儿醇乙酸酯、苯乙醇、橙花醇等，具有美容护肤、抑菌、宁神、补身、改善睡眠、调节内分泌等功效，常用来制造高档美容、护肤、洗护产品等。

②姜精油：桉树脑、里哪醇、香茅醇乙酸酯、龙脑、香叶醛和香叶醇是鲜姜香气的最主要呈香组分。据科学验证，姜精油外用于头皮，能够使头皮充血，促进血液循环，而血液则是头发生长的关键之一。这种充血刺激血液循环的作用能够在一定程度上改善头发的生长。姜护发对于杀菌去油也有一定的效果，可以有效清理头皮堆积的垃圾和油脂，洗后会非常清爽。姜精油可以增强毛囊免疫力，抑制有害细菌的滋生，调节细胞微循环，改善新陈代谢，有效控制皮屑的产生，更能滋养发丝，令头发柔顺光亮。

③薰衣草精油：主要成分有乙酸芳樟酯、薰衣草醇、芳樟醇、丁酸己酯、乙酸薰衣草酯、乙酸香叶酯、檀香醇、乙酸橙花酯等。薰衣草精油具有清除自由基、抗氧化、降血压、降血糖、抗菌等多种生理作用。薰衣草精油可调节机体的内平衡，从而达到内外调理的作用。薰衣草精油在洗涤用品中的应用也逐渐受到关注，加入到洗涤用品中，可以起到抗菌、芳香等多重效果，是多功能洗涤添加剂今后的主要发展方向。

④茉莉花精油：主要成分有芳樟醇、苯甲醇、顺-3-己烯基醇乙酸酯、苯甲酸甲酯、乙酸苄酯、吲哚、邻氨基苯甲酸甲酯、萜品醇等，茉莉花精油具有高雅气味，可舒缓郁闷情绪、振奋精神、提升自信心，同时可护理和改善肌肤干燥、缺水、过油及敏感的状况，淡化妊娠纹与疤痕，增加皮肤弹性，让肌肤倍感柔嫩。还可添加于牙膏、肥皂、洗发水、洗手液等日用化学产品，作为一种缓释香味剂提高日用化学产品的吸引力。

⑤月季精油：具有浓烈的玫瑰香味，是玫瑰型香精的主要来源，是素心兰型香水的主香剂之一，也是清香的现代百花香型香韵的主调配料。月季精油的主要成分是香茅醇、香叶醇、橙花醇、苯乙醇、丁香酚、甲基丁香酚、桉叶油醇乙酸香茅醇等，可用于调配各种食用香精、沐浴皂、洗发香波、润肤露等，使用有使皮肤细腻的功效。

第二节 香辛料植物在调味品方面的应用

天然植物香辛料具有香、辛、麻、辣、苦、甜等风味，它能够赋予食品风味，同时也能增进食欲、帮助消化吸收等，是烹饪行业常用的一类调味品。香辛料含有丰富挥发性物质，能够赋予菜肴香气、滋味、色彩等，起到调香增香、调味助味的作用，同时也具有一定的药理作用和含有特殊的生化成分，对菜肴微生物有一定的抑制作用，同时也能给予人们营养、健康、自然的菜肴。近几年，国内的香辛调料的生产、应用发展较快，使用现代科学技术改进传统应用方式，例如多味调料油、调料酱等液体或半固体香辛调味料已进入家庭餐桌，一些更新型的乳化型调味料、微粒状调味料则处于先导地位。不同的香辛料，有各自不同的特点和作用，而每种食品都要求有自己的特征。

天然植物香辛料种类繁多，功能多样，如调香、调味、调色、抗菌、抗氧化等。这些都与它们自身所含的生化成分有很大的相关性。香辛料按其所含化学成分可分为如下几类，

①无氮芳香族香辛料：无氮芳香族香辛料主要是以芳香型香气为主的物质，其香味成分来源于不含氮的芳香族化合物或烯类化合物，同时含有少量的辛味成分，一般是给菜肴增香为主。如小豆蔻、芫荽、罗勒、迷迭香、鼠尾草、百里香、丁香、甘牛至、牛至、月桂叶、莳萝籽、龙蒿、芹菜籽等。

②含硫类香辛料：含硫类香辛料的主要成分为异硫氰酸酯类或硫醇类化合物，易挥发。在食用时，不仅刺激口腔，而且还刺激鼻腔。一般是调香和调味兼用的一种香辛料。如芥菜、辣根、葱、蒜、洋葱等。

③酰胺类香辛料：含酰胺类的香辛料，它们的香气较淡，以调味为主，主要用于腥膻味较重的原料，如羊肉、鱼肉等。这类香辛料的成分在烹调过程中，损失较少，食用时会感到强烈的刺激口腔黏膜的感觉，能增加食欲，促进消化。如辣椒、胡椒、花椒等。

一、香辛料的调味祛臭及应用

香辛料调味主要是指利用以味为主的香辛料来改善或者增强菜肴的味道，从而满足消费者对不同风味的需求。很多香辛料都带有特定的味道，如月桂、八角、百里香、香菜等带有甜味；小豆蔻、杜松子、欧芹、砂仁、陈皮等带有苦味；辣椒、辣根、花椒、芥子等具有强烈的辣味；花椒、欧芹具有涩味；薄荷和留兰香具有清凉的薄荷味等。香辛料具有很强的调味功能，能很好地突出或者强化菜肴的风味。如桂皮主要含有桂皮醛、桂酸甲酯、丁香酚等，对菜肴的调味和矫正异味有很大的帮助；小茴香在鱼类烹调中常用的一种调味品，它具有调味和去腥膻味的作用。在烹调过程中，不同的烹饪原料由于自身所含的呈味物质不同，一般使用不同的香辛料，如肉类一般采用胡椒、肉豆蔻、肉豆蔻衣、姜等；水产品类一般使用姜、姜黄、辣椒、花椒等辣味较重的香辛料；蔬菜一般采用香葱、姜和大蒜等具有较弱香辛气味和辛辣气味的香辛料，除了能增强风味，还能刺激人们的食欲。同时在烹调过程中，于烹调方法的不同，也需要使用不同的香辛料。这主要是一些香辛料中的呈味物质的存在形式与温度相关，如肉桂、众香子、小茴香、独活草等，一般就是用于煮、烤、蒸、煎等；芫

荽、蒜、姜、薄荷、香荚兰、葛缕子、莳萝籽等适合于凉拌菜肴的制作。使用香辛料祛臭可以从赋香和抑臭两个方面进行。

1. 赋香

赋香就是在烹调过程中香辛料把自身的芳香物质与烹饪原料相结合，从而改善或者强化菜肴香气的过程。有的烹饪原料本身香味不强，有的在烹调过程中损失或者破坏较大。这就需要根据烹饪原料本身的性质和用途选择适合的香辛料。首先，可以利用香辛料强化菜肴本身的香气，如"麻婆豆腐"在装盘后需洒上花椒粉、"葱烧海参"开始需炒出葱香，最后还需要加入葱油等，这些都是利用香辛料来实现强化菜肴本身香气的目的。其次，使用香辛料赋予菜肴香气。这主要是用于本身香气较淡的素菜原料。素菜本身香气清淡多以芳香型香辛料为主，且注意量的使用，一般不掩盖素菜本身的香味。如西南地区的人们在煮蔬菜类汤菜时，花椒和姜是必不可少的两种香辛料；在烹调炒类菜肴时，炝锅增香的主要原料主要是葱、姜、蒜等；在制作中餐素冷菜类时，常需大蒜、姜、薄荷、芫荽、肉豆蔻、花椒、辣椒、胡椒等；西餐中的蔬菜水果沙拉等也需要欧芹、众香子、莳萝籽、甘牛至、葛缕子等来增加风味。此外，猪、牛、羊、鸡等肉类原料在加工过程中，也需要香辛料来增强香味。牛肉一般使用胡椒、肉豆蔻、肉豆蔻衣、芫荽、大葱等；猪肉一般使用胡椒、姜、小茴香、百里香等；鸡肉一般使用丁香、小茴香、辣椒等。

2. 抑臭

抑臭是指利用香辛料来掩盖、减弱或者去除烹饪原料中本身的不良气味，同时也能赋予菜肴独特风味的过程。在抑臭的过程中主要是采用芳香味强烈的香辛料，如鼠尾草、百里香、迷迭香、月桂、紫苏、丁香、姜等。不同的烹饪原料一般采用不同的香辛料进行脱臭、矫臭。鱼、肉等动物食品一般采用葱类、月桂、紫苏等去除腥臭味；膻味较重的羊肉一般采用紫苏叶、麝香草、丁香、葛缕子等；蔬菜一般采用芫荽、香薄荷、蒜等；豆制品一般采用蒜、洋葱、肉豆蔻、牛至等。日本就利用豆蔻去除豆制品中的豆腥味。香辛料抑臭的机理是：

（1）化学除臭　主要是通过香辛料中的化学物质与烹饪原料中的臭味成分发生化学反应，减少或者去除臭味物质，从而达到除臭的目的。如在鱼肉的除臭过程中主要就是利用香辛料中的酚类成分与鱼肉中的三甲胺发生化学络合反应从而生成不挥发的 α-络合物。如在研究带鱼的脱腥工艺时，用含不同姜汁浓度的料酒对带鱼进行脱腥，测量脱腥后带鱼中三甲胺含量发现，当料酒与姜汁混合液比例为 1:4 时带鱼中残留的三甲胺的含量与比例为 4:1 时相比明显要低，说明在一定范围内姜液浓度越高，去除三甲胺的能力越强。利用花椒、八角、山柰香辛料的浸提液可达到去腥增香的效果，随着料酒中浸提液添加量和浸提液中香辛料浓度的提高，鱼肉中的三甲胺氮含量降低，但达到一定程度后其下降趋势趋于平稳。

（2）屏蔽作用　利用香辛料中刺激性芳香物质，麻痹人们的嗅觉神经，降低、分散人们对臭味物质的注意力，从而起到除臭的作用。常用的香辛料有辣椒、辣根、芥末、芥子等，这类香辛料都含有很强的刺激性芳香物质。如研究发现我国传统羊肉加工中通常使用一些香辛料调香如胡椒、花椒等，使产品不仅具有羊肉的香味，同时还具有香辛料的香味，而且香辛料对膻味具有掩盖作用。胡椒、砂仁、豆蔻、小茴香等香辛料均含有低沸点的挥发性物质，在菜肴烹饪过程中可以将部分膻味带走。八角、花椒、丁香、草果等中含有芥子苷及酮类化合物等化学成分，在菜肴烹饪过程中产生浓厚的香味可以掩盖羊肉的膻味。香辛料中的醇类及酚类物质可与4-甲基辛酸和4-甲基壬酸等羧酸发生反应，使其膻味减轻，如月桂叶及孜然都含有松油醇，这些醇类物质可与膻味物质的羧酸发生酯化反应；月桂叶中含有的丁香酚、桉叶素等酚类物质也可与羧酸发生反应，含有的丁香油酚酯等可掩盖其膻味；孜然含有的胆碱类物质可与膻味物质发生中和反应，减轻羊肉膻味；陈皮中含有的有机胺类物质可与羧酸发生酰基化反应，进而掩盖膻味。

（3）抗油脂氧化　油脂在长时间存放或者长时间附着在一些物体的表面就会产生一些异臭味，这个过程被称为氧化酸败。氧化酸败是油脂在贮藏时由于与空气等作用发生氧化而进一步分解产生异臭味的现象。主要由于油脂中不饱和脂肪酸发生自动氧化，产生过氧化物，并进而降解成挥发性醛、酮、酸的复杂混合物。可以通过香辛料的抗氧化作用来达到油脂防腐祛臭的效果。如有研究发现花椒、桂皮、丁香等24种香辛料的抗氧化性，表明它们对油脂都有一定的抗氧化作用，其中花椒能使花生油、猪油在20℃的条件下，保质期分别由68天延长至100天，由152天延长至213天。辣椒、姜和香菜对鱼油有抗氧化的效果，并能起到除臭的作用。

二、香辛料在调味品中减糖降盐以及减油增味方面应用

习近平总书记在党的二十大报告中强调，要"推进健康中国建设，人民健康是民族昌盛和国家强盛的重要标志，把保障人民健康放在优先发展的战略位置，完善人民健康促进政策"。通过饮食预防健康隐患非常重要，香辛料精油的应用可以起到减盐、减油及减糖的作用，是通过医食同源方式达到创新预防疾病的重要途径。作为膳食的重要组成部分，盐、油、糖在满足人的口感与营养的同时，过多摄入可能导致高血压、肥胖、糖尿病、心脑血管疾病等慢性病。中国营养学会方面指出，高盐、高油脂、高糖分摄入作为独立的风险因子，是高血压及心血管疾病、胃癌等疾病的重要危险因素，已经成为影响我国居民健康和预期寿命，覆盖面极广的一个严峻健康隐患。因此，减盐、减油、减糖是控制疾病最经济、最有效的手段。通过在食物加工或烹饪过程中减少盐、油、糖的使用量，保证其食品营养健康。

1. 减盐的必要性及减盐策略

食盐在肉制品中具有增味作用。首先是咸味的产生，感知的咸度主要取决于钠离子浓度，通常加入成品量1.5%~2.5%左右的盐可保持良好的滋味；其次，产生鲜味、抑制苦味，肉制品所富含的蛋白质、脂肪等成分的鲜味要在一定浓度的咸味下才能表现出来，钠离子能够选择性抑制苦味和释放甜味等适口风味；同时，盐浓度影响肉品风味物质的含量。总的来说，盐能揭示并增强食物的咸味和风味，肉制品的总体风味强度受到盐含量的显著影响。减盐会产生多重风味效应，主效应是降低感知的咸度，导致苦味从抑制中释放出来，与一系列复杂的味觉相互作用有关，使得消费者对低盐食品的感官接受度大幅下降。

大量研究已经证明，长期摄入过多食盐可导致血压升高，而对于大多数健康人而言，长期高盐摄入导致血压升高是一个缓慢、渐进的过程，随着年龄的增大，高盐饮食造成高血压进而引发其他心血管疾病更为显著和严重。长期摄入过量食盐还可能导致人体钙流失，进而引发或加重骨质疏松症、肾结石等疾病；此外，高盐饮食还可能增加胃癌、哮喘、肥胖、肾病等多种疾病的发病率。降低食盐的摄入量是降低血压和心血管疾病的最重要和最有效的方法，减盐可惠及几乎所有人群，是预防高血压等非传染性疾病的最具有成本效益和可行性的方法之一。总体上提倡食盐摄入量在现有基础上减半，最容易采取的方式是从使用普通的食

盐转化成使用替代盐，即高钾低钠盐，即钠盐减少一半、钾盐增加一半，高钾和低钠两者均可预防高血压。其次是减少高钠调味料和工业加工食品中的钠。另外，也有研究采用生物技术合成咸味肽添加至食物中可做到减盐不减咸。

香辛料在食品中可以通过减盐增味和增香掩味这两个方面来达到减少盐分的摄入。减盐增味是指可以通过烹饪期间加入香辛料来达到增添风味的效果，并且很多香辛料都对身体非常有益。例如大蒜是一种辛辣香料，可在不增加钠含量的情况下增强风味；柑橘和柠檬在某些食谱中是盐的绝佳替代品，柠檬汁作为酸的来源，通过散发出菜的味道而起到与盐类似的作用。还有许多的香辛料可以起到减盐的作用，如胡椒、洋葱、辣椒、迷迭香等。有研究发现薄荷醇、薄荷精油可以麻痹味觉细胞，达到掩盖苦味的效果；丁香精油的香辣味道可轻微的麻痹味蕾，降低味蕾对不良味道感受的灵敏度，达到一定的减盐掩味效果。肉桂、小茴香、牛至和姜黄都含有单宁酸，这些都是天然的苦味阻断剂。此外还有茴香、柠檬等可以通过对嗅觉方面的影响、从而达到改善苦味的目的。

2. 减油的必要性及减油策略

油脂是人类膳食中重要的营养素之一，也是身体主要的能量来源，它与我们的生活密不可分。大量流行病学调查显示，过量摄入油脂对人体健康有多方面的危害，如膳食油脂直接影响血液中脂质和脂蛋白代谢，使患心血管疾病和动脉粥样硬化的危险性升高；总脂肪摄入量与体重增加直接相关，而肥胖或超重使糖尿病、高血压、高胆固醇血症、冠心病、心血管综合征及某些癌症的发病率和死亡率升高；2 型糖尿病（非胰岛素依赖型糖尿病）与饮食脂肪的发热量正相关；35%的癌症由饮食因素造成，其中脂肪的过量摄入是促使癌症发生的关键因素，高脂饮食提高了乳腺癌、结肠癌、胰腺癌和前列腺癌的发病率；饮食中的脂肪改变血清脂质构成具有肾毒性作用，进行性肾病与脂质代谢紊乱紧密相关；膳食油脂对高血压的发病也起着重要作用，高血压与脂质代谢紊乱的肥胖紧密有关，肾功能失常也会引起高血压；膳食脂肪对免疫功能有重大影响，免疫活性细胞生成的活性二十碳酸衍生物参与了免疫调控；膳食脂肪对骨质的生理和健康也有重要作用等。减少油脂的摄入有助于我们健康，但食物中油脂的减少会使得风味减少以及口感变差，香辛料的提升风味、改善口感的优势可以弥补食物减油的风味、口感损失。

另一方面，通过抑制油脂的消化从而减少对脂肪的吸收逐渐成为治疗减肥症的研究热点。奥利司他（Orlistat）是目前唯一一种在欧洲被允许使用的胰脂肪酶抑制剂类药物用来抑制脂肪的消化吸收，其作为减肥药物被广泛应用于临床，但长期服用该药会出现腹泻、脂肪性大便、胃肠胀气等副作用，给患者带来困扰。从植物中提取出来的天然化合物具有毒性较低、来源广泛等优点，因此从植物中筛选天然的胰脂肪酶抑制剂逐渐成为研究的热点。如研究发现，牛至精油和马鞭草精油具有抗脂肪酶活性，可抑制膳食油脂的水解，阻止或减少肠道油脂消化吸收进入体内，从而减少肥胖。有研究发现莽草酸对于各类酶的抑制活性，其中莽草酸对胰脂肪酶活性的抑制率达到 66%，对甘油三酯的水解抑制率达 55%~60%。莽草酸的主要来源之一是从八角茴香中进行提取，因此这一发现为辅助治疗饮食诱导的人类肥胖症提供了另一个参考价值。

3. 减糖的必要性及减糖策略

广义的糖应包括我们一日三餐主食中富含的淀粉，淀粉进入体内经消化酶降解为葡萄糖，被吸收后向机体提供营养和能量；淀粉也是许多食品加工不可缺少、不可替代的主要原料和食物组分。狭义的糖主要是大家最习以为常的甜味调味品，能为人带来最简单直接的快乐，当糖触及舌尖，甜的信号会在0.5ms内抵达中枢神经，多巴胺瞬间分泌，产生愉悦感，与此同时，糖分在身体中被分解，产生能量，涌进血液。糖独特的魔力与魅力，便是来自身与心的双重快感。不过，糖的大量摄入被认为是导致肥胖的主要原因之一，也是导致肥胖相关慢性病的间接原因。在从预防营养不良的角度，经常见到报道推荐食用糖；相反，关于慢性病预防的报道，建议限制糖的摄入。

减糖带来的甜味愉悦感降低使得人们难以接受，使用寻找优质的糖替代品成为重要诉求。无糖甜味剂成为替代产品中添加糖的最好选择。无糖甜味剂中高倍甜味剂产品优势在于甜度倍数高，几乎不产生能量，不参与人体新陈代谢，不影响血糖的升高，因此成为满足人们对甜感的需求，同时不增加身体能量负担的健康的糖替代品，是低糖/无糖产品应用研发不可或缺的重要成分之一。高倍甜味剂简单分为天然甜味剂和人工甜味剂，其中天然甜味剂包括甜菊糖、罗汉果甜、甘草甜素、索马甜。

不过，对于一日三餐主食富含的食物组分以及食品加工不可缺少和不可替代的主要原料淀粉而言，糖替代品的减糖策略是不可行的，最好的办法当然就是减少糖类的消化吸收。如有研究发现肉桂对α-淀粉酶抑制活性与临床使用的降糖药阿卡波糖相当，对α-葡萄糖苷酶的抑制效果竟然高达临床使用的降糖药阿卡波糖的1000倍；薰衣草精油对α-葡萄糖苷酶有明显的抑制作用，甚至可接近药物阿卡波糖的效果。

思考题

1. 怎样制备单离香料？请举例说明。
2. 植物精油在香精香料方面有哪些方面的用途？
3. 天然植物辛香料在调味品中有哪些方面的作用？

CHAPTER

第六章

植物精油在食品质量
安全控制方面应用

6

[学习目标]

1. 掌握植物精油在食品加工、质量安全控制等方面的应用现状；

2. 掌握植物精油在果蔬、畜禽肉、粮油、水产品各类食品保鲜中常用的处理方法，对食源性致病菌的防控作用以及在食品包装中的应用形式；

3. 了解植物精油替代农兽药的优势。

　　近年来，随着对食品品质和安全的重视度增加，消费者将目光逐渐转向高营养水平以及高安全性的食品，食品行业面临着新的挑战。因此，为了满足消费者的需求，食品行业不断改进食品的加工和保藏技术，力求在提高食品安全性的同时，减少其营养损失。植物精油是天然无毒无害的芳香类化合物，具有较好的抑菌、杀虫活性和抗自由基氧化作用，可作为食品天然防腐剂和保鲜剂。植物精油在食品行业中具有广阔的应用潜力，其抗氧化性以及抑菌活性常被用于延长食品的货架期；也可以利用植物精油对食品的口感、风味进行改良。植物精油应用于农业生产中，可以防治农业害虫，对感染病菌的农作物能够起到一定的抑制病菌的效果，有利于农作物的生产。对于动物生产行业来说，国际上抗生素在养殖业生产中的使用逐渐受到限制，而植物精油具有促消化、抗病毒、抗菌、无残留、不易产生抗药性等特点，被广泛用作饲料添加剂。目前，植物精油已在家禽、水产等养殖业中广泛应用。将植物精油添加到动物的饲料中，有提高生产效率、提高产品品质的作用，同时可以避免饲料中养分的大量流失。利用植物精油开发新型绿色添加剂是养殖业可持续发展的必然趋势。

第一节　植物精油在食品防腐保鲜中的应用

　　党的二十大报告中指出，"推进健康中国建设""增进民生福祉，提高人民生活品质""强化食品药品安全监管，健全生物安全监管预警防控体系"。食品含有丰富的营养物质，在加工和保藏过程中由于自身生理代谢或外界微生物污染等原因，导致其营养价值降低、保质期缩短。因此，为保证食品品质和延长货架期，需要采取适当的保鲜措施。传统食品保鲜技术主要有物理保鲜、化学保鲜和生物保鲜。其中，物理保鲜主要是气调贮藏、低温冷藏、热处理及辐照等，虽然效率高，但对能源要求也高；化学保鲜方法主要利用天然的或化学合成的防腐剂，化学合成防腐剂对食品的保鲜效果好且价格相对便宜，在食品保藏中应用广泛，但其会诱导微生物产生抗性，且不易降解，造成环境污染，并在农产品及食品中有着显著残留，危害人类健康，从而引发食品安全问题，不利于推进健康中国建设。随着消费者对健康、安全的消费意识增强，天然的、绿色的化学保鲜剂已成为当今发展的趋势；生物保鲜技术是指利用微生物及其抗菌产品的抗菌性能，以延长食品的货架期，常见的有噬菌体、细菌素等。与之相比，植物精油具有抑菌、除虫和抗氧化作用，作为一种天然抑菌防腐保鲜剂，可用于农产品、食品，尤其是果蔬和谷物，起到防霉保鲜的作用。相较于化学合成抑菌剂，植物精油具有易挥发、可降解、低残留、低毒性的特点，是一种理想的天然防腐保鲜剂，已成为食品行业研究开发的热点。

一、果蔬防腐保鲜

由于消费者对新鲜、健康和方便食品的偏好，蔬菜和水果成为饮食中必不可少的部分，特别蔬菜的生产和消费占到全球食物需求的86%。果蔬采收后由于失去了外部营养和水分来源，而其呼吸作用和蒸腾作用仍在继续，造成果蔬的抗病能力与品质下降。果蔬采后的包装、运输、贮藏、销售阶段，极易因机械挤压、微生物侵染、温度波动、冻害等环境因素改变而腐败变质。常用的传统保鲜方法主要有低温贮藏、气调保鲜及辐照保鲜等。低温贮藏可以抑制果蔬呼吸强度，降低其代谢速度，延长货架期。气调保鲜改变贮藏环境中的气体成分抑制果蔬本身代谢，减少产生乙烯等不良气体，延缓果蔬衰败。辐照保鲜利用高能射线对微生物细胞结构进行破坏而达到保鲜目的。传统保鲜方法虽已被广泛应用，但尚存在一定缺陷。在低温贮藏期间，由于温度过低会造成果蔬组织机械损伤；气调保鲜时，需要实时监控气调室的气体比例保持恒定，耗费能源较大；高能射线辐射会使果蔬的营养成分遭到一定损失。目前对于果蔬最好的保鲜方法是低温贮藏，并协同化学保鲜剂，从而可保持果蔬良好感官性状。植物精油因其具有良好的抑菌性以及抗氧化性，部分精油可以代替合成防腐剂作为抑菌剂使用。研究表明，精油用作果蔬防腐剂能抑制果蔬表面微生物数量，减弱微生物活动导致的果蔬腐烂变质，并保持良好的感官性。另外，精油还具有抑制杂草和贮藏的农作物发芽的作用；还可以诱导果蔬的相关抗氧化酶活性，提高其抗氧化能力，维持果蔬的营养品质，从而延长其保质期。因此，植物精油可替代化学保鲜剂防腐抑菌对果蔬进行保鲜。植物精油在果蔬保鲜中常用的处理方式主要有熏蒸处理、浸泡处理、精油微胶囊处理、涂膜及精油-气调联用等。

1. 熏蒸法

精油熏蒸处理主要是利用植物精油作为熏蒸剂在密闭空间内以气态形式扩散并作用于果蔬，从而起到保鲜效果。精油熏蒸比传统保鲜方法效果显著，能减少果实营养物质的流失，并且降低果实腐烂率，延长果蔬货架期。但使用一种精油单独熏蒸处理果实效果不太明显，目前人们关注于更多精油的抗菌活性，以使用多种精油协同作用于果蔬，同时改进熏蒸方法，提高保鲜效果。表6-1为部分植物精油熏蒸处理在不同果蔬保鲜中的应用。

表6-1　植物精油熏蒸在果蔬保鲜中的应用

精油	贮藏环境	保鲜效果	应用实例
肉桂精油	25℃	延缓色泽 L、a、b 值的上升，有效抑制腐烂率，抑制维生素 C、叶绿素、总酚含量的下降，提高过氧化氢酶、超氧化物歧化酶、过氧化物酶活性。	空心菜、甜樱桃
黄皮精油	25℃	降低失重率和腐烂率，维持较高的硬度、可溶性固形物、维生素 C 含量，抑制呼吸作用，诱导超氧化物歧化酶、过氧化氢酶等相关酶活性升高。	番木瓜
百里香精油	20℃	显著降低腐烂率和失重率，较好维持维生素 C、类胡萝卜素含量。	油桃
芥末精油	20~22℃	抑制病原菌的侵害和冬枣进一步生长成熟。	芒果、冬枣
麝香草酚	25℃	30mg/L 蒸气浓度对甜樱桃进行熏蒸处理，可以有效抑制灰霉病和褐腐病。	甜樱桃
丁香精油	20℃	感染青霉菌后的软腐指数和发病率降低明显。	圣女果
神香草精油	20℃	20μL/L 浓度时，草莓的失重率、可溶性固形物减少率、腐烂率均有所降低。	草莓
花椒精油和芥末精油	25℃	蘑菇失重率降低、褐变减少，货架期由 8 天延长至 10 天。	双孢蘑菇

2. 浸泡法

浸泡法是先将植物精油用少量乙醇溶解，再加入乳化剂使之充分乳化，根据需要稀释到合适的浓度梯度，将果实浸入溶液放置几分钟，取出后自然风干、贮藏。采用多种精油混合浸泡果蔬，可以提高抗氧化性，抑菌效果明显，减少蔬菜叶子的叶绿素和维生素 C 的损失，达到更好的抑菌防腐保鲜效果。为了减少精油浪费，可采用喷洒的方式处理果蔬，更高效地利用精油进行果蔬保鲜和贮藏。表6-2 为部分植物精油浸泡处理不同果蔬的保鲜效果。

表6-2　植物精油浸泡处理在果蔬保鲜中的应用

精油	贮藏环境	保鲜效果	应用实例
蓝桉叶精油	25℃	降低呼吸强度，减缓维生素 C、可滴定酸的损失，显著提高果皮的超氧化物歧化酶和过氧化物酶活性，其中以 0.75%保鲜效果较好。	砂糖橘
丁香精油	4℃	感官可接受度高，维生素 C、叶绿素、可溶性固形物含量损失较少，降低微生物腐败程度。	鲜切杭白菜
橘皮香精油	2℃	1.5%橘皮精油处理液可有效减少小白菜叶绿素、维生素 C 损失，降低失重率，并且使小白菜保持良好的感官性状，延长小白菜的货架期。	四季小白菜

续表

精油	贮藏环境	保鲜效果	应用实例
肉桂精油	25℃	有效抑制苹果灰霉病的发生，抗病性显著上升。	红富士苹果
龙眼核精油	4℃	160μg/mL浓度的龙眼核精油浸泡后，草莓的抗氧化性显著提高，可溶性固形物含量、维生素C、硬度等保持较好。	草莓
叙利亚芸香精油	25℃	抑制贮藏期马铃薯的发芽、抑制马铃薯块茎的真菌性腐烂，而且不影响其商品价值。	马铃薯

3. 精油微胶囊

为了减缓精油挥发、延长作用时间，用壁材包埋植物精油制成微胶囊，再将微胶囊加入纸箱、塑料薄膜包装果蔬。微胶囊化的植物精油挥发延缓，气味也相应减小，该方法抑菌效果明显，能使果实保持良好的感官性状，延长果蔬货架期。材料用量也可减少，降低成本。目前用于果蔬保鲜研究的精油微胶囊壁材研究较多的有壳聚糖和β-环糊精。植物精油微胶囊对于食品的保鲜效果主要由所包埋的植物精油决定，不过制造微胶囊所使用的部分壁材也能为食品保鲜提供一定的帮助，如具有抑菌性的壳聚糖以及其改性物。壁材更重要的作用还是体现在保护并延长植物精油的作用时间，改善植物精油的稳定性和使用性上。同时，有研究发现使用微胶囊技术对植物精油进行处理，还会显著提高其抑菌能力，这有助于植物精油更好地发挥保鲜功效。表6-3为部分植物精油微胶囊对于不同果蔬的保鲜效果。

表6-3　植物精油微胶囊在果蔬保鲜中的应用

精油	贮藏环境	保鲜效果	应用实例
肉桂精油-壳聚糖微胶囊	25℃	感官性状保持良好，货架期延长。	葡萄
肉桂精油-壳聚糖和海藻酸钠微胶囊	25℃	微胶囊质量分数达到4%时可有效延缓芒果保鲜期6天。	芒果
茶树精油微胶囊	25℃	抑制致病菌灰霉菌菌丝的生长，延长货架期。	番茄
丁香精油微胶囊	25℃	对于脐橙的腐败菌青霉和绿霉具有很好的抑制作用，可以延长货架期。	脐橙
肉桂精油-环糊精包合物	25℃	添加4%能更好地保持香菇的理化特性。	香菇
牛至精油-包合物	4℃	在24h的贮藏期内，能明显减缓鲜切紫玉淮山的褐变进程。	鲜切山药
姜精油微胶囊	4℃	以小袋独立保鲜剂的形式应用于枣的保鲜，有效保持了枣采后的品质，延长货架期。	枣
牛至精油微胶囊	4℃	提高硬度同时对色泽并未产生影响，显著抑制鲜切生菜中微生物繁殖，延长货架期。	鲜切生菜

续表

精油	贮藏环境	保鲜效果	应用实例
迷迭香精油微胶囊	4℃	降低过氧化物酶和多酚氧化酶的活性，减缓褐变。	菠菜、生菜、红甘蓝

4. 涂膜法

植物精油与具有良好成膜性的糖基物质协同制备可食性涂膜保鲜液，用于各类果蔬的保鲜。常用的载体有羧甲基纤维素钠（carboxyl methyl cellulose，CMC）和壳聚糖。精油-CMC复合涂膜是将乳化的植物精油分散于CMC为载体的水溶液中，所形成的体系较稳定，以减少精油的挥发散失，再把果实浸入其中，捞出后自然风干成膜，最后取适量果实置于保鲜袋中，于20℃左右进行保存。该方法可延缓果实衰老，减少营养成分的散失，降低果实失重率，呼吸强度，减少丙二醛的累积，降低褐变速度。还有一个优点，即CMC与精油复配减缓了精油的挥发，可以延长保鲜液的使用期。精油-壳聚糖复合涂膜与CMC-精油复合涂膜相似，形成稳定的精油和壳聚糖体系。而壳聚糖本身即为天然防腐剂。精油和壳聚糖均为天然抑菌成分，具有协同抑菌防腐作用。该方法也可延缓精油挥发，使复合膜的抗菌性、抗氧化性和抑菌性提高，褐变速度降低。单一使用精油或壳聚糖不如二者协同使用效果好。表6-4为部分植物精油复合涂膜对于不同果蔬的保鲜效果。

表6-4　植物精油复合涂膜在果蔬保鲜中的应用

精油	贮藏环境	保鲜效果	应用实例
大蒜精油-CMC	20℃	降低草莓失重率、呼吸强度、腐烂率、维生素C分解和可溶性固形物分解，减少丙二醛的累积，并表现出护色作用。	草莓
肉桂精油-CMC	25℃	降低香蕉的腐烂和褐变速度。	香蕉
柠檬精油-壳聚糖	25℃	增加萜类化合物含量，对草莓感官风味特性具有明显积极作用。	草莓
黄皮精油-壳聚糖	25℃	可保持果实良好的感官性状，相对电导率和丙二醛受到抑制，腐烂程度显著降低。	番木瓜
肉桂精油-壳聚糖	4℃	0.4%~0.8%的浓度下，蓝莓感官性状保持良好。	蓝莓
山苍子精油-壳聚糖	25℃	抑制了金柑的失重，处理组可溶性固形物、可滴定酸、维生素C、总糖、感官均优于对照组。	金柑
肉桂精油-壳聚糖	25℃	可显著延缓砀山酥梨采后口感和风味的变化，使呼吸高峰较对照推迟10天出现，并能显著抑制丙二醛含量的增加及相对电导率和多酚氧化酶活性的上升。	砀山酥梨

续表

精油	贮藏环境	保鲜效果	应用实例
太行菊精油–壳聚糖	25℃	提升圣女果的外观品质，使硬度、维生素C含量、总酸含量的减少速度减慢，也可以使失重率、可溶性固形物含量、细胞膜透性以及丙二醛含量的增加速度减慢，同时能够较好地抑制圣女果的呼吸，降低SOD活性。	圣女果
姜精油–壳聚糖	25℃	有效降低草莓腐烂率、失重率、丙二醛含量和细胞膜通透性，减少可溶性固形物、维生素C和可滴定酸的流失。	草莓
薄荷精油–壳聚糖	25℃	有效抑制圣女果中黑曲霉、灰霉病引起的霉菌感染，保持圣女果理化和感官品质。	圣女果
肉桂精油–壳聚糖	10℃	降低黄瓜的病害严重程度和发病率，将黄瓜的货架期延长至21天。	黄瓜
肉桂精油–壳聚糖	25℃	降低蒜薹的失重率，减少维生素C损失，减缓蒜薹的衰老速度。	蒜薹
肉桂精油–壳聚糖	8℃	降低丙二醛含量，延长货架期至35天。	辣椒
肉桂精油–壳聚糖	25℃	减缓金针菇贮藏过程中的失重率、呼吸强度和维生素C等指标的变化速度。	金针菇
柠檬精油、肉桂精油–壳聚糖	4℃	有效降低山药水分、维生素C等成分的流失，延缓鲜切山药的褐变强度和多酚氧化酶活性。	鲜切山药

5. 精油–气调联用

果蔬贮藏期间主要病害是由微生物引起，其次便是环境条件（例如氧气、二氧化碳、湿度、温度等），还有自身代谢消耗和产生不利于保鲜的气体。精油具有挥发性，可以作为特种气体，应用于气调包装，通过在缝隙、膜材料和食品中的蒸发和迁移达到平衡分布，形成一个抑菌的环境。如在1℃和90%的相对湿度下，甜樱桃经丁香酚、麝香草酚、薄荷醇联合气调包装后，其重量损失、颜色、硬度变化、梗褐变均有所改善，且细菌、霉菌和酵母的总数均显著降低；而用百里香精油与气调相结合后，果实的代谢程度降低，可溶性固形物减少、维生素损失，且果实保鲜期大大延长达50天。

为防止植物精油与食品直接接触，其中的独特气味迁移进入食品中，影响到食品本身的风味，对食品的感官产生负面影响，可以将气调包装与精油微胶囊协同使用。例如，将姜精油微囊用于秋葵的气调保鲜，在4℃的贮藏条件下可以显著减缓秋葵果实质量损失及硬度降低，抑制丙二醛含量的降低，低场核磁共振显示活性包装可以有效维持结合水含量，减慢秋葵采后衰老进程，维持果实较好的感官品质，有效延迟秋葵成熟和衰老，从而延长秋葵的保质期。

二、畜禽肉防腐保鲜

畜禽肉及制品含有丰富的脂类、蛋白质等营养物质，水分活度高，其具有营养丰富的特性恰好可作为微生物大量繁殖的培养基，因此极易因环境因素而出现腐败菌繁殖、油脂氧化酸败、肌红蛋白氧化变色等现象。近年来研究人员利用植物精油的抗菌特性，研究了其在肉类保鲜方面的应用。

1. 生鲜肉类

随着人们生活水平的提高，冷鲜肉制品越来越受到消费者的喜爱，但低温环境仍无法完全抑制微生物生长，而化学合成的保鲜剂则存在一定的安全隐患，若使用不当摄入过多会对人体产生危害，因此，国内外学者尝试将天然的精油通过浸泡、涂抹、制备微胶囊保鲜膜包装、结合气调包装等方式对冷鲜肉进行保鲜，精油种类包括牛至精油、百里香精油、丁香精油、肉桂精油、黑胡椒精油、姜精油、玫瑰精油等。

植物精油可通过抑制营养物质氧化、微生物增殖、感官指标劣变途径，从而延长货架期。植物精油对生鲜肉的保鲜作用首先是由于其在贮藏期内能有效抑制假单胞菌、肠杆菌、单核细胞增生李斯特菌、沙门菌等腐败菌和致病菌的生长，例如牛至精油对牛肉中的假单胞菌、肠杆菌等均有明显的抑菌效果；丁香精油、肉桂精油、黑胡椒精油对冷却猪肉中的单核细胞增生李斯特菌具有抑制作用。另外，植物精油在保持肉质构特性、保水性方面具有明显优势，延缓肉类品质劣变。如牛至精油在贮藏初期就可显著降低肠炎沙门菌的数量，而且使肉汁中的葡萄糖和乳酸含量更高。此外，牛至精油在贮藏期内还能有效抑制假单胞菌对蛋白质的分解，使肉的新鲜度得以保持。

针对植物精油自身不稳定的缺陷，也可以将植物精油微胶囊工艺、活性包装协同应用于畜禽肉保鲜。例如在气调包装内添加牛至精油微胶囊可使牛肉保鲜期延长 2~14 天不等，温度越低货架期越长。目前，精油微胶囊在冷鲜肉保鲜中应用较多的方式是保鲜涂层和保鲜膜包装，但精油本身具有浓烈的气味，在经过微胶囊化后仍无法完全掩盖精油的味道，因此需要结合实际应用，选择合适的用量以及使用方式，在抑制微生物增长的同时最大程度减小精油气味对冷鲜肉的影响。

现有研究表明，植物精油对肉制品保鲜表现较好的效果，复合精油效果优于单一精油作用效果，精油复配产生相加作用，使复合精油的抑菌效果增强。例如将桂皮精油、丁香精油和芥末精油按 3∶1∶2 的比例复配后用于生鲜鸡肉的保鲜，鸡肉在 4℃条件下的保鲜期可延长至 21 天。但在使用植物精油时，还需考虑其会使禽肉变色的缺陷，同时精油本身强烈的气味可能会对某些调理产品的风味造成影响，因此，其实际应用范围受到了一定的限制。

2. 肉制品

肉类加工过程中往往会加入香辛料或植物精油，增加肉制品的色、香、味，很大一部分植物精油就是从香辛料中提取，同时具备抑菌和抗氧化活性。现已有使用丁香、肉桂、孜然籽等植物精油微胶囊保鲜猪肉及牛肉制品的研究，表明使用植物精油微胶囊能够抑制肉制品的微生物生长，降低脂肪氧化程度和高铁肌红蛋白含量，延缓氧化褐变，延长肉制品货架期。

国外精油用于肉品保鲜的很多，在新鲜畜禽肉及其制品保鲜中应用较多的是牛至精油，并在一些新精油资源的开发方面做了大量的探索，国内应用较多的是香辛料精油，同时也在探索一些我国特有的植物精油的保鲜应用。我国常用的香辛料精油主要包括肉桂精油、花椒精油、八角精油、茴香精油等。例如百里香和丁香精油在热狗香肠对单核细胞增生李斯特菌有很强的抑制作用，以至最终在样品中也没有检出该菌。肉桂精油与牛至精油微胶囊对低钠盐腊肉有防腐保鲜的效果，涂覆在低钠盐腊肉表面后，贮藏期间低钠盐腊肉的 pH、丙二醛和菌落总数的变化趋势均较为平缓，且表现出了较好的缓释效果，可以实现较长时间的防腐保鲜。近年来，除研究香辛料精油外，柑橘皮、荔枝、茶树、椪柑皮等植物精油的提取、分离、鉴定和应用也越来越多，如荔枝精油对西式火腿肠的保鲜作用，可延长微生物的生长适应期达 4 倍左右，对数生长期和稳定期缩短 1/3，对微生物的抑制作用显著。

三、水产品防腐保鲜

新鲜水产品本身携带有细菌，而且组织蛋白酶活力高、体表黏液多，在贮藏、运输、加工处理及销售过程中极易导致微生物快速繁殖和脂肪氧化腐败变质，因此探索有效的水产品保鲜方法尤为重要。微生物是导致水产品腐败的主要原因，新鲜水产品中栖息的微生物复杂多样，但只有其中少数微生物能适应后续贮藏环境，并快速生长繁殖而逐渐成为优势菌群，它们代谢产生胺、硫化物、醇、醛、酮和有机酸等异味产物，造成产品腐败，这些少数微生物即特定腐败菌。不同水产品中含不同特定腐败菌，主要受水产品种、保藏温度及气调环境等影响，如弧菌属等革兰阴性发酵型细菌是未经冷藏鲜鱼的特定腐败菌，假单胞菌属和希瓦氏菌属分别是冰鲜淡水鱼和海水鱼的特定腐败菌，明亮发光杆菌和乳酸菌则是二氧化碳气调包装中水产品的特定腐败菌。

植物精油在水产品中的保鲜作用主要通过抑制腐败微生物生长繁殖来延长货架期，同时精油能降低水产品中脂质氧化，钝化内源酶活性等。应用于水产品保鲜上的植物精油有丁香精油、肉桂精油、百里香精油、薄荷精油、牛至精油与迷迭香精油等。植物精油可以单独用于水产品保鲜，也可以与其他保鲜方法配合使用，以达到协同增效的目的，如精油与聚合物涂膜保鲜联合使用，精油与气调保鲜组合等。

1. 植物精油单独保鲜

目前植物精油在水产品保鲜中的应用形式有熏蒸、浸渍或喷洒，保鲜效果主要从微生物数量、挥发性盐基氮（TVB-N）值、生物胺、K 值及脂质氧化等指标进行表征。

水产品货架期受起始微生物数量影响较大，鱼片经精油预处理后初始菌落显著降低，可以延长产品货架期。例如，用含 0.5% 香芹酚和 0.5% 丁香酚的混合精油浸渍鲤鱼片 15min，鱼片中起始菌落数由 4.7×10^7 CFU/g 降低到 3.6×10^2 CFU/g，产品感官货架期可以延长 8 天。挥发性盐基氮（TVB-N）是由微生物引起的蛋白质和非蛋白含氮化合物降解产生的，它是表征鱼鲜度的常用指标。鱼的 TVB-N 值最大可接受范围是 $25 \sim 30$mg/100g，超过这个范围产品将丧失可食性。用丁香酚和香芹酚混合精油浸渍鲤鱼片，在 5℃ 条件下，鱼片初始 TVB-N 值由 16.8mg/100g 降低到 11.2mg/100g，大大提高保鲜效果。

水产品中的某些微生物能产生氨基酸脱羧酶，它能将游离氨基酸转化成对人体有害的生物胺类物质。精油可以抑制与脱羧酶有关微生物的生长，从而减少生物胺的产生，如经丁香精油、茴香精油和薄荷精油处理后的红鼓鱼片，贮藏 20 天后，鱼片中的组胺含量由 19.4mg/kg 降低至 $1 \sim 3$mg/kg。

水产品中脂肪含量较高的鱼，如鳗鱼和鲱鱼等，其不饱和脂肪酸易被氧化成小分子化合物醛、酮等，导致产品产生异味。某些精油具有抗氧化性能，能有效抑制鱼肉中脂质发生氧化。选取百里香精油和月桂精油处理蓝鳍金枪鱼，样品的过氧化值低于对照组近 10mmol/kg，大大降低了脂肪的氧化速度，货架期由 9 天延长至 12~13 天。除此之外，植物精油作为天然抗氧化剂能减缓海产品的变色，提高感官品质。如肉桂醛能有效抑制太平洋白虾贮藏期间黑色素的产生，减缓微生物的生长，可以延长对虾的贮藏货架期。

2. 与抗菌包装组合保鲜

由于大多数精油具有刺激性气味，直接添加到水产品中会带来感官接受性问题。因此，可以将精油与包装材料组合构建抗菌活性包装，以改善产品感官接受性并延长货架期。目前植物精油在水产品抗菌包装体系中可有两种应用形式，一种是将精油掺入成膜材料中，然后以膜液形式涂于水产品表面，如薄荷精油-海藻酸钠复合涂膜处理鲤鱼，在冷藏期间 TVB-N 值、过氧化值、硫代巴比妥酸值及微生物变化速率明显减缓，能够保持其良好品质特性；另外一种是将精油加入成膜载体材料中，制备出可食性抗菌薄膜，然后对水产品进行包裹，薄膜中的精油不断地向与其接触的水产品表面释放，杀灭腐败微生物。已有研究人员尝试将牛至精油、迷迭香精油、大蒜精油、甜椒精油及肉桂精油掺于乳清蛋白膜、海藻酸钠膜及壳聚糖膜中。其中壳聚糖因其本身具有抗菌作用及良好的成膜性能而被广泛应用。此外，涂膜保鲜可以防止水产品水分蒸发，将精油和壳聚糖膜结合，达到协同增效抗菌并同时保持产品水分的作用。

植物精油微胶囊也可以用于水产品的抗菌包装中，例如将环糊精-精油微囊加入活性保鲜垫，将其应用于草鱼的保鲜，与无功能的吸水垫相比，在 4℃冷藏条件下，环糊精-精油微囊活性保鲜垫可有效延缓草鱼的腐败变质，延长草鱼货架期 2~3 天。

3. 与气调组合保鲜

气调包装是用一种或几种惰性气体，如氮气和二氧化碳代替食品包装袋中的空气，来抑制水产品中微生物的生长繁殖和脂质氧化，以达到保鲜效果。但气调包装的水产品中仍存在一些特定腐败菌，如耐二氧化碳的明亮发光杆菌和乳酸菌，会造成产品腐败。将植物精油与气调组合用于水产品保鲜中，可以实现协同增效的目的，更大程度地延长货架期。例如明亮发光杆菌是气调保鲜鳕鱼片的特定腐败菌，牛至精油和肉桂精油对其有强烈抑制效果。鳕鱼片的气调包装（60%二氧化碳、40%氮气）中添加 0.05g/100mL 牛至精油，置于 2℃冷藏，产品货架期由 11~12 天延长至 21~26 天。

植物精油的高效抗菌活性使其成为一种潜在的天然水产防腐保鲜剂。但精油在水产品保鲜中的应用仍存在一些问题，如精油本身的刺激气味影响了水产品的感官接受性；某些精油或组分对人体的安全性还需进行系统评价。2014 年，我国发布了修订版的《食品安全国家标准 食品添加剂使用标准》（GB 2760—2014），基本把所有精油归类于食用香料物质，主要功能是用于食品增香，且属于限量添加剂。标准中仅肉桂醛（CNS17.012）兼可用作防腐剂，适用范围为"经表面处理的鲜水果"。新版标准中还规定了食品香料的使用范围，列出了不得添加食用香料、香精的食品名单，其中就包括鲜水产（冷冻水产及水产加工制品除外），这在某种程度上限制了精油在水产品防腐保鲜中的应用。

四、粮油食品贮藏与保鲜

1. 粮食防霉

党的二十大报告明确指出"全方位夯实粮食安全根基，全面落实粮食安全党政同责，牢牢守住十八亿亩耕地红线，逐步把永久基本农田全部建成高标准农田，深入实施种业振兴行动，强化农业科技和装备支撑，健全种粮农民收益保障机制和主产区利益补偿机制，确保中国人的饭碗牢牢端在自己手中。"可见，党和国家高度重视粮食安全问题。我国是储粮大国，稻谷、玉米、小麦等粮食均属于不耐贮藏的品种，非常容易受微生物尤其是真菌的危害。据联合国粮农组织统计，每年世界上约有3%的粮食因为霉变而不能食用，不仅在经济上造成巨大损失，而且霉变的粮食还会产生真菌毒素，引起人畜食用后中毒或致癌。粮食霉变是受到生物和非生物因素的影响。贮藏过程中，粮食作物种类、霉菌、温度、湿度等都是影响粮食霉变的关键因素。粮食霉变对粮食品质产生一系列影响，如营养成分降低、发芽率下降、籽粒变色、变味等，严重损耗了粮食的食用价值，甚至导致粮食的食用价值完全丧失。控制粮食霉变是一个亟待解决的课题。随着天然产物研究的纵深发展，粮食天然防霉剂引起了大量粮食贮藏科研工作者的注意，特别是植物精油防霉剂具有合成防霉剂无法比拟的优点。

（1）稻谷防霉　稻谷在收获和运输过程中，与土壤以及空气等接触时携带大量的微生物进入贮藏期，常见的微生物种类有细菌、酵母、放线菌以及霉菌等。其中霉菌进行生长代谢时对温湿度以及营养物质的要求较低，容易滋生，对稻谷贮藏危害最大。常见的防霉精油有肉桂、丁香、薄荷、茴香、百里香和甜橙等精油，这些精油能够抑制多种病原微生物的生长和增殖。精油中含有丰富的醛类、醇类和酚类等化合物，对病原菌具有很强的抗菌活性。研究发现，气态肉桂精油可以抑制稻谷黑曲霉的生长，提高稻谷的亮度，降低脂肪酸值，提高稻谷贮藏期的品质。紫苏精油熏蒸处理能显著抑制稻谷脂肪酸值的上升，有效降低稻谷丙二醛含量，维持了稻谷机体膜的结构和功能，从而有效延缓高水分稻谷品质劣变。

（2）玉米防霉　玉米是我国的一种主要粮食作物和饲料，要想提升其产量，除了对农业生产模式进行升级之外，还应关注玉米种子的贮藏工作，把握安全贮藏技术要点，确保种子质量的稳定性。对玉米种子产生危害的微生物主要有青霉和曲霉，前者在自然界具有广泛的分布，会使玉米种子发热而产生霉菌；后者则多见于各类种子和粮食上，也会导致种子出现发热霉变的现象，有些品种甚至会使种子产生毒素。植物精油作为一种玉米贮藏中的天然防霉剂，具有天然、无毒、较强的抑菌特性和环境友好等优点，且在抑制霉菌生长及产毒方面效果理想，可考虑选用复合植物精油进行玉米防霉研究。如肉桂油、柠檬醛、丁香酚等可有效抑制黄曲霉菌、镰刀菌、赭曲霉菌等霉菌的生长，破坏霉菌的细胞结构，致使菌体凋亡，并减少霉菌毒素的产生；复合精油防霉剂用于玉米贮藏可有效抑制霉菌生长和真菌毒素的产生，显著抑制玉米脂肪酸值的升高和发芽率的降低，保持玉米品质、阻控劣变，应用效果显著优于丙酸防霉剂。

（3）小麦防霉　小麦是世界性粮种，在粮食作物贸易额中位居第一位，口粮消费居第二位，为主要的战略储备粮和商品粮。我国是小麦生产大国，总消费量的77%用于口粮损耗，是我国小麦消费的主要途径。据不完全统计，每年小麦因在贮藏过程中发生的仓储害虫、发热霉变以及自身陈化造成的损失约占总储量的6.62%，损失巨大。微生物是小麦发热霉变的始作俑者，微生物的呼吸强度远远大于小麦自身，其利用小麦中丰富的营养物质快速地生长繁殖使粮食发热，造成局部高温，粮食不是热导体，局部的高温使得水分继续向低温区转移，极易出现粮堆出汗、结露、发热及霉变等不良变化。当小麦受真菌侵染时，容易造成毒素积累，主要包括呕吐毒素、玉米赤霉烯酮和伏马菌素等，其中呕吐毒素是小麦及其制品中检出率最高的一种毒素。呕吐毒素具有很高的细胞毒素及免疫抑制性质。当人或动物摄入被呕吐毒素污染的食物后，会出现厌食、呕吐、腹泻、发烧、反应迟钝等急性中毒症状，严重时可损害造血系统，甚至造成死亡。研究表明，在小麦存储过程中添加复合植物精油后，不但减少小麦菌落的产生，且降低了菌种分泌呕吐毒素的含量，这进一步提升了粮食减损效果和质量安全。

2. 防治仓储害虫

原粮及成品粮的安全贮藏是整个粮食安全体系的根基。粮食在贮藏期间极易受到大谷盗、赤拟谷盗、麦蛾、谷蠹和玉米象等害虫的危害，加重粮食品质下降。每年由储粮害虫造成的粮食损失约占总储粮量的10%，损失金额高达20亿。因此，在粮食贮藏期内使用合适的防治技术对保持粮食品质和数量具有重要意义。当前常用的仓储粮害虫防治技术主要为物理、化学、生物防治三大类。目前我国防霉驱虫的主要手段是采用熏蒸的方法，用于仓库害虫防治的熏蒸剂主要是溴甲烷和磷化氢。但是，溴甲烷由于对臭氧层的破坏作用，发达国家于2005年早已淘汰；磷化氢的滥用使储粮害虫产生了严重的抗药性，并且这种情况有进一步扩展之势，为此，全世界科学家都在寻找溴甲烷和磷化氢的替代措施，生物防治由于其绿色环保和对人畜无害的特点，成为仓储粮害虫防治领域的研究热点。生物防治即利用自然界存在的动植物及微生物自身对害虫的趋避作用，直接或间接地抑制、杀死储粮害虫，其中植物精油有望成为有前景的措施之一。大量的研究证明植物精油对储粮害虫具有熏蒸和触杀活性，亲脂性植物精油通过熏蒸或触杀的方式渗入昆虫角质膜，其脂肪质脂肪族或芳香族组分可阻断特定的神经递质、生长激素及消化酶，杀死或弱化害虫。

植物精油是生物防治中常见的手段，能帮助植物驱避有害昆虫，在植物生长过程中具有重要的保护作用。研究表明多种植物精油对仓储害虫在触杀和熏蒸方式下具有明显的杀虫活性。例如，龙柏精油对土耳其扁谷盗的卵、幼虫、成虫均有十分显著的熏蒸效果。植物源防虫剂对害虫的作用独特，作用方式多样化，作用机理比较复杂，具有毒杀、驱避和抑制害虫生长发育等特点，是良好的化学药剂替代品。不同仓储害虫对植物精油的敏感性大小存在种间的差异。有研究表明苦楝皮精油对赤拟谷盗、谷蠹和嗜虫书虱等仓储害虫具有一定的种群抑制和触杀作用；侧柏叶精油及其活性单体对烟草甲和赤拟谷盗均具有一定的触杀和熏蒸活性；桑叶粉和桑叶精油对赤拟谷盗有较好的驱避作用等。

3. 抗油脂氧化

由于油脂中的主要成分含有不饱和脂肪酸，在贮藏期间容易受到温度、光线、氧气和水分等的影响，发生氧化变质，产生酸败的刺鼻气味，最终产生酮类和醛类等有害物质；不仅缩短油脂的货架期，而且变质的油脂会损害身体健康。因此，延缓油脂氧化的抗氧化手段日益受到重视。油脂抗氧化剂可以增强油脂的贮藏稳定性，降低氧化速率，延长货架期。常见的人工合成抗氧化剂分为酚型抗氧化剂和含硫抗氧化剂，包括硫代二丙酸（TDPA）、硫代二丙酸双月桂酯（DLTP）、丁基羟基茴香醚（BHA）、没食子酸丙酯（PG）、叔丁基对苯二酚（TBHQ）等，其作用机理为阻断油脂自动氧化的链式反应。但是研究表明，人工合成抗氧化剂可能对人体的肝脏等器官造成一定的负担，轻则中毒，重则致癌。所以无毒无害无副作用的天然抗氧化剂的研究非常必要。一些精油作为天然植物的提取物，含有丰富的酚类活性物质，具有良好的抗菌、防腐和抗氧化等作用，抑制多不饱和脂肪酸和维生素 E 的氧化，对油脂的氧化酸败有较好抑制效果。如在酥油中添加丁香精油有效降低了酥油的过氧化，提高抗氧化效果。香麟毛蕨精油作为一种天然来源的抗氧化剂，可以代替人工合成的抗氧化剂，并能够有效的抑制油脂氧化，进而提高食用油的氧化稳定性。

4. 其他食品保鲜

（1）烘焙食品保鲜　面包、蛋糕等烘焙食品因其口感绵软、弹性足、香味浓郁，深受消费者的喜爱。面包的营养物质丰富，极易产生腐败菌的污染。面包被微生物污染后会变黏、酸、臭，腐败菌不仅会分解面包中的蛋白质与多糖等营养物质，而且会造成食用中毒。因此，为了保证面包的品质，避免霉变腐败，面包的防腐保鲜尤为重要。面包中的生物保鲜技术因其绿色环保，低毒性，价格低廉和抑菌性良好，成为了食品防腐技术的研究热点。生物保鲜技术主要包括植物精油、溶菌酶等天然生物保鲜剂。由于添加保鲜剂成本低，效果好，易于操作，已被广泛研究与应用。而天然精油保鲜剂有着高效、安全、环保等特点，在烘焙食品中被广泛应用。植物精油作为绿色天然的抗菌剂和抗氧化剂，在食品工业添加剂中具有广阔的前景。研究表明，含有丁香酚和柠檬醛的精油微胶囊制备的面包包装能有效抑制培养基和切片面包中的霉菌与酵母的生长，保护面包的品质。植物精油的局限性在于它们所带来的强烈味道，因此，它们的适用范围仅限于兼容口味。肉桂是烘焙产品中常见的成分。因此，肉桂精油和苯甲酸钠混合物运用在面包的保鲜方法中，不仅有效抑制黄曲霉生长繁殖，且未影响面包的口感。芥末精油具有很强的抗菌活性，但是气味强烈，可能对烘焙食品的感官特性产生负面影响；而肉桂精油混合芥末精油应用于烘焙食品中，不仅保持了芥末本身所呈现的抗真菌活性，还可以掩盖芥末的味道。

（2）乳制品保鲜　虽然乳制品常见保鲜方法是巴氏杀菌和低温贮藏来保持其优良品质和营养成分，但嗜冷菌等微生物依然可以生长繁殖，导致乳制品风味劣变。干酪是常见的发酵乳制品，其营养价值是牛乳的 10 倍，但是极易受到食源性致病菌的污染，如单核细胞增生李斯特菌、金黄色葡萄球菌和沙门菌等。精油是植物源生物保鲜剂之一，可利用精油中的多酚等有效抑菌成分来抑杀乳制品中的有害细菌。研究表明，辣木精油作用于干酪保鲜时，通过抑制单核细胞增生李斯特菌的能量代谢和呼吸代谢等途径来抑制菌落生长，且在储存期保留了干酪的色、香、味，从而延长干酪的货架期；芳樟醇、香芹酚和百里香酚等精油抗菌成分被掺入淀粉基涂层中，涂抹于切达干酪表面，对黑曲霉具有明显的抗菌活性；将牛至精油与海藻酸钠等混合制备成纳米乳液，应用于低脂干酪中，2.0%浓度的牛至精油表现出抑制了金黄色葡萄球菌的生长繁殖，浓度为 2.5%的牛至精油有效抑制了嗜冷细菌、霉菌和酵母的生长。

第二节　植物精油在食品包装中的应用

一、直接加入载体中制成抗菌薄膜材料

这是目前研究最多的一类抗菌包装类型，工艺相对简单。直接将精油加入载体中，通过

共混成型或者溶剂流延制成抗菌材料，如图 6-1 所示。此类保鲜膜有望成为一种潜在的、具有持续释放植物精油抑菌活性的食品抗菌包装材料。

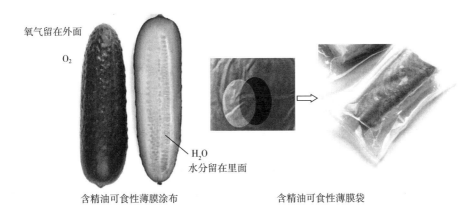

图 6-1　精油抗菌薄膜

精油应用于可食性薄膜的配方中，为其提供额外的抗氧化和/或抗菌性能，从而延长保质期，减少或抑制食源性病原体。如采用浇铸法所制备的含花椒精油的玉米淀粉基薄膜，与无精油膜相比，添加不同浓度精油的玉米淀粉基膜对革兰阴性菌和革兰阳性菌均表现出良好的抗菌活性，革兰阳性菌（金黄色葡萄球菌和单核细胞增生李斯特菌）的抑制大于革兰阴性菌（大肠杆菌）；采用逐层组装技术，结合百里香精油纳米乳液所制备的聚电解质结冷胶-壳聚糖多层膜表现出较强的抗菌活性；用含有丁香精油的明胶-壳聚糖的溶液涂膜鳕鱼后进行保存，能有效地抑制鱼中的革兰阴性细菌，可使鳕鱼在 2℃ 下保质期达 20 天。

精油在可食性膜中添加对其抗氧化性、机械性能、渗透性以及其他理化性质会产生影响。精油对膜抗氧化性影响主要通过两种方式，一种是通过改变膜的组分，对膜结构造成影响，从而改变膜的氧气渗透性来影响膜的抗氧化性；另一种情况是利用精油中某些易氧化成分，如萜类化合物和酚类化合物，当有氧气渗透过膜作用于食品时，抗菌膜内的这些活性成分就开始争夺氧气，并与之结合，从而延缓食品的氧化。精油的添加一般会降低膜的拉伸强度，主要是因为疏水性的精油会打破膜液组分间的连续性，导致膜液组分间发生相分离；也有研究得出相反结果，如将肉桂精油添加到壳聚糖膜中，膜的拉伸强度显著增加。这主要是因为高分子聚合物与精油之间相互作用，减小了高分子聚合物的自由体积和分子链的流动性，膜的断裂伸长率也受到上面两方面影响，但对不同膜的影响存在较大差异。精油对可食性膜渗透性的影响类似于脂类物质，精油的添加一般会改变膜的水蒸气透过性，这主要是因为精油中含有疏水性物质，分散在膜中，从而降低膜的水蒸气透过性。氧和二氧化碳的透过性也是可食性抗菌膜的重要性能。添加精油后，可食性抗菌膜的气体阻隔性会发生一定改变。如在海藻酸盐-苹果泥复合膜中添加柠檬香茅精油后，膜的氧气渗透性有轻微的减少，而把柠檬草精油换成牛至和肉桂精油后，膜的氧气渗透性又有轻微的增加；在壳聚糖膜中添加百里香精油，膜的氧气透过速率增加近 4 倍，扫描电镜观察膜的表面形貌发现含精油可食性抗菌膜的微结构出现更多的无规则形态的小孔。精油的添加对膜透明度、色泽和光泽也会产生一定影响。通常，精油的添加会降低可食性膜的透明度和光泽度，这主要是膜在干燥过程中，精油的迁移或凝集会导致膜表面不光滑所致。对于膜的色泽度，研究发现，少量的精油对可食性膜的色泽不会产生明显的影响。

二、涂膜于成型的包装材料

由于精油不耐热和加工，可以在包装材料成型后再进行涂膜。将柠檬草精油与聚乙烯醇复配成涂膜液，涂布于低密度聚乙烯薄膜上，制备成具有抑菌功能的复合膜并加工成包装袋，可用于各类食品包装（图6-2）。例如用于高湿常温下保鲜葡萄，随着贮藏时间的增加，精油挥发浓度增大；对葡萄保鲜效果最佳的是3.5%浓度柠檬草精油处理的包装袋，能够将葡萄的货架寿命延长至8天，保质期提高了1倍左右。有一种新的使用天然精油作为抗菌的特制活性纸包装。在这个包装中，一些精油（如丁香、肉桂和牛至）被用来制造一种活性蜡涂层，这样的包装具有较好的抗菌性。Rodriguez等开发了一种基于肉桂精油和固体石蜡相结合的新型活性纸包装材料，活性包衣配方中6%的精油完全抑制了面包根霉的生长，涂有肉桂精油的纸包装可以阻止水蒸气渗入，并防止真菌污染。有实验发现百里香精油抗菌纸箱可以明显降低草莓的腐烂率和菌落总数，对于维持草莓感官质量和硬度指标也具有一定的作用，以天然植物精油为抗菌剂制备抗菌纸箱用于草莓的防腐保鲜具有较好的应用前景。

图6-2　精油抗菌包装袋

三、精油充入气调包装

植物精油因其具有挥发性，可以气态形式应用于气调包装，如图6-3所示。充入的精油成分在缝隙、膜材料和食品中的蒸发迁移达到平衡分布，形成一个良好的抑菌氛围。如在1℃和0%的相对湿度下，甜樱桃经丁香酚、麝香草酚、薄荷醇联合气调包装后，其重量损失、颜色、硬度变化、梗褐变均有所改善，且细菌、霉菌和酵母的总数均显著降低。将一定配比的复合精油充入冷却牛肉的气调包装盒中进行保鲜包装，随后在0~4℃低温下保藏，可使牛肉保鲜期达到24天。在气调包装的应用过程中，植物精油与食品直接接触，其中的独特气味会迁移进入食品中，从而影响到食品本身的风味，对食品的感官产生负面影响。此外，植物精油也可能与食品中的成分相互作用，使得其营养成分或功能成分发生改变。为此，可以将气调包装与其他方式协同使用。

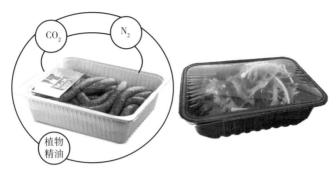

图6-3　食品气调包装

第三节　植物精油替代农兽药

党的二十大报告强调"推动绿色发展，促进人与自然和谐共生"。植物精油的驱虫、抗动植物病害、生物可降解及绿色环保作用使其代替化学农兽药日益引起兴趣，这正是顺应国家绿色发展需要。

一、精油在农业种植领域的应用

1. 防治农业害虫

在农业生产中，害虫会对农作物造成大规模危害，影响农业产出，导致粮食短缺和质量低下以及农民投资回报率低，为解决害虫问题，农药经常被用于控制农业生产的损失。不过，这些农药大多容易残留在土壤中，通过食物链影响人类健康，危害和污染环境，导致寻找其他更环保的替代品十分必要，而植物精油的驱虫、生物可降解及环保作用使其代替化学农药日益引起人们的兴趣，关于植物精油的研究应用也逐渐广泛。研究表明植物精油对害虫有触杀、熏蒸、驱避、引诱、拒食、杀卵、抑制生长发育、产卵忌避等多种作用，尤其是对骨化程度低的昆虫、螨类、线虫，有较强的作用效果。

植物精油及其组分对昆虫、螨类、线虫等害虫有着广谱的活性，在农作物病虫害防治和害虫管理（如城市害虫防治）上有相当大的潜力，对用户和环境是安全的，而精油对害虫的防治作用主要依靠植物性毒素，用于农业和景观等大田环境时，仍需密切关注其安全性。同时，精油自身的挥发性使其在田间条件下具有不可持久性，能够提供某种程度的时间选择性以保护非靶标物种，但是对无脊椎动物的选择性仍有待研究，如研究表明蜜蜂似乎对植物精油有些敏感。此外，像其他的杀虫剂或害虫管理产品一样，基于植物精油的农药也不是病虫害防治的万能药，应根据实际生产中害虫的种类、环境等来选择适宜的植物精油，提高其防治效果，被种植者普遍接受。

植食性昆虫在寻找寄主阶段，主要通过嗅觉感受器识别寄主植物的特异性气味，植物精油可以破坏寄主植物气味的各组分浓度比例，使植食性害虫无法识别寄主甚至躲避寄主。Mauchline 等研究蓝桉、香叶天竺葵、薰衣草、辣薄荷、互叶白千层精油的驱虫效果，结果表明这些非寄主植物制成的精油可驱避油菜花露尾甲害虫的侵扰。黄樟油、肉桂油、八角油对赤拟谷盗成虫有很强的驱避作用，其中黄樟油不但能有效地杀拟谷盗成虫，还能十分有效地抑制害虫子代的发生。植物精油及其活性成分对害虫的神经毒性也有较多报道，如 Enan 等研究植物精油对美洲大蠊的章胺合成的影响中，明确了精油在昆虫体内章胺激动剂在神经系统中的作用位点，且对哺乳动物无毒，可用于害虫的生物靶向防治；Kostyukovsky 等报道高浓度的精油成分在体外试验中可抑制谷蠹乙酰胆碱酯酶活性；而精油成分可在低浓度下显著提高棉铃虫腹部表皮组织的环腺苷酸水平。

植物精油毒性引起的害虫生理变化以及拒食行为可直接或间接影响害虫生长发育，如延长幼虫发育历期、减少产卵数量、增加死亡率或引起不正常的变态等，从而有效降低害虫的种群数量，达到害虫控制的目的。八角茴香精油、山苍子精油等对小菜蛾具有一定的拒食活性；百里香、牛至精油对豆象有较强的毒性作用；肉桂精油对黄粉虫卵有急性毒杀作用；丁香、紫苏精油中所含的丁香酚对大谷蠹、谷象和赤拟粉甲等害虫有触杀、熏蒸和拒食作用；植物精油对蜜蜂体外寄生蜂螨也有一定的防治作用。用肉桂油点滴处理黄粉甲幼虫，明显抑制幼虫的生长，并严重干扰其水分代谢和蜕皮过程，导致幼虫死亡；用黄花蒿精油处理棉红蜘若虫，部分试虫死亡，存活若虫的发育被明显延缓，出现若虫-成虫中间形态的虫体和畸形成虫，有效降低了害虫种群数量。

2. 防治农作物病原菌

在农业生产、加工运输过程中，果蔬、粮食等其他经济类农作物容易被真菌、细菌、病毒等这些植物病原体寄生于植物体并导致侵染性病害发生，大约 8000 种植物会受侵染引起各种植物病害。近年来合成类化学杀菌剂在环境中过度使用，增加了对人、植物和环境的危害，此外，由于不加区分地使用化学杀菌剂来控制植物病原真菌，导致了病原真菌种类的抗药性趋势，寻找其他更环保的替代品十分必要。

许多植物精油对植物病原真菌表现出广泛的抑杀活性，能够控制病原微生物以及食品腐败菌的生长，如从肉桂、牛至和百里香中提取的植物精油对单核细胞增生李斯特菌、大肠杆菌、耐热芽孢杆菌和荧光假单胞菌等多种微生物具有显著的抗菌活性。一些植物精油在农产品贮藏保鲜方面有着悠久的传统应用，不少植物精油的抗菌活性已安全应用于畜禽、水产养殖替代抗生素，符合"降低风险"农药的标准。此外，许多植物精油及其成分被广泛用作食品调味剂，加上香精和香水行业对植物精油的广泛应用，使得以植物精油为基础的农药作为绿色农药的商业化成为可能。

植物精油应用于农业生产中，对感染病菌的农作物有作用，能够起到一定的抑制病菌的效果，有利于农作物的生产。研究发现，柠檬烯的存在与柑橘类水果的抗病性存在关联，用含有 d-柠檬烯的单层脂质体包裹蓝莓，可防止灰葡萄孢和青霉病以及大肠杆菌、单核细胞增生李斯特菌等引起的水果腐烂、变坏；不同单萜和倍半萜对水稻白叶枯病有抑制作用，先用化合物处理水稻幼苗再接种病原，结果发现感病的水稻植株通过上调柠檬烯合成基因，产生出 (S)-柠檬烯，抑制白叶枯病的发生，此外，柠檬烯可以抑制黄曲霉毒素菌株的产生；香茅精油对灰葡萄孢有抑制作用，香茅精油在樱桃番茄体内的最佳抑制发病含量为 0.9μL/mL，相比对照抑制了 54.33% 的发病；采用菌丝生长法测定迷迭香精油、薰衣草精油、香叶天竺葵精油、香茅草精油和罗勒精油五种精油对烟草黑胫病病原烟草疫霉的抑菌活性，结果表明精油浓度达到 225μg/mL 时，五种精油对烟草疫霉均有显著的抑制作用，其中香茅草精油对烟草疫霉的抑制率均为 100%；异硫氰酸丙烯酯和肉桂精油对黄瓜枯萎病有较强的抑制作用，能很好地控制由尖孢镰刀菌黄瓜专化型菌等引起的常见土传病害，替代黄瓜生产上常用多菌灵、恶霉灵、代森锰锌等化学杀菌剂来防治黄瓜枯萎病。

二、精油在动物生产中的应用

1. 提高动物生产性能

近年来植物精油越来越多地应用于动物生产中，植物精油具有绿色环保、促生长、无毒、无残留、不易产生抗药性等特点，符合对于生活水平不断提高的人们消费"无污染、无残留、无公害"绿色食品的需求，而且我国农业管理部门批准可在饲料中添加牛至等植物精油作为饲料添加剂，表明植物精油在养殖过程中具有较大的发展空间。植物精油够促进饲粮中营养物质的消化吸收、抑制肠道致病菌定植、发挥抗氧化作用及增强动物免疫功能等，在动物生产中可以提高生产性能；通过影响胃肠道促进单胃动物生长功能，增加饲料适口性，刺激胃肠道消化液分泌，改善肠道形态，稳定肠道微生物菌群，提高养分利用率和饲料消化率，提高生产性能；在水产动物的生产中，添加植物精油的饲料中会有一定的气味，在水体中会刺激到依靠嗅觉和味觉系统来摄食的动物，诱导其主动进食，而植物精油中的有效成分刺激味觉系统、使胃肠兴奋，促进消化系统中的胆汁、消化酶分泌等等，提高对饲料的转化利用率，提高水产动物的生产性能。

（1）单胃动物　近些年来，在猪及鸡、鸭、鹅等家禽的养殖中，越来越多地将植物精油作为一种饲料添加剂来研究植物精油对其生产性能的影响，如增重率、饲料利用率等，而植物精油的浓度及用量、不同配比、基础饲料的不同、喂养天数等都会对生产性能有影响。研究表明，21 天断乳荣昌猪日粮中分别添加 300~600mg/kg 不同浓度牛至精油，饲喂 30 天，断乳仔猪日增重均显著提高，且日增重比率随着浓度增大而提高，其中添加 600mg/kg 处理组的料肉比显著降低，较大地提高断乳仔猪的生产性能；研究表明一定浓度的牛至精油添加至饲料中能够降低母猪的死亡率，提高母猪繁殖率、泌乳量和乳猪初生重等生产指标，同时母猪生殖道疾病、乳腺炎的发生率降低，进一步地提高母猪的生产性能；在基础日粮中添加 50~200mg/kg 四种不同浓度柑橘、大蒜等多种植物混合制成的精油，饲喂 120 天，结果表明添加植物精油各组仔猪的总增重、平均日增重和平均日采食量都有所提高，料重比均有所降低，其中肉猪饲料消耗量和平均日采食量均随着植物精油添加量增大呈增加趋势，但添加量过多则使采食量下降，以添加 100mg/kg 的精油剂量较为适宜。大蒜精油对蛋鸡产蛋质量及产蛋率影响中，发现大蒜精油可以显著降低蛋鸡的料蛋比，一定程度上提高了产蛋率，如0.4mL/L 大蒜精油可使产蛋率提高 6.75%；大蒜精油对肉鸡生长影响中，在饮水中加入大蒜精油饲养肉鸡 42 天比对照组重 280g，且单周加、双周不加精油饲养肉鸡也比对照组重 133g，表明大蒜精油对肉鸡生长有一定的促进作用，能够提高肉鸡饲料转化率。研究牛至精油对肉鸭的生产性能影响中，添加 10~30mg/kg 三个不同浓度的牛至精油至饲料中喂养肉鸭，结果表明牛至精油能够提高 6 周龄樱桃谷鸭的采食量、饲料转化率等生产性能和全净膛率、胸肌率等屠宰性能，且牛至精油浓度为 20mg/kg 组的效果最佳；东北白鹅日粮中添加不同水平牛至精油，对照组饲喂基础日粮，添加 50~150mg/kg 三种不同浓度的牛至精油预混剂，分别在

28天和70天测定生长性能指标等，结果表明添加不同水平的牛至精油制剂均可提高东北白鹅平均日增重，降低料重比，改善屠宰性能，其中前期添加150mg/kg牛至精油对东北白鹅增重效果显著，生长期100mg/kg效果最佳；添加牛至精油对腹脂率的降低效果较为明显。

（2）反刍类动物　反刍动物因其消化道结构的复杂性及饲粮组成的特殊性，植物精油进入消化道发挥多种生物学活性作用，其作用机制远比单胃动物复杂。反刍动物瘤胃微生物的定植和演替，是一个复杂而动态的过程，需要一个漫长的周期才能建立一个稳定的微生物群落区系，而幼龄期是反刍动物瘤胃微生物调控的关键窗口期，植物精油的添加，一定程度上调控其瘤胃微生物的组成并诱导其尽快形成稳定的微生物区系，消化道发育形成完整的物理屏障、特异的化学屏障，以及适度的黏膜免疫并配合强有力的消化、吸收，对后期生产性能的提高和保持健康有极大的意义。研究报道植物精油的抑菌抗菌成分能够对瘤胃微生物菌群变化起到改善作用，显著增加反刍动物的瘤胃微生物蛋白质产量，提高消化酶的活性，提高其干物质采食量，改善乳脂肪酸，提高乳脂率、乳蛋白率，提高产乳量、抗热应激和降低甲烷排放等功效。动物采食量对动物生产性能有较大影响，其变化受多种因素的影响，如基础饲粮的类型、添加剂的剂量和性质等，而植物精油添加剂量以及适口性问题对反刍动物生产性能和营养物质利用也有影响。研究表明泌乳期水牛饲粮中添加大蒜、芥末、棉籽油复合而成的植物精油能够在采食量不变的情况下，显著提高饲粮干物质的消化率，同时产乳量有所提高，从而改善水牛的生产性能和营养物质利用率；研究精油对荷斯坦犊牛的影响中，饲粮中添加主要成分为香芹酚、石竹烯、桉树脑等的复合植物精油能够提高犊牛的平均日增重、干物质采食量、饲料转化率；Joch等研究报道主要成分为百里香酚和间甲酚的混合植物精油对乳牛的影响中，分别进行体外和体内试验，体外试验中高浓度植物精油的添加使瘤胃氨氮浓度降低10%，同时伴随着干物质消化率以及挥发性脂肪酸净产量的降低；体内试验研究发现，乳牛饲粮中添加混合植物精油，其干物质采食量与对照组相比降低4.6%，主要原因是混合植物精油本身强烈的气味影响了饲粮适口性，降低乳牛的采食量，同时产乳量和乳脂含量也出现下降的趋势，乳牛产乳量较低可能与机体对葡萄糖的利用率较低有关，而牛乳中脂肪比例较低则可能与乙酸和丁酸的利用率降低有关；研究表明百里香精油和薰衣草精油可作为改善乳牛子宫内膜炎药物的有效成分，进而提高乳牛的繁殖率；研究茶树精油对赣西山羊的生产性能影响中，表明植物精油可以提高肉羊的干物质采食量、增加饲料干物质消化率。

（3）水生动物　精油的有效活性成分能有效刺激水生动物，可以作为水生动物养殖的诱食剂，能降低饵料系数，提高水生动物的生产性能。而实际生产过程中除了精油本身的成分、配比和使用浓度会影响水生动物的生产性能，养殖动物的品种、健康状态、生长环境等条件也会影响植物精油的应用效果。在河蟹饲料中添加牛至精油150mg/kg，试验组蟹的增重比对照组提高31.7%，个体平均增重率提高24.3%，商品蟹上市合格率提高21.3%，饵料系数下降9.6%；对虾饲料中加入柑橘精油、牛至精油等混合精油能够补偿低含量鱼粉饲料造成的生长阻碍，提高虾的生产性能如增重率、特定生长率等；牛至精油以0.025%、0.05%、0.1%的剂量添加到基础饲料中，并以基础料为空白对照组，饲喂建鲤（体重16.15g），试验期90天，测定建鲤的生长性能结果表明，在基础料中添加0.025%、0.05%牛至精油显著提高建鲤增重率、蛋白质效率和特定生长率，降低饲料系数；牛至精油能够促进鲇鱼的生长，改善其肝胰腺指数、脏体比和肥满度；长期急性热应激下牛至精油对尼罗罗非鱼生产性能的影响中，分别饲喂添加 0g/kg、0.25g/kg、0.5g/kg 和 1g/kg 四种不同浓度的牛至精油至日粮，饲养 8 周，结果表明罗非鱼的最终体重、增重和比生长率显著增强；研究牛至精油对草鱼生长性能的影响中，添加 150~250mg/kg 三种不同浓度的牛至精油至饲料中，结果表明牛至精油能够提高草鱼的成活率 15% 以上，提高草鱼的特定生长率，降低草鱼的饵料系数，其中牛至精油在草鱼中的最佳添加水平为 0.2g/kg；研究薄荷精油对罗非鱼生长性能和健康性能的影响中，结果表明薄荷精油能够提高罗非鱼的生长速度，对鱼体的增重率和饲料利用率有较显著的影响。

2. 增强免疫力

　　自然状态下，动物的免疫反应是其维持健康的重要能力，其抵抗疾病的能力主要取决于免疫能力的强弱，而动物机体的免疫能力可以从提高免疫物质的含量、促进免疫器官的发育、抑制机体炎症反应和氧化反应等几方面改善，而植物精油所特有的活性成分能够作用于动物机体，从而提高机体抵御外来侵染的免疫能力。

　　（1）植物精油促进动物免疫物质的分泌　研究百里香精油对肉仔鸡的免疫调节能力中，饲料中添加 0.5g/kg 百里香精油喂养肉仔鸡能够提高其血清免疫球蛋白含量和白细胞的吞噬能力，促进其体内的免疫反应；研究茶树精油对肉鸡肠道免疫细胞的影响中，添加茶树精油至肉鸡饮水，表明茶树精油可以增加小肠黏膜杯状细胞和淋巴细胞这两种免疫细胞的数量，提高肉鸡的免疫能力；在黄芪精油对良凤花鸡的免疫机能影响中，饲料添加 0.1%~0.3% 黄芪精油喂养良凤花鸡（30 天），0.2%、0.3% 黄芪精油血清中禽流感（AI）、新城疫（ND）抗体效价水平及免疫球蛋白 IgG 含量均显著提高，试验组血清中 IgA 含量也均高于对照组，说明添加黄芪精油有利于机体免疫系统激活，促进抗体分泌合成，提高良凤花鸡 AI、ND 抗体效价水平及血清中 IgG、IgA 含量，增强鸡体的免疫机能；在研究牛至精油对生长育肥猪的影响中，发现含 500g/kg 牛至精油的日粮喂养肥猪后能够刺激免疫细胞产生非特异性免疫作用；研究植物精油对 40~45 天的紫云花仔猪的作用时，在饲料中添加浓度范围在 0~0.4g/kg 由肉桂醛、百里香酚、香芹酚复合制成的混合精油，发现混合精油对仔猪的血清免疫学指标有积极影响，提高仔猪的免疫能力；在研究植物精油对断乳仔猪的影响中，发现饲料中添加主要成分为肉桂醛和百里香酚的植物精油可提高仔猪血清中的淋巴细胞转化率、白细胞吞噬率及补体 C3、C4 和免疫球蛋白 IgA、IgM 的水平。Ngugi 等研究野柠檬精油对感染嗜水气单胞菌的鲮鱼的影响中，发现精油能够提高血清中免疫球蛋白、溶菌酶及呼吸爆发活性白细胞、中性粒细胞的水平，提高鲮鱼的免疫能力。Awad 等在鱼饲料中补充黑孜然精油和荨麻提取物喂养虹鳟，提高了虹鳟体内的溶菌酶活性，增强了其免疫细胞的杀菌效率，且体内抗体血清中 IgM 含量有所增加，结果表明植物精油提高了鱼体的免疫能力。刘娇等在研究大肠杆菌攻毒肉鸭试验中添加主要成分为香芹酚、萜品醇、伞花烃和百里香酚的植物精油喂养肉鸭，结果表明植物精油能有效地抑制大肠杆菌这一病原体诱导的血清总蛋白、球蛋白含量增加及白球比降低，减少对肝脏免疫器官的损失，缓解机体的炎症反应，且一定程度提高了法氏囊指数；而且植物精油的添加提高了肉鸭 9 日龄血清中 IgG 含量，喂养时间增加，血清中 IgM 含量也有所增加，增强肉鸭的免疫能力。

　　（2）植物精油促进动物免疫器官的生长　研究表明大蒜精油饲养肉鸡可以增加鸡的免疫器官如胸腺和法氏囊的生长，也可提高鸡的免疫器官指数和脾脏 T 细胞数；在肉鸡饲料中添加牛至精油，发现牛至精油可刺激肉鸡免疫器官的生长发育，增加免疫器官的重量，在肉鸡生长前期促进免疫物质抗体的产生，促进免疫能力的提高；在饮水中加入 0.06mL/L 大蒜精油饲养蛋雏鸡，显著提高了脾脏指数和血清中 IgM 含量，血清生化指标中超氧化物歧化酶（SOD）的活性显著提高，可能是由于精油激活了 T 细胞，从而增强了细胞吞噬能力，促进免疫器官的生长和免疫物质的应答，同时，SOD 活性提高也有利于免疫细胞发挥功能。

（3）植物精油抑制动物炎症反应　Kroismayr 等发现低浓度植物精油显著降低 NF-κB 和细胞凋亡中标记肿瘤坏死因子 α 的表达及增加结肠、肠系膜淋巴结和脾脏中细胞周期蛋白 D1 的表达，加快抗炎进程，实现了对这些细胞因子的调控。而杜恩存用含百里香酚和香芹酚混合精油饲喂肉仔鸡中发现，试验过程中添加植物精油喂养肉鸭一定时间，能降低肉鸭空肠 TLR4 以及细胞因子（TNF-α、IL-1β、IL-6）含量，表明混合精油对革兰阴性菌脂多糖引起的炎症有积极作用，缓解肉仔鸡体内的炎症反应。Liang 等发现，百里香酚和肉桂酸能显著降低小鼠乳腺上皮细胞中促炎细胞因子 TNF-α 和 IL-6 含量。另有研究表明添加香芹酚植物精油至饲料能够舒缓肉鸡鸭、小鼠的肠道炎症，降低断乳仔猪腹泻指数；白千层精油影响银鲑鱼乙酰胆碱分泌而抑制炎症反应。

（4）植物精油抑制动物的氧化反应　免疫细胞因其细胞膜表面含较多不饱和脂肪酸而对氧化应激较敏感，免疫过程中活性氧的含量也会影响免疫细胞的功能。植物精油其所含的活性物质大多具有抗氧化的功能，能够抑制动物机体内的强氧化物质，增强机体的还原能力，延缓衰老，而研究植物精油抗氧化的机制主要是通过清除体内的自由基如羟自由基、过氧化物等对身体有负面影响的自由基，或是通过调节体内有关的氧化酶如脂氧化酶的活性、还原离子 Fe^{2+} 和金属螯合离子的生成来抑制脂质的过氧化。有研究用含肉桂醛的饲料喂养仔猪，结果显示仔猪肠道和肝脏中谷胱甘肽和铁离子还原能力有所增强，硫代巴比妥酸值下降，机体的抗氧化能力有所增加。研究植物精油对肉鸡的抗氧化效果中，试验表明薰衣草精油有利于提高肉鸡体内超氧化物歧化酶（SOD）和谷胱甘肽过氧化物酶 GSH-Px 的活性，降低了丙二醛这一氧化产物的含量。黄芪精油对良凤花鸡抗氧化机能的影响中，用含黄芪精油的饲料喂养良凤花鸡（30 日龄），SOD 活性显著提高，血清中 GSH-Px 活性也均高于对照组，表明黄芪精油能够促进氧化相关酶的活性提升、提高鸡体的抗氧化能力。

3. 改善动物肠道

在动物生产中，动物的肠道健康非常重要，肠道是营养物质消化吸收的主要场所，它的结构、长度、重量、肠道绒毛数量和内部菌群以及消化酶的活性等是影响消化吸收率的主要内在原因，如肠绒毛高度与肠道消化能力呈正相关关系，绒毛高度增高则与食糜的接触面积增加，这有利于肠道微生物对营养物质的利用，而位于肠绒毛根部的隐窝会影响肠绒毛生长速度，肠细胞通过隐窝向绒毛方向分化传递，对肠道绒毛上皮细胞进行更新，从而促进绒毛生长，因此隐窝深度越浅，肠绒毛生长速度越快，消化吸收能力越强。

肠道对机体的生长发育起着关键作用，栖息环境和饲料的选择对机体肠道结构变化和肠道菌群分布影响显著，有研究发现植物精油在动物胃肠道和皮肤都可被迅速吸收，在体内的代谢迅速，主要经肾脏代谢后 24h 内以尿液形式排出，而植物精油含有较多的活性成分，在动物体内吸收代谢过程中，可能会促进动物肠道内消化酶的分泌，增强消化酶的活性，促进小肠绒毛的发育，进一步地改善动物的肠道健康。另外，有研究表明，植物精油添加的量对改善动物肠道的作用也有影响，过多或是过少的植物精油可能影响添加精油的效果，如鸡饲料中添加植物精油含量超过 50mg/kg 的话，对肉鸡的作用不明显。

肠道是畜禽吸收与利用营养物质的重要部位，也是维持机体内环境正常的重要屏障，良好的组织形态是肠道正常工作的基础，而小肠绒毛高度和隐窝深度是反映小肠消化吸收功能的主要指标，绒隐比与肠道的功能状况呈正相关关系，而植物精油中的活性成分会影响肠道的生长发育，从而其消化吸收能力。如研究大蒜精油对 0~4 周龄蛋雏鸡肠道组织形态的影响中，发现饮水中添加大蒜精油能够有效改善蛋雏鸡十二指肠和回肠的肠道组织形态，促进肠道对营养物质的吸收和利用；饲粮中添加百里香酚和肉桂醛能够增加肉鸡盲肠丁酸的相对含量，丁酸能够促进肠绒毛生长；在研究植物精油对断乳仔猪的影响中，发现喂养仔猪过程中复合植物精油能够提高仔猪十二指肠和空肠绒毛长度，减少腹泻率，改善仔猪肠道健康；研究植物精油对肉鸡肠道健康影响中，发现不同的植物精油饲养肉鸡 39 天，一定程度上提高肉鸡十二指肠绒毛高度及绒毛高度/隐窝深度值；研究长期急性热应激下牛至精油对尼罗罗非鱼肠道健康的影响中，分别饲喂添加 0~1g/kg 四种不同浓度的牛至精油至日粮，饲养 8 周，结果表明罗非鱼的前、中、后肠出现明显的绒毛分支，并增加了绒毛的厚度和密度，有利于肠道对营养物质的吸收，其中 1g/kg 牛至精油的效果最好。动物生长与消化吸收能力密切相关，消化酶活性能够反映其消化能力，而植物精油对动物肠道内的消化酶会产生作用来影响肠道消化、健康。研究表明在肉仔鸡日粮中添加 100mg/kg（含 5%香芹酚、3%肉桂酚和 2%辣椒素）植物精油能够提高腺胃和空肠的黏液分泌，提高胰腺脂肪酶的活力。

植物精油对动物肠道菌群有一定的作用，能够抑制或促进肠道菌群的生长来影响动物肠道健康。研究发现在仔猪和鸡饲粮中添加含百里香酚和肉桂醛的植物精油促进肠道乳酸杆菌生长，同时降低了大肠杆菌数量，添加牛至精油和大蒜精油对肉鸡肠道梭状芽孢杆菌和链球菌的生长有抑制作用；添加 15mg/kg 的牛至精油至仔猪日粮中，能够降低仔猪的腹泻率，维持肠道微生物区系的健康；在断乳仔猪日粮中添加 4mg/kg 牛至精油，对其盲肠消化道中的大肠杆菌的抑制作用较明显，同时有利于断乳仔猪盲肠消化道中双歧杆菌种群增长；研究刺五加精油对断乳仔猪的影响中，发现日粮中添加 1g/kg 刺五加精油能够增加有益菌群如食淀粉乳杆菌、枯草芽孢杆菌、唾液乳杆菌及梭状芽孢杆菌的菌群密度，降低了金黄色葡萄球菌、大肠杆菌 O157：H7 的密度等，改善肠道菌群分布；研究复合精油对虾的生产性能的影响，饲料中加入柑橘精油、牛至精油等混合精油能够显著改善凡纳滨对虾肠道绒毛脱落状况，这可能与精油能有效抑制对虾肠道有害细菌，调节菌落的平衡，提高营养吸收效率有关。

4. 改善肉品质

目前有关植物精油对肉品质影响的研究主要通过在畜禽饮食中补充植物精油，改变机体脂质代谢来影响其肉品质。动物生产中，其肉品质的好坏可以从脂肪、蛋白质等营养成分的含量，肌肉的系水力、pH 等物理性质，脂质氧化程度等等来判断，如肌肉组织中存在多种蛋白质，其中肌浆蛋白所含的肌血红素与肉色泽有关，基质蛋白则与肉嫩度相关，蛋白质的含量影响氨基酸的丰度，氨基酸的丰度与肉的风味相关；系水力越强，肉质越细嫩；肌肉 pH 与系水力、肉色的亮度以及蛋白质的降解速率有关等。植物精油有一定的抗氧化作用，可以一定程度地抑制动物体内脂质的氧化，而脂质是风味物质的重要前体物质，植物精油可能通过调节脂质代谢来提升动物肌肉的口感和风味，同时也可能提高肌肉中肌苷酸、甜味和鲜味氨基酸含量，改善肌肉品质，提高食用价值。近些年来研究植物精油对肉品质的作用中，试验结果表明其对肉的物化性质如肌肉的系水力、色泽、pH 等有一定程度的影响。研究报道肉仔鸡养殖场在饲料中添加茴香、柑橘皮和牛至精油，能够增加肉鸡肌肉的鲜嫩性，保持一定的水分含量，使烹饪的肉鸡较为鲜嫩多汁；在肉鸡饲料中添加主要成分为百里香酚和肉桂酸的植物精油，能够增加肌肉的pH，降低肌肉的失水率。

而有关植物精油对肉品质影响的试验中，植物精油对营养成分的影响也有较多研究，如饲料中添加植物精油对肉的氨基酸、脂肪、脂肪酸等营养物质含量的改变。研究表明饮水中添加 $0.2mL/L$、$0.4mL/L$ 大蒜精油饲养蛋鸡，发现大蒜精油添加组比空白对照的肉鸡肌肉的鲜味氨基酸和酸味氨基酸含量高，且降低了苦味氨基酸和脂肪酸的含量；研究发现植物精油能提高 35 日龄和 70 日龄三黄鸡胸肌、腿肌中必需氨基酸、呈味氨基酸（谷氨酸、甘氨酸、丙氨酸等）和总游离氨基酸含量，提高肌肉中必需脂肪酸、二十碳五烯酸（EPA）和二十二碳六烯酸（DHA）含量，提高鸡肉的食用品质和价值。

在仔猪饮食中添加了 0.01% 主要成分为百里香、迷迭香和牛至精油的混合植物精油，发现混合植物精油能够增加仔猪眼肌面积，并改善猪肉颜色和大理石花纹评分；肥猪日粮中添加精油能够降低肌肉的失水率，减少肥猪的脂肪含量，改善其背膘厚度、瘦肉率和肉色；研究精油和有机钴对山羊肉品质的影响中，发现精油和有机钴协同能够显著提高山羊羊肉的大理石花纹等级评分和肌肉保水性，减轻肌肉因糖酵解引起的肌肉酸化；研究茶树精油对赣西山羊的肉品质影响中，结果表明添加茶树精油较大程度提高山羊的肌肉嫩度，提高 40% 以上，同时也提高了肌肉色泽度；不同浓度的百里香精油添加到母羊的饲粮中显著延长羔羊肉颜色变暗的时间，且能延缓脂肪的氧化腐败和减少有害菌的数量，同时提高羔羊羊肉的感官品质；研究柑橘精油对罗非鱼的生产性能影响中发现，精油能够降低鱼体血清的葡萄糖、甘油三酯、总胆固醇含量，提升蛋白质含量；研究鱼腥草精油对红罗非鱼的影响中，发现鱼腥草精油能够提高蛋白质含量，降低脂质含量，改善鱼肉品质，精油中的烯类化合物可以提高脂质代谢相关的酶的活性，如过氧化物酶增值激活受体的活性，同时降低脂质代谢相关基因如 LXR β 的表达，而精油中的抗氧化活性物质可猝灭自由基，降低脂质氧化的可能。

植物精油对牛肉的色泽、嫩度和风味等品质有一定程度的影响，主要是由于植物精油中的活性分子能够结合到细胞膜上延缓肌红蛋白的氧化，此外，活性分子能捕捉脂质氧化过程中形成的自由基，延缓氧化型球蛋白向高铁血红蛋白的转化，从而延缓肉色由樱桃红向黄棕色的转变，研究发现饲粮中添加主要成分为丁香酚、麝香草酚和香草醛的混合植物精油对内洛尔母牛肉品风味、嫩度以及消费者的总体可接受性都有显著提高作用，其机理是精油本身具有的抗氧化特性，能够减少牛肉氧化阶段中间代谢物的产生，因此减少了牛肉在贮藏期内风味的恶化，提高总体可接受度。

5. 防治动物疾病

（1）防治动物病菌感染　近年来随着经济发展，动物养殖规模日益增大，而养殖过程中动物容易受到病菌的侵染以及外界环境的影响，使得抗生素*等药物被滥用导致动物肠道菌群失衡、药物残留和耐药性等不良后果，通过食物链进一步影响人体健康和安全。因此，新型绿色饲用抗菌药物的开发与应用很有必要，具有强烈气味和香味的植物精油是一种高效、安全的植物源性药物，在动物养殖中用于抑菌的研究日益广泛。植物精油主要是从天然植物

　＊　此处描述意为饲料中添加具有抗菌活性的精油可替代抗生素的抗菌作用，抗生素已不允许作为饲料添加剂添　　加入饲料中。

中提取获得，具有动物可代谢吸收、无残留、无污染、无耐药性等特点，近年来被广泛应用于饲料生产中，是极具应用潜力的安全、新型、环保的抗生素替代品，对植物精油作为饲料添加剂的研究越来越多，通过试验比较植物精油添加的方式、浓度、配比等对改善肠道的作用。

植物精油的成分和化学性质，如芳香类化合物如萜烯、萜类化合物、芳香酚类和脂肪族醛等，活性物质的结构不同，其发挥的抑菌作用也存在差异，抑菌效果与养殖过程中存在的病菌种类、精油的浓度和种类、复配精油的组成不同等都有较大的关系。在研究天然植物精油改善养殖大菱鲆细菌性疾病的作用中，通过纸片扩散法和微量肉汤稀释法研究柠檬醛、山苍子精油、肉桂醛等16种天然植物精油及组分对养殖大菱鲆迟缓爱德华菌、大菱鲆弧菌及弗氏柠檬酸杆菌3种致病菌其中7种病株的抑菌活性，结果显示肉桂醛、百里香酚和丁香酚三种精油组分对受试菌株具有较强抗菌活性，最小抑菌浓度（MIC）均小于或等于$1\mu L/mL$；柠檬醛、柠檬草精油和山苍子精油的抗菌活性次之，其MIC随菌种和菌株不同而变化。相关研究也报道了不同精油在动物生产中的应用，具体见表6-5。

表6-5　不同精油在动物生产中的抑菌作用

动物种类	精油种类（主要成分）	精油浓度	病菌种类	作用效果
肉仔鸡	百里香酚和香芹酚	100mg/kg	产气荚膜梭菌	较好的杀菌作用，有效控制肉仔鸡肠道产气荚膜梭菌的数量。
肉仔鸡	反式肉桂醛	0.5%~0.7%	沙门菌	喂养肉鸡（20日龄）可以较好地抑制肉仔鸡肠道沙门菌的数量而不影响其他固有微生物。
雏鸡	牛至精油	—	—	喂养雄性雏鸡（1日龄）后，增加了雏鸡前肠和后肠之间微生物群落结构的百分比。
青脚麻肉仔鸡	牛至精油和肉桂精油	—	大肠杆菌	鸡肠道内大肠杆菌数有所减少，乳酸杆菌数量增加，有利于肠道微生物菌群结构的改善。
南美白对虾	复合植物精油	2.5kg/t	致病性弧菌	南美白对虾肠道致病性弧菌显著减少，减少幅度达68.3%，能较好地抑制致病菌的生长。

（2）抗寄生虫　寄生虫病对动物养殖中有较大的不良影响，是渔业病害中较为常见、多发且较难控制的疾病，如车轮虫、斜管虫、锚头蚤等寄生虫病，尤其是斜管虫，繁殖速度极快，一些动物很容易成为寄生虫的宿主，而养殖场管理的卫生条件不达标容易导致寄生虫病的传播和流行，引起人畜共患的疾病。化学杀虫试剂的使用会导致害虫抗药性增加、药物残留、环境污染等不良影响，而植物精油这一类植物次生代谢物质主要是芳香类化合物如萜烯（如月桂烯、蒎烯、柠檬烯等）、萜类化合物（如香叶醇、松油醇等）、芳香酚类和脂肪族醛（如柠檬醛、香茅醛等）等，具有生物杀虫药的优点，对人无毒，不污染养殖环境，不影响水产品质量，又具有宜人的香味，不仅在预防水产养殖动物寄生虫及敌害方面优点突出，也可作为杀虫剂的增效剂和加香剂。

植物精油的成分和化学性质复杂，活性物质的结构不同，精油种类、浓度的不同都会影响其抗寄生虫效果。Bandeira 等研究罗勒精油和 *Hesperozygis ringens* 精油对银鲳鱼的抗寄生虫效果，5mg/L 和 10mg/L 罗勒精油与 20mg/L 和 40mg/L *Hesperozygis ringens* 精油，结果显示精油作用 1h 后 10mg/L 罗勒精油的效果最好，活寄生虫数减少最多，其次减少量由多到少是40mg/L *Hesperozygis ringens* 精油、5mg/L 罗勒精油和 20mg/L *Hesperozygis ringens* 精油，表明鱼体抗寄生虫效果与精油的种类和浓度有关。Soares 等研究大盖巨脂鲤在加入了 160mg/L、320mg/L、640mg/L、1280mg/L 和 2560mg/L 不同浓度白过江藤精油的水中药浴后体内和体外的抗寄生虫效果，较高浓度的精油在较短时间内可以起到较好的杀灭寄生虫作用，如大盖巨脂鲤在 1280mg/L 和 2560mg/L 白过江藤精油药浴 20min 后体外的抗寄生虫效果达 100%，与已有研究中植物精油的抗寄生虫效果存在一定的差异，而鱼体在较低浓度精油作用仅 2~3h 下有一定的抗寄生虫效果，如 100mg/L 和 150mg/L 白过江藤精油体内抗寄生虫效果分别达40.7% 和 50.3%，但是对鱼鳃或其他组织存在一定的损伤，研究表明白过江藤精油有巨大的抗寄生虫辅助治疗潜力，但是需要更进一步地探索其低浓度下对鱼体抗寄生虫的辅助治疗效果及降低植物精油本身的毒性。相关研究也报道了精油在动物生产中的抗寄生虫作用，畜禽动物中较多研究精油的抗球虫作用，具体见表 6-6。

表 6-6　不同精油在畜禽动物中的抗球虫作用

动物种类	精油种类（主要成分）	作用效果
肉仔鸡	牛至精油或是牛至、月桂叶和薰衣草复配精油	单一精油在浓度为 500mg/kg 或复配精油在浓度为 40mg/kg 时能减少肉仔鸡粪便中球虫卵囊排出量。
肉鸡	大蒜精油	饲料中添加大蒜精油能发挥一定抗寄生虫作用，有效降低肉鸡感染球虫的概率。
肉鸡	肉桂醛和百里香酚	植物精油能够抑制鸡球虫的生长，抑制虫卵的产生。
肉鸡	植物精油	植物精油能够有效地降低肉鸡中粪便卵囊数和肉鸡球虫小肠病变。
禽类	复合植物精油	含艾叶、丁香、百里香和茶树精油的复合精油较低浓度下对球虫卵囊有较显著的破坏作用。

第四节　植物精油在防控食源性致病菌方面的应用

近年来，食品安全已成为全球重要的公共卫生问题，其中食源性致病菌引起的健康危害越来越引起人们的关注。食源性致病菌所引起的食源性疾病，属于食品微生物污染，是食品安全问题的重要来源之一，也是现今人们最为关注且涉及健康的公共卫生问题。食源性致病菌以食品为媒介直接或间接污染食品及水源，人经口感染可导致食源性疾病的发生和畜禽传染病的流行。食源性致病菌所带来的危害，不容忽视，一旦感染人体，特别是抵抗力较弱的儿童和老人，将会对人体产生严重的影响甚至危害生命，时时刻刻影响着人们的工作和生活。最常见的食源性致病菌包括大肠杆菌、金黄色葡萄球菌、沙门菌、单核细胞增生李斯特菌等，其中单核细胞增生李斯特菌引起的食物中毒导致患者死亡率高达 30%。为了抑制和杀灭食品中的病原微生物，在食品的运输、加工、贮藏等过程中通常添加防腐剂抑杀致病菌来保证食品质量。然而，化学合成的食品防腐剂对人体的健康会造成一定的毒副作用，消费者更倾向于天然防腐剂的使用，植物精油作为安全、高效、绿色的天然产物成为极佳的选择。常见的食源性致病菌有，

（1）金黄色葡萄球菌（*Staphylococcus aureus*）　在自然界中广泛分布，如空气、土壤、水及人和动物的排泄物中都可能存在，30%~80% 的人群为该病原菌的携带者。金黄色葡萄球菌是人类化脓性感染中最常见的化脓性球菌和食源性致病菌，属于革兰阳性葡萄球状。感染后可引起皮肤黏膜、多种组织器官的化脓炎症，也可引起食物中毒、毒性休克综合征等病。金黄色葡萄球菌的致病因子较多，包括酶（凝固酶、耐热核酸酶、纤维蛋白溶解酶、透明脂酸酶等）；外毒素（葡萄球溶素、毒性休克综合征毒素-1、肠毒素等）；黏附素、肽聚糖等。

（2）沙门菌属（*Salmonella*）　革兰阴性菌，寄生于人类和动物肠道中，该菌的抗原构造和生化反应相似。根据其对宿主的致病性可分为三类，对人致病、对人和动物致病及对动物致病。其致病性随血清型不同而不同，包括诱导细胞膜凹陷的侵袭力、诱导免疫细胞的内毒素和类似产毒大肠埃希氏菌的肠毒素。由该病原菌引起的食源性疾病主要有 4 种，即肠热症、食物中毒、败血症和无症状带菌。

（3）大肠埃希菌（*E.coli*）　俗称大肠杆菌，革兰阴性菌，是临床、环境、食品中最常见的条件致病菌。当菌量正常时，在肠道中参与营养作用，提供合成代谢产物；当菌量达到致病条件时，会导致人类食物中毒。另外在食品卫生学中，大肠埃希菌是作为食品是否被粪便污染的指标菌。其致病性主要是黏附素、肠毒素（耐热肠毒素 ST 和不耐热肠毒素 LⅠ、LⅡ）、脂多糖类质 A、O 特异多糖和 K 抗原。因此，大肠埃希菌是最具代表性的食源性致病菌。

（4）副溶血性弧菌（*Vibrio parahaemolyticus*）　革兰阴性嗜盐菌，在海产品中检出率高，主要引起食物中毒，分布区域明显，在我国沿海地区是检出率较高的且常见的食源性致病菌。该菌的致病机制尚不明确，但绝大多数副溶血性弧菌具有肠道溶血素，引起腹痛、腹泻、呕吐和低热等食物中毒症状。

（5）单核细胞增生李斯特菌（*Listeria monocytogenes*）　革兰阳性短杆菌，属于腐生菌，食入被该菌污染的食品可引起食物中毒，临床以胃肠炎症状为主。该菌不仅能引起食源性疾病，孕妇婴儿和老人等低免疫力感染人群被单核细胞增生李斯特菌感染后，会引起流产、早产、脑膜炎、败血症。李斯特溶血素 O 是目前可以确定的主要致病物质。

（6）阪崎克罗诺杆菌（*Cronobacteria sakazakii*）　革兰阴性、有动力、无芽孢杆菌。是 2008 年重新被定义划分的菌属，即克罗诺杆菌属。阪崎肠杆菌是广泛存在各种环境中如空气、土壤、水、日常生活环境等，在很多裸露食物、蔬菜和调味料中都曾经分离出该菌。阪崎克罗诺杆菌对新生儿的健康具有重要的威胁。这种细菌是一种新兴的条件致病菌，可危及生命。它是婴幼儿败血症、脑膜炎、坏死性小肠结肠炎的相关病原体，特别是早产儿，出生 28 天以内的婴儿被认为是最易感染人群。很多临床病例都来源于喂养婴幼儿配方乳粉。

（7）铜绿假单胞菌（*Pseudomonas aeruginosa*）　革兰阴性非发酵菌，自然环境中分布广

泛。该菌既是人体的正常菌群，又是一种常见的条件致病菌。铜绿假单胞菌是非常常见的医院内感染菌。近年来，人们发现假单胞菌在天然矿泉水中分布广泛，《食品安全国家标准饮用天然矿泉水检验方法》（GB/T 8538—2022）将铜绿假单胞菌规定为必检项目。

（8）产气荚膜梭菌（*Clostridium perfringens*）　革兰阳性杆状厌氧菌，是一种食源性致病菌，每年都有大量的动物因感染产气荚膜梭菌的不同菌种而死亡，产气荚膜梭菌产生的外毒素是其主要的致病因子，目前已知其能够分泌大于 20 种致病性毒素及降解酶（微生物胶原酶、神经氨酸酶、透明质酸酶、卵磷脂酶和 DNA 酶等）。

研究表明，肉桂精油能够明显抑制单核细胞增生李斯特菌，最低抑菌浓度为 0.2mg/mL，最低杀菌浓度为 1.6mg/mL；肉桂醛、丁香酚和香芹酚均能抑制产气荚膜梭菌芽孢萌发；有抑菌活性比较显示肉桂精油对产气荚膜梭菌的抑制效果最佳，然后依次为艾草精油、茴香精油、黑胡椒精油和姜精油；柑橘精油处理过的金黄色葡萄球菌的荧光强度显著下降，使细胞膜电位发生变化，导致细胞代谢活动异常，扫描电子显微镜图像也显示出细胞膜受到破坏，从而实现抑菌作用；肉桂精油对肠炎沙门菌的最低抑菌浓度为 0.1mg/mL，最低杀菌浓度为 1.6mg/mL。

🔍 思考题

1. 相较于化学合成的防腐剂，植物精油在食品防腐保鲜方面的优势是什么？
2. 植物精油在果蔬保鲜中常用的处理方式有哪些？
3. 植物精油如何应用于食品包装中？
4. 植物精油对植物保护作用体现在哪些方面？
5. 植物精油用作饲料添加剂的优势是什么？
6. 植物精油对哪些食源性致病菌有较强的抑菌作用？

扩展学习内容

植物精油在农业生产中抗菌、除草以及采后保鲜应用

第七章

植物精油在医药与健康促进方面的应用

[学习目标]

　　了解植物精油对头部、呼吸系统、消化系统、心血管系统、关节及肌肉、皮肤、女性、心理以及中枢神经系统等方面的健康作用。

　　精油在过去数十年中越来越受欢迎，许多精油作为药物已经使用几个世纪，并已证明对健康有益，包括对传染病、慢性病和急性病的影响。精油及其组成成分具有抗菌、抗病毒、抗生素、抗炎和抗氧化特性，以及缓解压力、辅助治疗抑郁症和帮助改善睡眠作用。精油对人类健康有许多积极作用，这使得了解精油对人体健康的影响非常必要。党的二十大报告指出，"把保障人民健康放在优先发展的战略位置，完善人民健康促进政策"。精油绿色安全纯天然，作为芳疗健康产品特别符合党的二十大报告中"推动绿色发展，促进人与自然和谐共生"的核心思想。

第一节　引言

　　西方芳香疗法起源于古埃及，近代盛行于欧洲。1914 年—1918 年第一次世界大战期间，法国科学家雷内·莫里斯·盖特佛塞（Rene-Maurice Gattefosse）的手在一次实验意外爆炸中灼伤，意外发现薰衣草精油（杀菌止痛）对灼伤神奇的疗愈效果，至此激发了他更深入研究精油的兴趣，并率先将精油应用于化妆品，1937 年出版了一本名为《芳香疗法》的书，从而使得精油的医疗用途得以发扬光大，使精油疗法有别于其他辅助性疗法，他成为提出"芳香疗法"一词的第一人。

　　芳香疗法由来已久，其是利用芳香的天然成分经嗅觉器官吸入或经皮肤表面透皮吸收进入体液循环，产生一系列心理、生理反应，从而达到保健、美容甚至防治疾病的目的。目前，芳香疗法在神经、呼吸道及皮肤等疾病上的辅助治疗功效日益为国内外认可并临床应用，作用机制也为大量科学实验阐明。

中国古代很早就利用天然芳香植物的芳香成分，通过按摩、沐浴、外涂、闻香等多种途径，对人体产生祛病和保健作用。先秦（公元前 21 世纪—公元前 221 年）古籍《山海经》中记载"薰草佩之可以已疠"，意为"一些芳香药草佩戴在身上可以防止自己患瘟疫、疾病、恶疮等"。东汉末年（约公元 145 年—公元 208 年）著名的医学家华佗使用麝香、丁香等制成香囊悬挂在病人的居处，以此辅助治疗肺结核、吐泻等疾病。清代（1636 年—1912 年）医学家吴尚先所著《理瀹骈文》是中国医学史上第一部外治专著，对中医外治法进行了系统的整理和理论探索，提出了外治法可以"统治百病"的论断，被后世誉为"外治之宗"。《理瀹骈文》对芳香疗法的作用机理、辨证论治、药物选择、用法用量、注意事项等作了系统的阐述，认为芳香药物的作用在于"率领群药开结行滞，直达病所，俾令攻决，无不如志，一归于气血流通，而病自已"。

法国医师珍·瓦涅（Jean Valent）受到 Rene-Maurice Gattefosse 研究的启发，开始在其医疗中采用精油缓解许多病症，1964 年出版了法文版的《芳香疗法》一书。Jean Valnet 开创了研究精油溶解皮脂渗透皮肤进入血液辅助治疗疾病的理论研究和临床应用，也是促成芳香疗法被世人视为具有医疗用途的最为重要人物。奥地利治疗师 Marguerite Maury 在研究了 Jean Valnet 的论著后，将植物精油用于美容疗法上，她发现精油在"人类精力的唤醒、智力的刺激及生命力平衡"方面的积极作用，并创立了一套使用精油的临床按摩手法，她是第一位使用精油的非医学专业人士。

第二节　精油在头部疾病与健康中的应用

一、紧张性头痛

紧张性头痛又称为肌收缩性头痛，是最常见的一种头痛类型，主要为颈部和头面部肌肉持续性收缩而产生的头部压迫感、沉重感，更典型的是具有束带感。引起这种收缩的原因有①作为焦虑或抑郁伴随精神紧张的结果；②作为其他原因的头痛或身体其他部位疼痛的一种继发症状；③由于头、颈、肩胛带姿势不良所致。紧张性头痛多与日常生活中的应激有关。导致紧张性头痛的原因主要有繁重的学习和工作压力造成的精神紧张、情绪异常以及睡眠严重不足等，使人体的脑血管供血发生异常，引起脑血管痉挛，从而导致头痛。目前由于工作和生活的压力逐渐加大，人们容易出现紧张性头痛、浮躁、易疲惫的现象。因此，在工作之余，人们迫切需要一种能够释放身心压力，使自己精神放松的方式，而植物精油芳香疗法正是符合了这种需求。以下介绍几款有效缓解紧张性头痛的植物精油。

1. 薰衣草精油

因其中枢神经系统镇静作用而受到广泛赞誉，并且通常用于抗焦虑。当使用这种精油治疗头痛时，其高含量的芳樟醇和乙酸芳樟酯作用于神经系统，能够迅速缓解症状。

2. 罗马洋甘菊精油

最常用于帮助人们入睡，因其减少焦虑的能力以及缓解局部炎症的能力而经常被用于缓解头痛。

3. 玫瑰精油

长期以来被用来舒缓肌肉，放松身心。发生紧张性头痛时，放松肌肉很重要。在颈部或肩部滴几滴玫瑰精油按摩至吸收，可以迅速缓解紧张情绪。

4. 快乐鼠尾草（南欧丹参）精油

能够平衡激素水平，对于压力和焦虑引起的头痛，芳香疗法通常选用快乐鼠尾草精油。

二、偏头痛

偏头痛是临床常见的原发性血管性头痛，多为发作性、偏侧、搏动样中重度头痛，一般持续 4~72h，可伴有恶心、呕吐、畏光、畏声，活动时加重。目前认为偏头痛发作与三叉神经血管反射关系密切，发病过程涉及三叉神经血管复合体激活导致的神经肽释放、颅内血管扩张和通透性改变以及无菌性炎症的产生。目前主要使用心理行为干预、神经调控药物、神经调控器具、中医疗法进行治疗，暂无针对性治疗方法。目前学术界公认，偏头痛的发病原因与神经反射密切相关。

植物精油所具有的安神、镇静、调控中枢神经系统活动等功能可以很好的对症缓解。如一项治疗偏头痛 12 例报道中，采用植物精油配合推拿穴位：印堂、太阳、头维、悬颅、率谷等，采用适量精油涂抹后进行力度适中的推拿手法（按、揉、点、推、抹等），结果总有效率达 100%。植物精油配合推拿疗法有疏肝理气、调和气血、通经活络，从而起到祛风止痛的显著作用。不少植物精油具有镇痛的作用，如细辛精油中的甲基丁香酚、N-异丁基十二烷四烯酰胺和去甲乌药碱均可明显抑制组胺所引起的疼痛。以下介绍几款有效缓解偏头痛的植物精油。

1. 檀香精油

檀香的香气是缓解偏头痛的一种极好的措施，有助于快速改善情绪和放松神经，同时还能舒缓疼痛。在沐浴水中加入几滴檀香精油或在香熏机中使用是快速消除偏头痛的有效方法。

2. 欧薄荷精油

通过促进血液流动和消除炎症，欧薄荷精油可以迅速缓解偏头痛的痛苦，并且是辅助治疗偏头痛和头痛的常见精油之一。可以使用少量的精油，将其冷敷在额头上，或者直接嗅闻精油香气以获得快速而明显的效果。

3. 姜精油

众所周知，姜精油可以舒缓疼痛，减少炎症。姜精油是一种强效镇痛物质，涂抹于太阳穴或前额；香熏或直接嗅闻，调配复方油涂抹舒缓不适。

4. 香蜂草精油

可以使头痛的神经系统镇静，让这种精油直接在疼痛部位被皮肤吸收是一种快速获得缓解的方法。可以局部涂抹在太阳穴或颈部后部以达到最佳效果。

三、头晕

头晕是一种常见的脑部功能性障碍，也是临床常见的症状之一，为头昏、头胀、头重脚轻、脑内摇晃、眼花等的感觉。头晕可由多种原因引起，常见于发热性疾病、高血压病、脑动脉硬化、颅脑外伤综合征、神经症等。此外，还见于贫血、心律失常、心力衰竭、低血压、药物中毒、尿毒症、哮喘等。由于头晕的诱因很多，在植物精油解决其他问题的同时就可能对头晕起到了缓解作用。因此这里就不再一一列举精油对于头晕的作用。植物精油对于缓解头晕最直接的作用就是镇静神经、缓解焦虑、提神醒脑。这里简单介绍一下具备以上功效的最突出的几款植物精油。

1. 薰衣草精油

可以舒缓神经和缓解焦虑，同时还可以消除炎症（炎症通常会导致眩晕）。

2. 姜精油

可以缓解胃部不适和镇静神经，既是辅助治疗眩晕的一种方法，也是预防眩晕的一种措施。

3. 迷迭香精油

可以舒缓头痛和缓解头晕，既可作为慢性患者的急性治疗，也可作为预防措施。

第三节　精油在呼吸系统疾病与健康中的应用

在所有的临床应用中，芳香疗法可能是呼吸护理最理想的选择，因为当我们嗅闻气味的时候，也在吸气呼吸。如果呼吸吸入精油香气就可护理呼吸道系统的健康，可以不用费心去通过消化道摄取精油，因为消化道吸收精油会产生肝脏代谢的"首过效应"，使精油功效成分难以快速、足量抵达呼吸系统发挥作用。

一、感冒与流感

秋季和冬季是急性呼吸道疾病高发季节，许多人开始打喷嚏、喉咙痛、咳嗽、发烧和酸痛。这些疾病的原因常常令人困惑，常用术语如"感冒""流感"等用于描述不同细菌、病毒或真菌感染。感冒就是一种上呼吸道感染的俗称，流感是由于流感病毒引起的上呼吸道感染。尽管近几十年来流感病毒的致命性不如过去，但寻找新的抗击流感疫情的方法仍然至关重要。呼吸道合胞病毒（RSV）和流感嗜血杆菌（*Haemophilus influenzae*）以及流感和肺炎链球菌（*Streptococcus pneumoniae*）在患有呼吸道感染的儿童中同时发现，需要采取多种治疗措施来解决感染问题。针对甲型流感病毒（IAV）生命周期中多个步骤的治疗方法的开发将是对抗 IAV 感染、临床并发症和防止 IAV 传播的最有效方法。

使用精油和其他芳香剂作为对抗疗法药物的辅助治疗，有助于缓解流感症状，如不适、头痛和流鼻涕。然而，有证据表明，精油可以在减少流感并发症和传播方面发挥积极作用。精油辅助治疗是流感感染和预防流感传播的有效方法，对肺部、鼻和咽喉感染的缓解效果非常好。嗅闻吸入是使用精油的有效方法，因为精油的活性成分可到达支气管，肺部会直接呼出精油，导致支气管分泌增加或产生一种保护性反应，这对大多数呼吸系统疾病都是有用的。通过吸入，精油活性成分被吸收到血液比通过口服摄入更快。精油对呼吸系统辅助治疗效果包括，

①祛痰：具有祛痰作用的精油包括茴香精油、桉树精油、檀香精油、松树精油、没药精油和百里香精油，它们对鼻窦炎、黏膜炎、咳嗽和支气管炎等都有好处。

②抗痉挛：具有解痉作用的精油包括雪松精油、神香草精油、洋甘菊精油、柏木精油、佛手柑精油和阿特拉斯雪松精油，它们对干咳、绞痛、百日咳和哮喘等都有好处。

③镇静：具有镇静特性的精油包括没药精油、安息香精油、托鲁香脂精油、乳香精油和秘鲁香脂精油，它们对感冒、充血、发冷等都有好处。

④抗感染：具有抗感染的精油包括冰片、百里香精油、茶树精油、鼠尾草精油、神香草精油、桉树精油，它们对流感、喉咙痛、感冒、齿龈炎和扁桃体炎等都有好处。

以下介绍几种能够预防及缓解感冒及流感症状的植物精油。

1. 桉树精油

具有天然的消毒和抗炎作用，可以缓解鼻窦充血或胸部充血，减缓鼻塞现象。

2. 茶树精油

有一定的消炎杀菌作用，对缓解伤风感冒或鼻炎有一定的效果。感冒时深吸几口，打一下喷嚏，会感到鼻子畅通很多。

3. 薄荷精油

含有薄荷醇，是缓解咳嗽、充血和喉咙痛的常见成分。现代科学已经对薄荷进行了深入研究，薄荷是一种强大的止痛药，安全天然且无毒。如果同时患有咳嗽、充血，薄荷精油还可以与桉树精油或茶树精油搭配，也可以帮助缓解恶心、头痛或疼痛。

4. 薰衣草精油

非常舒缓、镇静，而且非常温和，可以帮助缓解哮喘引起的咳嗽或充血。有研究发现，薰衣草精油可以抑制哮喘患者的炎症反应。

5. 丝柏精油

像茶树和薰衣草一样，丝柏精油是另一种以药用而闻名的树油。它具有解痉作用，有助于平息哮喘、炎症、咳嗽和充血所涉及的肌肉。丝柏精油还具有良好的抗菌性，可以帮助从细菌感染或感冒中恢复。

6. 百里香精油（以及肉桂精油和丁香精油）

对缓解呼吸道感染、咳嗽、充血、感冒和流感有效，具有强大的免疫增强和抗菌性能。

7. 蜡菊精油

与薰衣草、天竺葵和百里香一样，蜡菊是一种地中海植物，具有缓解感冒、咳嗽和充血的药用特性。它具有天然抗真菌和抗细菌活性，可以帮助预防或缓解由细菌感染引起的咳嗽或感冒。

8. 乳香精油

是一种古老的精油，也是一种缓解疾病的良药。众所周知，它可以增强免疫力，而且还具有强大的抗病毒、抗菌作用。

9. 迷迭香精油

科学家已经在迷迭香精油中鉴定出29种化合物，其中三种化合物被发现具有镇痛作用，有很好的消炎作用。所有这些都使得它成为缓解咳嗽、感冒、流感或其他疾病疼痛以及提高免疫力的优质选择。

10. 牛至精油

被证明对葡萄球菌、大肠杆菌和其他有害细菌有效，包括那些引起上呼吸道感染的细菌（以及由此引起的咳嗽、充血和流鼻涕）。事实上，牛至精油抗菌活性非常强大，被称为"天然抗生素"。

二、咽喉发炎疼痛

咽喉肿痛、声音嘶哑可能是急性咽炎、声带息肉、扁桃体炎、感冒等导致的，有时疼痛是由炎症引起的。炎症是一种基本的保护机制，被称为"人体最重要的防御机制"，炎症的作用是使身体尽快恢复正常功能。炎症的症状包括红肿、发热和疼痛。不少植物精油具有缓解咽喉发炎疼痛的作用。以下介绍几款有效缓解咽喉发炎疼痛的植物精油。

1. 薄荷精油

通常用于缓解一般的感冒、咳嗽，以及鼻窦感染、呼吸道感染、口腔咽喉炎（包括喉咙痛）。薄荷精油含薄荷醇，可让身心感觉凉爽镇静。研究表明，薄荷精油的抗氧化、抗菌、缓解充血作用有助于缓解喉咙痛；薄荷醇还有缓解疼痛、化痰止咳的效用。

2. 柠檬精油

以其清除全身毒素的效力而闻名，具抗菌抗炎效果，可增加唾液分泌，还有助于保持喉咙湿润，也是缓解嗓子疼的佳品。

3. 桉树精油

多种缓解感冒咳嗽的非处方药中都有桉树精油成分，效用是缓解鼻塞。桉树精油的健康功用包括激活免疫力、抗氧化及改善呼吸循环，其富含的桉树脑具有消炎、止疼的功效，对缓解感冒和咽喉痛很有效。

4. 牛至精油

具有抗真菌和抗病毒活性，甚至对寄生虫感染也有效用，液态和气相都能杀死超级细菌抗药性金黄色葡萄球菌（MRSA）。

5. 丁香精油

有助于强健免疫系统，对缓解喉咙痛特别有效。这种益处可归因于其抗菌、消毒、抗病毒、抗炎及激活特性。咀嚼丁香花苞可缓解喉咙痛（及牙痛）。

6. 海索草精油

在古代曾被用来清洁寺庙和其他神圣之地。古希腊医师希波克拉底、古罗马医师盖伦都很重视其缓解胸部和喉咙发炎等方面的效用。海索草精油的消毒作用使之可有效抗感染并杀菌。

7. 百里香精油

百里香是人类已知的强力的抗氧化剂和抗菌剂之一，自古以来就已入药。百里香精油对人体免疫、呼吸、消化、神经等很多系统都有益。研究人员从口腔、呼吸道和泌尿生殖道感染患者中分离出120株细菌，测试百里香精油的作用力，结果表明，其对所有临床菌株都显示出非常强的活性，甚至对有抗生素抗药性的菌株也有良好功效。

8. 杜松子（即杜松浆果）精油

有一种甜甜的木质气味，是家居清洁产品、芳香疗法制剂和香水喷雾中的常见成分。而今，杜松子精油也常被视作缓解喉咙痛、呼吸道感染、疲劳、肌肉疼痛和关节炎的天然药剂。

三、咳嗽

咳嗽是人体清除呼吸道分泌物和异物的防御反射作用。但持续、频繁和严重的咳嗽会干扰工作和休息，导致喉咙痛、声音嘶哑和呼吸肌疼痛。咳嗽也是呼吸系统疾病最常见的症状之一。长期严重咳嗽可能导致伴有基础疾病的患者出现并发症，如呼吸道感染扩散、出血、自发性气胸、心绞痛、脑出血等。痰是气管、支气管分泌物或肺泡渗出物。咳嗽排出肺部的痰称为咳痰。

虽然每年都有那么多人患咳嗽，但许多人并不知道真正有效的自然疗法。根据《加拿大医学协会杂志》发表的研究，非处方咳嗽抑制剂对儿童没有好处，不应该让 6 岁以下的儿童使用。除此之外，对成年人的好处可能微乎其微。许多人求助于可待因来缓解咳嗽，但可待因是一种麻醉剂，滥用时会像其他鸦片剂一样引起戒断症状。此外，研究表明，成人可待因和抗组胺药对咳嗽没有影响。因此，许多人急于寻找更有效的咳嗽治疗方法。试试这些辅助治疗咳嗽的精油，可以缓解咳嗽并化解黏液、放松肌肉、降低咳嗽强度。精油是一种安全有效的方法，可以摆脱咳嗽和其他呼吸道症状，有几种用于咳嗽的精油具有解痉、祛痰、抗病毒和抗菌作用。

精油已经在咳嗽药中使用很多年了。Boyd 和 Sheppard 在他们 1970 年的论文中发现：不少止咳药的祛痰作用主要是在药物咽下后，在呼气过程中芳香物质对呼吸道内壁的局部作用；吸入的祛痰剂可能优于全身的祛痰剂，也发现吸入的肉豆蔻精油有祛痰作用，是因为它的莰烯含量高（60%）。这无疑为芳香疗法作为上呼吸道感染的一种有效方式开辟了道路。Mattys 等（2000）进行了一项随机、双盲、持续两周的研究，以探讨德国吉诺通（Gelomyrtol）生产的桃金娘叶精油（α-蒎烯、1,8-桉油脑和 d-柠檬烯）的作用，676 名患者被分为四组，试验组口服桃金娘叶精油（4×300mg/d），两组分别给予呋肟头孢菌素（2×250mg/d）或安溴素（一种黏液溶解剂），第四组给予安慰剂胶囊（4/d），结果接受桃金娘叶精油缓解的患者咳嗽症状明显减轻，肺部听诊明显改善，桃金娘叶精油被发现与其他药物相当（并且优于安慰剂），没有引起细菌耐药性的风险。

不过，具有祛痰作用的精油可能无法对抗引起咳痰的感染，在这种情况下，症状的原因没有得到解决。在许多情况下，感染可能在鼻窦内依然存在。特别是对于一些对抗生素有耐药性的感染可以选择通过使用抗菌活性精油来缓解。最为有效的精油包括丁香、薰衣草、柠檬、马郁兰、薄荷、牛至、松树、迷迭香和百里香。因为一些精油可以在数小时内破坏空气中的金黄色葡萄球菌、化脓性链球菌等呼吸道致病菌，是预防支气管炎等疾病的有效方法。如蓝桉精油（2%）可在数小时内杀死 70% 的环境金黄色葡萄球菌。在古巴，蓝桉精油被用来辅助治疗所有的肺部疾病。在一项涉及 182 名患者的随机试验中，含有薄荷、丁香、百里香、肉桂和薰衣草的精油滴剂似乎可以降低慢性支气管炎反复发作。

以下介绍几种可以缓解咳嗽和祛痰作用的植物精油。这些止咳精油有两种作用，一是在上文抗病毒作用的内容中已经提到它们通过杀死引起咳嗽的毒素、病毒或细菌，帮助解决咳嗽的原因；二是它们通过化解黏液，放松呼吸系统的肌肉，让更多的氧气进入肺部，来缓解咳嗽。

1. 桉树精油

除了上文提到的抗病毒特性，桉树精油是一种很好的止咳精油，因为它具有祛痰作用，还能扩张血管，让更多的氧气进入肺部，这对不断咳嗽和呼吸困难很有帮助。

2. 薄荷精油

缓解鼻窦充血和咳嗽的顶级精油，因为它含有薄荷醇，并且具有抗菌和抗病毒作用。薄荷醇对身体有降温作用，而且当鼻窦堵塞时，薄荷醇还能改善鼻腔气流。可以缓解喉咙发痒引起的干咳。众所周知，它具有镇咳和解痉作用。对健康成年人进行的研究表明，薄荷精油可以放松支气管平滑肌并增加通气，这也是为什么运动员经常使用薄荷精油来提高运动成绩。正是这些特性使薄荷精油能够减轻咳嗽的严重程度，从而提高呼吸频率和呼吸能力。

3. 迷迭香精油

对气管平滑肌有放松作用，有助于缓解咳嗽。和桉树精油一样，迷迭香精油也含有桉叶素，它可以减少哮喘和鼻窦炎患者咳嗽发作的频率，还具有抗氧化和抗菌作用，还可以作为天然免疫促进剂。

4. 柠檬精油

以其增强免疫系统和支持淋巴引流的能力而闻名，它可以帮助迅速克服咳嗽和感冒。它具有抗菌、抗氧化和消炎的作用，使其成为在与呼吸道疾病作斗争时支持免疫力的有利工具。柠檬精油还可以改善血液流动，减少淋巴结肿胀，从而保护身体免受外界威胁。

5. 茶树精油

具有强大的抗菌性能，使其能够杀死导致呼吸道疾病的有害细菌。茶树精油也显示出抗病毒活性，这使它成为解决咳嗽和作为天然消毒剂的有用工具。

四、支气管炎

支气管炎是由生物或非生物因素引起的支气管黏膜及其周围组织的急性或慢性非特异性炎症，表现为咳嗽、咳痰等不适。在气温下降、烟雾、粉尘、污染大气、吸烟、过敏因素下容易诱发。病原多为各种细菌、病毒或支原体感染，或为混合感染。炎症细胞分泌炎症因子，气管黏膜充血水肿、分泌物增多，易使阻塞气道，导致咳嗽、咳痰、喘息，当痰液黏稠度过高时，可致分泌物黏附在黏膜上难以咳出，造成呼吸困难或呼吸道堵塞等呼吸系统疾病。胸部充血是由肺部和下支气管（呼吸管）中的黏液引起的。缓解胸部充血归结为帮助身体从肺部释放黏液并减少黏液生成。作为祛痰剂的精油（帮助稀释黏液，使其更容易咳嗽）可能对急性支气管炎特别有用。使用精油能有效缓解咳嗽、支气管炎或肺炎。以下是几种常用缓解支气管炎症状的植物精油。

1. 桉树精油

被用于缓解支气管炎、鼻窦感染和其他上呼吸道疾病。一项随机、安慰剂对照试验的回顾性研究发现，有强有力的证据表明，使用桉树精油的主要成分（1,8-桉树脑）缓解呼吸问题。

2. 檀香精油

檀香是一种跨文化和传统的草药疗法。在印度草药中用于缓解支气管炎，在中药中用于改善胸痛。当扩散或局部应用时，它被作为改善上呼吸道感染的药物出售，檀香精油是一种更昂贵的精油。

3. 百里香精油

可以在非处方感冒和咳嗽制剂中找到百里香酚。

五、肺结核

结核病是由结核分枝杆菌感染引起的慢性传染病。结核分枝杆菌可侵犯全身各器官，其中80%发生在肺部，故以引起肺结核最多见。除少数发病急促外，临床上多呈慢性过程。常有低热、乏力等全身症状和咳嗽、咯血等呼吸系统表现。结核病是一种古老的疾病，全球广泛分布，是细菌感染性疾病致死的首位原因。结核分枝杆菌黏附在尘埃上保持传染性8~10天，在干燥痰内可存活6~8个月。人与人之间呼吸道传播是本病传染的主要方式。传染源是接触排菌的肺结核患者。目前结核病治疗主要以药物为主，如利福平、异烟肼、乙胺丁醇、链霉素、吡嗪酰胺等为一线抗结核药物。结核分枝杆菌的耐多药性日趋严峻，尽管现在有治疗耐多药结核病的抗生素，但这些药物价格昂贵，有副作用，而且正在慢慢失效，特别是耐多药结核病难以治疗。

有报道称，在抗结核病药物出现之前，结核病患者被送往疗养院，疗养院通常位于高山上，而且常常靠近松树林。疗养院的窗户不是封闭的，空气可以自由流通。因为人们认为呼吸带有松树精华的山区空气有助于康复。实际上，这里的空气富含了松树生长过程自然挥发的精油，属于植物杀菌素（phytoncide，又名酚多精、植物精气）。

一些精油已被发现在体外对结核病有效，一些精油已被证明可增加传统药物的效力。Valnet（1990）是最早记录芳香疗法在辅助治疗结核病中应用的内科医生之一，他发现神香草精油可使结核分枝杆菌失活。Kufferath（1954）的研究发现蓝桉精油能增强链霉素、异烟肼和磺胺的活性。Schaubelt（1994）报道，柏木精油和樟子松精油也对结核病有效。这些抗菌活性精油可与有助于增强免疫功能的配用。若加入抗炎精油，如意大利蜡菊、德国洋甘菊或乳香会更好，有助于舒缓黏膜。精油使用时应该连续几个月嗅闻吸入其香气，最好轮流使用。吸入蒸气或使用喷雾器将有助于精油深入肺部。

六、过敏性鼻炎

过敏性鼻炎是指特应性个体接触过敏原后，主要由免疫球蛋白IgE介导的介质（主要是组胺）释放，并有多种免疫活性细胞和细胞因子等参与的鼻黏膜非感染性炎性疾病。过敏性鼻炎是一个全球性健康问题，可导致许多疾病和劳动力丧失。特别像常年性过敏性鼻炎会导致疲劳、认知功能障碍、抑郁、生活质量下降等多种损害，其主要症状包括喷嚏、鼻漏和鼻阻塞。韩国的一项研究表明，嗅闻复方精油（主要活性精油为檀香、乳香和罗文莎叶三种精油，杏仁油作为基础油稀释为0.2%的浓度）可缓解成人患者的主观症状、改善疾病特异性生活质量、减轻疲劳以及改善睡眠质量。复方精油辅助治疗过敏性鼻炎的效果主要归因于其抗炎、抗过敏作用以及调节自主神经系统的化学成分，如罗文莎叶精油所富含的1,8-桉叶素、α-松油醇通过减少炎症介质的产生发挥抗炎作用；乳香精油的α-蒎烯可以降低白介素-4（白介素-4具有导致B细胞的增殖和分化、刺激B细胞合成免疫球蛋白IgE）炎症介质来减轻过敏症状；檀香精油中的檀香醇可提升副交感神经活动，以达到放松和镇静的效果、减少过敏反应。以下是几种推荐的适合过敏性鼻炎患者的植物精油。

1. 薰衣草精油

能够舒缓和减轻炎症，有助于缓解过敏季节的症状，可以防止过敏性炎症以及黏膜细胞的扩张。

2. 桉树精油

具有消炎作用，有助于缓解充血。在处理和改善季节性过敏症时，呼吸所感受到的凉爽感觉也可以提供一些缓解。

3. 薄荷精油

可以减轻炎症。用基础油稀释后，进行扩香，甚至涂抹在皮肤上，可以让呼吸更轻松。将薄荷与薰衣草和柠檬精油混合，形成一种有效舒缓过敏的复方。

4. 柠檬精油

通常用于芳香疗法，以提高警觉和能量。可以帮助清理鼻窦、缓解充血等季节性过敏的常见症状。

第四节　精油在消化系统疾病与健康中的应用

一、口腔溃疡

口腔溃疡俗称"口疮"，是一种常见的发生于口腔黏膜的溃疡性损伤病症，多见于唇内侧、舌头、舌腹、颊黏膜、前庭沟、软腭等部位，这些部位的黏膜缺乏角质化层或角化较差。口腔溃疡发作时疼痛剧烈，局部灼痛明显，严重者还会影响饮食、说话，对日常生活造成极大不便；可并发口臭、慢性咽炎、便秘、头痛、头晕、恶心、乏力、烦躁、发热、淋巴结肿大等全身症状。口腔溃疡的发生是多种因素综合作用的结果，包括局部创伤、精神紧张、食物、药物、营养不良、激素水平改变及维生素或微量元素缺乏。系统性疾病、遗传、免疫及微生物在口腔溃疡的发生、发展中可能起重要作用。如缺乏微量元素锌、铁，缺乏叶酸、维生素 B_{12} 以及营养不良等，可降低免疫功能，增加口腔溃疡发病的可能性；血链球菌及幽门螺杆菌等细菌也与口腔溃疡关系密切。口腔溃疡通常预示着机体可能有潜在系统性疾病，口腔溃疡与胃溃疡、十二指肠溃疡、溃疡性结肠炎、局限性肠炎、肝炎、女性经期、B 族维生素吸收障碍症、自主神经功能紊乱症等均有关。

近年来，大量的研究表明，很多植物精油对口腔溃疡病原菌具有很好的抑制作用，植物精油的解热、镇痛、消炎作用也对口腔溃疡有很好缓解作用。以下推荐几种可以对口腔溃疡有缓解作用的植物精油。

1. 茶树精油

可以立即麻痹口腔溃疡的疼痛，并杀死伤口内和周围的任何细菌。

2. 丁香精油

一种极好的口腔健康精油，牙医经常使用它来麻痹疼痛，这使丁香精油也很适合溃疡疮，特别是减轻它们引起的疼痛。它具有强大的抗菌活性，可以防止进一步的感染，还可以缓解炎症，这是口腔溃疡的第一阶段，用丁香精油可以加速组织愈合。

3. 柠檬精油

含有很高的柠檬烯，这是抗溃疡的主要的原因，还具有很强的抗菌作用，这使它成为口腔感染的良好精油，并且它可以刺激血液循环，加快愈合过程。

4. 没药精油

具有相当有益的消毒杀菌力，可以舒缓瘙痒和炎症，能够强化免疫力，愈合伤口，促进结疤，收敛干燥等，特别适合渗出液体、处于潮湿环境、久不痊愈的伤口、溃疡。

二、口腔异味

口腔异味，一般指口臭，是指从口腔或其他充满空气的空腔中（如鼻、鼻窦、咽）所散发出的臭气（主要是挥发性硫化物），它严重影响人们的社会交往和心理健康，世界卫生组织已将口臭作为一种疾病来进行报道。口臭主要是由口腔中存在的革兰阴性厌氧菌，如具核梭杆菌（*Fusobacterium nucleatum*）、牙龈卟啉单胞菌（*Porphyromonas gingivalis*）和中间普雷沃菌（*Prevotella intermedius*，PI）等在代谢过程中可产生组织酶降解含硫的蛋白质及多肽（主要为甲硫氨酸、胱氨酸及半胱氨酸）产生硫化氢和甲硫醇，以及少量的二甲硫醇、二甲二硫醇等挥发性硫化物。具核梭杆菌和牙龈卟啉单胞菌易黏附于牙齿和舌苔表面形成耐药性更强的生物膜，且难以通过机械疗法根除。口臭的治疗方法包括①用化学和机械方法减少微生物数量；②掩盖气味；③用化学方法中和挥发性硫化物。主要方法是减少挥发性硫化物产生菌。清除致口臭菌生物膜是治疗口臭的关键之一。目前治疗口臭的主要手段是使用含化学抗菌剂的漱口水抑制或杀灭致口臭菌，如葡萄糖酸氯己定，但此长期使用此类漱口水可能会导致口腔黏膜灼伤、口腔菌群失调等不良后果。

近年来，人们对天然来源的新型抗菌剂的研究和开发越来越感兴趣。精油是植物的次生代谢产物，具有安全、低细胞毒性和环境友好等特性，已作为天然抗菌剂在漱口水等口腔护理产品中广泛使用。研究表明，柑橘精油可有效抑制牙龈卟啉单胞菌的生长；柠檬精油可有效抑制具核梭杆菌和牙龈卟啉单胞菌的生长，对牙龈卟啉单胞菌生物膜的形成有抑制作用；红花椒精油对致口臭菌的生长均具有不同程度的抗菌和抗生物膜活性。以下介绍几种可以有效缓解口腔异味的植物精油。

1. 薄荷精油

是气味掩蔽剂，广泛用于口腔卫生产品、口腔清新剂、牙膏和口香糖中。薄荷精油的成分可以显著延缓生物膜的形成，从而减少产生挥发性硫化物的细菌数量。

2. 桃金娘精油

对几种受试口腔病原体如牙龈卟啉菌、牙龈假单胞菌等具有较强的抗菌活性，其 MIC 值在 $62.5 \sim 7040 \mu g/mL$。

3. 百里香精油

百里香精油及其单一成分对口腔病原菌具有抗菌活性，挥发性硫化物产生菌的 MIC 值在 $32 \sim 1470 \mu g/mL$。百里香精油的主要成分百里香酚对牙龈卟啉杆菌的 MIC 值为 $300 \mu g/mL$，对假单胞菌为 $125 \mu g/mL$。

4. 茶树精油

具有很强的抗菌性能，经常用于皮肤感染的表面治疗中。研究表明，可以抑制口腔内细菌生长和挥发性硫化物的产生。也能抑制生物膜的形成，从而对牙龈卟啉菌也有显著的黏附抑制作用。

5. 桉树精油

具有抗菌和清新特性，因此经常用于漱口液和口香糖中。几项研究证实了桉树精油对包括挥发性硫化物产生菌在内的口腔细菌的抗菌活性。使用含有桉树精油的牙膏，证实了其抗菌活性以及对牙齿生物膜形成的抑制作用。

6. 香茅精油

可迅速减少牙龈卟啉菌的存活数量，MIC 值在 $55 \sim 4000 \mu g/mL$。香茅精油还可以通过减少细胞黏附，从而抑制生物膜形成。

三、牙齿疾病

牙齿疾病包括一些牙体牙髓类疾病（包括龋病以及非龋性疾病）、口腔外科疾病（包括牙齿断裂以及口腔颌面部损伤）、口腔黏膜疾病、牙周病（包括牙周炎、牙龈炎以及牙周脓肿）、颌面部畸形。牙龈炎是指发生在牙龈组织的急、慢性炎症，常见表现为牙龈出血，红肿、胀痛，有可能向深层发展导致牙周炎。细菌感染、外物刺激以及食物嵌塞等均可引起牙龈炎，一般最常见的是以细菌感染为主。下面介绍一些对牙齿健康具有促进作用的植物精油。

1. 丁香精油

对口腔健康尤其重要。临床研究表明，丁香精油可以缓解牙痛和口臭，并有助于减少牙龈疾病，天然的抑制细菌生长的能力可以帮助抵抗口腔和喉咙感染。

2. 百里香精油

含有有助于防止蛀牙、牙龈炎和口腔普通感染的天然物质，经常用于漱口液，为口腔健康辅助治疗提供风味和新鲜感。

3. 牛至精油

一种强大的抗氧化剂，有抗炎作用，有助于减少细菌和真菌感染。

4. 茶树精油

一种天然的口臭药物，含有减少牙菌斑的成分，是 DIY 牙膏或漱口水的完美成分，因为它能够杀死细菌、减少蛀牙和减轻牙龈出血。

5. 薄荷精油

以其冷却和麻木成分而闻名，可以有效缓解牙齿和肌肉疼痛，在对抗口腔病原体和杀死可能导致蛀牙和牙龈疾病的常见细菌方面特别强大。

6. 肉桂精油

具有抗菌、防腐的作用，使其成为需要口腔保健的有效清洁剂，如缓解喉咙痛、防止蛀牙细菌。

四、胃溃疡

胃溃疡是指发生在胃角、胃窦、贲门和裂孔疝等部位的溃疡，是消化性溃疡的一种。消化性溃疡包括胃溃疡和十二指肠溃疡。这种溃疡是在多种原因共同作用下造成的胃黏膜的溃疡性改变，黏膜出现炎症坏死，侵及到黏膜和黏膜下层造成溃疡面。而这种溃疡是造成临床当中胃疼、胃胀、反酸、烧心乃至消化道出血、胃穿孔和十二指肠穿孔的重要原因。胃溃疡多是由幽门螺杆菌感染引起的，和胃黏膜保护屏障减弱、胃酸、胃蛋白酶侵蚀胃黏膜有关。治疗胃溃疡，首先就要进行抗幽门螺杆菌治疗。植物精油已经证明对于胃溃疡具有良好的缓解作用，下面重点介绍几种效果比较显著的植物精油。

1. 胡萝卜籽精油

从野生胡萝卜植物的干燥种子中蒸馏得来，是被低估的精油之一。它具有很强的抗氧化和抗菌作用，可以减轻胃中幽门螺杆菌引起的溃疡和其他不适。胡萝卜籽精油是一种强力的肠胃气胀缓解剂，有助于释放肠内滞留的气体，有助于缓解肠胃胀气、腹胀和其他胃部不适。它刺激消化酶、胃液和胆汁的分泌，也使肠道运动更加有效。

2. 桂皮精油

具有强大的抗菌作用，可杀死幽门螺杆菌。因其抗击寄生虫、炎症和病毒的潜力而备受赞誉。桂皮精油所含的丁香酚是一种缓解胃溃疡的化合物，可以减轻胃溃疡的疼痛。它恢复肠道菌群的平衡并对抗病原体。桂皮精油对98%的致病菌有效，具有强大的抗炎能力，也是一种有效的天然助消化剂。

3. 香茅精油

具有抗菌作用，被证明是对抗耐药细菌的有效抗菌剂，可以减缓幽门螺杆菌的生长，可用于缓解胃溃疡。具有镇痛作用，可以减轻疼痛和炎症。古代医学用它来恢复和平衡消化系统。

4. 丁香精油

具有抗感染、抗病毒和抗菌的作用，用于缓解牙痛、呼吸障碍、炎症和胃病。用小鼠作为模型动物进行研究发现丁香精油具有抗溃疡活性，能有效减轻炎症，是胃炎、腹胀和肠胃胀气的全天然辅助治疗方法。当局部使用时，可自然缓解疼痛，有助于缓解胃溃疡刺激。

5. 麦卢卡精油

来源于新西兰的麦卢卡植物，具有强大的抗菌作用，对各种耐药细菌的抗菌效果比茶树精油更强。麦卢卡精油具有抗炎和有极好的解痉能力，可以缓解消化性溃疡的疼痛。

五、肠胃炎

胃肠炎通常因微生物感染引起，也可因化学毒物或药品导致。典型临床表现为腹泻、恶心、呕吐及腹痛。常见的症状是腹泻，其他症状包括腹痛、恶心、呕吐、发热、食欲减退、体重减轻（可能是脱水的征象）、大量出汗、皮肤湿冷、肌肉痛或关节僵硬、大便失禁等。对于健康成人，胃肠炎通常只会引起不适感及生活上的不便，并不会导致严重后果，但是在病重、虚弱、年幼或年老的患者中却可以导致威胁生命的脱水和电解质紊乱。精油对于消化系统的各类问题都有非常好的疗效。无论是急性、慢性肠胃问题，像胃肠胀气、胃痛、胃溃疡、胃食道逆流、肠胃炎、腹泻、便秘或是消化不良，精油不仅可以给予预防保养，在处理症状时效果特别显著。

对于胃肠道痉挛造成的腹泻、便秘和疼痛，可使用罗马洋甘菊、甜茴香、马郁兰、薰衣草、姜、黑胡椒、橘子、甜橙、豆蔻等精油，可以有效缓解这些问题；对于消化不良的问题，大部分精油的香气都可以用来刺激食欲，特别是佛手柑、甜橙、橘子、姜、黑胡椒等精油；对于胃胀气以及胃食道逆流、胃炎等问题，可使用豆蔻、茴香、罗勒、芫荽，莳萝籽等精油，改善胃胀气和反胃的情形。此外，许多精油具有抗炎和镇痛（止痛）作用，可能有利于肠胃炎患者。使用如下这些精油可以为肠胃炎患者提供急需的症状缓解。

1. 姜黄精油

一种常用于烹饪的香料，数千年来一直以其抗氧化、抗炎、抗菌和抗癌特性而被使用。姜黄中的活性成分姜黄素具有强烈的抗炎特性，可以帮助减轻肠胃炎患者症状。

2. 姜精油

姜精油在胃肠道疾病中的应用已经进行了大量的研究，因具有强大的抗氧化和抗炎特性，通常用于减少恶心、腹胀和胀气，并改善消化。

3. 薰衣草精油

用于解决许多健康问题历史悠久，包括消化系统疾病。被广泛用于缓解焦虑和促进睡眠。许多肠胃炎患者都有睡眠问题，例如难以入睡、无法入睡或两者兼而有之。薰衣草油对改善睡眠质量很有效。

4. 没药精油

由于其抗氧化和抗炎作用，传统上用于缓解炎症，有助于减少肠胃炎患者相关炎症。

5. 薄荷精油

几个世纪以来，薄荷精油一直被用来帮助缓解胃肠道疾病的症状。众所周知，其具有抗痉挛和胃肠道抗炎作用，能有效地减少抽筋和疼痛，也能有效减轻恶心。

六、腹泻与便秘

1. 腹泻

腹泻被定义为频繁的水样排便，这常常给人们的生活带来不便，大多数人都在寻求迅速解决这个令人不适的问题。腹泻的严重可能导致脱水，从而可能导致危及生命的并发症，大多数腹泻病例通常伴有腹部痉挛和恶心，适当的精油可以缓解这些症状。对于那些寻求天然药物来控制胃肠道症状的人来说，使用精油治疗腹泻是一个可行的选择。精油可作为腹泻病例的辅助治疗，可与传统的药物治疗相结合辅助治疗。精油治疗腹泻是因为它们具有抗痉挛和抗炎作用，有助于缓解痉挛，刺激消化过程，帮助排出气体或缓解恶心。下面介绍几种可以辅助治疗腹泻的精油。

（1）薄荷精油 一种很好的抗痉挛剂，对缓解腹胀、痉挛和恶心等症状很有用。薄荷精油以富含薄荷醇而闻名，这使得它成为缓解胃气和肠胃胀气的优质选择。众所周知，薄荷醇还有助于生理水平，阻断细胞中的钙通道，导致血压降低和动脉扩张。然而，用于腹泻的薄荷精油应该谨慎使用，因为它可能有一些不必要的副作用，这包括雌激素样作用，引起肾脏或胆汁问题，甚至可能诱发癫痫。

（2）肉桂精油 被认为是缓解腹泻有效的精油之一，因为它可能有助于清除胃肠道中的致病细菌和寄生虫。肉桂精油在高浓度下也有类似抗生素的作用。然而，由于它的效力，用很小的剂量就可以发挥作用。肉桂精油还可能有助于缓解肠痉挛和肌肉收缩，这通常见于腹泻病例。但哮喘患者应避免使用肉桂精油，因为肉桂油会使皮肤或黏膜过敏，导致反应。因此建议在使用前咨询医生。

（3）豆蔻精油　有助于改善消化，促进肠道气体释放。豆蔻精油也是一种很好的解痉药，有助于减少肌肉收缩和缓解肌肉痉挛。这种精油也可能有助于对抗引起腹泻的肠道寄生虫，加速康复。患有哮喘、癫痫的患者不应使用豆蔻精油。此外，患有胆结石的人也应该避免使用这种精油。

（4）姜精油　它具有强大的抗菌和抗病毒作用，但不如肉桂精油或牛至精油那么有效。姜精油仍然是改善消化和缓解肠道炎症的优质选择。

（5）茶树精油　它具有抗病毒和抗菌作用，在帮助缓解腹泻的潜在原因方面用途广泛。茶树精油也可能有助于阻止胃肠道炎症，同时有助于缓解疼痛。

（6）罗马洋甘菊精油　这种植物以帮助我们放松以获得急需的睡眠而闻名，但由于其镇静作用，它也可以用来帮助缓解疼痛。洋甘菊油具有强大的抗炎作用，在减少炎症方面与非甾体抗炎药一样有效。

（7）丁香花蕾精油　以其抗炎和止痛作用而闻名，它是帮助调节身体免疫过程的绝佳选择。丁香精油中的活性成分丁香酚是一种有效的血小板抑制剂，有助于防止血栓形成。由于丁香油含有大量丁香酚，丁香精油对肠道和呼吸道感染很有用。

（8）薰衣草精油　它有许多缓解作用，其中的抗炎和镇痛作用可用于缓解腹泻症状。薰衣草精油具有怡人的香味，有助于镇静和舒缓身心。它还可以通过消除压力、焦虑、恐惧和紧张来帮助扩张血管。

（9）桉树精油　当这种精油被身体吸收时，桉树醇作为一种强大的血管扩张剂发挥作用，扩张血管。可允许更多的血液在体内流动和循环。这个作用有助于缓解疼痛，刺激大脑，提高警觉度和能量水平。它还具有抗菌作用，可以帮助缓解一些腹泻症状。

（10）甜橙精油　它的柑橘香味很有活力，有助于刺激感官。精油可以让人感觉更有效率和专注力。这种精油还含有强大的抗炎特性，有助于减少炎症引起的疼痛，是缓解腹泻症状的优良选择。

（11）乳香精油　有助于缓解全身疼痛，人们认为它是通过阻断白三烯发挥作用，从而抑制引发体内炎症反应的物质。这种精油也可以作为温和的镇静剂，对缓解压力和疼痛非常有效。

2. 便秘

便秘是指由于多种原因造成的大便次数减少或感觉排便困难，大便次数减少是指每周少于3次，排便困难包括排便费力、排出困难、排便不尽感、排便费时及需要用手辅助排便。随着生产和生活节奏的逐渐加快，导致人们的工作时间变长、生活压力增大、运动减少、饮食习惯改变、环境不适应等，这些情况均可导致便秘。长期便秘者，因代谢产物在体内停留时间过长，会产生大量有害物质，导致焦虑、抑郁、思维迟钝，影响学习或工作，甚至生活不能自理；严重便秘者可能引起结肠癌。此外，便秘可能是脱水、处方药的副作用或潜在的一些疾病造成的，也可能是肠道细菌失衡和膳食纤维含量低造成的。

为了更有效地缓解便秘，有研究表明，薰衣草精油和薄荷精油调制的复方精油进行按摩辅助治疗能有效地缓解便秘。薰衣草精油有暖胃、疏肝理脾、利水燥湿、解毒生机、止痛、安神之效，且生理药量无副作用。薄荷精油的主要成分为薄荷醇，其具有抗痉挛和促消化的作用，可缓解痉挛性疼痛，如腹痛。在穴位按摩的同时，两种精油分子通过按摩进入机体，刺激某些部位和穴位，达到疏通经络、活血化瘀、调整脏器气血的目的。可见，复方精油可与穴位按摩起到协同作用，改善患者便秘症状。下面另外介绍几种能够缓解便秘的植物精油：

（1）姜精油　通常用于改善消化和减少恶心，它还可以帮助改善便秘，有促进消化的作用，可以增加胃动力，预防和改善便秘。

（2）茴香籽精油　是一种强大的消化兴奋剂，摄入后可以起到泻药的作用，可以快速有效地改善便秘。

（3）薄荷精油　有抗痉挛的特性，可以放松消化道的肌肉，使大便更加松弛。这有助于缓解便秘。2008年的一项研究证实了这一点，发现薄荷精油成功缓解了一些肠易激综合征患者的便秘。

（4）柠檬精油　可以改善消化，同时减少炎症，使消化过程更加顺畅，消除便秘。

七、食欲调节

1. 抑制食欲

在人的下丘脑中，有控制食欲的神经中枢，即饱腹中枢和摄食中枢两部分。血液中葡萄糖和游离脂肪酸是刺激这两个中枢的物质。当吃完饭后，血中的葡萄糖增多，饱腹中枢因受到刺激而兴奋，人就产生了饱腹感，不想再吃了。当血中葡萄糖减少时，机体动用脂肪分解来供应能量，这样血中的游离脂肪酸增多，刺激摄食中枢，产生饥饿感。其实除了"消化系统–血液系统–中枢系统"途径令人饱腹来调节饮食外，还有一条更直接饱腹又减肥的节制饮食途径，即"嗅觉系统–中枢系统"。下丘脑内侧区被认为是饱腻中枢（遭破坏会导致贪吃），如受到刺激可使饥饿动物抑制进食；某些气味可刺激嗅球释放一种神经递质——胆囊收缩素（胃饱腹感因子），经嗅球与下丘脑内侧区间的连接传输到下丘脑饱腹中枢，从而令人产生饱腻和食欲抑制作用。

当人们的身体渴望不健康的食物时，许多成年人感到沮丧。如果没有得到适当的解决，渴望会导致暴饮暴食，这对健康有一系列负面影响。这种渴望可以由多种因素触发，包括压力、睡眠不足、情绪和激素变化。寻求自然方式抑制过度食欲的人可能会受益于精油。众所周知，芳香可以刺激下丘脑（大脑中与饱足感或饱腹感有关的区域），因此精油可以在适当的时候提供抑制或刺激食欲的天然手段。通过这种方式，精油可以通过影响饱腹感、渴望和身体的压力反应以及它们对睡眠、情绪和新陈代谢的影响来抑制食欲，最终减轻体重。许多人惊讶地发现情绪、睡眠、食欲和减肥之间的关系。当我们寻求安慰的时候，无论是在恋爱分手后还是在工作中压力很大的一天，我们通常都渴望冰淇淋或巧克力，或是吃垃圾食品。情绪和身体上的低能状态使我们最容易渴望和食用不健康的食物。正因为如此，睡眠和情绪在很大程度上是我们与食物和减肥关系的一部分。因此，精油可以通过多种机制支持减肥，不仅通过对食欲的影响，还通过对情绪和睡眠的影响。下面介绍一些通过对饥饿、饱腹感、睡眠、压力反应、情绪和新陈代谢的影响能有效抑制食欲和减肥的精油。

（1）茴香精油　可以通过几种不同的方式抑制食欲。小茴香种子含有褪黑激素，有助于调节睡眠周期。适当的睡眠可以降低胃饥饿激素（ghrelin）的分泌。通过支持健康的睡眠周期，茴香精油可以抑制食欲，减少与体重增加相关的深夜食物渴求。一些动物研究表明，茴香精油的香气有助于消化，同时促进低热量消费。通过促进更好的消化和营养吸收，茴香精油可以减少对食物的渴望和过度进食。可见，茴香精油可以通过改善睡眠和消化来抑制食欲和减轻体重。

（2）薄荷精油　可以说是抑制食欲最有效的精油。研究表明，薄荷精油会影响负责饱腹感（感觉饱足）的下丘脑部分，促进抑制食欲的激素（如瘦素）释放，同时抑制胃饥饿激素（ghrelin）的释放。2007 年，一项研究发现薄荷的香味对食欲有强烈的影响，参与者比平时少摄入 11.72kJ，研究人员进一步发现薄荷精油通过减少焦虑和增加注意力来防止参与者压力进食。可见，薄荷精油可以影响食欲、减少对食物的渴望，有助于感觉饱腹、专注和平静，是任何试图控制食欲、减少食欲和减肥人士的有力伴侣。

（3）迷迭香精油　可以缓解压力和焦虑，有抗氧化和抗炎作用，有助于记忆和注意力集中。当身体处于压力或焦虑状态时，它会释放应激激素皮质醇，这种激素使人渴望糖和碳水化合物，因此与体重增加有关。迷迭香精油有助于控制皮质醇的释放，减少压力饮食，提高能量水平和脂肪代谢，有助于减肥。

（4）柠檬精油　精油中柠檬烯和柠檬醛这两种关键萜烯对脂肪细胞具有强大的刺激作用，有助于降低血糖水平。柠檬醛被发现可以减少脂质（脂肪）积累并逆转饮食诱导的肥胖，而柠檬烯被发现可以降低肝脏中的血糖、胆固醇和甘油三酯脂肪水平。柠檬醛也被证明可以促进身体的新陈代谢，这使得燃烧脂肪更容易、更有效。柠檬烯也被证明具有抗焦虑的特性，可以减少相关的压力饮食行为。因此，柠檬精油可以通过减少体内储存的脂肪量、通过促进新陈代谢增加燃烧的脂肪量以及缓解与压力饮食相关的焦虑来帮助减肥。

2. 促进食欲

食欲下降和体重突然下降可能有许多不同的原因。常见的短期原因包括呼吸道感染、胃感染、便秘、过敏、压力、药物副作用等，其他原因可能与肠易激综合征、糖尿病、哮喘等疾病有关。尽管老年人食欲减退和体重减轻的确切原因尚不清楚，但这可能与他们很可能患有一种或多种影响消化系统的疾病有关。一些植物精油被发现具有促进食欲的作用。2016 年，日本京都大学药学院 KakuyouOgawa 和 MichihoIto 两位学者的研究发现，吸入肉桂精油的主要成分肉桂醛和沉香香气化合物苄基丙酮具有促进食欲的作用，其作用强于胃饥饿素（胃饥饿素是胃内产生的一种肽，它能够增加食欲、进食和体重），苄基丙酮通过增进食欲和降低运动能力的综合作用引起体重的增加，而肉桂醛主要是基于增进食欲来增加体重。科学实验表明，苄基丙酮和肉桂醛引起的食欲增强作用被认为主要是通过嗅觉刺激产生的，因为这种作用在腹腔内给药时是观察不到的。因此，增加血液中苄基丙酮和反式肉桂醛的含量并不一定会影响它们增强食欲的作用。所以，嗅闻肉桂和沉香两种芳香植物的香气才能有效促进食欲。下面特别介绍几种能够促进食欲的植物精油。

（1）薰衣草精油　促进身体放松，有助于缓解过敏、恶心和月经痉挛等症状，在某些情况下食欲下降可能与这些情况直接相关，因此薰衣草精油被证明是非常有益的。有研究发现，薰衣草精油刺激自主副交感神经、胃神经，增加食欲和体重，芳樟醇是起作用的主要活性成分。

（2）薄荷精油　对经常感到恶心的人尤其有益，因为恶心往往会导致食欲减退。这种精油有助于减轻恶心，并具有舒缓作用，还有助于缓解消化不良和其他与消化有关的问题，所有这些都可能导致食欲下降和体重减轻。对于患有消化系统疾病的患者来说，薄荷精油是一种福音，对肠易激综合征患者也有明显益处。

（3）佛手柑精油　调节食欲也很好，对消化道有强大的作用，因为它能促进胃液的分泌，通过向大脑发送饥饿信号来改善消化和营养吸收。

（4）甜橙精油　有助于激活消化系统中的胃液，从而使大脑向系统发送饥饿信号。还可以促进整体生长，增强免疫力，提高身体对某些微生物的抵抗力。

（5）柠檬草精油　有一种清新的柠檬香味，通过释放血清素和多巴胺来刺激食欲、改善消化、减少恶心，也有助于缓解压力、焦虑和调节血糖水平。

八、体重控制与减肥

肥胖已成为 21 世纪全球最主要的公共卫生问题，而近年来正处于青少年时期的大学生肥胖率也在明显上升。目前，约 40% 女性和 20% 男性正在努力减肥，其中超过 80% 的女性和 75% 的男性正在为此节食。我国自经济飞速发展、物质生活极大提高后，大学生肥胖发生率的增长速度便不容乐观。肥胖给身体健康、心理健康带来了诸多问题，如肥胖使人的心肺功能变差、影响血压等健康指标进而导致其他疾病，肥胖还会使人产生不自信的心理，人际交往和社会适应能力也会受到影响。不少国家，减肥已成为全民痴迷的事情，虽然每年投入物力、财力用于设计很多的新饮食和减肥方法，但其中许多都是无效的。因此，寻找安全、有效的"减肥"精油对解决肥胖问题，提升其身心健康水平具有重大意义。

1. 柠檬精油

柠檬精油可以增加能量，缓解疼痛，抑制体重增加，改善情绪。柠檬精油含有柠檬烯，具有溶解脂肪的特性，它还能提高去甲肾上腺素的水平。去甲肾上腺素是一种神经递质和应激激素，能增加大脑中的氧气，从而提高认知功能、改善血液流动和正常心率。此外，柠檬精油可以缓解日常锻炼引起的疼痛和肌肉紧张，也是帮助摆脱消极情绪的有效治疗方法。

2. 葡萄柚精油

葡萄柚精油可以促进新陈代谢，抑制食欲，减少腹部脂肪堆积，增加耐力和能量。葡萄柚精油含有一种称为诺卡酮的天然化合物。诺卡酮会刺激单磷酸腺苷（adenosine monophosphate，AMP）依赖的蛋白激酶（AMP-activated protein kinase，AMPK），这种酶控制着人体的新陈代谢率和能量水平。一旦人体接受了诺卡酮，AMPK 在脑组织、骨骼肌和肝脏中的化学反应就会加速。根据研究，诺卡酮和 AMPK 之间的相互作用可以减少体重增加，减少身体脂肪，改善身体性能，提高耐力。

3. 肉桂精油

肉桂精油可以调节血糖水平，减少炎症，改善胰岛素敏感性。胰岛素是一种通过刺激血糖吸收来代谢脂肪和碳水化合物的激素。这是通过将血糖储存为脂肪或将其转化为能量来实现的。当身体细胞停止对胰岛素的反应时，身体开始储存脂肪而不是燃烧脂肪，这种情况被称为胰岛素抵抗。当一个人有这种情况，就很难减肥，可能会增加体重。胰岛素抵抗也是血液中胰岛素和血糖水平高的前兆，也是代谢综合征和 2 型糖尿病的前兆。现在很多人都患有代谢综合征，包括腹部肥胖、高血压、高胆固醇、糖耐量受损、高血糖、胰岛素抵抗等多种疾病。肉桂精油有助于提高血糖率和胰岛素敏感性。

4. 胡椒薄荷精油

胡椒薄荷精油有助于更好地消化，增加能量和精神的警觉性，改善心情，降低对食物的欲望和渴望。薄荷精油含有高达 70% 的薄荷醇，已被用于缓解消化不良数千年。它也是一种有效的肌肉松弛剂，通常与载体油结合使用，用于减少腹胀，放松胃部肌肉，改善胆汁流动，可促进更好和更快的食物消化。此外，胡椒薄荷精油被认为是天然的食欲抑制剂。在一项研究中，每 2h 吸入胡椒薄荷精油的参与者减少了饥饿感，只消耗了很少的热量。

5. 茴香精油

茴香精油可以促进消化，减少体重增加，抑制食欲，促进休息睡眠。茴香精油可以通过制造"米黄脂肪"而不是"白色脂肪"来减少体重增加。米黄脂肪是一种转化为能量的脂肪，而白色脂肪则被储存起来。在中世纪，茴香籽被用来抑制食欲，尤其是在禁食的日子。

6. 佛手柑精油

皮质醇是对糖类代谢具有较强作用的肾上腺皮质激素，有时用来专指基本的"应激激素"。那些承受重复压力的人、生活节奏紧张的人、正在节食的人、每晚睡眠少于 8h 的人，都很有可能长期处在压力状况下，从而使皮质醇水平长期偏高，导致血糖升高、食欲增加、体重上升、性欲减退以及极度疲劳等负面效应。有研究表明，每 2h 吸入佛手柑精油后，参与者的能量水平提高，建立积极的情绪，吸入佛手柑精油的参与者比不吸入者产生更低水平的皮质醇。这种精油有助于缓解各种精神压力，增加注意力，许多人使用这种精油作为一种天然的减压剂。可见，吸入佛手柑精油通过抑制"应激激素"，从而避免情绪化饮食导致肥胖。有研究认为，佛手柑精油是减肥精油中功效较强的。

第五节　精油在心血管系统疾病与健康中的应用

一、高血压

一些精油已经被证实有助于降低高血压。从阿育魏实精油中分离出的百里香酚能降低麻醉大鼠的血压，有研究认为百里香酚的降压作用是由于它的钙通道阻断能力。边缘型高血压患者被要求 15min 吸入 5 滴依兰精油，而对照组采用没有药理作用的基础油，结果显示，依兰精油组的收缩压和舒张压下降比对照组大 50%，证实了依兰精油的降血压作用。有动物实验表明，肉桂醛通过舒张麻醉犬和豚鼠的外周血管产生降压作用，甚至可引起犬血管舒张作用持续到血压降至基线的恢复期。大鼠实验发现，肉桂醛同时阻碍 Ca^{2+} 流入和 Ca^{2+} 释放，以不依赖内皮的方式扩张大鼠血管平滑肌产生舒张血管功能。肉桂醛除了在胰岛素缺乏症中具有促胰岛素作用外，还能通过抑制血管收缩力来预防 1 型和 2 型糖尿病患者的高血压。可以帮助降低高血压的精油还有罗马洋甘菊、真薰衣草、玫瑰鼠尾草、橙花、檀香、穗甘松和甜马郁兰等精油，越来越多的精油被发现可以用于辅助治疗高血压。

1. 茉莉精油

用于缓解高血压的茉莉精油可镇静身体、精神和灵魂，同时产生积极的情绪。它可以缓解焦虑、压力、烦恼、愤怒和抑郁，以及各种炎症，这些炎症会影响整个身体的情绪和疼痛。通过减少这些情况使身体平静有助于降低血压。

2. 天竺葵精油

可以改善血液循环和消化不良、平衡情绪、促进睡眠，是一种有效的神经系统平衡剂，有助于平静过度活跃的大脑，对压力和焦虑特别有效，非常适合在睡觉时扩香降血压。

3. 薰衣草精油

用脑电图仪测量患者吸入薰衣草精油前后的脑冲动研究表明,薰衣草精油可降低心率和血压,增加大脑中的放松波数量。

4. 马郁兰精油

有助于减少可导致心力衰竭的心肌氧化应激,可以防止心脏病发作,多年来一直被用于传统摩洛哥医学中自然辅助治疗高血压。

5. 玫瑰精油

有很强的促进血液循环的能力,使得它对降低高血压特别有效。

6. 柠檬精油

可以防止心悸、心动过速和心脏病发作,凭借其强大的抗抑郁作用,可以改善情绪并恢复情绪平衡。

7. 缬草精油

缓解心悸、失眠、多动和神经紧张,可能是睡前使用最好的精油,以获得一个深度和宁静的夜晚睡眠。众所周知,缬草精油对神经系统有强大的镇静作用,它放松紧张的交感神经系统,刺激对抗性副交感神经体系,帮助身体休息和放松以降低血压。

8. 乳香精油

长期以来一直被用于降低压力水平和促进精神清醒,它被用于古埃及的仪式中,以促进心灵的平静和安宁。乳香精油对身体有镇静作用,不仅可以减轻压力,还可以调节心率和降低血压。

9. 佛手柑精油

佛手柑橘精油在扩香和吸入 15~60min 后可以降低高血压,这意味着那些使用佛手柑精油进行芳香疗法的人通常不仅血压显著降低,心率也显著降低。

10. 依兰精油

与佛手柑精油结合在一起吸入不仅可以降低血压,还可以降低皮质醇水平,是护理高血压患者的有效干预措施。

11. 快乐鼠尾草精油

众所周知,鼠尾草精油可以缓解导致高血压的紧张和压力。在一项研究中,参与者吸入60min,发现收缩压平均下降 4.7%,舒张压平均下降 5.1%。

二、高血糖

一般血糖轻度升高,很多人没有明显的症状,比较敏感的人血糖高症状的表现还是非常明显的,即多饮、多尿、多食和体重减轻,如果血糖长期居高不下,会有头昏、乏力、疲惫症状,严重会导致人昏迷,出现呼气有酸臭味、酮症酸中毒的表现。近年来大量的研究证实一些精油对糖代谢异常有一定的正向调节作用,具有明显的降低血糖效果。

1. 川芎精油

主要有效成分是藁本内酯,有研究发现其降低链脲佐菌素合并高脂饮食诱导的大鼠模型的血糖水平。

2. 丁香酚

有研究显示其明显抑制胰高血糖素诱导的 Hep G2 细胞与原代鼠肝细胞中葡萄糖的生成,

降低模型鼠血浆葡萄糖与胰岛素水平；能够显著抑制糖尿病小鼠模型体内的 α-葡萄糖苷酶进而降低血糖水平。

3. 6-姜烯酚

不仅能显著降低糖尿病小鼠的血糖水平还能减轻糖尿病小鼠胰腺、肾脏、心脏等损害。

三、高血脂

血浆胆固醇和甘油三酯水平的升高与动脉粥样硬化的发生有关。动脉粥样硬化是动脉硬化的一种。大、中动脉内膜出现脂质沉着，内膜增厚，然后逐渐形成斑块，斑块造成管腔的狭窄，斑块破裂会导致血栓的形成，引起动脉供血的障碍，如果出现动脉狭窄程度超过 70%，会表现出不同的症状，例如心绞痛、心肌梗死、心律失常，甚至猝死。有研究发现，酸橙精油、大蒜精油、洋葱精油、迷迭香精油可以降低高脂血症大鼠血清总胆固醇、三酰甘油、低密度脂蛋白胆固醇水平，从而降低肥胖预防动脉粥样硬化形成。下面列举几种具有降血脂功能的植物精油。

1. 柠檬草精油

对促进血液循环和降低胆固醇水平很有帮助，以保持血管扩张、促进血液持续流畅而闻名。

2. 丁香精油

丁香精油中的活性成分丁香酚是一种有效的血小板抑制剂，有助于防止血栓形成。

3. 薰衣草精油

可以帮助镇静和舒缓身心，通过消除压力、焦虑、恐惧和紧张来帮助扩张血管，可以降低体内胆固醇水平。

4. 柏木精油和迷迭香精油

柏木精油能刺激血液循环，安抚神经系统；迷迭香精油具有镇痛作用，有助于缓解疼痛和关节炎。这两种精油都有助于降低体内胆固醇水平。

5. 没药精油

没药精油是一种天然的消炎药，有助于降低胆固醇和血压。

6. 佛手柑精油

有助于控制胆固醇水平，以调节新陈代谢和防止胆固醇吸收而闻名。

7. 牛至精油

牛至精油是一种天然的降胆固醇剂，已被证明可以降低血液中的胆固醇和甘油三酯水平。

四、糖尿病

糖尿病是一种代谢性疾病，以高血糖为特征。一般糖尿病的典型症状为多饮、多食、多尿和消瘦等。除 1 型糖尿病起病急、症状典型。2 型糖尿病起病慢，常有以下不典型症状①不明原因的口干、口渴；②不明原因体重迅速减轻；③体型肥胖，同时伴高血压、高血脂等；④视力减退或视物模糊；⑤双足趾麻木或刺痛；⑥恶心、呕吐或腹痛，找不到胃肠道疾病的原因；⑦四肢酸痛或腰疼等。大量的研究证实一些精油对糖代谢异常有一定的正向调节作用，对糖尿病具有缓解效果。

1. 大黄精油

有 30~60 岁 160 例 2 型糖尿病患者临床研究证实大黄精油有降血糖的临床作用。

2. 花椒精油

有学者研究了花椒精油对糖尿病小鼠的影响，灌胃 28 天后，高、中、低剂量组血糖分别下降了 19.09%、9.12% 和 9.56%，证明花椒精油对糖尿病小鼠具有显著的降糖效果。

3. 芫荽精油

具有维持健康血糖水平的潜在能力，有助于改善糖尿病大鼠的胰岛素分泌及血糖水平。

4. 丁香精油

根据美国心脏协会《循环研究》的一篇论文，氧化应激在糖尿病并发症的发展中起着至关重要的作用。丁香精油具有抗氧化作用，有助于对抗氧化应激，可能有助于预防氧化应激诱导的 2 型糖尿病。

5. 桉树精油

南美洲、非洲和伊朗，桉树精油已被用于辅助治疗糖尿病。有研究发现通过改善糖尿病小鼠的胰岛素分泌并降低血糖水平，因此桉树精油是治疗糖尿病的一种有效的降血糖辅助手段。

6. 薄荷精油

一项关于 2 型糖尿病大鼠的研究发现，薄荷精油有助于提高血清胰岛素水平和降低血糖。

此外，精油对于糖尿病引起的并发症也有一定的缓解效果。糖尿病是慢性全身性疾病，同时也易发生血管病变等慢性并发症，严重威胁着患者的身体健康及生存质量。因此，在积极控制血糖的同时寻找有效预防和治疗其并发症的药物已经成为当前迫切的研究重点。糖尿病不仅是一个以高血糖为主要表现的疾病，同时会引发心肌细胞凋亡从而导致糖尿病心肌病的发生。有研究发现，大蒜精油对糖尿病小鼠的心肌组织有良性的影响，可有效改善心肌组织结构，减轻心肌纤维化，明显抑制心肌细胞凋亡，有效减轻糖尿病大鼠心肌损害，在防治糖尿病并发症中不失为一种有效手段。

第六节　精油在关节及肌肉疾病与健康中的应用

一、扭伤

扭伤又称为韧带断裂、拉伤。扭伤是由于间接暴力使关节肢体周围肌肉、筋膜、韧带过度牵拉、扭曲引起撕裂或是损伤，造成受力不平衡，出现了扭伤。不正确的运动引起的运动损伤是造成预防医学的额外成本增加，包括运动员由于长期的损伤没有彻底治愈而继续运动导致的提前退役现象经常产生，现代医学对于运动损伤造成的伤害主流的治疗方式是药物治疗、手术及物理处理。人体需要通过一些物理、天然的方式促进伤口愈合、去除血淤、减轻炎症和疼痛。天然精油的运用在西方甲级俱乐部中经常被使用，能够有效缓解运动带来的血液淤积，乳酸堆积及提高运动水平。基于天然精油的活血化瘀、止痛及对炎症的消除机理被运用于运动康复精油。

为了促进愈合，减轻疼痛和肿胀，以及舒缓和冷却扭伤区域，有一些精油是很有帮助的。

1. 冬青精油

有助于减轻急性损伤的疼痛和炎症，普通的非处方抗炎药实际上包含冬青精油中活性化合物成分。

2. 桉树精油

降温作用，有助于缓解脚踝疼痛。

3. 薰衣草精油

非常舒缓，一种温和的镇静剂，有助于通过镇静神经直接缓解疼痛。

4. 薄荷精油

有助于减轻扭伤脚踝造成的疼痛和炎症。

5. 蜡菊精油

可以增加血液流动和加速愈合。

二、肌肉酸痛

肌肉酸痛可由运动、感染性疾病等引起。对于一般性的酸痛，人们通常都是贴止痛膏或者口服止痛药，易导致皮肤过敏或者可能会导致胃不适。从爱普生盐浴到按摩疗法，有很多方法可以缓解肌肉酸痛。对一些人来说，精油是一种久经考验的真正的辅助治疗方法。使用精油优点在于使用方便，吸收效果好，无刺激性气味，涂抹后能够有效缓解肌肉酸痛、关节疼痛。下列精油可以有效帮助缓解肌肉疼痛和肿胀。

1. 薰衣草精油

具有镇痛、抗炎和镇静作用。在一项小型研究中，患有腰痛的老年人接受薰衣草精油穴位按压，8 个疗程后短期疼痛得到缓解。

2. 薄荷精油

外用时，会产生凉爽的感觉，可以麻木疼痛。除了缓解肌肉疼痛和关节疼痛外，还可以帮助解决消化问题、头痛和皮肤瘙痒。

3. 桉树精油

与薄荷精油一样，桉树精油在局部使用时也会产生冷却效果。这种感觉可以减轻肌肉酸痛和相关炎症。在一项研究中，吸入桉树精油减轻了接受膝关节置换手术的成年人的疼痛。

4. 洋甘菊精油

具有镇痛、抗炎和抗抑郁的特性。有研究发现可以改善膝关节的关节功能和骨关节炎症状；可以减轻腕管综合征患者的症状并改善其功能。

5. 姜精油

当局部使用时，会产生一种温暖的感觉，有助于缓解肌肉酸痛。有研究发现瑞典姜油用于按摩辅助治疗老年人腰痛时，在减轻疼痛和改善残疾方面很有效。

6. 迷迭香精油

可以辅助治疗肌肉、关节疼痛和肿胀。在一项小规模研究中，迷迭香精油可以减轻以前不运动的人因运动引起的肌肉酸痛。

7. 马郁兰精油

可以缓解肌肉不适，尤其是过度使用或炎症引起的肌肉不适。

三、关节疼痛

导致患者出现关节疼痛的原因很多，最为常见的原因有关节炎症、关节肿瘤及结核、细菌感染、外伤等。对于由炎症引发的关节疼痛，可以局部使用抗炎精油，如含有丁香酚、乙酸丁香酯、百里香酚、辣椒素、姜黄素和香芹酚的精油，其消炎作用与早期炎症的血管反应密切相关。Nasiri 等的研究显示，薰衣草精油按摩芳香疗法对膝关节骨性关节炎慢性疼痛病人有显著的镇痛作用。另一项研究对 17 例类风湿性关节炎慢性疼痛的病人进行芳香疗法按摩 30min 干预 6 周，结果表明芳香疗法按摩组疼痛和疲劳评分显著降低。土耳其的一项研究中，对 21 例糖尿病周围神经痛的病人开展每周 3 次的芳香疗法按摩干预，每次按摩 30min 疗程为 4 周，芳香精油为迷迭香、天竺葵、薰衣草、桉树、洋甘菊等复方精油，结果显示芳香按摩降低病人神经病理性疼痛评分，改善生活质量。对于热敷可缓解关节炎疼痛的情况，黑胡椒精油、丁香精油、姜精油等发热精油是很有用的；冷敷可缓解关节炎疼痛的情况，薄荷精油更适合。以下是一些使用植物精油治疗关节疼痛的例子。

①让老年人在疼痛的膝盖上涂抹黑孜然精油，每天 3 次，持续 3 周，比只服用对乙酰氨基酚的好。

②嗅吸桉树精油的人在全膝关节置换术后疼痛减轻，血压降低。乳香精油和没药精油一起使用可以缓解关节炎大鼠的关节炎症。

③一组患有膝关节问题的患者在用姜精油按摩一个月后疼痛和僵硬减轻。只接受按摩的患者没有减轻症状。

四、类风湿关节炎

类风湿关节炎是一种慢性、对称、炎症性多关节炎，发病高峰在 25~55 岁之间，女性发病多于男性。当软骨组织减少，无法在运动中吸收足够的冲击和压力时，就会发生这种情况。类风湿关节炎是一种自身免疫性疾病，这种疾病一旦开始似乎就会自我延续。一些常见的治疗方法包括药物、手术和康复。医生普遍推荐精油辅助治疗膝盖疼痛，这是世界上古老的辅助治疗方法之一，采用自然和整体的方式进行医疗保健。精油好处之一是它的抗炎作用。类风湿关节炎的炎症是由于受影响区域的血流量增加而引起的，产生热、肿胀和疼痛，一些精油可以缓解这三种症状。可选择冷却、收敛、止痛的精油，以及那些有抗炎作用的精油。传统的辅助治疗骨关节炎疼痛的精油是具发热剂作用的，它会扩张毛细血管，给周围的温暖效果，以下是四种精油及其功效，可以帮助缓解关节炎的影响。

1. 桉树精油

可以缓解关节疼痛、炎症和肿胀。如果有这些症状，试着每隔 30min 吸入一次精油，至少连续三天，可降低血压并减轻膝盖或关节疼痛。

2. 乳香精油

具有抗炎和镇痛作用，有助于缓解慢性疼痛和炎症，可以减少自身免疫反应并防止软骨损伤。

3. 姜黄精油

具有抗炎和抗氧化作用，可以稳定、自然地恢复关节的活动性。此外，按摩时使用精油可以改善血液循环。

4. 罗勒精油

含有抗炎作用的1,8-桉树素，缓解关节疼痛，降低水肿（炎症诱导液的积聚）并防止软骨损伤。

由于类风湿关节炎会影响特定的关节，身体的这些部位可以进行按压。与服用药物不同的是，精油按摩不仅能给皮肤带来极大的局部舒适感，还能将注意力集中在受影响的身体部位。精油按摩能让精油通过皮肤直接被吸收到疼痛和炎症的部位。与其他方法结合使用更好，例如，早晨的热敷和晚上的沐浴（可以是手浴或脚浴）。选择适合病人的使用方法很重要。整个准备和辅助治疗身体受伤或疼痛部位的过程带有强烈的心理抚慰效应并和身心相关，这可能会提高辅助治疗的效果。

第七节　精油在皮肤疾病与健康中的应用

一、伤口愈合

植物精油不仅在加速伤口收缩速度，而且在恢复正常表皮和真皮结构方面对伤口愈合过程具有促进作用。如茶树精油被认为加快伤口愈合过程很有效。薰衣草精油通常以改善疤痕组织的形成用来辅助治疗伤口，如刀伤、烧伤和晒伤。茶树精油对体外分离的几种耐甲氧西林金黄色葡萄球菌具有一定的抑制作用。乳香精油和天竺葵精油可消毒保护伤口感染。相比于植物提取物中黄酮类等大分子物质，植物精油具有分子质量小、吸收迅速、直达真皮层等优点，且精油中含有的萜烯类化合物是很好的药物促透剂，有助于活性成分被高效吸收，研究具有创伤愈合功效的植物精油有很好的开发和科研价值。

金黄色葡萄球菌和铜绿假单胞菌是皮肤和黏膜常见的条件致病菌和烧伤创面感染细菌，特别是金黄色葡萄球菌是烧伤创面中最常见的感染细菌。2018年，越南工业大学Gia-Buu Tran等学者报道了水翁叶精油辅助治疗皮肤热烧伤的研究，他们以小鼠建立烧伤皮肤模型，以金黄色葡萄球菌和铜绿假单胞菌分析抗菌活性，并与商品抗生素片（庆大霉素）对比，研究结果发现，①就金黄色葡萄球菌而言，水翁叶精油具有优良抗菌活性，但不如庆大霉素；②就铜绿假单胞菌而言，水翁叶精油抗菌活性不明显，且具有耐药性；③从辅助治疗烧伤创面的皮肤组织结构来看，水翁叶精油处理烧伤创面具有完整的表皮结构，烧伤创面完全恢复。可见，水翁叶精油不仅能加快创面愈合速度，而且对创面皮肤结构正常的愈合也有一定的促进作用，促进烧伤创面形成完整的表皮结构。这一发现表明水翁叶精油作为烧伤皮肤外用制剂的应用前景，并对热带植物副产物芳香疗法在皮肤创伤辅助治疗中的应用提供了科学实验支持。

　　早在几个世纪前，德国洋甘菊就被作为民间用药来辅助治疗皮肤创伤，也有临床试验证明其能促进创伤愈合。近年来，一些专家学者就德国洋甘菊精油对创伤愈合的作用也展开过研究。Rezaie 等通过动物皮肤切除模型对比研究了德国洋甘菊精油和氧化锌对创伤愈合的影响，研究表明对比氧化锌，10%德国洋甘菊精油能显著促进创伤愈合。Manoela Domingues 通过沸水制造大鼠烧伤创口，结果发现每天涂抹两次橄榄油稀释的德国洋甘菊精油可显著加快烧伤创面愈合速度。Morteza 等通过动物烧伤模型研究了德国洋甘菊精油和迷迭香精油对烧伤创面愈合的影响，研究表明德国洋甘菊精油可显著降低创面氧化应激反应，促进创面伤口愈合，且当德国洋甘菊精油和迷迭香精油混合使用时促进效果更佳。Martins 等通过试验比较德国洋甘菊精油和皮质类固醇在辅助治疗溃疡类伤口中的功效，结果表明，对比皮质类固醇，德国洋甘菊精油可更为显著地促进溃疡伤口愈合。甜牛至精油是土耳其传统医学中常用的抗炎和创伤愈合药物。Ipek 等将甜牛至、贯叶连翘、牛至和希腊苏草的精油及橄榄油混合制成软膏，结果发现新型软膏可以显著促进创伤愈合并具有很好的抑菌效果。鼠尾草精油是西方传统医学中用于创伤愈合辅助治疗的精油之一。Monika 等研究了鼠尾草精油对于伤口感染的治疗效果，结果发现鼠尾草精油对金黄色葡萄球菌、表皮葡萄球菌和木糖链球菌具有很好的抗菌效果，可以用于缓解伤口感染。甜橙和佛手柑均是芸香科柑橘属植株，柑橘属植物果实在家庭芳香疗法中常用于皮肤切口的治疗，也有研究证明柑橘属植株的精油中含有较高浓度的柠檬烯，柠檬烯能够促进皮肤成纤维细胞增殖。巴西东北部被大量用于创伤愈合辅助治疗的巴豆叶精油促愈功效研究表明，巴豆叶精油具有很好的抗菌性，可以提高切除伤模型中的伤口愈合率，增加死腔伤口模型中的肉芽组织含量。

　　植物精油对于老年人的皮肤伤口愈合也有很好的效果。老人身体皮肤的愈合能力较低，皮肤变得更薄、更脆弱，轻微的撞击就会造成深深的瘀伤，尤其是服用类固醇的人。用冷榨植物油（如月见草油）非常温和地按摩，可增强老化肌肤的弹性，某些精油可增强老化肌肤的愈合能力。英国临床芳香治疗师艾伦·巴克（Alan Barker）用花卉纯露来冲洗伤口来促进愈合。纯露是水蒸气蒸馏法提取精油的副产物，许多精油供应商都能提供纯露。纯露微酸，使用起来清爽，闻起来很香，对皮肤护理非常好。当使用花卉纯露护理伤口时，应确保没有被细菌或真菌污染。适合冲洗伤口的花卉纯露有绿花白千层、互叶白千层、德国洋甘菊、葡萄柚等纯露。冲洗伤口后，可以用浸过稀释精油的敷布来帮助愈合，精油也会减少病菌感染。每天敷两次，如果伤口感染，每 4h 一次。Glowania 等（1987）在对 14 例伤口愈合缓慢的对照、双盲研究中发现德国洋甘菊精油可有效促进伤口愈合。1993 年发表在 *Journal of Tissue Viability* 上的一篇文章也报道了两个使用薰衣草精油和茶树精油的成功案例。Emeny（1994）报道了一名 90 岁的女性糖尿病足溃疡已经变成坏疽，采用未稀释的茶树精油浸泡在她脚趾间的溃疡病灶 1 周，疼痛程度降低了，身体也有了明显的改善；继续用 10%茶树精油溶液浸泡，接下来的 3 周继续用 3%茶树精油溶液浸泡，脚渐渐暖和了，持续 9 周，伤口完全愈合，没有坏疽的迹象。Guba（1999）在澳大利亚 6 家疗养院选定的 7 例患者（58～93岁）病人身上使用了自制的精油膏快速愈合皮肤伤口，方法是将药膏涂在干纱布上，用胶带包在伤口上，结果所有的伤口都愈合了，有些还不到一个星期，伤口平均在 12 周内愈合，而对照组的伤口平均耗时 26 周。Guba 的伤口愈合精油膏的卓越效果已被不少临床验证，在伤口护理方面十分畅销（文后附上 Guba 伤口愈合精油膏配方）。另外，乳香精油对表面的伤口和疤痕非常有益，天竺葵精油对较深的伤口很好。一般来讲，含有高比例酮的精油被认为对伤口有益，可能有助于减少疙瘩瘢痕。如果使用的基础油是玫瑰果油，这一过程可能会加快。

附：Guba 伤口愈合精油膏配方：

狭叶薰衣草精油 40mg/g

北艾精油 10mg/g

药用鼠尾草精油 10mg/g

意大利永久花精油 18mg/g

德国洋甘菊精油 12mg/g

金盏花精油 10mg/g

琼崖海棠油 62.5mg/g

琉璃苣油 62.5mg/g

亚麻籽油 62.5mg/g

乳油木果油 62.5mg/g

葡萄柚籽油 5.0mg/g

迷迭香抗氧化提取物 0.125mg/g

二、瘙痒

瘙痒是一种能够引起搔抓欲望的不愉快感觉，发病机制和原因十分复杂，各种皮肤病、系统性疾病、神经源性疾病、心理性或精神性疾病均可以引起瘙痒。瘙痒是皮肤疾病中一种常见的感觉，瘙痒发生率达 30.7%。湿疹、荨麻疹、银屑病患者每天瘙痒持续时间较短，瘙痒症、慢性单纯性苔藓、特应性皮炎、结节性痒疹等患者每天瘙痒持续时间较长。

有一些止痒精油可以迅速缓解瘙痒。它们具有抗炎和抗菌的特性，可以缓解瘙痒。虽然它们可能无法治愈瘙痒，特别是如果瘙痒是由潜在的皮肤状况引起的，但它们可以在一定程度上缓解瘙痒。

1. 薄荷精油

能有效缓解持续六周以上的慢性瘙痒。研究发现，0.5%浓度的薄荷精油与芝麻油混合后，在两周内减轻了瘙痒的严重程度。

2. 罗马洋甘菊精油

用于化妆品中，具有舒缓和软化皮肤的效果。因其抗炎和伤口愈合特性而经常用于传统医学，可以缓解可能导致皮肤不适和瘙痒的皮肤刺激、瘀伤和细菌感染。

3. 茶树精油

一种强大的抗菌和抗炎剂，已知可以舒缓和治愈痤疮；可以有效地减少头皮屑和头皮瘙痒，是传统药物的一部分，可以缓解皮肤不适，愈合伤口，缓解皮疹和昆虫叮咬。它是一种很受欢迎的化妆品成分，存在于许多外用护肤品和软膏中。

4. 薰衣草精油

对各种皮肤问题有效，如脓肿、水疱、疖子、细菌感染、烧伤、割伤、湿疹、皮炎、真菌感染、昆虫叮咬、皮肤炎症、刺痛、牛皮癣、酒渣鼻和伤口。它对引起痤疮、疖子和毛囊炎的金黄色葡萄球菌非常有效。众所周知，这些皮肤状况会在皮肤上产生不同程度的瘙痒。

5. 乳香精油

可以缓解干燥和受损的皮肤，减少皱纹，缓解由皮炎、牛皮癣、湿疹和其他真菌感染引起的痤疮、皮肤不适和瘙痒。

6. 蜡菊精油

促进皮肤细胞再生，舒缓受损皮肤、湿疹、溃疡和炎症。它可以缓解瘙痒和其他炎症性皮肤状况，如皮炎、酒渣鼻和牛皮癣。

7. 桉树精油

用于伤口敷料，以降低感染风险，促进愈合。它具有杀菌、抗菌和消炎的特性，可以舒缓粉刺。也被用于传统的治疗方法，以缓解由虫咬和过敏反应引起的瘙痒。

8. 柠檬草精油

被广泛用于缓解由昆虫叮咬引起的皮疹、过敏和瘙痒，具有抗炎特性，可以调节多余的皮脂生成，缓解真菌感染和痤疮。

9. 没药精油

传统上用于改善各种皮肤伤口和过敏，这是一种流行的止痒药，可以抑制组胺，组胺是一种与我们免疫反应相关的化学物质，会引发瘙痒。

三、痤疮

痤疮是常见的皮肤病之一，可影响个人从早期青春期到成年。无论是痤疮（丘疹、脓疱、粉刺）还是继发病变（炎症后色素沉着、红斑和疤痕），无论患者的年龄如何，都会引起相当大的心理社会影响。痤疮的发病机制相对复杂，多与皮脂腺分泌过旺、痤疮丙酸杆菌增殖异常、皮脂腺角化过度及遗传有关。痤疮通常发生在面部、背部等人体皮脂腺活跃的部位。临床表现为粉刺、丘疹、脓疱、结节及囊肿。发病与毛囊角化过度、皮脂腺功能亢进、局部或系统的激素失调，细菌或其他微生物，尤其与痤疮丙酸杆菌的增殖相关。此外遗传、免疫反应等因素也参与发病。

在大部分的治疗痤疮方案中，口服药物或局部使用抗生素类药物治疗痤疮为主要的方法，但是使用药物存在抗生素耐药问题，耐药现象已成为普遍现象，当现有的主流药物无法满足人们对于治疗痤疮的需求时，便会寻找其他治疗药物。因此，不易耐药的抗痤疮菌药物在日益火热，研发取自天然的有效抗菌剂和抑菌剂成为了研发人员的首要追求，其中植物精油作为天然抑菌物质越来越受到人们的欢迎，芳香治疗的作用也会越来越为人所熟知。

现代药理学证实，茶树精油具有显著的抑菌活性、抗病毒作用和抗氧化作用，其抑菌作用强于薰衣草精油。茶树精油因其优良的生物活性以及绿色安全的应用特点，已被收录于第7版的欧洲药典中，现阶段常常作为杀菌防腐成分应用于医药食品行业。茶树精油在一些国家已经被医学使用了几十年，大多数茶树油含有大约100种萜烯，其中含量最丰富的是萜烯-4-醇（含量40%）。茶树精油通过非特异性细胞膜损伤显示广谱抗菌活性。它是许多用于痤疮的功能日用化学产品中的一种成分（洗脸/洗面奶/清洁剂、肥皂、爽肤水、治疗凝胶、乳液、遮瑕笔、口罩）。5%的茶树精油对于痤疮的辅助治疗效果强于同等浓度下过氧化苯甲酰溶液，有调研报告预言："茶树精油有可能成为辅助治疗痤疮的标准药物"。花椒精油具有抑菌、抗炎的功效，花椒提取物可破坏细菌细胞壁（膜），增加细菌胞壁通透性，导致胞内重要物质外渗，扰乱细胞合成代谢，进而导致细胞死亡，有研究表明花椒精油抑制痤疮丙酸杆菌所致的炎症，从而抑制痤疮的形成。此外，罗勒精油与薰衣草精油也被发现对痤疮有缓解作用，联合应用可增强对痤疮致病菌的抑菌效果。

四、疱疹

疱疹是指疱疹病毒科病毒所致疾病。已知在疱疹病毒科中有 8 种病毒［单纯疱疹病毒（herpes simplex virus，HSV）1 型、2 型，水痘-带状疱疹病毒，人巨细胞病毒，EB 病毒和人类疱疹病毒 6 型、7 型、8 型］可造成人类疾病，这类病毒被统称为人类疱疹病毒（herpes virus hominis，HHV）。2018 年，世界卫生组织发现，全世界有数十亿人感染 HSV-1，这是一种终身病毒感染，通常在儿童时期获得。接吻是最常见的传播方式。从蜂蜜到苹果醋，有许多治疗唇疱疹的天然疗法。精油在这些选择中很受欢迎。研究表明，一些精油中含有抗病毒化合物，有可能减轻疱疹爆发带来的不适，包括红肿、瘙痒、溃疡和其他 HSV-1 疼痛症状。然而，并不是所有的精油都是缓解唇疱疹的理想选择，以下五种精油可用于缓解疱疹带来的症状。

1. 茶树精油

缓解发炎、红色伤疤的首选药物之一，含有促进伤口愈合的化合物，体外研究表明可抑制病毒复制。

2. 桉树精油

可以舒缓割伤和烧伤，对疼痛的唇疱疹很有好处。体外研究表明，可以降低疱疹病毒的感染性，并具有直接的抗病毒作用。

3. 檀香精油

从源头上针对病毒有效缓解唇疱疹，可以帮助阻止 HSV-1 的复制，而不会产生传统药物类似的副作用。

五、真菌感染

真菌感染是较为常见的一种病原菌，是指各种真菌通过直接或者间接途径，引起人体组织的一种感染病，可以出现肺部感染疾病、皮肤感染疾病、泌尿系统感染疾病以及念珠菌性中枢神经系统感染，还可能会造成全身脏器功能受损。常见于使用免疫抑制剂，肿瘤以及精神异常的患者，主要是由于免疫功能低下而导致的。皮肤上可以表现为头皮癣、竹笋花斑癣，有的会出现水泡一样的脓疱，角化增厚。深部组织如果感染了真菌，可能会出现溃疡，肺部空洞纤维。许多精油具有抗真菌作用，这意味着它们可以作为天然杀菌剂。这使得精油可以辅助治疗癣、脚癣和指甲真菌等疾病。下面介绍几种可以有效抑制真菌的精油。

1. 茶树精油

茶树精油是应用广泛的抗真菌精油之一。在澳大利亚用于改善皮肤病已有很长的历史，现在世界各地都很流行。茶树精油是洗发水中的一种常见成分，其原因是头皮瘙痒和头屑通常是由头皮的轻微真菌感染引起的。茶树精油含有松油烯-4-醇，这是其抗真菌特性的主要化合物。它对多种真菌有效，包括白色念珠菌——人类最常见的真菌感染，在大多数情况下导致酵母感染、鹅口疮和系统性念珠菌感染；红色毛癣菌——定植于表面死亡皮肤细胞，导致大多数脚癣、脚指甲感染、运动员瘙痒和癣；黑曲霉——食物和房屋中最常见的黑色霉菌。有研究显示，25%～50%的茶树精油溶液在辅助治疗脚癣方面比安慰剂更有效，研究中

64%的病例是用茶树精油治愈的，而安慰剂治愈的只有31%，这证明了茶树精油作为一种天然药物改善皮肤真菌感染（如脚癣）的有效性。另一项精心设计的研究发现，茶树精油在解决指甲真菌方面与外用抗真菌药物一样有效，使其成为一种安全、自然的替代品。茶树精油可以单独使用，也可以与其他精油结合使用。最好将其局部应用于受影响的区域。使用时需要用载体油稀释茶树精油，以减少皮肤刺激。

2. 牛至精油

牛至精油一种缓解真菌疾病的流行精油。它含有香芹醇和麝香草酚，具有令人印象深刻的抗真菌、抗细菌活性。在改善酵母感染方面有效，有助于缓解一些感染脚指甲和脚癣的病例。要使用牛至精油辅助治疗真菌感染，请将几滴牛至精油与基础油混合，并轻轻涂抹在感染部位。但一定要从低浓度开始，很浓会烧伤或刺激皮肤。

3. 薰衣草精油

薰衣草精油已被证明对一系列真菌有效，包括皮肤癣菌（生长在皮肤、头发和指甲中的真菌）以及各种念珠菌。

4. 丁香精油

丁香精油可抗真菌感染，包括皮肤感染、指甲真菌和脚癣，已被证明对小孢子菌、絮状表皮菌、红色毛癣菌和须癣毛癣真菌一系列真菌有效。在鹅口疮和念珠菌引起的口腔真菌感染病例中显示出良好的应用前景。

5. 香茅精油

香茅精油一种受欢迎的清洁和改善皮肤病的精油。它含有柠檬醛，柠檬醛具有抗真菌和抗细菌性能。

第八节 精油在女性疾病与健康中的应用

一、更年期综合征

更年期是女性生命中的过渡期，此时卵巢停止产卵，月经期结束。连续十二次月经缺失正式标志着更年期的到来。通常发生在45~55岁，尽管根据个人的不同，可能发生得更早或更晚。更年期开始于身体产生的雌激素量逐渐减少，导致月经周期变得更不规则或更少，直到最后完全停止。在进入更年期期间，随着雌激素的逐渐减少，体内激素水平也发生了变化。这会破坏人体正常运作所需的激素的微妙平衡，从而导致不愉快的症状。更年期综合征指妇女在更年期前后体内性激素波动变化所致的躯体及精神心理典型症状，包括多疑、健忘、神志恍惚、焦虑、迫害妄想、睡觉后全身大汗淋漓等。一些精油可以帮助缓解更年期症状，使这段过渡期的生活更加轻松愉快，主要通过调节激素平衡、缓解情绪和缓解潮热三个方面发挥作用。

在更年期，女性身体会经历许多激素变化。部分精油通过支持负责天然激素生产的腺体发挥作用，这有助于恢复这种微妙的平衡，减少更年期症状。能够平衡激素水平的精油主要包括①天竺葵精油是一种受欢迎的用于调节激素变化的精油，它有助于平衡激素，恢复平衡，减少更年期症状；舒缓和振奋人心，缓解焦虑和抑郁。②罗勒精油含有一种类似雌激素的化合物，可以帮助身体适应不断变化的雌激素水平，恢复激素水平的平衡。③薰衣草精油不仅可以帮助平衡激素，还可以缓解压力和帮助睡眠，使其成为绝经期间使用的一种全方位精油。

更年期令人沮丧的症状之一是许多女性不得不应对的情绪波动。这可能表现为焦虑和抑郁，也可能是更普遍的易怒情绪。在更年期管理情绪症状的最佳精油是那些具有提升性能的精油。在这段时间里，大多数带有花香的精油都是有益的，因为它们可以镇静和提神，还有一些以柑橘为基础的精油。能够调节情绪的精油主要有①鼠尾草精油：是最受欢迎的更年期精油之一，因为它具有令人印象深刻的辅助治疗作用，如抗抑郁、降血压、放松。②茉莉花精油：以其振奋人心的作用以及促进幸福感的能力而闻名，其清新的花香不仅能振奋情绪还能缓解压力和焦虑。③薰衣草精油：清新花香使人平静、心情振奋，对于那些需要缓解更年期紧张和易怒的人来说，是一个很好的选择。

潮热是由激素水平的突然变化引起的血液流量和温度增加，会导致脸红或潮热，因为热量太高，可能会让人感觉像着火了一样。在某些情况下，这些潮热会引发惊恐发作，患者甚至会因强烈的症状而呼吸困难。缓解潮热最好的精油是那些局部使用时具有冷却和镇静作用的精油，还有一些精油可以帮助平衡激素，减少潮热的发生。缓解潮热较好的精油有①鼠尾草精油：对平衡激素非常有效，可以帮助减少正在经历的潮热强度，使其更易控制；②薄荷精油：除了减少更年期的刺激感外，薄荷精油对身体也有降温作用，对于那些正在经历潮热并且需要一些即时缓解的人来说是理想的，因为凉爽的感觉将有助于减少不适和刺激；③依兰精油：甜美的花香非常适合安抚神经系统和减轻压力，还可以帮助平衡激素，减少潮热的可能性。

二、痛经

妇女行经期间或行经前后出现明显的下腹坠痛、腰酸或腰痛，以致影响生活、学习和工作，称为痛经。原发性痛经又称功能性痛经，初潮后不久即出现，且无明显生殖器官疾病；继发性痛经是指由于生殖器官疾病（如子宫内膜异位症、盆腔炎等）所引起者；膜样痛经可发生于育龄期任何一次月经，或数月至 1 年以上发生 1 次；充血性痛经平时症状不明显，或类似盆腔炎，在行经前及经期症状严重，盆腔部检查无实质性病变。

有研究发现当归精油对雌性小鼠痛经模型和醋酸所致的小鼠疼痛，均有明显的抑制作用；对正常雌性小鼠离体子宫平滑肌和由缩宫素所致的子宫平滑肌剧烈收缩均有明显抑制作用。除了当归精油以外，还有一些精油对缓解痛经也有不错的效果（表 7-1）。

表 7-1　缓解痛经的精油及其作用机制

精油种类	作用机制
柑橘精油	抑制 $PGF_{2\alpha}$ 和 PGE_2 比值上调
当归精油	抑制催产素引起的子宫兴奋和高钾造成的子宫收缩，降低催产素引发的子宫收缩频率、振幅和峰面积，并表现出双向调节功能
茴香精油	降低 PGE_2 和催产素引发的子宫收缩

续表

精油种类	作用机制
艾叶精油	降低体内 PGE_2 含量
丹参精油	抑制 $PGF_{2\alpha}$ 和催产素诱导的子宫收缩
姜精油	缓解苯甲酸雌二醇和催产素引发的痛经
姜黄根茎精油	抑制细胞外 Ca^{2+} 内流和细胞内 Ca^{2+} 释放
白芷精油	升高体内 β-内啡肽和 NO 的含量
川芎精油	作为渗透促进剂促进布洛芬发挥缓解痛经的作用

三、经前综合征

经前综合征（premenstrual syndrome，PMS）是指部分女性在月经前期出现的生理上伴有精神上、行为上改变的一组症状群。经前综合征病因不明，目前多认为它是与性激素有关的某种紊乱。女性在月经前几天会变得不理智、易怒、爱哭，有时还会暴力。在这段时间里，女性大脑中的化学物质实际上发生了变化，并产生了自己无法控制的反应。大脑边缘系统深处与情绪控制有关的区域比大脑的其他部分拥有更多的雌激素受体，这使得它更容易受到雌激素水平变化的影响。

芳香疗法在许多情况下对经前综合征是可以产生非常好的效果。精油的选择通常是那些认为类似雌性激素化合物，如茴香精油、药用鼠尾草精油，以及那些具有雌性激素样作用的，如苏格兰松树精油和没药精油。法国医学博士贝拉伊切花了大量时间研究女性问题，他建议用鼠尾草精油、百里香精油或天竺葵精油来辅助治疗经前综合征。以下几种精油辅助治疗可以对经前综合征产生积极的缓解作用。

1. 鼠尾草精油

可以平衡失调的激素，还具有镇静、解痉和抗炎作用，缓解经前综合征的情绪和身体症状。

2. 玫瑰精油

这种甜美的精油可以促进情绪平衡、减少炎症和疼痛，还能提振精神和舒缓因激素波动而受损的皮肤，是缓解经前综合征的很好选择。

3. 薰衣草精油

可以消炎、减压、缓解疼痛和诱导睡眠，舒缓和抗菌作用使其成为防止激素爆发的秘密武器，有助于缓解常见的经前综合征。

4. 依兰精油

具有止痛、抗痉挛和抗抑郁作用，可以缓解经前综合征引起的头痛、痉挛和悲伤。

5. 冬青精油

令人精神焕发、振奋人心，能促进血液循环、减轻疼痛、净化心灵，是缓解经前综合征痉挛、疲劳和头痛的优质精油之一。

四、乳房疾病

中医上说乳房疾病的发展病机是气滞水停，津液运行失调，痰饮凝聚，痰凝则血瘀，结块丛生。乳房有包包块块等症状，一般都是因为体内激素水平的失调，导致内分泌紊乱，而引起体内黄体酮的水平下降，睾酮的水平下降，然后雌激素的水平上升，催乳素的水平上升，因而乳房就容易出现月经来之前疼痛。芳香疗法是可以从内分泌平衡的角度帮助调理女性的乳腺问题，可以选用帮助活血化瘀，疏肝理气的精油，如马鞭草酮迷迭香、意大利永久花、乳香、没药等精油。

马鞭草酮迷迭香和意大利永久花都属于酮类的精油，有强力的身心化瘀、气血通畅，帮助疏肝利胆、疏通淤塞、排出身体毒素，对于经前胸部的胀痛、乳腺增生、气滞血瘀的问题都可以使用。乳香精油可以抗感染发炎、化痰、镇静、激励免疫和循环系统、活血化瘀；在心理疗愈方面，可以抗抑郁，帮助舒缓急躁、受挫、哀伤等负面的情绪。没药精油可以帮助调整内分泌系统，收敛增生的组织和细胞，消炎抗感染，并且能够疗愈心灵深处的创伤。

除以上精油之外，针对女性的问题还可以用葡萄柚、玫瑰草、德国洋甘菊、姜等的精油协同达到更好的调理效果，同时可以口服一些植物油如月见草、琉璃苣这类富含 Y–次亚麻油酸成分的油脂，可以帮助调节女性雌激素，稳定情绪。用艾草精油局部推拿可温经散寒、活血化瘀、疏通乳络、缓解肝气郁结症状，增加乳房局部血液循环，刺激乳房再次发育，进而缓解部分乳房疾病的症状。对于乳腺增生患者是可以使用精油的同时进行按摩，这样有利于血液的循环，在一定程度上能够缓解乳腺增生的现象，例如利用玫瑰精油进行按摩是可以起到很好的疏通乳腺的作用。

五、助产

在怀孕期间使用精油一直是有争议的，但大多数担心依然是缺乏充分的科学依据。精油已被证明是一种有益的分娩工具，有些芳香疗法学校允许在怀孕的前三个月使用精油，有些则对使用精油表示疑虑。实际上，数百年来，精油以香水、沐浴露和香皂的形式被成千上万的孕妇安全地使用了。

在怀孕和分娩期间，孕妇容易出现抑郁，即孕妇怀孕期间以及分娩两周内出现的以焦虑、抑郁情绪为主要表现形式的一种短暂情绪情感紊乱，不仅影响孕产妇身心健康和胎儿生长发育，影响新生儿的生存质量、智力及性格，还会影响家庭和婚姻生活，对社会和家庭都会造成较大危害。芳香疗法通过植物精油芳香作用于人的中枢神经系统，促使防控抑郁症的神经递质释放，调节情绪、缓解压力、消除紧张情绪，从而达到辅助治疗与预防抑郁的作用。

薰衣草精油按摩是非药物减轻孕妇分娩疼痛的首选。一项研究的数据显示，在产道第二阶段进行会阴按摩是减少会阴切开术病例数和会阴破裂严重程度的适当策略，可能是由于按摩增加了血流量、弹性和会阴柔软性。非药物治疗不仅减少了身体上的疼痛感，而且防止了因疼痛治疗而造成的精神痛苦。除了按摩以外，吸入薰衣草精油香气的芳香疗法也是有效的。在一项由助产士在生产过程中，使用芳香疗法对 8058 名母亲的研究中显示，使用薰衣草精油减少了母亲的恐惧和焦虑，减少了使用硬膜外麻醉。临床研究表明，患者对芳香疗法缓解疼痛的满意度较高，薰衣草精油香气芳香疗法是有效的。并且，在"正常"使用情况下，没有因嗅闻吸入或局部涂抹精油而导致异常胎儿或流产胎儿的报道，也没有报道口服几滴精油会导致什么严重问题。不过，有一些报道口服芫荽精油和欧芹籽精油与堕胎有一定关联。当然，精油口服量非常高，一次几毫升，会引起肝毒性，这意味着身体无法维持妊娠。但有一种挥发油化合物，乙酸桧酯，已被证明对实验动物有致畸作用。叉子圆柏精油、西班牙鼠尾草精油中乙酸桧酯含量可分别高达40%～50%、10%～24%，所以这两种精油在怀孕期间应该避免使用，而且不能用于芳香治疗。皮质醇是最重要的应激激素，研究表明薰衣草香气在减轻母亲分娩时的焦虑和疼痛方面是有效的，皮质醇水平的降低与焦虑水平之间存在显著相关性，薰衣草精油可以降低血清皮质醇水平，进而减少焦虑，提高妇女的分娩能力，还可以加强麻醉效果，进而减少麻醉需求。芳香疗法的机制也可能是通过激活外周神经受体以减少母亲的焦虑和恐惧，导致内啡肽分泌增加以减轻疼痛，减少儿茶酚胺的分泌导致子宫收缩有效增加，导致产程缩短。

第九节　精油在心理疾病与情绪健康中的应用

一、抑郁

抑郁症是一种危及生命的情绪障碍，表现为认知和身体的综合症状，导致人们出现对日常生活的兴趣降低。具体症状有内疚、悲伤、无价值和绝望的感觉、无法体验快乐、食欲和睡眠紊乱甚至严重缺失、缺乏激情、注意力不集中和记忆力差、运动迟缓、疲劳以及反复出现自杀和死亡意念，这些症状可持续2周以上。由于抑郁症存在残疾、痛苦和自残的高风险，会对人们的生活质量和工作绩效产生显著负面影响。抑郁症是21世纪人们最关心的健康问题。据预测，到2030年重度抑郁症将成为导致长年残疾生活的重大原因。抑郁症的患病率在全球范围内急剧上升，每年有100万抑郁症患者自杀，抑郁症已成为经济负担很高的疾病之一。抑郁症的中医病因病机复杂，西医病理机制尚不明确。中医认为，抑郁症的病位在肝，涉及脾、心、肾，其基础病机为气机失调，随着病程的推移，在个人体质及自然、社会环境因素影响下，继而导致其他诸证的出现。如气郁体质抑郁症患者容易出现肝气郁滞、气滞痰蕴、痰郁化热等证，气虚体质抑郁症容易出现气血两虚、肝郁脾虚等证，血瘀体质抑郁症容易出现气滞血瘀、血瘀痰凝等证。目前，治疗重度抑郁症的基本药物是抗抑郁药物，包括：单胺氧化酶抑制剂、三环类抗抑郁药物、血清素–去甲肾上腺素和选择性血清素再摄取抑制剂。据报道，有30%的患者即使使用这些药物，症状不能完全得到缓解或出现一些副作用，如出现恶心、失眠、躁动、体重增加、嗜睡、性功能障碍和心血管不良等现象。使用抗抑郁药物的另一个缺点是需要很长时间的治疗才能获得的抗抑郁效果。

越来越多的抑郁症患者探索其他非药物干预。在美国，约53.6%的抑郁症患者使用替代疗法（补充和替代医疗）辅助治疗抑郁症。抑郁症患者选择的补充和替代医疗方式之一就是芳香疗法，芳香疗法是一种经济可行、无创的替代疗法，用于改善心理健康和增加幸福感。如薰衣草精油和甜橙精油能够明显改善受试者抑郁情绪，舒缓心情；玫瑰精油香熏对中枢有一定的镇静和抗抑郁作用；茉莉精油可以舒缓情绪，缓解焦虑，还可以舒缓子宫痉挛，减轻女性经痛，在分娩时可以增强宫缩，加速产程，在产后也可用来减轻产后抑郁，还可以有效缓解疼痛的功效等。

多数临床表明精油按摩比吸入芳香疗法能更有效地缓解抑郁症状。其实，在精油按摩过程中，实际融合精油香熏和按摩推拿同时带来的健康效果，两种疗法均已证明对减轻心理症状有效，特别是用于缓解人的心理压力。按摩是治疗抑郁症的一种流行疗法，不少重度抑郁症患者接受按摩治疗以缓解抑郁症状。所以，精油按摩的芳香疗法应是精油与按摩产生了协同增效的作用。

二、焦虑

焦虑属于情绪反应中的一种，如果焦虑情绪十分严重，便会发展为一种疾病，也就是我们常说的焦虑症，这种疾病将会对患者的正常工作与生活带来很大程度的不利影响。对于焦虑症的治疗，除了药物治疗和心理治疗外，常常使用芳香疗法作为辅助治疗手段。研究表明，芳香疗法对于焦虑症有积极的疗效，并未出现任何不良反应。芳香疗法中常见的是精油按摩和精油嗅闻两种治疗方式，对于患者来说容易接受，不仅适合作为常规焦虑症治疗的辅助手段，更适合缓解没有达到焦虑症的精神"亚健康"状态。下面介绍几种可用于缓解焦虑的精油。

1. 玫瑰精油

一种芳香疗法中常用的精油，在调节情绪方面气味能带给人愉悦感。大马士革玫瑰精油可以缓解孕妇焦虑情绪，香紫苏、薰衣草、迷迭香、玫瑰混合精油可以减轻中年妇女头痛及焦虑症状，有镇痛、抗惊厥、催眠等的功效。山东平阴和甘肃苦水玫瑰为我国特有的油用玫瑰花品种，也表现出显著的抗焦虑功效，长期嗅吸同样表现出较好的抗焦虑作用。

2. 杜松精油

研究发现，小鼠或人在嗅闻了杜松精油之后，其自主神经系统调节作用会十分显著，这样便会让各种影响焦虑的神经递质保持在正常状态，神经结构也会趋于正常，这样就会在一定程度上抑制焦虑的产生，进而达到抗焦虑作用。虽然杜松醇具有一定程度的抗焦虑作用，但是其气味可能会对一些使用者的抗焦虑作用造成一定影响，如果使用者对其气味的喜好程度很高，产生的抗焦虑作用会更好；而如果使用者不喜欢其气味，杜松醇对其产生的抗焦虑效果也会降低。在具体的应用中，可通过这种精油来缓解焦虑，但不可以用来辅助治疗焦虑。

3. 薄荷精油

具有舒缓身心的功效，是在传统芳香疗法中常用的十大精油之一。临床研究发现，薄荷精油在临床实践中表现出抗焦虑和抗抑郁作用。可通过吸入低、高浓度的精油改善焦虑行为，但有剂量依赖性。

4. 香柠檬精油

一种在芳香疗法中常被用于缓解焦虑情绪的精油，可以通过嗅闻香柠檬精油的方法改善焦虑行为。

三、放松与缓解压力

在日常生活中，改善人整体健康有效的策略之一就是减少压力。这里推荐五种精油可以缓解压力和恢复活力：薰衣草、玫瑰、香草、乳香和洋甘菊精油。

1. 薰衣草精油

受欢迎的精油之一，因为它有镇静和清新的花香。它被认为是"通用"的精油。说到缓解压力，薰衣草精油有助于平衡和放松个人的情绪和身体状态。它轻微的甜香气味，大多数人嗅闻吸入都会获得舒缓效果。

2. 玫瑰精油

一种用途极其广泛的精油。尽管由于其精细的提取过程，使它比其他精油更贵，但它的香气能帮助缓解抑郁和压力。

3. 香草精油

有一种纯净、温暖的香味，大多数芳香治疗师把它的气味比作母乳的香味。香草精油有提供持久放松的能力，能让任何闻到它的人放松，并可帮助提神。

4. 乳香精油

常见用于缓解压力的精油，因为它的异国情调和舒适的气味。当局部使用时，这种精油可以舒缓肌肉紧张。

5. 洋甘菊精油

无论是罗马的还是德国的，都有助于舒缓和镇定神经。它在帮助消化健康方面也很有效。罗马品种的洋甘菊有助于缓解偏执、精神焦虑和敌意；而德国品种通常用于改善皮肤过敏。

我们通常所说的压力只是一个笼统的概念，实际上每个人产生的压力情况有可能完全不同的。植物精油在缓解压力和调节情绪方面的作用机理以及作用效果大小也是不同的。所以，在这方面我们需要根据具体情况精准选用精油才能获得最佳减压效果，为此下面针对几种常见的压力提供需要的精油。

对于焦虑，建议选用佛手柑精油、薰衣草精油、柠檬精油和柚子精油，也可以使用乳香精油、蜜蜂花精油、天竺葵精油、檀香精油、罗马洋甘菊精油和橘子精油。

对于情绪紧张，建议选用鼠尾草精油和佛手柑精油，也可以用檀香精油、天竺葵精油和罗马洋甘菊精油。

对于精神压力，建议选用佛手柑精油、薰衣草精油和柚子精油，也可以用檀香精油和天竺葵精油。

对于环境压力，建议选用天竺葵精油、柏木精油和佛手柑精油。

对于身体压力，建议选用马郁兰精油、佛手柑精油、薰衣草精油和天竺葵精油。

对于工作压力，建议选用葡萄柚精油和佛手柑精油，也可以用迷迭香精油和姜精油。

四、失眠

失眠是一种常见的疾病，是指难以获得正常睡眠或者出现入睡困难情况，日常睡眠时间不足，睡眠中容易惊醒，惊醒后难以再次入眠，甚至彻夜难眠，长时间的失眠直接导致患者产生焦虑、抑郁情绪，影响身体健康。目前，西医临床治疗失眠尚无明确有效的治疗手段，而我国医学对失眠有着较为深刻的认识。失眠在传统中医学中常作"不寐""目不瞑""不得眠"等，根本病机是阳盛阴衰、阴阳失交、气血失和、心神受扰所致。故在治疗上主要以调和阴阳的平衡为主，使人体内的阴阳正常运作，阳入于阴，阴阳平衡则不寐自愈。

植物精油对焦虑和失眠有缓解作用，一直备受国内外专家学者重视。佛手精油、甜橙精油、香紫苏精油、柠檬草精油、芫荽精油和薰衣草精油等精油都已被证实具有镇静、抗焦虑、助眠的功效。

1. 薰衣草精油

近些年陆续有研究指出薰衣草精油通过嗅觉途径可降低血压、镇静、催眠、抗焦虑、抑菌等作用。其作用机制可能与增加体内中缝核5-羟色胺的水平有关，5-羟色胺是参与睡眠、食欲、焦虑及抑郁等生理功能活动中很重要的神经递质。

2. 复方精油

如将佛手柑、洋甘菊、薰衣草精油按3∶2∶1比例配制成复方精油，通过熏吸疗法经鼻黏膜直接进入嗅球或脑脊液进而调节自主神经系统，减少患者自主活动、缩短睡眠潜伏期、延长睡眠时间，特别是延长深睡眠时间。

3. 洋甘菊精油

对于有压力过大引起的长期失眠，有显著效果，工作或生活压力过大的失眠患者可以尝试使用洋甘菊精油。如罗马洋甘菊精油2滴、薰衣草精油2滴，香熏改善睡眠。

4. 橙花精油

可安抚内分泌失调或更年期造成的焦躁、抑郁，改善睡眠，尤其是睡眠质量的改善。熏香时在香熏炉内加入8份水，每1平方米增加1滴精油可缓解多梦易醒。

5. 甜橙精油

很多心理咨询师在治疗抑郁症时，都会点燃香熏炉，滴上甜橙精油。因为甜橙精油可令人迅速开朗心情，体会到生命中的阳光温暖。在一杯盛有沸水的杯子中，滴入3~5滴甜橙精油放在床头，或将1~2滴甜橙精油滴在枕边，都可以起到帮助睡眠的效果。甜橙精油3滴、薰衣草精油3滴、乳香精油2滴与200mL纯牛乳混合后倒入浴缸，泡浴15 min，可以有效舒缓压力，缓解失眠，特别适合冬季使用，找回温暖的感觉，缓解冬季的寒冷与沮丧。

五、提振精神

精油由于其多种特性，具有促进精神成长的潜力。这些精油消除负面能量，从而为精神成长创造空间，当心中没有负面情绪，平衡到位时，将体验到围绕自己的精神成长和启蒙。下面介绍一些可帮助提振精神的精油。

1. 迷迭香精油

香气可刺激并提神，从而促进启蒙。

2. 雪松精油

可以消除负面思想、恐惧、担忧和焦虑，从而净化心灵空间，净化精神，帮助身心舒畅。

3. 依兰精油

为了保持心理平衡和良好的情绪，建议使用这种精油，因为它可以缓解忧虑、压力、焦虑和悲伤。

4. 薄荷精油

可以帮助增强注意力并产生放松效果，提高警觉/注意力，刺激感官并提高耐力。

5. 薰衣草精油

以其镇静、舒缓和放松精神的作用而闻名，有助于在练习冥想时进入更深的状态。

6. 乳香精油

可以帮助做更深、更慢的呼吸，清洁呼吸道，帮助身心舒畅。乳香精油是具有精神觉醒作用的强大精油。

7. 杉木精油

可以消除消极能量、思想、恐惧、焦虑和忧虑，净化身心，帮助身心舒畅。这种精油在祈祷和冥想时带给人平静。

8. 甘松香精油

这种强大的精油数千年来一直用于改善情绪。它可以帮助自己原谅别人，摆脱恐惧，让人充满平静、希望、勇气和平衡。

9. 紫檀木精油

给人的精神带来和谐，让人平静下来，帮助轻松地深入冥想。这种精油给人一种强烈的安全感。

第十节　精油在中枢神经系统疾病与健康中的应用

一、阿尔茨海默病

阿尔茨海默病是神经退行性疾病中的一种，患者从短时记忆障碍逐步发展到全面性痴呆，生活不能自理，给病人带来极大的痛苦，同时给家庭造成严重的精神和经济负担。其病理改变主要为细胞外淀粉样蛋白质斑块和细胞内神经元纤维的沉积而导致神经元功能障碍和细胞死亡。目前尚无特效药根治，其病程长、危害大，给个人、家庭以及整个社会带来巨大负担。临床上用于治疗阿尔茨海默病的药物主要为胆碱酯酶抑制剂，但是普遍存在药效不显著、毒副作用大等缺点。国内外已有研究报道在临床上使用芳香疗法辅助治疗阿尔茨海默病获得了积极效果。

有研究发现水仙净油可作为一种潜在的胆碱酯酶抑制剂治疗阿尔茨海默病，改善认知和行为方面具有积极作用。薰衣草精油和梅丽莎精油被证明可以减少病患躁动。不过到目前为止，精油及其成分只显示出缓解阿尔茨海默病的症状。Smith（2002）研究了吸入薰衣草精油和马郁兰精油对美国马萨诸塞州诺斯伯勒老年护理中心 17 名老人的影响，研究小组讨论分析后认为薰衣草精油的效果最好，因为所有的老人都能积极起来，且焦虑感明显下降；甜马郁兰精油似乎没有那么有效。LKyle 在将芳香疗法引入美国的老年人方面做了很多工作，她写道"芳香疗法可以帮助将阿尔茨海默病患者带回他们的过去，看到患者面部表情从面具般的微笑变成生动的微笑，这可足够的反映他们知道有什么事情正在发生"。英国德比郡的戴尔斯职业治疗服务中心使用芳香疗法来改善阿尔茨海默病患者的生活质量，他们发现有用的精油包括松树精油、桉树精油和薄荷精油，可以触发谈话和记忆，薰衣草精油和天竺葵精油可以触发想象烹饪和植物。2003 年，伊朗德黑兰医学科学院鲁茨贝精神病院 Akhondzadeh

等发表了他们 4 个月在 65~80 岁阿尔茨海默病患者上的临床研究结果表明，香蜂草精油组的认知功能明显优于安慰剂组，预示其防治阿尔茨海默病以及缓解患者焦虑的积极作用。2009年，日本鸟取大学 Daiki Jimbo 等发表了 28 位阿尔茨海默病患者的芳香疗法 28 天治疗效果，让患者早上使用迷迭香精油和柠檬精油、晚上使用薰衣草精油和橙子精油，结果所有患者在治疗后的认知功能均有显著改善。2014 年，台湾阳明大学杨曼华等研究比较薰衣草精油通过按摩和香熏对阿尔茨海默病患者焦虑的影响，表明薰衣草精油对患者的焦虑治疗的积极作用，但通过按摩对患者的焦虑情绪改善更有效。

二、学习记忆力

香气对重要的学习行为，如注意力、专注力、知觉、记忆、沟通技巧和情绪等具有显著的影响。事实上，香气对人类行为和感官的影响早在古埃及就已为人所知。已有研究表明植物精油对于学习记忆的影响。

1. 嗅闻迷迭香精油可促进人的工作记忆和警觉性

英国诺森比亚大学心理学院的人类认知神经科学组的马克·莫斯（Mark Moss）课题组2003 年曾报道他们关于"迷迭香精油和薰衣草精油香气对健康成人认知和情绪的影响"的研究，144 名参与者被随机分配到三个独立测试小间中，其中两间分别为迷迭香精油香氛和薰衣草精油香氛，另一间无气味作为对照，为了避免人的心理预期效果期望的可能影响，所有参与者都未被告知研究的真正目的。研究结果发现，与无气味组相比，薰衣草精油使测试者在"工作记忆"方面表现出显著的下降，对特定任务的记忆和注意速度下降；与之相反，迷迭香精油对整体记忆和辅助记忆表现有显著提高，但与无气味组相比记忆速度也下降。关于情绪影响的实验结果，无气味组和薰衣草精油组的警觉性明显低于迷迭香精油，且无气味组的明显低于迷迭香精油和薰衣草精油。这些研究发现表明，嗅闻这些精油可以对认知表现产生客观的影响，同时也会对情绪产生主观影响。2008 年，马克·莫斯又报道研究发现，①薄荷精油香气可以增强记忆、增加警觉性；②依兰精油香气削弱记忆、延长处理速度，呈现显著镇静效果。

2. 环境气味对成人工作记忆的影响

2005 年，土耳其费拉特大学 Burhan Akpinar 报道了柠檬精油在英语课堂教学的应用，学生为 58 名 4 年级小学生，分为实验组 29 人（课堂为柠檬精油香气）、对照组 29 人（正常课堂），实验持续进行了两个月，结果发现：柠檬精油的香气能提高学生的注意力、增强记忆力，对认知学习有积极的作用。2013 年，英国密德萨斯大学人类嗅觉实验室 G. N. Martin 教授研究了环境愉快与不愉快气味对 86 例健康成人工作记忆的影响，以柠檬香气作为环境愉快气味、难闻的机器油气味作为环境不愉快气味、无气味环境作为对照，所有参与测试者通过完成韦克斯勒记忆量表（Wechsler Memory Scale，WMS）的三项测试实验（字母数字排序、数字广度、空间广度），结果发现，环境气味对空间广度影响非常显著，在字母数字排序、数字广度方面影响不显著；难闻的气味条件下空间广度得分明显低于宜人的气味条件；男女在空间广度方面得分受气味影响的差异也显著，男性的空间广度得分低于对照，女性在愉快气味环境下的得分显著高于不愉快气味环境。可见，环境气味可能影响或促进特定类型的工作记忆，取决于工作任务、性别和气味的情感特征。韦克斯勒记忆量表的空间广度能有效地测试视觉空间记忆和工作记忆。实际上，不少制造企业车间机器油气味还是蛮明显的，可考虑通过柠檬香气改善环境气味，提高工人的工作效率、降低操作误差。

3. 睡眠时气味对视觉空间学习记忆的影响

2007 年，德国吕贝克大学神经内分泌系的四位学者 Rasch B，Büchel C，Gais S 和 Born J 在《科学》报道了他们的研究，在人睡眠时每间隔 30s 向环境中释放玫瑰气味 30s（间隔目的是防止嗅觉疲劳），研究睡眠时气味对视觉空间学习记忆（人通过眼睛获取外部事物空间位置信息的学习记忆）的影响。结果发现，①当清醒时在玫瑰气味中学习，在慢波睡眠中再次暴露这种气味可以促进陈述性记忆，但不能改善程序性记忆；②在快波睡眠或清醒时，或在先前的学习环境中没有这种气味，对于这些情况睡眠时气味再暴露不会产生促进记忆效果；③功能性磁共振成像显示，慢波睡眠的气味再次暴露明显激活大脑海马区。

三、注意力

注意力通俗的理解就是人们的视觉、听觉、触觉、嗅觉和味觉以及知觉（思维）指向和集中于某种事物的能力。注意力是学习中重要的影响因素之一。注意力在记忆和视觉集中方面起着至关重要的作用，是教学中不可缺少的组成部分。甚至可以说，注意力是一条学习之路。因此，有学者认为注意力问题与学业失败有关。要进行有效的认知学习，用有趣、有吸引力的"刺激"来吸引学生的注意力是非常重要的。在课题教室里，有很多因素分散了学生白天的注意力，如教室拥挤、缺氧、座位位置不舒服等。因此，教师应采取多种关注策略，使教学生活具有吸引力和趣味性。

提高自己注意力的方法很多。这里给大家介绍一下国外利用嗅闻芳香提高注意力的科学研究报道。美国学者 Warm 选择 36 位健康人分为三组试验，分别吸入纯空气、蓝铃花香、薄荷香，结果显示不论是镇静类的蓝铃花还是兴奋类的薄荷均有利于保持持续的注意力。日本学者 Sakamoto 研究在课间休息期间接触气味是否会影响学习工作效率，将 36 名健康男性学生随机分为三组，对照组（休息时未暴露于芳香）、茉莉花组、薰衣草组，结果发现下午时间段（通常注意力集中程度最低，下午睡意最强）薰衣草作为一种镇静类的香气，疲劳后吸入可以预防继续工作时注意力的下降，茉莉花组没有这样的效果。

可见，在自己的学习、工作以及生活空间释放适宜的芳香对帮助提高自己的注意力是有积极意义的。芳香物质可通过嗅觉和边缘系统直接作用于人的思想和情绪，不同的气味会诱发不同的状态，如镇静、兴奋、快乐、放松、冷漠、抑郁、恼怒等，这些影响因人而异。因此，在选择精油芳香治疗时，考虑个体是很重要的。

第十一节　其他

一、晕动症

晕动症是人们旅行生活中常见的一组症状，它常发生在乘车、乘船或乘机中，主要症状有眩晕、嗜睡、面色苍白、唾液分泌增多、恶心、呕吐、出冷汗等。数据显示，有 90% 的人都经历过不同程度的晕动症，有 10%~72% 的人曾患严重晕动症，有近 1/3 的人因晕动症影响他们在陆上、海上及空中的旅行，因此晕动症不舒适的症状及高发生率给人们的旅行生活带来极大的困扰。晕动症的部分发病机制有感觉冲突、主观垂直冲突、前庭-心血管反射、姿势不稳定、机体毒素检测等。目前已经发现多种精油对晕动症有显著的缓解作用，因此可以在旅行过程中使用一些特殊的精油来缓解晕动症带来的恶心等不良现状。

1. 姜精油

缓解晕动症相关恶心的突出精油之一，能够缓解胃部不适，有助于缓解晕动症引起的消化不适，减少发作时恶心症状。只需在饮水中或苏打水中加入 1~2 滴姜油，然后饮用，就可以缓解不适。

2. 薄荷精油

抗痉挛作用可放松消化肌，提神醒脑。当在公路旅行中胃部不适时，薄荷精油可以帮助缓解这个问题。

3. 薰衣草精油

减少恶心症状，放松身体，使身体在旅行时感到放松。

4. 洋甘菊精油

消除胃肠道问题和体内气体。还有助于平静胃肌，让食物自由流通。

5. 柠檬精油

缓解胃部不适，还有助于将注意力转移到更积极的想法上。

二、痛风

痛风是一种关节炎，是由体内尿酸过度积累引起的。尿酸会在脚的大脚趾、脚踝、膝盖、肘部甚至手腕的关节处结晶，并可能导致炎症性关节炎的疼痛发作。痛风发作通常表现为关节疼痛、发热、肿胀和发红，可持续几天或几周。治疗后，当体内尿酸水平降低时，疼痛通常会减轻。然而，当尿酸盐（尿酸结晶）再次积聚在关节上时，这可能会导致痛风症状再次出现。体内尿酸水平升高（高尿酸血症）是痛风的主要原因。饮食、基因和肥胖等因素通常会增加患痛风的风险因素。男性通常更容易患高尿酸血症。非甾体抗炎药和止痛药可以帮助控制痛风发作带来的急性疼痛。痛风发作时可能会非常痛苦，但幸运的是，有很多缓解方法和疼痛管理方法可以选择，例如使用精油。目前已经发现有几种很好的精油可以用来缓解痛风发作的症状。

1. 柠檬草精油

被认为是缓解痛风优质的精油之一。它具有强大的抗炎特性，有助于缓解疼痛和不适，据说实际上有助于分解关节上积聚的尿酸，从而长期缓解疼痛。

2. 乳香精油

一种强大的止痛药和抗氧化剂，可缓解痛风疼痛。

3. 薄荷精油

一种广受欢迎的止痛药、麻醉剂和消炎药，可以帮助迅速缓解痛风发作。

4. 罗勒精油

可以通过放松肌肉来帮助缓解痛风发作。

5. 姜黄精油

一种非常有效的消炎药，因此被列入改善痛风疼痛的名单。

6. 迷迭香精油

一种强力止痛药，可以帮助缓解痛风疼痛。

7. 薰衣草精油

有助于镇静神经，具有改善痛风及抗炎、止痛的作用。

三、调节免疫力

免疫力是人体自身的防御机制，是人体识别和消灭外来侵入的任何异物（病毒、细菌等），处理衰老、损伤、死亡、变性的自身细胞以及识别和处理体内突变细胞和病毒感染细胞的能力。现代免疫学认为，免疫力是人体识别和排除"异己"的生理反应。人体内执行这一功能的是免疫系统。免疫力低下的身体易于被感染或患癌症；免疫力超常也会产生对身体有害的结果，如引发过敏反应、自身免疫疾病等。各种原因使免疫系统不能正常发挥保护作用，在此情况下，极易招致细菌、真菌、病毒等感染，因此免疫力低下最直接的表现就是容易生病。

茶树精油具有广谱、高效抑菌、改善免疫功能等特点，在天然抑菌剂开发、临床医学应用方面有广阔的前景。国内外的许多研究表明，茶树精油对体内外免疫应答反应均有不同影响。茶树精油在吸入治疗过程中，可以对神经系统产生抗应激作用，也可以对免疫系统造成影响。Golab 等的研究表明，在免疫系统中，脾细胞的增殖受有丝分裂原的影响，当吸入茶树精油缓解炎症时，可以干扰有丝分裂原的作用，减少脾细胞的增殖，从而抑制应激反应。中性粒细胞数约占人体白细胞总数的 60%，是人体免疫防御功能的第一道防线。Moynihan 等指出，茶树精油可诱导免疫刺激效应，在小鼠吸入茶树精油后血液中的免疫球蛋白和粒细胞水平均有所增加。在慢性炎症消除过程中，为了减轻炎症反应对机体的损伤，单核细胞对超氧化物和炎症介质的分泌会被茶树精油和萜品烯-4-醇抑制；相反，在急性炎症消除过程中，为了加快外源性抗原的清除速率，中性粒细胞的活性会受茶树精油和萜品烯-4-醇的刺激而增强。

四、疼痛

疼痛是临床中常见的症状之一，可区分为躯体性、神经性或内脏性的疼痛。疼痛常分为急性和慢性。丘脑参与疼痛的感知和辨别，当然也是边缘系统的一部分，边缘系统分析气味，因此气味可能会影响对疼痛的感知。初级传入痛觉感受器通过两种神经递质激活脊髓疼痛传递细胞：谷氨酸和 P 物质（一种肽）。内脏疼痛通常被阿片类药物阻断。实际上，身体本身会产生脑啡肽，这是一种类阿片类肽。

芳香疗法作用于感觉系统，似乎增强副交感神经反应，这与内啡肽密切相关。使用触摸的芳香疗法是非常温和的，可以帮助减轻慢性疼痛。涂抹稀释的精油，配合按摩或有顺序的动作，会让人非常放松。精油的气味令人愉快，即使忽略精油可能具有药理活性成分的可能性，或者精油可能增强传统药物的药代动力学，芳香疗法仍有潜在的作用，可作为一个综合的、多学科的疼痛管理方法的一部分。芳香疗法通过触摸和气味的作用增强副交感神经反应，促进深度放松。放松已经被证明可以改变对疼痛的感知。芳香疗法还能让病人通过嗅觉和触觉"接触"到放松和愉悦的感觉。总之，芳香疗法可能基于如下原因发挥止痛效果，①一种复杂的挥发性化学成分到达大脑中的快乐记忆区域；②精油中的某些镇痛成分影响大脑受体部位的神经递质多巴胺、血清素和去甲肾上腺素；③触觉与皮肤感觉纤维的相互作用，可能影响指痛的传递；④冲洗或摩擦对皮肤产生的发红作用。

Lorenzetti 等（1991）发现柠檬草精油中 20% 的萜烯（月桂烯）对大鼠有直接的镇痛作用，效果持续 3h，但对中枢神经系统无影响，与口服挥发油相比效果显著，镇痛效果在 5 天内没有产生耐受性（这是麻醉药产生的）。荆芥内酯（一种在 *Nepeta caesarea* 精油中发现的内酯，92%～95%）在一项小鼠体内吗啡的对照研究中被发现具有止痛作用，被认为具有特定的阿片受体亚型激动活性。Gobel 等研究了薄荷精油对头痛的影响，用压力、热和局部缺血刺激在健康的人体中诱发疼痛，用乙醇稀释的薄荷精油局部应用具有明显的镇痛作用。Perez-Raya 等发现圆叶薄荷和长叶薄荷（两种薄荷精油）对小鼠和大鼠具有镇痛作用。Krall 和 Krause 对 100 名患者进行了一项开放的随机研究，以评估含薄荷精油（30%）的凝胶局部应用对关节周围疼痛的影响，并以 10% 水杨酸乙二酯凝胶的标准处理进行对照，在 78% 的病例中医生和患者都认为薄荷精油疗法的结果是高效的，而对照仅为 34%～50%。Peana 等发现鼠尾草精油在局部水平上具有抗炎镇痛作用。Dolara 等研究发现没药精油具有很强的局部麻醉作用。

🔍 **思考题**

1. 植物精油在缓解呼吸系统哪些疾病时有积极作用？
2. 植物精油对消化系统有哪些健康作用？
3. 如何利用精油维护心血管系统的健康？
4. 如何利用精油促进心理健康以及改善心理疾病？

植物精油在美容与家居方面的应用

[学习目标]

1. 了解植物精油在美容方面的作用与应用；
2. 了解植物精油在家居方面的作用与应用。

芳香植物兼有药用植物和天然香料植物共有属性，具有美容美肤、净化空气、美化香化环境功能。越来越多国内外的研究结果表明，植物精油对于维护皮肤的健康和家居使用具有重要意义。

第一节　国内外研究历史

最早记载植物在医学上的应用为两千年前中国人所写的《神农本草经》，其中记录了几种天然膏油，为中国历史上对于草本膏油最早的文献。在 10 世纪，阿拉伯的医师艾维西纳以水蒸气蒸馏法的方式从玫瑰花瓣中萃取精油，并用相同的方式萃取其他植物，同时他也在越来越多的实践应用中发现这些植物精油对人体慢性病有治愈效果。在十字军东征时，这位医师所创造的玫瑰水和其蒸馏技术便由阿拉伯传至世界各地。当传到欧洲时，法国的化学家 Rene-Maurice Gattefosse 将这种精油疗法命名为 "Aromatherapy"，它是有两个单词组成，"A-roma" 的意思为 "芳香"，"Therapy" 的意思为 "治疗"，即这是借由萃取自植物的精华所产生的香气来舒缓、纯净身心的一种自然疗法。14 世纪，欧洲黑死病流行，通过老鼠身上的跳蚤传播的病毒使欧洲人口减少了 2500 万。人们通过牛至、杜松等植物的精油帮助身体对抗病毒。由于生产技术的进步，16 世纪法国格拉斯商人通过引种阿尔卑斯山原产的薰衣草、百里香、迷迭香等植物，完成了皮革制中心的工业结构转型为今日世界精油中心。因当时法国女王凯瑟琳带动香料手套的流行风尚，使盛产薰衣草和各种药草的该城逐渐成为天然精油中心。香水手套除了流行风尚外，还有实际的作用，医生发现在当时盛行霍乱的巴黎和伦敦，喜爱该手套者其免疫力较一般人高。薰衣草更被塞在袋子内，挂在孩童的脖子上，薰衣草粉则撒在衣服上，可散发清香并可驱虫，薰衣草的重要性可见一斑。

19世纪~20世纪，因合成物质的崛起，使天然精油一度没落，合成物质大量生产，成本低，效果虽有，但会产生副作用。第一次世界大战时普遍使用石碳酸作为消毒剂，但其效果并不强，而且会产生灼热的副作用，并非理想的消毒剂。于是化学家Gattefosse提倡以自然纯净的方法从事治疗，经实验发现某些天然精油可加速伤口愈合，尤其薰衣草精油最显著。薰衣草精油可以迅速穿透皮肤进入细胞外的体液，再由体液带它进入血管和淋巴系统，这是促成疗愈的极重要过程。在20世纪50年代，Gattefosse博士的传承人之一——玛格丽特·摩利夫人（下文简称摩利夫人），她将Gattefosse博士的研究带入一个更实用的领域。她发明一连串的精油配方，并由其医生丈夫实际使用在病患身上，经过多年努力，完成许多病症的临床试验。摩利夫人的治疗观念为将人体视为一个完整的单位来看待，这种观念与我们中国传统阴阳经络医学是一致的。因此，她采用中医穴道与经络按摩，再加上西医之淋巴引流技术，运用于人体达到"天人合一"境界。之后她更是投入教学中，训练出许多拥有她特殊技术的治疗师，使天然精油芳香疗法逐渐受世人重视。摩利夫人开创的精油按摩技术厥功至伟，她认为透过嗅觉或者皮肤进入身体，会让精油的效用发挥得更好。同时她还试着将不同的植物精油调配在一起，制成复方精油，满足不同客户的需求。她是第一位将精油定位于美容保养和芳香护理结合的人。

20世纪80年代，关于芳香护理的书籍在日本登场，也是芳香疗法进入亚洲市场的首秀。"回归自然"的声音被不断的高呼，人们心中定义了自然的生活方式，精油开始在美容院、养生馆中被大量普及和应用。也就是我们常见的"精油开背""精油刮痧"、芳香SPA等。到了90年代，伴随着旅游业的兴起以及中西方文化的融合，SPA/芳香护理、精油按摩技术等由西方进一步传入东南亚，并在我们的生活中活跃起来了。精油结合现代生产技术，使其充分发挥功效，带给人们愉悦、平衡的身心感受。

进入21世纪，人们的物质生活水平提高，改造自然的能力加强，创造衍生非天然的食物也越来越多，我们赖以生存的社会环境变得不那么值得信赖，空气、阳光、水、食物资源，都不同程度的遭到破坏，因此新时代人们的文明病也越来越多了。人们也越来越认识到天然环保的真正重要性以及自助健康管理的必要性。天然纯净的理疗级精油，因其家庭应用的便携性、有效性、安全无副作用等特点，受到千万家庭的信赖的应用。芳疗历史同人类文明史一样历史悠久，不是杜撰，更不是某个人的发明创造，芳疗的可靠性毋庸置疑。

第二节　植物精油在美容方面的应用

一、植物精油在美容方面的作用

1. 抗氧化和清除自由基

植物精油具有显著的抗氧化和清除机体过量自由基的作用。研究发现迷迭香精油具有较强的抗氧化活性，结果表明迷迭香精油抗氧化呈量效关系。随着年龄增长，人体内超氧化物歧化酶等抗氧化酶类活性降低，清除体内氧自由基的能力下降，造成皮肤与机体的衰老。植物精油可通过提升超氧化物歧化酶活性，提高机体清除氧自由基的能力，从而起到延缓皮肤衰老的作用。红花、川芎、香附、干姜等复方精油在小鼠实验衰老模型中使皮肤中的超氧化物歧化酶活性升高，丙二醛含量降低，羟脯氨酸含量升高，因此精油具有良好的抗氧化、抗皮肤衰老作用。

2. 延缓皮肤老化

对于皱纹或老化的皮肤，可选择以下精油：香鼠尾草精油、乳香精油、天竺葵精油、薰衣草精油、柠檬精油、广藿香精油、玫瑰精油、迷迭香精油、檀香精油和依兰精油，也可以将这些精油混合在一起，创造出一种独特的香味，如玫瑰和广藿香会萦绕一种精致的女性气息，而薰衣草和柠檬会给你一种清新刺激的女性气息。由于老化的皮肤通常是干燥的，所以基础油最好使用橄榄油、鳄梨油或椰子油。摩洛哥坚果油和玫瑰果油比较昂贵，但它们有额外的抗衰老作用。

3. 保湿

皮肤的保湿机制包括皮脂腺分泌包覆于皮肤表面的皮脂膜能够抑制水分经皮肤蒸发的作用以及存在于角质细胞内的天然保湿因子（natural moisturizing factor，NMF）的作用。随着年龄的增长皮肤逐渐出现表皮变薄和细胞间质中的 NMF 含量下降的变化，导致皮肤水合性下降、干燥以及干裂。植物精油能迅速渗透皮肤底层，促进皮肤的血液循环，增强表皮水合作用。如被誉为"精油之后"的玫瑰精油具有皮肤保湿、促进细胞再生、延缓皮肤衰老等功效；用天竺葵精油、洋甘菊精油、柠檬精油、薰衣草精油、玫瑰精油 5 种精油和甜杏仁油及基础油调制成的复方精油具有皮肤保湿效果，可显著改善皮肤干燥、干裂等症状。保湿在缓解皮肤粗糙和改善皮肤弹性方面发挥着重要作用，是皮肤护理类化妆品的基本功能。姜黄精油、百里香精油能显著降低机体面部皮肤的粗糙度，姜黄精油具有皮肤持续性保湿的作用。干性皮肤的人可以选择在 100mL 甜杏仁油中加入 10~20 滴依兰精油，充分混匀，在皮肤上滴加 3~6 滴进行保湿。或用 5mL 小麦胚芽油和 15mL 甜杏仁油中加入：5 滴胡萝卜精油、3 滴依兰精油以及 3 滴天竺葵精油，在面部滴 2 滴，涂匀，每天早晚各一次。

4. 美白

植物精油具有显著的酪氨酸酶抑制活性，可预防和缓解色素沉着、黑色素瘤等疾病，从而发挥其皮肤美白的功效。黑色素的异常沉积容易导致皮肤暗黄、雀斑和老年斑的形成，酪氨酸酶是细胞在黑色素形成过程中一种重要的限速酶，目前认为抑制黑色素沉积的关键途径是抑制酪氨酸酶活性。在芳香植物中，赤桉、艾、玫瑰、薄荷、菖蒲、柠檬、柠檬草、丁香、花椒、黄荆、肉桂、山苍子、艳山姜、野香草、依兰、檀香、锡兰肉桂、薰衣草等22种植物的精油具有良好的酪氨酸酶抑制活性，使用以上精油进行面部护理有美白皮肤的功效。

5. 皮肤炎症

皮肤炎症反应是痤疮发病的主要症状之一。对于痤疮，最有效的精油是茶树精油、薰衣草精油等，这些精油能有效杀死痤疮细菌。根据痤疮的严重程度和皮肤的敏感性，使用纯精油或适当稀释。较轻的植物油，如荷荷巴油和葡萄籽油对油性皮肤来说是更好的选择，但如果是普通或干燥的皮肤，而且恰好有痤疮，椰子油是一个不错的选择，因为可以在精油溶液中添加抗菌成分。茶树精油通常被认为是治疗痤疮最快的精油，其次是薰衣草精油。在气味方面，茶树精油是辛辣和木本的，薰衣草是舒缓和女性化的。

6. 皮肤过敏

某些体质比较容易过敏的人常会因为各种原因产生许多过敏症状。对于皮肤发红或者其他皮肤过敏症状，可局部使用洋甘菊精油，只需要滴几滴这样的精油，把它轻轻涂抹于患处按摩即可。也可以把这种精油加到中性的植物油中（如橄榄油），精油占混合物的 1%～3% 即可。如果按摩缓解皮肤过敏的话，可以使用大叶罗勒精油，选择植物油或霜稀释后，涂抹在身体患处进行按摩。如果选择沐浴使用精油的话，可以选择洋甘菊精油，在某种易扩散的物质中加入这种精油，精油占混合物的 5%～10%，然后倒入热水沐浴使用即可。

7. 祛斑

植物精油通过抑制色素沉着和抗氧化来发挥祛斑作用。常用的祛斑植物精油如橙花精油、乳香精油、迷迭香精油、玫瑰精油等。橙花精油通过抑制细胞内黑色素合成和酪氨酸酶活性来抑制色素沉着，这些植物精油祛斑作用安全又高效，也可以作为天然祛斑剂添加到化妆品中。乳香精油是一种强效收敛剂，能有效淡化黑色素，改善由于黑色素堆积而出现的长斑现象，是祛除老年斑的最佳选择，可以让皮肤保持年轻。使用时，在乳霜中加入 1 滴乳香精油，每日进行脸部涂抹就有祛斑美容效果。也可以将乳香精油和橙花精油搭配使用，对改善老年斑和皮肤的效果更佳。迷迭香精油能使细胞内超氧化物活性增加，活性氧含量下降，显著抑制黑色素细胞生成黑色素。玫瑰精油可以促进黑色素分解，加速养分与水分平衡，强化细胞毒素的排出，从而达到对皮肤内外环境的整体调节与控制，有淡化斑点、改善皮肤干燥、恢复皮肤弹性等效果。上述精油均有祛斑效果，也可以尝试复方精油解决面部斑点问题，将橙花精油和乳香精油按一定比例稀释在摩洛哥坚果油/仙人掌籽油等基础油中调配成复方精油，均匀涂抹于脸部按摩吸收，能够滋润保湿、淡化黑色素。使用植物精油配合祛斑产品，可加速完成祛斑。

8. 除疤痕

洋甘菊精油、薰衣草精油、乳香精油、橙花精油、天竺葵精油和玫瑰精油对割伤、烧伤、妊娠纹和疤痕等都有帮助作用。对于轻微的皮肤烧伤和伤口，精油可帮助愈合得更快。这里指的只是轻微的烧伤和伤口，如晒伤、小割伤和擦伤。更严重的病例应该由医疗专业人员治疗。对烧伤最好的精油是洋甘菊精油、薰衣草精油、马郁兰精油、薄荷精油和茶树精油。对于伤口，茶树精油、牛至精油和百里香精油都是很好的消毒方法，将精油直接涂抹在伤口上。对于已经感染的伤口，可以使用茶树精油或薰衣草精油。伤口愈合后，可以使用玫瑰精油来帮助防止疤痕或使疤痕更快消失。

9. 抗皱纹及妊娠纹

柑橘精油是一种孕期可安全使用的精油，已经被广泛应用于预防妊娠纹。柑橘精油能刺激新细胞生长，在整个怀孕期间涂抹柑橘精油是保持皮肤健康的理想治疗方法。按摩复方精油的基础油可使用鳄梨油和葡萄籽油。鳄梨油是一种非常保持和滋养的油，虽然鳄梨油感觉很油腻，但它能很快被皮肤吸收。添加葡萄籽油可以减少油腻的感觉，而且葡萄籽油不会引起过敏，气味小，不油腻，是鳄梨油的理想搭配。鳄梨油富含维生素 E 和植物甾醇，非常有利于皮肤再生。植物甾醇有助于软化和滋润皮肤，加强皮肤屏障。在护肤产品中，植物甾醇可有效地减少老年斑，治愈晒伤和伤疤。以色列的一项研究发现，鳄梨油中的植物甾醇能显著增加皮肤中的胶原蛋白。临床研究表明，植物甾醇的作用时防止胶原蛋白因日晒而退化，并促进皮肤生成新的胶原蛋白。因此，在怀孕的最后两个月使用这种按摩精油可帮助预防妊娠纹。从脚到胸部区域，轻轻按摩精油进入皮肤。当到达腹部的时候，用顺时针的方向慢慢地将精油按摩入皮肤，以帮助消化。可以连续两周每天按摩，之后可休息两周。柑橘精油有光毒性，使用柑橘精油后避免阳光至少 12h，因此，最好在睡前使用这种按摩油。而迷迭香精油可以减少皱纹的产生，去除斑纹。

二、植物精油在美容方面的应用

1. 日用化学产品护肤

皮肤护理的首要目的是维持机体的健康，植物精油经过基础油稀释调和后涂抹于皮肤，能够快速渗透肌肤并加速细胞的分裂，促进细胞的再生；可渗透皮肤深层进入人体血液与淋巴系统，促进血液循环和淋巴循环。精油可以治愈各种各样的皮肤问题，如最常见痤疮、皱纹、皮肤老化、真菌感染、牛皮癣和湿疹，以及轻微的皮肤烧伤和伤口。表皮是一种不断再生的结缔组织。一次撞击、伤口或者一次皮肤感染都可能影响血液循环或者皮下组织的正常运转。如对于挫伤、瘀血，可采用辣薄荷精油在瘀血处滴上 1 滴并按摩以减轻疼痛，注意使用时不要大面积地涂抹，否则皮肤会产生一种特别冰冷的感觉，也可以使用意大利永久花精油在疼痛的部位上滴几滴并每天涂抹几次，这种精油可以减轻疼痛、加快伤口结痂，对于扭伤具有同样的功效；对于轻度发炎、轻度灼烧，可以使用药用薰衣草精油，在中性的植物油中添加药用薰衣草精油可以减轻灼痛感并加速伤口的愈合作用；当遇到晒伤等情况时，可局部使用药用薰衣草精油或宽叶薰衣草精油，把纯精油或者稀释过的精油滴在皮肤上，或把精油滴在蜂蜜、金盏花植物油、芦荟胶或者是金丝桃油中，混合均匀后再抹在皮肤上。

2. 医药保健护肤

许多芳香植物本身是具有药用价值的中草药，可以防治一些皮肤疾病，芳香疗法与植物精油可广泛应用于改善皮肤的相关疾病，避免化学合成药物对机体产生的毒副作用。植物精油能够促进血液循环、平衡内分泌、加快新陈代谢、防止肌肤老化、保湿滋润、舒缓情绪、纤体瘦身等。植物精油对皮肤和结缔组织、神经系统、淋巴循环、动静脉循环系统、脑脊髓神经组织、脏腑及内外分泌腺及心理健康均有保健功效。如对于真菌感染，茶树精油是最好的选择，使用纯茶树精油可快速缓解皮肤感染，可以把精油涂在棉垫上，用绷带固定。为了让香味更诱人，可以加入薄荷精油，这也可以帮助缓解瘙痒；也可使用具有抗菌的椰子油作为基础油来稀释。如果真菌感染是在脚或手，可以做一个精油温水浸泡：将温水倒入盆中，加入 10~20 滴精油，小心地把手或脚放入盆里，确保感染区域完全被淹没。如果可能的话，每天这样做后再涂抹精油。牛皮癣和湿疹可以像真菌感染一样被精油缓解，还可以帮助防止因不小心抓伤过多而导致的皮肤破裂感染。除了茶树精油外，广藿香和薄荷精油也能"治愈"牛皮癣和湿疹。

3. SPA

SPA 一词源于拉丁文"Solus Par Agula"（Health by water）的字首：Solus（健康）、Par（在）、Agula（水中），意指用水来达到健康、健康之水，是指利用水资源结合沐浴、按摩、涂抹保养品和香薰来促进新陈代谢，满足人体视觉、味觉、触觉、嗅觉，使内心达到一种身心愉快的享受。SPA 熏蒸疗法是依靠特殊的熏蒸机，将根据顾客的具体需求配置的芳香植物或提取物放入熏蒸机，机内充满带有芳香成分的热气，能帮助身体活血排毒、消除疲劳，令疲惫受压的身心进入松弛境界。熏蒸机内释放出的芳香热气令毛孔扩张、排汗，机内散发出的香味由呼吸系统进入身体，促进全身血液循环，放松身体内脏及肌肉，帮助身体排毒，可令人在短时间内恢复平静，身心舒畅愉快。

4. 护发

植物精油可以用来改善头发，促进头发生长，防止头发受损，防止头发卷曲，也有精油可以杀死头虱，去除头皮牛皮癣和头皮屑。对于头发生长，迷迭香精油或薰衣草精油被认为是最好的，天竺葵精油、百里香精油、鼠尾草精油和依兰精油等精油也是不错的选择。将这些植物精油与自己最喜欢的洗发水混合，或者直接用自己最喜欢的基础油稀释（一般5%以下）后涂抹在头皮上，后者效会更好些，因为没有冲洗掉精油。同时，护发可以滋润头发，防止头发卷曲。洗发后，用基础油在头皮上按摩精油10min，把它留在头发上，像护发油一样留一整天，如果不喜欢在头发上涂护发油，也可以在晚上这样做。对于干性发质，可以使用薰衣草精油、迷迭香精油或天竺葵精油，并将它们与更柔润的基础油，如橄榄油、椰子油、鳄梨油或摩洛哥坚果油混合使用。要做深层调理，可以进一步加热至微温，然后将其浸润头发和头皮。用热水拧干的毛巾包住头发，保持至少1h。然后用洗发水洗两次，把多余的油都洗掉。为了达到最好的效果，至少一个月或一周这样做一次。若每天使用这些植物精油与基础油的混合物作为发油可防止卷曲。对于头虱，可以选择这些精油中的任何一种：桉树精油、柠檬精油、百里香精油、迷迭香精油、茶树精油或天竺葵精油，按1：1比例用基础油稀释精油，涂抹在头发和头皮上，保留至少30min，然后用洗发水洗掉，直到所有的虱子都死掉，使用时间长短取决于头上的虱子数量。对于头皮屑，最好的精油是茶树精油和桉树精油，用椰子油作为基础油，这些植物精油有抗真菌作用，有助于杀死导致头皮屑的真菌。

5. 口腔护理

精油可以用在漱口水里，这对口腔感染很有好处，对牙齿护理也很重要。漱口水对治疗气管炎很有效。对于牙龈等口腔问题，可以使用没药精油，可以调配自己的漱口水，将两滴的没药精油加到一汤匙伏特加酒里，让两者完合融合在一起，在漱口用水中加入两滴混合剂。对于牙痛等问题，可以用棉签蘸上1滴丁香精油，直接擦在牙龈上，或擦在牙缝里，再配合精油按摩颚骨和面颊，也可以使用黑胡椒精油、欧薄荷精油、快乐鼠尾草精油代替丁香精油。对于牙龈发炎问题，在一杯温水中加入1茶匙以3滴沉香醇百里香精油、2滴澳洲尤加利精油、3滴罗马洋甘菊精油、3滴欧薄荷精油和10mL白兰地调配的混合物，用作漱口可以有较好的效果。对于牙龈脓肿，可以在棉签上倒1滴罗马洋甘菊精油，直接用它涂抹在脓肿区。对于口臭、口腔异味等口腔问题，可使用佛手柑精油、罗马洋甘菊精油、甜茴香精油、薰衣草精油、没药精油、绿花白千层精油、柑橘精油、薄荷精油、茶树精油、百里香精油，上述精油任意取一种和一杯冷开水，将精油在水中打散后漱口，可以借助水果醋、红酒、海盐等帮助精油在水中溶解。

第三节　植物精油在家居方面的应用

一、植物精油在家居方面的作用

1. 杀菌消毒

植物精油具有杀菌消毒作用，其应用在卧室、厨房等场所。在厨房中，交叉污染的细菌，如弯曲杆菌和沙门菌等人类食源性病原体，在食物制备过程中被认为是一种风险因素，细菌从禽畜屠体通过未清洗消毒的砧板或其他表面带入蔬菜沙拉和其他准备吃的食物中。为了减少或消除这种风险，改善厨房卫生是很重要的。精油与肥皂结合使用以消杀清洁厨房，可为禽畜食物质量安全保驾护航。近年来，人们对使用抗菌植物精油来减少食品细菌污染，以及在家庭厨房、食品制备和食品加工设施中作为杀菌消毒产生了浓厚兴趣。特别是将广谱抗菌植物精油与液体肥皂结合，可用于家庭、食品制备和食品加工设施以及学校和托儿中心等各种环境中的天然消毒清洁剂。如有报道丁香精油和桉叶精油对常见的大肠杆菌、金黄色葡萄球菌、铜绿假单胞菌、枯草芽孢杆菌、黑曲霉、白色假丝酵母 6 种指示菌和具核梭杆菌、牙龈卟啉单胞菌、嗜酸乳杆菌、变异链球菌 4 种口腔厌氧致病菌有 99.9% 的抑菌效果，这些研究都表明精油具有杀菌消毒的良好效果。除了厨房，在卧室中，空气中存在许多对人类危害很大的病毒和有害微生物，如流感病毒和霉菌孢子等，经空气传播是传染性疾病的主要传播途径之一，室内空气消毒成了控制呼吸道传染病流行的有效方法。消毒是杀灭或清除传播媒介上病原微生物，使其达到无害化的处理。目前，对空气消毒的方法有多种，紫外线照射消毒不能人在条件下进行，多数化学消毒剂均有不同程度的气味、刺激性和毒性，对环境有污染作用。使用具有抗菌作用的芳香精油进行室内香熏是一种很好的室内消毒措施。

2. 驱蚊虫

如何安全有效地驱蚊虫是夏季困扰众多家庭的难题，化学驱蚊产品虽然效果好，但都有一定的毒副作用。某些驱蚊香草散发的气味具有一定的驱虫效果，如薄荷等。菊科、唇形科、芸香科是主要的抗蚊科植物。澳大利亚生物学家迪克先生通过转基因技术培育出的香叶天竺葵具有高效驱蚊效果，且对人体有益无害，目前这种驱蚊植物已在许多国家广泛应用，如澳大利亚、美国、日本、加拿大等。芳香植物的驱蚊虫功能也普遍应用于家居房中，如薰衣草香囊或茶叶、用樟树枝叶提炼出的樟脑丸等，可将其常放在木质家具中防虫。意大利比萨大学学者发现南艾蒿精油驱蚊效果优于化学合成避蚊胺，该项研究分属了三科的南艾蒿精油（菊花烯酮 34.3%、β-石竹烯 12.6%、γ-依兰油烯 9.9%）、齿叶薰衣草精油（莳酮 26.2%、樟脑 52.1%）、叙利亚芸香精油（2-壬酮 56.7%、乙酸壬酯 14.6%、2-十一烷酮 12.7%）的驱蚊效果，研究结果表明这三种精油对亚洲虎蚊均有显著的皮肤驱避、抑制产卵和明显的杀幼虫活性，其中南艾蒿精油总体愉悦度最高，且表现出最长的持久驱蚊效果，确保处理后的皮肤完全免受蚊虫的侵害，驱避时间甚至比合成驱蚊胺长 60%。法国农业研究发展国际合作中心 Emilie Deletre 等研究表明，法国百里香精油、枫茅精油、孜然精油、锡兰肉桂精油四种精油可作为拟除虫菊酯的替代品，他们进一步研究了这些植物精油的主要化合物对冈比亚按蚊的电生理、行为（排斥、刺激）和毒性作用，结果发现，触角电位来看，肉桂醛和孜然醛、无环单萜醇（芳樟醇）和无环单萜醛（香茅醛）反应最强，环单萜酚（香芹酚和百里香酚）的反应最差。不过，一些触角电位反应与行为测试结果并不一致；在行为和毒性研究中，几种单一化合物确实表现出排斥、刺激或毒性；精油的活性并不总是与主要成分的活性相关。还研究报道，印加孔雀草和香茅草精油对传播利什曼疾病沙蝇的驱避作用，香茅精油和印加孔雀草精油对沙蝇的驱避率随精油剂量的增加而增加，而叮咬率随精油浓度的增加而降低；在持续时间和咬阻性方面，香茅精油比印加孔雀草精油更有效。可见，南艾蒿精油、肉桂精油等芳香植物精油开发成天然驱虫剂前景可观，且对防控蚊虫传染病有重要意义。常用于驱蚊虫叮咬的精油还有大蒜精油、香茅精油、丁香精油、大西洋雪松精油、穗状薰衣草精油、天竺葵精油、桉树精油和樟脑精油。

3. 除臭

科学界之前一直保持的观点是植物精油只能作为好的掩蔽剂，而不能将异味去除。但是通过测试却发现，精油的除臭功能得以证实。如冬青精油具备中和刺鼻烟草气味的功能，杜松精油可以中和牛乳脂肪和黄油的恶臭味。如美国 OMI 公司的 Ecosorb 类以水基植物精油产品进行空气处理时，局部应用基本上变成了弱静电结合、吸附、吸收、气相溶解度增强和酸碱反应的作用，精油与水混合并喷入空气中或喷到恶臭物质上，这些液滴中的混合物分离，精油在水滴上和液滴内部形成薄膜，由精油形成的外膜在其外表面产生静电荷，该电荷吸引臭味分子到液滴上和液滴内，虽然水滴非常小，但足以捕获恶臭分子并影响该中和过程。另外，杜松精油、薰衣草精油、佛手柑精油、柏木精油、柠檬草精油、西班牙鼠尾草精油、百里香精油等精油具有皮肤除臭作用，对清洁伤口、排汗过多等都有好处。苦橙叶精油具有除臭作用，还具有令人愉悦的香气，同时能够抑制细菌生长，几滴苦橙叶精油就可以帮助掩盖体味并防止皮肤感染。

二、植物精油在家居方面的应用

1. 空气消毒

为减少空气中的有害菌群，古代中国人已用中药烟熏消毒空气，唐代孙思邈《备急千金要方》载有太乙流金散（雄黄、雌黄、矾石、鬼箭羽等）烧烟熏之以辟瘟气。精油含有多种化学成分，化学成分之间又可以相互作用，其抗菌谱广，对葡萄球菌、异型链球菌、伤寒杆菌、痢疾杆菌、白喉杆菌、脑膜炎双球菌、卡他球菌及流感病毒、白色念珠菌等都有明显的抑制作用。由于植物精油具有强烈抗菌作用，并且它们大部分可扩散到空气中形成一定的抗菌氛围，因而可用作空气消毒清新剂。有人以复方植物精油对室内空气进行熏蒸消毒，对供试菌（大肠杆菌、金黄色葡萄球菌）杀灭效果可以达到 99.9% 以上。有研究用藿香、艾叶、苍术、千里光、佩兰等的精油复合物和消毒片组空气消毒效果相当。除此之外，柠檬精油、薰衣草精油、雪松精油、尤加利精油、百里香精油是目前最常用的香熏精油。柠檬精油带有清新的香气，能净化空气；薰衣草精油对大肠杆菌、枯草芽孢杆菌、金黄色葡萄球菌、毛霉、绿色木霉菌等微生物都有抑菌作用；雪松精油是众多精油中使用最普遍、知名度最高的精油之一，对消炎、抗菌、收敛、利尿、柔软、化痰、杀霉菌有很好的效果。尤加利精油是一款非常好的空气净化精油，其主要成分和空气中的氧气接触后会产生臭氧，从而消灭细菌，起到净化空气的效果，还有利于对呼吸系统与免疫系统的调养，特别适合居家使用。百里香精油是很好的抗菌剂，百里香的化学成分，如石竹烯、莰烯是天然杀菌剂，可以杀死细菌并抑制细菌生长。精油可通过吸嗅、熏香、喷洒、沐浴、按摩、湿敷等方法居家使用。

2. 衣物洗护

精油也是清洁衣物的好帮手。对于衣服变黄，在热水中滴入 6 滴牛至精油，搅拌均匀，将白色衣服放到水中浸泡，大约 15min 后清洗即可洗干净衣物。当衣物有怪味时或衣物因晾晒不得当而出现难闻的汗酸味，将薄荷精油 5 滴与水混合，浸泡有味道的衣服大约 5min，然后把衣服在通风处晾干。当衣服上有霉点时，把沾上污渍的地方用水浸湿，撒上细盐，滴 2 滴柠檬精油，用手揉搓，然后用水清洗，即可除去污渍。如果贴身衣物重新清洗，可在温水中滴入 6 滴茶树精油，浸泡 15min 后，清洗晾干。

3. 香熏香氛

使用精油进行香熏，能让人融化在一个芬芳的香氛环境中，从而调节情感情绪，甚至改善一些疾病。玫瑰精油能改善情绪低落、提高性欲、滋润皮肤、加强微循环，适用于红肿、发炎、敏感皮肤。天竺葵精油是一种极好的平衡剂，对于情绪不稳或更年期综合征有很好的疗愈功效。一天工作劳累之余，用几滴天竺葵精油沐浴或香熏香氛，能很快消除疲劳，也能解除产后抑郁症。丝柏精油是由柏木叶及果实蒸馏而得，有很强的木香味，香熏能消除精神紧张，对更年期综合征很适宜，有止喘、除痰功效，也对感冒、百日咳、喉炎、慢性支气管炎有效。迷迭香是目前公认的具备抗氧化作用的植物，常常被摆放在室内净化空气。迷迭香精油有显著收敛的功效，可帮助清洁毛囊和皮肤深层，收缩毛孔；对于面部有多余脂肪的人来说，有消除脂肪，紧实皮肤的功效；迷迭香的抗氧化性对减缓衰老起到了一定作用。乳香精油香氛对精神恐惧和情绪波动有镇静效果，能帮助入静，有助冥想，消除恐惧及噩梦，增强安全感，也是一种心理抚慰剂。薰衣草精油香氛能舒缓、镇静、平衡及调整多种症状，能抗菌消炎、镇静情绪。若睡眠不宁，可洒数滴于枕头上，让其慢慢散发，安神助眠。柑橘精油清新的香气，可以帮助提神精神，缓解烦躁。橙皮精油香熏有镇静作用、驱除紧张情绪和压力、鼓舞积极的态度，对刺激食欲、帮助消化、帮助肝脏排毒等有很好的效果，能消除头痛、除痰。薄荷精油香氛有"头部万灵药"之称，它能令人头脑灵活、思维清晰。伤风、鼻塞、晕浪，只要打开瓶盖，深深地吸入一些薄荷精油即时令你精神振作，症状大为减轻。广霍香精油香熏能消除焦虑及忧郁，与依兰精油混合使用作用更明显。

4. 功能纺织品

具有抗菌活性的功能性织物受到人们的广泛关注，如抗菌纺织品已广泛应用于个人护理产品和家用纺织品。抗菌剂在纤维基质中微囊化是赋予纺织品抗菌性能常用技术之一。2018年，Karagonlu 等研究载有法国百里香精油的微胶囊，开发用于伤口敷料和绷带，微胶囊被嵌入到无纺布上增加抗菌特性。2010年，Asanović 等研究壳聚糖凝胶聚合物荷载欧洲云杉精油抗菌处理尼龙弹力平纹针织面料，基于医疗用途评估其抗菌活性以及抗菌处理对面料的压缩功、体积电阻率、吸水率和保水率的影响，结果表明抗菌处理的面料对金黄色葡萄球菌、大肠杆菌、克雷伯菌和白色念珠菌等微生物具有广谱抗菌活性，但抗菌处理降低了织物的总压功、弹性和不可逆压功、吸水率和体积电阻率，提高了织物的保水性，总体上云杉精油优于硫酸庆大霉素。将芳香气味吸附在固体载体材料上更方便，因为它们更适合于整合到纺织品中。然而，通过吸附在固体载体上的挥发性香味在使用洗涤剂进行常规洗涤时很容易被去除。如果选择微胶囊技术可避免该问题。如薰衣草精油的微胶囊可以防止香味化合物在纺织品上的挥发，从而延长纺织品的香味。2015年，Liu 等通过微乳液聚合法制备了用于芳香织物处理的甲基丙烯酸甲酯–苯乙烯共聚物纳米胶囊，纳米胶囊具有粒径较小、球形规则、粒径分布均匀等特点，纳米胶囊的包封率和包埋量分别为 85.4% 和 42.7%，具有良好的热稳定性，纳米胶囊处理的织物经过 15 次洗涤后仍有 6.8% 的精油残留，表明其具有良好的耐洗性。

5. 宠物护理

美国养犬俱乐部指出，"初步研究表明，精油可能对狗和人类的健康均有益，许多整体兽医将精油纳入他们的实践中。"如今，许多宠物的主人都将精油用于宠物的各种健康问题，包括：预防跳蚤和蜱虫、皮肤问题以及焦虑等行为问题。薰衣草精油在人类中颇受欢迎，它也可以遮蔽宠物狗身上的难闻气味。此外，研究表明薰衣草精油对创伤后应激障碍有惊人的帮助作用，还有抗焦虑的能力。对于像狗这样的宠物来说，薰衣草精油的镇静效果对焦虑、晕车或睡眠问题非常有帮助。2006 年的一项临床试验观察了薰衣草精油对 32 只宠物狗的影响，这些宠物狗都有过因在主人的车里旅行而诱发兴奋的经历。薄荷精油是去除宠物狗身上跳蚤的首选精油之一。薄荷精油可以用来冷却酸痛的肌肉，给疲惫的动物注入能量，缓解胃部不适。当扩香时，能净化空气，并能清新口气。这种精油可以打开呼吸道，促进健康的呼吸系统，还能缓解关节疼痛。作为一种提神精油，对动物来说也是一种很好的情绪助推器。罗克博士（被称为"精油兽医"）指出薄荷精油在狗身上最好用于涂抹。罗马洋甘菊精油是一种著名的消炎药，如果出现的问题是皮肤刺激、烧伤、伤口、溃疡或湿疹，它对人和狗都是一个很好的选择。这是一种非常温和的精油，也可以帮助紧张的狗狗平静下来。对于大多数狗来说，在某些癌症和肿瘤病例中，对宠物狗使用乳香精油会非常有帮助。乳香精油具有强大的抗菌能力，是抗细菌及增强免疫的绝佳选择。利用大白鼠进行的研究也表明，这种古老的精油也具有强大的抗抑郁作用。雪松精油是一种极好的天然驱虫剂，可以给宠物狗作为一种肺部的抗菌剂、咳嗽时的祛痰剂、循环刺激剂、毛发生长促进剂、减少头皮屑、利尿剂，还有助于缓解害羞、紧张等情绪。而对于猫咪而言，可选用绿薄荷精油、乳香精油、豆蔻精油、永久花精油、甜茴香精油。绿薄荷精油能改善猫咪的肠胃问题，如恶心和腹泻。乳香精油能减少肿瘤和外部溃疡，增加大脑的血液供应。豆蔻精油能减轻胃灼热，同时促进健康的食欲，缓解咳嗽。永久花精油具有抗炎、抗氧化、抗细菌和抗真菌的特性，对皮肤再生非常有效，也可以用作支持神经系统和促进心脏健康。甜茴香精油有助于平衡脑垂体、甲状腺和松果体。如果猫咪的组织中有积液或毒素，涂抹稀释的茴香精油可以帮助分解这些不健康的积液，恢复正常状态。对于宠物猫咪和狗狗而言，使用精油前最好稀释，安全的稀释比例为 1∶50。但是，要谨记有一些对狗禁用或慎用的精油：丁香精油、大蒜精油、杜松精油、迷迭香精油、茶树精油、百里香精油、冬青精油。对猫咪禁用或慎用的精油：桂皮精油、肉桂精油、丁香精油、尤加利精油、柠檬精油、薄荷精油、杉树精油、茶树精油、百里香精油。以及任何动物都不应该使用的 30 种精油：大茴香精油、白桦精油、苦杏仁精油、波多叶精油、菖蒲精油、樟树精油、桂皮精油、藜精油、丁香精油、大蒜精油、辣根精油、牛膝草精油（高地牛膝草除外）、杜松精油（杜松浆果除外）、艾草精油、芥末精油、牛至精油、胡薄荷精油、红色或白色百里香精油、芸香精油、棉杉菊精油、黄樟精油、香薄荷精油、艾菊精油、茶树精油、松脂木精油、侧柏精油、冬青精油、苦艾精油、西洋蓍草精油。在为宠物使用精油之前，需要了解注意事项，如有必要，宠物的精油调理可以咨询兽医。

🔍 思考题

1. 植物精油在美容方面有哪些作用？
2. 植物精油在家居方面有哪些应用？

参考文献

[1] 刘布鸣，莫建光. 实用芳香精油图谱 ［M］. 南宁：广西科学技术出版社，2016.

[2] 钟荣辉，徐晔春. 芳香花卉 ［M］. 汕头：汕头大学出版社，2009.

[3] 金韵蓉. 精油全书：当我们爱上芳香 ［M］. 桂林：漓江出版社，2009.

[4] 王羽梅. 中国芳香植物上下册 ［M］. 北京：科学出版社，2008.

[5] 南京中医药大学. 中药大辞典 ［M］. 上海：上海科学技术出版社，2006.

[6] Melissa Studio. 精油全书：芳香疗法使用小百科 ［M］. 汕头：汕头大学出版社，2003.

[7] 温佑君. 新精油图鉴：300 种精油科研新知集成 ［M］. 北京：中信出版集团股份有限公司，2019.

[8] 派翠西亚·戴维斯. 芳香疗法大百科 ［M］. 李靖芳，译. 台北：世茂出版有限公司，2018.

[9] 陈秀丽. 草本芳疗手册 ［M］. 北京：中国纺织出版社，2005.

[10] 王有江，刘海涛. 香料植物资源学 ［M］. 北京：高等教育出版社，2021.

[11] 钟荣辉，徐晔春. 香花图鉴 ［M］. 汕头：汕头大学出版社，2007.

[12] 朱亮锋，李泽贤，郑永利. 芳香植物 ［M］. 广州：南方日报出版社，2009.

[13] 毛海舫，李琼. 天然香料加工工艺学 ［M］. 北京：中国轻工业出版社，2005.

[14] 闫鹏飞. 精细化学品化学 ［M］. 2 版. 北京：化学工业出版社，2014.

[15] 王建新，衷平海. 香辛料原理与应用 ［M］. 北京：化学工业出版社，2004.

[16] 皮埃尔·维冈. 精油的益处 ［M］. 张蔷，译. 桂林：漓江出版社，2012.

[17] 赖普辉，侯敏娜. 药用植物精油应用研究 ［M］. 天津：天津大学出版社，2020.

[18] 杨永胜. 植物精油的主要提取技术、应用及研究进展 ［J］. 当代化工研究，2021（4）：153-154.

[19] 宋宁，周欣，弓宝，等. 中医芳香疗法历史溯源及现代临床应用初探 ［J］. 香料香精化妆品，2021（6）：94-98.

[20] 余晶晶，王昇，谢复炜，等. LC-MS/MS 同时测定卷烟主流烟气中 4 种芳香胺 ［J］. 烟草科技，2012（12）：44-48.

[21] 赛里木汗·阿斯米，任欣，张敏，等. 基于气相色谱-离子迁移谱和电子鼻技术研究籼米口腔加工过程中的风味释放 ［J］. 食品科学，2022，43（16）：261-268.

[22] 范霞，崔心平. 基于 HS-SPME-GC-MS 和电子鼻技术研究不同肉质桃子采后贮藏期的香气成分 ［J］. 食品科学，2021，42（20）：222-229.

[23] 蔡继宝，林平，桑文强，等. 精油中挥发性成分 GC/FTIR 与 GC/MS 联合分析 ［J］. 光谱学与光谱分析，2005（10）：65-68.

[24] 张国彬，王明奎，陈耀祖，等. GC/MS 和 GC/FTIR 法对萼果香薷挥发油化学成分的研究 ［J］. 中国药学杂志，1994（10）：602-603.

[25] 靳欣欣，潘立刚，李安. 稳定同位素质谱法鉴别芝麻油中掺杂大豆油、玉米油的

研究［J］.中国油脂，2020，45（3）：32-37.

［26］贺荣平.香料与香精的应用［J］.农产品加工，2008（9）：12-13.

［27］黄敏，钟振声.分子蒸馏纯化天然香料山苍子油［J］.食品科技，2005（8）：52-54.

［28］黄敏，钟振声.肉桂醛分子蒸馏纯化工艺研究［J］.林产化工通讯，2005（2）：13-16.

［29］李德国，冯黎，奚安，等.祁门红茶烟用香料的制备［J］.香料香精化妆品，2014（3）：22-25.

［30］宁静，许耀鹏，马丽娅，等.牛油麻辣味火锅底料的制作［J］.中国调味品，2019，44（6）：150-153.

［31］沈锡伟.饮料乳化香精的生产及其稳定性［J］.饮料工业，2020，23（2）：70-73.

［32］周光宗，朱华结，赵福余，等.云南香茅油中香叶醇与香茅醇的分离研究［J］.云南化工，1993（3）：1-3.

［33］韩金玉，张海英，常贺英，等.真空间歇精馏分离橙花醇和香叶醇的研究［J］.化学工业与工程，2003（6）：429-433.

［34］李桂珍，梁忠云，陈海燕，等.芳樟叶油中芳樟醇的单离工艺条件［J］.经济林研究，2013，31（4）：195-197.

［35］俞苓，傅冠民.驱蚊功能性香精的调配［J］.香料香精化妆品，2006（6）：34-36.

［36］唐瑶，曹婉鑫，陈洋.薰衣草精油的研究进展及在日用品中的应用［J］.中国洗涤用品工业，2014（10）：70-73.

［37］田迪英，杨荣华.几种香辛料对鱼油抗氧化及消臭作用［J］.食品工业，2002（5）：17-18.

［38］李晓凡，门延艳，莫振憾，等.减盐、减油、减糖现状与工作对策［J］.食品与药品，2022，24（1）：70-73.

［39］张杰，赵志峰，郝罗，等.减盐策略及低钠盐研究进展［J］.中国调味品，2021，46（3）：179-184.

［40］韩旭旭，王玉涵，王鑫.植物精油在果蔬保鲜领域的应用研究及展望［J］.食品研究与开发，2018，39（23）：204-208.

［41］薛琼，邓靖，赵德坚，等.壳聚糖包覆肉桂精油对葡萄保鲜的应用研究［J］.包装学报，2015，7（1）：12-17.

［42］刘晓丽，莫伟轩，吴克刚，等.复合香辛料精油对冷却猪肉中单核增生性李斯特菌的抑制作用［J］.中国调味品，2010，35（1）：42-45，49.

［43］刘彬，陈国，赵珺.含精油可食性抗菌膜研究进展［J］.食品科学，2014，35（19）：285-289.

［44］杨念婉，李艾莲.植物精油应用于害虫防治研究进展［J］.植物保护，2007，

（6）：16-21.

［45］侯华民，张兴．植物精油杀虫活性的研究进展［J］．世界农业，2001，（4）：40-42.

［46］卢锟，龚吉军．植物精油对采后农产品抑菌作用的研究进展［J］．保鲜与加工，2021，21（7）：136-141.

［47］刘德赞，李文茹，谢小保．植物精油的抗菌性能及其应用研究进展［J］．工业微生物，2021，51（5）：53-57.

［48］刘旺景，唐德富．植物精油在反刍动物营养中的研究进展［J］．动物营养学报，2021，33（9）：4810-4817.

［49］刘春青，魏海峰，王勇，等．植物精油在畜禽养殖中的应用［J］．中国畜禽种业，2020，16（11）：35-36.

［50］李伟，刘春海，韩建林，等．植物精油在反刍动物生产中的应用［J］．畜牧兽医科学（电子版），2021（4）：5-7，12.

［51］王锌，腾雨晴，张莹莹．植物精油在动物生产中的应用效果研究［J］．畜牧产业，2020（8）：74-78.

［52］印遇龙，杨哲．天然植物替代饲用促生长抗生素的研究与展望［J］．饲料工业，2020，41（24）：1-7.

［53］张嘉琦，张会艳，赵青余，等．植物精油对畜禽肠道健康、免疫调节和肉品质的研究进展［J］．动物营养学报，2021，33（5）：2439-2451.

［54］尹伦甫．水产用抗寄生虫药研发新动态-植物精油杀虫活性因子的应用［J］．北京水产，2007（6）：13-24.

［55］崔惠敬，孟玉霞，赵前程，等．植物精油在鱼类养殖中的研究与应用［J］．水产科学，2018，37（4）：564-570.

［56］洪小利，严媛，林玲淼，等．肉桂精油对食源性肠炎沙门氏菌和单增李斯特菌的抑菌作用［J］．食品与发酵工业，2021，47（17）：54-60.

［57］冯可，胡文忠，徐永平，等．植物精油的抑菌活性及在鲜切果蔬中的应用［J］．食品工业科技，2015，36（15）：382-385，389.

［58］贾会玲，韩双双，黄晓德，等．植物精油对植物病原菌的抑菌活性研究进展［J］．中国野生植物资源，2018，37（6）：47-52.

［59］王梦琦．复合精油微胶囊抑菌膜的制备及其在低钠盐腊肉中的应用［D］．重庆：西南大学，2021.

［60］张静．植物精油微胶囊保鲜香菇的研究［D］．哈尔滨：哈尔滨商业大学，2014.

［61］何蕾．芳香植物精油对于缓解焦虑情绪的功效性研究［D］．上海：上海交通大学，2015.

［62］沈珺莲．德国洋甘菊精油促进皮肤创伤愈合作用研究［D］．上海：上海交通大学，2019.

［63］叶园园，章燕珍．植物精油的药理作用及其在口腔医学中的应用［J］．国际口腔

医学杂志，2011，38（2）：185-187，191.

［64］苏祖清，曾科学，孙朝跃，等．白术挥发油对代谢综合征大鼠糖脂代谢的影响［J］．亚太传统医药，2018，14（10）：4-7.

［65］赵珊，韩叶芬，李砺，等．芳香疗法对病人疼痛干预作用的研究进展［J］．护理研究，2019，33（21）：3702-3705.

［66］张嘉钰，童海涛，章德林．浅探芳香疗法防治抑郁症［J］．光明中医，2022，37（14）：2524-2527.

［67］王静燕，王泽军，汪晓静．失眠症特色芳香疗法应用与进展［J］．世界睡眠医学杂志，2019，6（9）：1325-1326.

［68］钟钰，郑琴，胡鹏翼，等．芳香疗法与植物精油在皮肤护理领域的研究进展［J］．江西中医药大学学报，2020，32（5）：116-120.

［69］王静，冯恩友，谢嘉辉，等．樟科植物提取物驱虫杀虫作用研究进展［J］．热带林业，2020，48（3）：17-21.

［70］董晓敏，刘布鸣，白懋嘉．茶树精油组合物抗空气霉菌活性及对空气消毒效果研究［J］．香料香精化妆品，2018（2）：21-23，38.

［71］刘玉荣，刘君星，邹婕，等．迷迭香精油对黑色素细胞抗氧化特性及黑色素生成的影响［J］．长治医学院学报，2021，35（5）：327-330.

［72］Lehrner J，Eckersberger C，Walla P. Ambient odor of orange in a dental office reduces anxiety and improves mood in female patients［J］. Physiology & Behavior，2000，71（1-2），83-86.

［73］Dysinger W. S. Lifestyle medicine competencies for primary care physicians［J］. Virtual Mentor，2013，15（4），306-310.

［74］Jäger W.，Buchbauer G.，Jirovetz L.，et al. Percutaneous Absorption of Lavender Oil from Massage Oil［J］. Journal of the Society of Cosmetic Chemists，1992，43：49-54.

［75］Varney E.，Buckle J. Effect of Inhaled Essential Oils on Mental Exhaustion and Moderate Burnout：A Small Pilot Study［J］. Journal of alternative and complementary medicine，2013，19（1）：69-71.

［76］Slotnick B. M.，Westbrook F.，Darling F. M. C. What the rat's nose tells the rat's mouth：Long delay aversion conditioning with aqueous odors and potentiation of taste by odors［J］. Animal Learning & Behavior，1997，25：357-369.

［77］Small D. M.，Jones-Gotman M.，Zatorre R. J. Flavor processing：more than the sum of its parts［J］. Neuroreport，1997，8：3913-3917.

［78］Small D. M.，Voss J.，Mak Y. E. Experience-dependent neural integration of taste and smell in the human brain［J］. Journal of neurophysiology，2004，92：1892-1903.

［79］Jäger，W.，Nasel，B.，Nasel，C.，et al. Pharmacokinetic studies of the fragrance compound 1,8-cineole in humans during inhalation［J］. Chemical Senses，1996，21（4）：477-480.

［80］Saad, N. Y., Muller, C. D., Lobstein, A. Major bioactivities and mechanism of action of essential oils and their components ［J］. Flavour and Fragrance Journal, 2013, 28: 269-279.

［81］O. Adebayo, T. Dang, A. Belanger. Antifungal Studies of Selected Essential Oils and a Commercial Formulation against Botrytis Cinerea ［J］. Journal of Food Research, 2012, 2（1）: 217-227.

［82］Trombetta, D., Castelli, F., Sarpietro, M. G. Mechanisms of antibacterial action of three monoterpenes ［J］. Antimicrobial agents and chemotherapy, 2005, 49: 2474-2478.

［83］Stojanović-Radić, Z., Pejčić, M., Stojanović, N. Potential of *Ocimum basilicum L.* and *Salvia officinalis L.* essential oils against biofilms of *P. aeruginosa* clinical isolates ［J］. Cellular and Molecular Biology, 2016, 62: 27-33.

［84］Korona-Glowniak I., Glowniak-Lipa A., Agnieszka L., et al. In vitro activity of essential oils against *Helicobacter Pylori* growth and urease activity ［J］. Molecules, 2020, 25（3）: 58-62.

［85］Oboh, G., Olasehinde, T. A., & Ademosun, A. O. Essential oil from lemon peels inhibit key enzymes linked to neurodegenerative conditions and pro-oxidant induced lipid peroxidation ［J］. Journal of oleo science, 2014, 63: 373-381.

［86］Medagama A. B.. The glycaemic outcomes of cinnamon, a review of the experimental evidence and clinical trials ［J］. medagama A rijuna B. 2015, 14: 108-120.

［87］Johanna M Gostner, Markus Ganzera, Kathrin Becker. Lavender oil suppresses indoleamine 2,3-dioxygenase activity in human PBMC ［J］. BMC Complementary and Alternative Medicine, 2014, 14: 503-513.

［88］Aumeeruddy-Elalfi Z., Lall N., Fibrich B. Selected essential oils inhibit key physiological enzymes and possess intracellular and extracellular antimelanogenic properties in vitro ［J］. Journal of food and drug analysis, 2018, 26: 232-243.

［89］Ahamad J., Toufeeq I., Khan M. A., et al. Oleuropein: a natural antioxidant molecule in the treatment of metabolic syndrome ［J］. Phytother apy research: PTR. 2019, 33（12）: 3112-3128.

［90］Ado M. A., Abas F., Sabo Mohammed A., et al. Anti- and pro-lipase activity of selected medicinal, herbal and aquatic plants, and structure elucidation of an antilipase compound ［J］. Molecules, 2013, 18: 14651-14669.

［91］Sharma C., Sadek B., Goyal S. N., et al. Small molecules from nature targeting g-protein coupled Cannabinoid receptors: potential leads for drug discovery and development ［J］. Evidence Based Complementary and Alternative Medicine, 2015, 238482-238508.

［92］Pacher P. and Kunos G.. Modulating the endocannabinoid system in human health and disease-successes and failures ［J］. FEBS Journal, 2013, 280（9）: 1918-1943.

［93］Jana A., Modi K. K., Roy A.. Up-regulation of neurotrophic factors by cinnamonand its metabolite sodium benzoate: therapeutic implications forneurodegenerative disorders ［J］. Journal of Neuroimmune Pharmacology, 2013, 8 (3): 739-755.

[94] Garcia C. C. , Talarico L. , Almeida N. , et al. Virucidal activity of essential oils from aromatic plants of San Luis, Argentina [J]. Phytother apy research: PTR, 2003, 17: 1073- 1075.

[95] Duschatzky C. B. , Possetto M. L. , Talarico L. B. , et al. Evaluation of chemical and antiviral properties of essential oils from South American plants [J]. Antiviral Chemistry and Chemotherapy, 2005, 16: 247-251.

[96] Quave, C. L. , Plano, L. R. W. , Pantuso, T. , et al. Effects of extracts from Italian medicinal plants on planktonic growth, biofilm formation and adherence of methicillin-resistant *Staphylococcus aureus* [J]. Journal of Ethnopharmacology, 2008, 118: 418-428.

[97] Uma Kant Sharma, Amit Kumar Sharma, Abhay K. Pandey. Medicinal attributes of major phenylpropanoids present in cinnamon [J]. BMC Complementary and Alternative Medicine. 2016, 16: 156-167.

[98] Croy I, Olgun S, Mueller L. Peripheral adaptive filtering in human olfaction? Three studies on prevalence and effects of olfactory training in specific anosmia in more than 1600 participants [J]. Cortex. 2015, 73: 180-187.

[99] Eriko Kawai, Ryosuke Takeda, Akemi Ota. Increase in diastolic blood pressure induced by fragrance inhalation of grapefruit essential oil is positively correlated with muscle sympathetic nerve activity [J]. The Journal of Physiological Sciences. 2020, 70 (2): 1-11.

[100] Emer A. A. , Donatello N. N. , Batisti A. P. . The role of the endocannabinoid system in the antihyperalgesic effect of *Cedrus atlantica* essential oil inhalation in a mouse model of postoperative pain [J]. Journal of Ethnopharmacology. 2018, 210: 477-484.

[101] Lv X. N. , Liu Z. J. , Zhang H. J. , et al. Aromatherapy and the central nerve system (CNS): therapeutic mechanisms and associated genes [J]. Current Drug Targets, 2013, 14: 872- 879.

[102] Douce L. , Janssens W. The presence of a pleasant ambient scent in a fashion store: The moderating role of shopping motivation and affect intensity [J]. Environment and Behavior, 2013, 45 (2): 215-238.

[103] Spangenberg E. R. , Crowley A. E. , P. W. Henderson. Improving the store environment: Do olfactory cues affect evaluations and behaviors [J]. Journal of Marketing, 1996, 60 (2): 67-80.

[104] Hirsch A. R. . Effects of ambient odors on slot-machine usage in a Las Vegas casino [J]. Psychology and Marketing, 1995, 12 (7): 585-594.

[105] Guéguen N. , Petr. C. Odors and consumer behavior in a restaurant [J]. International Journal of Hospitality Management, 2006, 25 (2): 335-339.

[106] Schiferstein H. N. , Talke K. S. , Oudshoorn D. . Can ambient scent enhance the nightlife experience? [J]. Chemosensory Perception, 2011, 4 (1-2): 55-64.

［107］Chcbat J. , Morrin M. , Chebat D. . Does age attenuate the impact of pleasant ambient scent on consumer response? ［J］. Environment and Behavior. 2009, 41（2）: 258-267.

［108］Moss M. , Hewitt S. , Moss L. , et al. Modulation of cognitive performance and mood by aromas of peppermint and ylang-ylang ［J］. International Journal of Neuroscience, 2008, 118（1）: 59-77.

［109］Zoladz P. R. , Rauden-bush B. . Cognitive enhancement through stimulation of the chemical senses ［J］. North American Journal of Psychology, 2005, 7（1）: 125-138.

［110］Barker S. , Grayhem P. , Koon J. . Improved performance on clerical tasks associated with administration of peppermint odor ［J］. Perceptual and Motor Skills, 2003, 97（3）: 1007-1010.

［111］Raudenbush B. . The effects of odors on objective and subjective mea sures of physical performance ［J］. Aroma-Chology Review, 2000, 9（1）: 1-5.

［112］Raudenbush B. , Corley N. , Eppich W. . Enhancing athletic performance through the administration of peppermint odor ［J］. Journal of Sport and Exercise Psychology, 2001, 23（2）: 156-160.

［113］Ehrlichman H. , Halpern J. N. . Affect and Memory: Effects of Pleasant and Unpleasant Odors on Retrieval of Happy and Unhappy Memories ［J］. Journal of Personality and Social Psychology, 1988, 55: 769-779.

［114］Standing Smith D. G. L. , de Man A. . Verbal Memory Elicited by Ambient Odor ［J］. Perceptual and Motor Skills, 1992, 74: 339-343.

［115］Ludvigson H. W. , Rottman T. R. . Effects of Ambient Odors of Lavender and Cloves on Cognition, Memory, Affect, and Mood ［J］. Chemical Senses, 1989, 14: 525-536.

［116］Orchard A, Kamatou G, Viljoen A M, et al. The Influence of Carrier Oils on the Antimicrobial Activity and Cytotoxicity of Essential Oils ［J］. Evidence-Based Complementary and Alternative Medicine, 2019: 6981305.

［117］Komeh-Nkrumah S. A. , Nanjundaiah S. M. , Rajaiah R. , et al. Topical dermal application of essential oils attenuates the severity of adjuvant arthritis in Lewis rats ［J］. Phytotherapy Research. 2012, 26（1）: 54-59.

［118］Goñi P. , López P. , Sánchez C. , et al. Antimicrobial activity in the vapour phase of a combination of cinnamon and clove essential oils ［J］. Food Chem, 2009, 116（4）: 982-989.

［119］Freires I. A. , Denny C. , Benso B. , et al. Antibacterial activity of essential oils and their isolated constituents against cariogenic bacteria: a systematic review ［J］. Molecules, 2015, 20（4）: 7329-7358.

［120］Kim J. , Kim H. , Beuchat L. R. , et al. Synergistic antimicrobial activities of plant essential oils against *Listeria monocytogenes* in organic tomato juice ［J］. Food Control, 2021, 125: 108000.

［121］Rosato A. , Vitali C. , De Laurentis N. et al. Antibacterial effect of some essential oils administered alone or in combination with Norfloxacin [J]. Phytomedicine, 2007, 14: 727-732.

[122] Takeda H., Tsujita J., Kaya M., et al. Differences between the physiologic and psychologic effects of aromatherapy body treatment [J]. Journal of Alternative and Complementary Medicine, 2008, 14 (6): 655-661.

[123] Regnault-Roger C., Vincent C. Arnason J. T.. Essential oils in insect control: low-risk products in a high-stakes world [J]. Annual Review of Entomology, 2012, 57: 405-424.

[124] Asif M., Yehya A. H. S., Dahham S. S., et al. Establishment of in vitro and in vivo anti-colon cancer efficacy of essential oils containing oleo-gum resin extract of Mesua ferrea [J]. Biomedicine & Pharmacotherapy, 2019, 109: 1620-1629.

[125] Langeveld W. T., Veldhuizen E. J., Burt S. A. Synergy between essential oil components and antibiotics: a review [J]. Critical Reviews in Microbiology, 2014, 40 (1): 76-94.

[126] F. Donsì, Annunziata M., Sessa M., et al. Nanoencapsulation of essential oils to enhance their antimicrobial activity in foods [J]. Food Science and Technology, 2011, 44 (9): 1908-1914.

[127] Subhashree Singh, Suprava Sahoo, Bhaskar Chandra Sahoo, et al. Enhancement of Bioactivities of Rhizome Essential Oil of Alpinia galanga (Greater galangal) Through Nanoemulsification [J]. Journal of Essential Oil Bearing Plants, 2021, 24 (3): 648-657.

[128] Misni N., Nor Z. M., Ahmad R.. Repellent effect of microencapsulated essential oil in lotion formulation against mosquito bites [J]. Journal of Vector Borne Diseases, 2017, 54 (1): 44-53.

[129] Karagonlu S., Başal G., Ozyıldız F. Preparation of Thyme Oil Loaded Microcapsules for Textile Applications [J]. International Journal of New Technology and Research, 2018, 4: 1-8.

[130] Rai M., Paralikar P., Jogee P. Synergistic antimicrobial potential of essential oils in combination with nanoparticles: emerging trends and future perspectives [J]. International Journal of Pharmaceutics, 2017, 519: 67-78.

[131] Saporito F., Sandri G., Bonferoni M. C. Essential oil-loaded lipid nanoparticles for wound healing [J]. International Journal of Nanomedicine, 2017, 13: 175-186.

[132] AlMotwaa S. M., Alkhatib M. H., Alkreathy H. M. Nanoemulsion-based camphor oil carrying ifosfamide: preparation, characterization, and in-vitro evaluation in cancer cells [J]. International Journal of Pharmaceutical Sciences and Research, 2019, 10: 2018-2026.

[133] de Oliveira E. F., Paula H. C. B., de Paula R. C. M.. Alginate/cashew gum nanoparticles for essential oil encapsulation [J]. Colloids and Surfaces B: Biointerfaces, 2014, 113: 146-151.

[134] Woranuch S., Yoksan R.. Eugenol-loaded chitosan nanoparticles: Termal stability improvement of eugenol through encapsulation [J]. Carbohydrate Polymers, 2013, 96: 578-585.

[135] Hosseini S. F., Zandi M., Rezaei M., et al. Two-step method for encapsulation of o-

regano essential oil in chitosan nanoparticles：preparation，characterization and in vitro release study ［J］. Carbohydrate Polymers，2013，95（1）：50-56.

［136］Coimbra M.，Isacchi B.，Van Bloois L.，et al. Improving solubility and chemical stability of natural compounds for medicinal use by incorporation into liposomes ［J］. International Journal of Pharmaceutics，2011，416（2）：433-442.

［137］Alhaj N. A.，Shamsudin M. N.，Alipiah N. M.，et al. Characterization of Nigella sativa L. essential oil-loaded solid lipid nanoparticles ［J］. American Journal of Pharmacology and Toxicology，2010，5（1）：52-57.

［138］Wang J.，Cao Y.，Sun B.，et al. Physicochemical and release characterisation of garlic oil-β- cyclodextrin inclusion complexes ［J］. Food Chemistry，2011，127（4）：1680-1685.

［139］Roohollah Azadmanesh，Maryam Tatari，Ahmad Asgharzade，et al. GC/MS Profiling and Biological Traits of Eucalyptus globulus L. Essential Oil Exposed to Solid Lipid Nanoparticle（SLN）［J］. Journal of Essential Oil Bearing Plants，2021，24（4）：863-878.

［140］Miro Specos M M，Garcia J J，Tornesello J. Microencapsulated citronella oil for mosquito repellent finishing of cotton textiles ［J］. Trans actions of the Rogal Society of Tropical Meticine and Hygiene，2010，104：653-658.

［141］Marques H. M. C. . A review on cyclodextrin encapsulation of essential oils and volatiles ［J］. Flavour and Fragrance Journal，2010，25：313-326.

［142］Peana A. T.，Aquila P. S. D，Panin F.，et al. Anti-inflammatory activity of linalool and linalyl acetate constituents of essential oils ［J］. Phytomedicine，2002，9：721-726.

［143］Morita E，Fukuda S，Nagano J. Psychological effects of forest environments on healthy adults：Shinrin-yoku（forest-air bathing，walking）as a possible method of stress reduction ［J］. Public Health，2007，121：54-63.

［144］Bakkali F，Averbeck S，Averbeck D，et al. Biological effects of essential oils-a review ［J］. Food and Chemical Toxicology，2008，46（2）：446-475.

［145］Kohlert C，Rensen IV，März R，et al. Bioavailability and pharmacokinetics of natural volatile Terpenes in animals and humans ［J］. Planta medica，2000，66（6）：495-505.

［146］Nautiyal C. S.，Chauhan P. S.，Nene Y. L. Medicinal smoke reduces airborne bacteria ［J］. Jounal of Ethnopharmacol，2007，114：446-451.

［147］Karin Santoro，Marco Maghenzani，Valentina Chiabrando，et al. Thyme and Savory Essential Oil Vapor Treatments Control Brown Rot and Improve the Storage Quality of Peaches and Nectarines，but Could Favor Gray Mold ［J］. Foods，2018，7（1）：2-17.

［148］Ali Mohammadi，Maryam Hashemi，Seyed Masoud Hossei-ni. Chitosan nanoparticles loaded with Cinnamomum zeylani-cum essential oil enhance the shelf life of cucumber duringcold storage ［J］. Postharvest Biology and Technology，2015，110：203-213.

［149］Skandamis P，Tsigarida E，Nychas G J E. The effect of oregano essential oil on survival/ death of *Salmonella typhimurium* in meat stored at 5℃ under aerobic，VP/ MAP conditions ［J］.

Food Microbiology, 2002, 19（1）: 97-103.

［150］Singh A, Singh R K, Bhunia A K, et al. Efficacy of plant essential oils as antimicrobial agents against *Listeria monocytogenes* in hotdogs. Lebensmittel Wissenschaft under Tehcnologie ［J］, 2003, 36（8）: 787-794.

［151］Mahmoud B S M, Yamazaki K, Miyashita K, et al. Bacterial microflora of carp（Cyprinus carpio）and its shelf-life extension by essential oil compounds ［J］. Food Microbiology, 2004, 21（6）: 657-666.

［152］Erkan N, Şehnaz y t, Safak U, et al. The use of thyme and laurel essential oil treatments to extend the shelf life of bluefish（Pomatomus saltatrix）during storage in ice ［J］. Journal Für Verbraucherschutz und Lebensmittelsicherheit, 2011, 6（1）: 39-48.

［153］Isabel, Clemente, Margarita, et al. Synergistic properties of mustard and cinnamon essential oils for the inactivation of foodborne moulds in vitro and on Spanish bread ［J］. International journal of food microbiology, 2019, 298: 44-50.

［154］Gómez-Estaca J, López de Lacey A, López-Caballero M E, et al. Biodegradable gelatin-chitosan films incorporated with essential oils as antimicrobial agents for fish preservation ［J］. Food Microbiology, 2010, 27（7）: 889-896.

［155］Cornwall P, Barry B. Sesquiterpene components of volatile oils as skin penetration enhancers for the hydrophilic permeant 5 fluorouracil ［J］. Journal of Pharmacy & Pharmacology, 1994, 46（4）: 261-269.

［156］El-Bassossy H M, Fahmy A, Badawy D. Cinnamaldehyde protects from the hypertension associated with diabetes ［J］. Food and Chemical Toxicology, 2011, 49（11）: 3007-3012.

［157］Rahman S, Begum H, Rahman Z. Effect of cinnamon（Cinnamomum cassia）as a lipid lowering agent on hypercholesterolemic rats. Journal of Enam Medical College ［J］. 2013, 3（2）: 94-98.

［158］Nasiri A, Mahmodi M A, Nobakht Z. Effect of aromatherapy massage with lavender essential oil on pain in patients with osteoarthritis of the knee: a randomized controlled clinical trial ［J］. Complementary Therapies in Clinical Practice, 2016, 25: 75-80.

［159］Kim J T, Wajda M, Cuff G, et al. Evaluation of aromatherapy in treating postoperative pain: pilot study ［J］. Pain Practice, 2006, 6（4）: 273-277.

［160］Burns E, Zobbi V, Panzeri D, et al. Aromatherapy in childbirth: a pilot randomised controlled trial ［J］. International Journal of Obstetrics & Gynaecology, 2007, 114（7）: 838-844.

［161］Mirzaei F, Keshtgar S, Kaviani M, et al. The effect of lavender essence smelling during labor on cortisol and serotonin plasma levels and anxiety reduction in nulliparous women ［J］. Journal of Kerman University of Medical Sciences, 2015, 16（3）: 245-254.

［162］Cooke B, Ernst E. Aromatherapy: a systematic review ［J］. British Journal of General Practice, 2000, 50（455）: 493-496.

［163］Herz R S. Aromatherapy facts, fictions: a scientific analysis of olfactory effects on mood, physiology and behavior [J]. International Journal of Neuroscience, 2009, 119 (2): 263-290.

[164] Ali B, Al-Wabel N A, Shams S, et al. Essential oils used in aromatherapy: a systemic review [J]. Asian Pacific Journal of Tropical Biomedicine, 2015, 5 (8): 601-611.

[165] Igarashi T. Physical, psychologic effects of aromatherapy inhalation on pregnant women: a randomized controlled trial [J]. Journal of Alternative and Complementary Medicine, 2013, 19 (10): 805-810.

[166] Lemon K. An assessment of treating depression and anxiety with aromatherapy [J]. International Journal of Aromatherapy, 2004, 14 (2): 63-69.

[167] Burns A. Might olfactory dysfunction be a marker for early Alzheimer's disease [J]? Lancet, 2000, 355 (9198): 84-85.

[168] Smith D, Standing L, de Man A. Verbal memory elicited by ambient odor [J]. Perceptual and Motor Skills, 2002, 74 (2): 339-343.

[169] Burhan Akpinar. The Role of Sense of Smell in Learning and the Effects of Aroma in Cognitive Learning [J]. Pakistan Journal of Social Science, 2005, 3 (7): 952-960.

[170] Kärnekull S, Jönsson F U, Willander J, et al. Long-term memory for odors: influences of familiarity and identification across 64 days [J]. Chemical Senses, 2015, 40 (4): 259-267.

[171] Hirsch A R, Hoogeveen J R, Busse A M, et al. The effects of odour on weight perception [J]. International Journal of Essential Oil Therapeutics, 2007, 1: 21-28.

[172] Hay I, Jamieson M, Ormerod D. Randomized trial of aromatherapy: successful treatment for alopecia areata [J]. Archives of Dermatology, 1998, 134 (11): 1349-1352.

[173] Wilkinson S, Aldridge J, Salmon I. An evaluation of Aromatherapy massage in palliative care [J]. Journal of Palliative Medicine, 1999, 13 (5): 409-417.

[174] Corner J, Cawley N, Hildebrand S. An evaluation of the use of massage and essential oils on the well being of cancer patients [J]. International Journal of Palliative Nursing, 1995, 1 (2): 67-73.

[175] Jayaprakasha G K, Murthy K N C, Uckoo R M. Chemical composition of volatile oil from *Citrus limettioides* and their inhibition of colon cancer cell proliferation [J]. Industrial Crops and Product, 2013, 45: 200-207.

[176] Peana A, Moretti M, Juliano C. Chemical composition and antimicrobial action of the essential oils of Salvia desoleana and Salvia sclarea [J]. Planta Medica, 1999, 65 (8): 752-754.

[177] Cornwall P, Barry B. Sesquiterpene components of volatile oils as skin penetration enhancers for the hydrophilic permeant 5 fluorouracil [J]. Journal of Pharmacy & Pharmacology, 1994, 46 (4): 261-269.

[178] Charles S Guas, Peter H Bloch. Right under our noses: Ambient scent and consumer responses [J]. Journal of Business and Psychology, 1995, 10 (1): 87-88.

［179］ Penoel D. Eucalyptus smithi essential oil and its use in aromatic medicine ［J］. British Journal of Phytotherapy, 1992, 2 (4): 154-159.

［180］ Giovanni Dugo, Ivana Bonaccorsi, Danilo Sciarrone. Characterization of Oils from the Fruits, Leaves and Flowers of the Bitter Orange Tree ［J］. Journal of Essential Oil Research, 2011, 23: 45-60.

［181］ Haj Ammar A, Lebrihi A, Mathieu F, et al. Chemical Composition and in vitro Antimicrobial and Antioxidant Activities of Citrus anrantium L. Flowers Essential Oil (Neroli Oil) ［J］. Pakistan Journal of Biological Sciences, 2012, 15 (21): 1034-1040.

［182］ Lobine Devina, Pairyanen Bryan, Zengin Gokhan, et al. Chemical Composition and Pharmacological Evaluation and of Toddalia asiatica (Rutaceae) Extracts and Essential Oil by in Vitro and in Silico Approaches ［J］. Chemistry & Biodiversity, 2021, 18 (4): e200099.

［183］ Dosoky N S, Setzer W N. Biological Activities and Safety of Citrus spp. Essential Oils ［J］. International Journal of Molecular Sciences, 2018, 19 (7): 1966.

［184］ Linck V M, da Silva A L, Figueiró M, et al. Effects of inhaled Linalool in anxiety, social interaction and aggressive behavior in mice ［J］. Phytomedicine, 2010, 17 (8-9): 679-83.

［185］ Karagonlu S, Başal G, Ozyldz F. Preparation of Thyme Oil Loaded Microcapsules for Textile Applications ［J］. International Journal of New Technology and Research, 2018, 4: 1-8.

［186］ Asanović K, Mihailović T, Škundrić P. Some properties of antimicrobial coated knitted textile material evaluation ［J］. Textile Research Journal, 2010, 80: 1665-1674.

［187］ Khajavi R, Ahrari M, Toliyat T. Molecular encapsulation of lavender essential oil by beta-cyclodextrin and dimethyl dihydroxy ethyleneurea for fragrance finishing of cotton fabrics ［J］. Asian Journal of Chemistry, 2013, 25: 459-465.

［188］ Liu. C, Liang. B, Shi. G. Preparation and characteristics of nanocapsules containing essential oil for textile application. Flavour and Fragrance Journal, 2015, 30: 295-301.

［189］ Falk-Filipsson A, Löf A, Hagberg M, et al. d-Limonene exposure to humans by inhalation: uptake, distribution, elimination, and effects on the pulmonary function. Journal of Toxicology and Environmental Health ［J］. 1993, 38 (1): 77-88.

［190］ Essid R, Hammami M, Gharbi D. Antifungal mechanism of the combination of Cinnamomum verum and Pelargonium graveolensessential oils with fuconazole against pathogenic Candida strains ［J］. Appl Microbiol Biotechnol, 2017, 101: 6993-7006.

［191］ Rachitha P, Krupashree K, Jayashree G V, et al. Growth inhibition and morphological alteration of Fusariumsporotrichioides by Mentha piperita essential oil ［J］. Pharmacogn Res, 2017, 9: 74-79.

［192］ Chen Y, Zeng H, Tian J. Antifungal mechanism of essential oil from Anethum graveolens seeds againstCandida albicans ［J］. Journal of medical microbiology, 2013, 62: 1175-1183.

［193］ Shao X, Cheng S, Wang H, et al . The possible mechanism of antifungal action of tea tree oil on Botrytis cinerea [J]. Journal of Appled Microbiology, 2013, 114: 1642-1649.

[194] OuYang Q, Duan X, Li L, et al. Cinnamaldehyde exerts its antifungal activity by disrupting the cells wall integrity of Geotrichumcitri-aurantii [J]. Front Microbiology, 2019, 10: 55.

[195] Wang C, Zhang J, Chen H, et al. Antifungal activity of eugenol against Botrytis cinerea [J]. Trop Plant Pathol, 2010, 35 (3): 137-143.

[196] Tian J, Ban X, Zeng H. The mechanism of antifungal action of essential oil from dill (Anethum graveolens L.) on Aspergillus favus [J]. PLoS ONE, 2012, 7 (1): e30147-30157.

[197] Wang P, Ma L, Jin J. The anti-afatoxigenic mechanism of cinnamaldehyde in Aspergillus favus [J]. Sci Rep, 2019, 9: 10499-10511.

[198] Li Y, Nie Y, Zhou L, et al. The possible mechanism of antifungal activity of cinnamon oil against Rhizopusnigricans [J]. The Journal of Chemical Physics, 2014, 6 (5): 12-20.

[199] Li J, Xu X, Chen Z, et al. Zein/gum Arabic nanoparticle-stabilized Pickering emulsion with thymol as an antibacterial deliverysystem [J]. Carbohydr Polym, 2018, 200: 416-426.

[200] Zeng H, Chen X, Liang J. In vitro antifungal activity and mechanism of essential oil from fennel (Foeniculum vulgare L.) on dermatophyte species [J]. Journal of Medical Microbiology, 2015, 64: 93-103.

[201] Azizi Z, Ebrahimi S, Saadatfar E, et al. Cognitive-enhancing activity of thymoland carvacrol in two rat models of dementia [J]. Behavioural Pharmacology, 2012, 23 (3): 241-249.

[202] Lucian Hritcu, Razvan Stefan Boiangiu, Mayara Castro de Morais, et al. (-) -cis-Carveol, a Natural Compound, Improves β-AmyloidPeptide 1-42-InducedMemory Impairment and Oxidative Stress in the Rat Hippocampus [J]. BioMed Research International, 2020, 12: 1-9.

[203] Postu P A, Sadiki F Z, Idrissiet M E. Pinus halepensis essential oil attenuates the toxic Alzheimer samyloid beta (1-42) -induced memory impairment and oxidative stress in therathippocampus [J]. Biomedicine & Pharmacotherapy, 2019, 112: 108673-108681.

[204] Huang H C, Ho Y C, Lim J M. Investigationof the anti-melanogenic and antioxidant characteristics of Eucalyptus camaldulensis flower essential oil and determination of its chemical composition [J]. International Journal of Molecular Sciences, 2015, 16: 10470-10490.

[205] Hassan S, Berchová-Bímová K, Šudomová M. In Vitro Study of Multi-Therapeutic Properties of Thymus boveiBenth. Essential Oil and Its Main Component for Promoting Their Use in Clinical Practice [J]. Journal of Clinical Medicine, 2018, 7 (9): 283-298.

[206] Masayuki Takaishi, Fumitaka Fujita, Kunitoshi Uchida1. 1,8-cineole, a TRPM8 agonist, is a novel natural antagonistof human TRPA1 [J]. Molecular Pain, 2012, 8: 86-98.

[207] Harris R. Synergism in the essential oil world [J]. International Journal of Aromatherapy, 2002, 12: 179-186.

[208] Chifiriuc C, Grumezescu V, Grumezescu A. M. Hybrid magnetite nanoparticles/Rosmarinus officinalis essential oil nanobiosystem with antibiofilm activity [J]. Nanoscale research letters, 2012, 7: 209-216.

［209］Choi M J, Soottitantawat A, Nuchuchua O. Physical and light oxidative properties of eugenol encapsulated by molecular inclusion and emulsion diffusion method ［J］. Food Research International, 2009, 42（1）：148-156.

［210］Mohagheghzadeh A, Faridi P, Shams-Ardakani M, et al. Medicinal smokes ［J］. Journal of Ethnopharmacol, 2006, 108：161-184.

［211］Glowania H, Raulin C, Svoboda M. Effect of chamomile on wound healing：a clinical double-blind study ［J］. Zeitschrift fur Hautkrankheiten（Berlin）. 1987, 62（17）：1267-1271.